快捷学习 Spring

[罗]劳伦斯·斯皮尔卡(Laurenţiu Spilcă) 著
李周芳 译

清華大學出版社
北 京

北京市版权局著作权合同登记号　图字：01-2022-4391

Laurențiu Spilcă
Spring Start Here：Learn what you need and learn it well
EISBN: 978-161729-869-1

图书在版编目(CIP)数据

快捷学习 Spring / (罗) 劳伦斯・斯皮尔卡著；李周芳译. —北京：清华大学出版社，2022.10
书名原文：Spring Start Here：Learn what you need and learn it well
ISBN 978-7-302-62052-5

I. ①快…　II. ①劳…　②李…　III. ①JAVA 语言—程序设计　IV. ①TP312.8

中国版本图书馆 CIP 数据核字(2022)第 193003 号

责任编辑：王　军
封面设计：孔祥峰
版式设计：思创景点
责任校对：成凤进
责任印制：沈　露

出版发行：清华大学出版社
网　　址：http://www.tup.com.cn，http://www.wqbook.com
地　　址：北京清华大学学研大厦 A 座　　邮　　编：100084
社 总 机：010-83470000　　邮　　购：010-62786544
投稿与读者服务：010-62776969，c-service@tup.tsinghua.edu.cn
质 量 反 馈：010-62772015，zhiliang@tup.tsinghua.edu.cn
印 装 者：三河市少明印务有限公司
经　　销：全国新华书店
开　　本：170mm×240mm　　印　　张：22.75　　字　　数：446 千字
版　　次：2022 年 11 月第 1 版　　印　　次：2022 年 11 月第 1 次印刷
定　　价：98.00 元

产品编号：095413-01

译 者 序

Spring 是一个开放源代码的设计层面框架，它解决的是业务逻辑层和其他各层的松耦合问题，因此它将面向接口的编程思想贯穿整个系统应用。Spring 是于 2003 年兴起的一个轻量级的 Java 开发框架，由 Rod Johnson 创建。简单来说，Spring 是一个分层的 JavaSE/EE **full-stack(一站式)** 轻量级开源框架。

Spring 致力于 J2EE 应用的各层的解决方案，而不是仅仅专注于某一层的解决方案。可以说 Spring 是企业应用开发的“一站式”选择，并贯穿表现层、业务层及持久层。然而，Spring 并不取代那些已有的框架，而是与它们无缝地整合。

Spring 框架具有如下特征，利用 Spring 的这些特征能够编写出更干净、更可管理、并且更易于测试的代码。它们也为 Spring 中的各种模块提供了基础支持。

- **轻量**——从大小与开销两方面而言，Spring 都是轻量的。
- **控制反转**——Spring 通过一种称作控制反转(IoC)的技术促进了低耦合。
- **面向切面**——Spring 提供了面向切面编程的丰富支持。
- **容器**——Spring 包含并管理应用对象的配置和生命周期。
- **框架**——Spring 可以将简单的组件配置、组合成为复杂的应用。
- **MVC**——Spring 的作用是整合，但不仅仅限于整合，Spring 框架可以被看成一个企业解决方案级别的框架。

Spring 的源码设计精妙、结构清晰，处处体现大师对 Java 设计模式灵活运用以及对 Java 技术的高深造诣。Spring 框架源码无疑是 Java 技术的最佳实践范例。如果想在短时间内迅速提高自己的 Java 技术水平和应用开发水平，学习和研究 Spring 源码将会使你收到意想不到的效果。

本书是一本学习 Spring 框架的入门书籍，引导读者逐步上手，书中提供了所有必要的理论知识，通过实例讨论实际应用程序的主题。本书分为两部分。第 I 部分是基础(1～6 章)，学习使用支持 Spring 框架的基本组件。分别讨论了真实世界里的 Spring、Spring 上下文：定义 bean、Spring 上下文：连线 bean、Spring 上下文：使用抽象、Spring 上下文：bean 作用域和生命周期、在 Spring AOP 中使用切面。第 II 部分是实现(7～15 章)，学习使用现实世界中经常需要的 Spring 功能来实现应用程序。分别讨论了了解 Spring Boot 和 Spring MVC、使用 Spring Boot 和 Spring MVC 实现 Web 应用程序、使用 Spring Web 作用域、实现 REST 服务、使用 REST 端点、在 Spring 应用程序中使用数据源、在 Spring 应用程序中使用事务、使用 Spring Data 实现数据的持久化、测试 Spring 应用程序。

本书适用于那些理解基本的面向对象编程和 Java 概念，并希望学习 Spring 或更新 Spring 基础知识的开发人员。学习本书，读者不需要有任何框架的经验，但是需要理解 Java，因为这是本书的示例使用的语言。

在这里要感谢清华大学出版社的编辑，他们为本书的翻译出版投入了巨大的热情并付出了很多心血。没有他们的帮助和鼓励，本书不可能顺利付梓。

对于这本经典之作，译者本着“诚惶诚恐”的态度，在翻译过程中力求“信、达、雅”，但由于译者水平有限，失误在所难免，如有任何意见和建议，请不吝指正。

译者

作 者 简 介

Laurențiu Spilcă 是 Endava 的专职开发主管和培训师，他负责欧洲、美国和亚洲客户的金融市场项目开发。他有超过 10 年的开发经验。Laurenţiu 相信，重要的不仅是交付高质量的软件，还要分享知识和帮助他人提升技能。这些信念驱使他去设计和讲授与 Java 技术相关的课程，并进行演示和参与研讨会。

致　谢

如果没有大量聪明、专业和友好的人在整个开发过程中帮助我，《快捷学习Spring》是不可能完成的。

首先，非常感谢我的妻子 Daniela，她一直在我身边，她的宝贵意见、持续的支持和鼓励对我来说是巨大的帮助。

在此，我要特别感谢所有从第一张目录和提案开始就给予我宝贵意见的同事和朋友们。

非常感谢整个 Manning 团队，感谢他们的巨大帮助，使本书成为现实。我特别要感谢 Marina Michaels、Al Scherer 和 Jean-François Morin，感谢他们一直以来的支持。他们的建议给本书带来了很大的价值。

我要感谢我的朋友 Ioana Göz，感谢她为这本书创作的图画。她把我的想法变成了书中的漫画。

我也要感谢所有的审稿人，他们在每一步都提供了非常有用的反馈。感谢 Alain Lompo、Aleksandr Karpenko、Andrea Carlo Granata、Andrea Paciolla、Andres Damian Sacco、Andrew Oswald、Bobby Lin、Bonnie Malec、Christian Kreutzer-Beck、Daniel Carl、David Lisle Orpen、DeUndre'Rushon、Harinath Kuntamukkala、Håvard Wall、Jérôme Baton、Jim Welch、João Miguel Pires Dias、Lucian Enache、Matt D、Matthew Greene、Mikael Byström、Mladen Knežić、Nathan B Crocker、Pierre-Michel Ansel、Rajesh Mohanan、Ricardo Di Pasquale、Sunita Chowd-hury、Tan Wee 以及 Zoheb Ainapore，他们的参与使本书变得更优秀。

最后，特别感谢我的朋友 Maria Chițu、Andreea Tudose、Florin Ciuculescu 和 Daniela Ileana，感谢他们一直以来给我提供建议。

关于封面插图

本书封面插图的标题是"Femme d'ajaccio isle deCorse"，即来自科西嘉岛阿雅克肖的女人。该插图取自 Jacques Grasset de Saint-Sauveur（1757—1810）所著的、1797 年在法国出版的《各国服装》一书，书中每幅插图均由手工精细绘制与着色而成。Grasset de Saint-Sauveur 的丰富多样的作品集生动地再现了 200 年前世界各地巨大的文化差异。世界各地的人们彼此相隔，语言或方言也各不相同。无论在城市街头还是在乡村田野，单从着装就能轻松辨识人们的居住地以及职业或社会地位。

从那时起，人们的着装开始发生变化，当时丰富的地域多样性逐渐消失。现在已很难区分不同大陆的居民，更不用说不同的国家、地区和城镇了。也许人们牺牲文化多样性，是为了换取更多样的个人生活，当然也是为了换取更多样化、更快节奏的科技生活。

在这个计算机书籍趋于同质化的时代，Manning 出版社通过将 Grasset de Saint-Sauveur 收藏的、再现两个世纪前丰富多样的地域生活的插图用做封面，来赞颂计算机产业的创造性和主动性。

关 于 本 书

读者既然已经打开了本书，就假设自己是 Java 生态系统中的软件开发人员，就会发现学习 Spring 很有用。本书讨论 Spring 的基础知识，假设读者一开始不了解框架，当然也不了解 Spring。

本书首先解释什么是框架，然后通过应用程序的示例逐步学习 Spring 的基础知识。不仅要学习如何使用框架的组件和功能，还将了解这些功能背后发生的基本情况。使用特定的组件来了解框架是如何运行的，可以帮助设计出更好的应用程序，更快地解决问题。

读完本书后会学到以下技巧，它们与实现应用程序密切相关。

- 配置和使用 Spring 上下文和 Spring 的依赖项注入
- 设计和使用切面
- 执行 Web 应用程序
- 实现应用程序之间的数据交换
- 持久化数据
- 测试的实现

本书在以下方面很有价值：

- 在工作中使用 Spring 开发应用程序
- 成功获得 Java 开发人员职位的技术面试
- 获得 Spring 认证

即使本书的首要目的不是为认证做准备，但在深入了解认证考试通常需要的细节之前，本书是必读的。

本书读者对象

本书是为那些理解基本的面向对象编程和 Java 概念，并希望学习 Spring 或更新的 Spring 基础知识的开发人员准备的。读者不需要有任何框架的经验，但是需要理解 Java，因为这是本书示例使用的语言。

Spring 是 Java 应用程序中最常遇到的技术之一，将来很可能会被更广泛地使用。对于 Java 开发人员来说，这使 Spring 成为现在必须知道的框架。学习本书将有助于提高技能，提供成功通过 Java 面试所需的 Spring 基础知识和技能，并使用 Spring 技术开发应用程序。本书还为进一步研究更复杂的 Spring 细节打开了大门。

本书的组织方式：路线图

本书分为两部分，共 15 章。首先讨论简单的示例(在本书的第 I 部分)，展示如何让 Spring 了解你的应用程序。然后，构建一些示例，理解现实世界的 Spring 应用程序的核心。在介绍完 Spring Core 基础知识后，还讨论 Spring Data 和 Spring Boot 基础知识。

从本书的第 2 章到最后，将理论知识放在项目中论述，在这些项目中，应用了前面介绍的概念。示例中的代码将逐段解释。建议读者在阅读时和我一起做这些题，这样就可以将结果与本书的答案进行比较。

如图 1 所示，书中的章节按照给定的顺序设计。在讨论 Spring 上下文的第 2～5 章中，这些示例主要是理论性的。对于那些具有很少 Spring 经验的人来说，以这种方式开始是非常必要的。别担心!本书以最简单的方式介绍这些基础知识，然后示例和讨论逐渐变得复杂，以反映现实世界中可用于生产的代码。

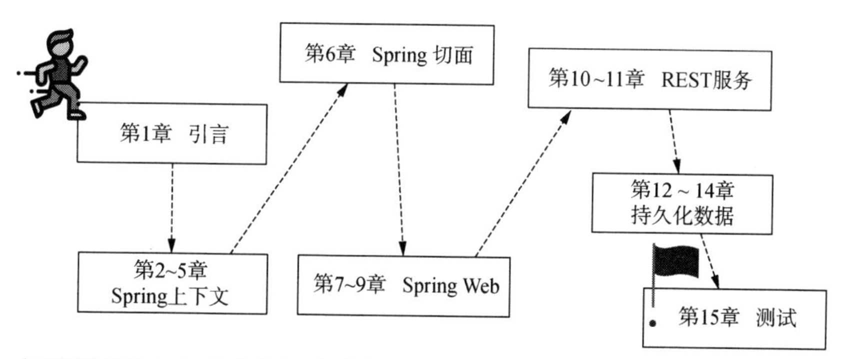

图 1 如果开始时对 Spring 知之甚少，阅读本书的最佳方式是从第 1 章开始，并按顺序阅读所有内容

如果已经很好地理解了 Spring 上下文和 Spring AOP，那么可以跳过第I部分，直接进入第II部分“实现”(第 7～15 章)，如图 2 所示。

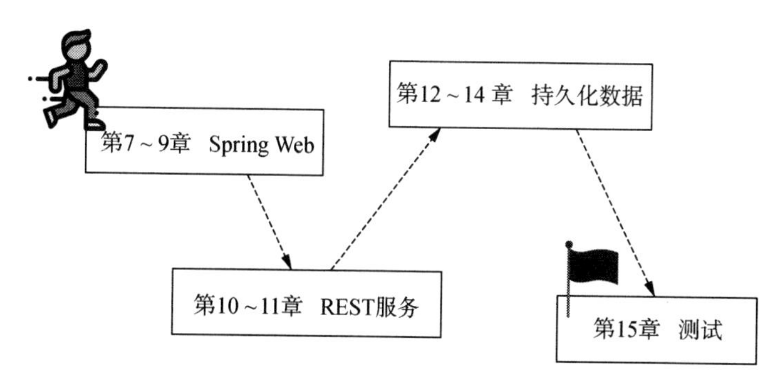

图 2 如果已经理解了 Spring 框架的基础，并且知道如何使用 Spring 上下文和设计切面，就可以从第II部分开始，在这里使用 Spring 功能来实现应用程序，反映在现实系统中遇到的场景

阅读完本书，读者就能掌握开发应用程序的很多专业技能。本书学习使用当今最常见的技术，学习如何使应用程序相互通信。本书以一个关键的话题——测试来结束。文章中会添加一些我的经历，并添加一些有价值的建议。

记住，Spring 是一个浩瀚的宇宙，一本书不可能涵盖其所有内容。本书从框架入手，介绍使用 Spring 有价值组件的基本技能。本书在适当的地方参考了其他资源和书籍，这些书籍和资源详细讨论了本书讨论的主题。强烈建议阅读这些额外的资源和书籍，以拓宽对所讨论主题的视野。

关于代码

本书提供了大约 70 个项目，分别在第 2～14 章中。当处理特定示例时，给出实现该示例的项目名称。建议尝试从头编写示例，然后使用所提供的项目来比较两个解。这种方法有助于更好地理解所学习的概念。

每个项目都是用 Maven 构建的，这使它很容易导入任何 IDE 中。我使用 IntelliJ IDEA 编写项目，但是可以选择在 Eclipse、Netbeans 或所选择的任何其他工具中运行它们。附录 F 提供了有关推荐工具的概述。

本书包含了许多源代码的示例，包括代码清单和正常文本。在这两种情况下，源代码都格式化为固定宽度的字体，以便与普通文本区分。有时代码也用粗体突出显示，与指示本章前面步骤的代码不同，例如，当把一个新特性添加到现有代码行时。在许多情况下，原始的源代码已经重新格式化；增加了换行符，修改了缩进以适应书中可用的页空间。此外，当在文本中描述代码时，源代码中的注释通常会从代码清单中删除。许多代码清单有一些代码注解，突出了重要的概念。

可扫描封底二维码下载本书源代码。

序

Spring 框架诞生于 21 世纪初，是 EJB 的替代品，它很快就以其编程模型的简单性、功能的多样性和第三方库的集成性超越了对手。Spring 生态系统经过多年的发展，已经成为编程语言中最广泛、最成熟的开发框架。当 Oracle 停止了 Java EE 8 的演进，社区通过 Jakarta EE 接替了它的维护工作时，它的主要竞争对手退出了这场竞赛。

根据最近的调查，Spring 是超过一半的 Java 应用程序的底层框架。这一事实建立了一个巨大的代码库，使它成为 Java 开发人员学习 Spring 的关键，因为在职业生涯中不可避免地会遇到这种技术。我已经用 Spring 开发应用程序 15 年了，今天，在数百家公司做培训的团队几乎都在使用 Spring。

事实是，虽然 Spring 如此受欢迎，但很难找到高质量的资源介绍。参考文档长达数千页，描述了在非常具体的场景中可能有用的所有细微之处，但它不适合新手。虽然在线视频和教程通常不能吸引学生，但很少有书籍能讲透 Spring 框架的本质，这些书常常占用很长的篇幅讨论与现代应用程序开发中所面临的问题无关的主题。然而，在本书中，你很难找到任何可以删除的内容；涉及的所有概念在任何 Spring 应用程序的开发中都是反复出现的主题。

读者可以在基于 Spring 框架的项目中迅速获得生产力。我自己培训数千名员工的经验告诉我，如今使用 Spring 的绝大多数开发人员并没有像本书描述的那样清楚地明白这些想法。此外，开发人员没有意识到本书警告读者的许多陷阱。在我看来，本书是任何开始第一个 Spring 项目的开发人员的必读书。

本书作者预测读者脑海中出现的典型问题，印证了他在课堂上讲授 Spring 的丰富经验。这种流畅的教学让作者采用了一种个人化的、温暖的语调，使本书读起来轻松愉快。本书结构清晰，非常复杂的主题在后续章节中将被逐步揭示、解释和重申。

本书还向读者介绍了有关使用 Spring 框架的旧项目的基本问题。在一个由 Spring Boot 主导的生态系统中，这非常有用。另一方面，本书也温和地向读者介绍了上一代的技术，例如 Feign 客户端和反应式编程。

希望读者阅读本书愉快，当认为事情变得复杂时，请不要犹豫，尝试亲自编写一些代码。

Java 冠军、教练和顾问 Victor Rentea

前 言

分享知识和创建学习资源是我的爱好。除了是一名软件开发人员，我也是一名教师。自2009年以来，我一直是一名Java培训师，向数千名不同级别的开发人员讲授Java，学员从大学生到大公司中有经验的开发人员，应有尽有。在过去的几年里，我开始认为Spring是初学者必须学习的框架。今天的应用程序不再是用普通的语言实现——几乎所有的东西都依赖于框架。由于Spring是当今Java世界中最流行的应用程序框架，因此开发人员需要在第一个软件开发步骤中学习Spring。

在向初学者讲授Spring的过程中，Spring仍然被当作只有在已经有一些编程经验时才能学习的框架。当我开始写本书时，已经有很多关于这个主题的教程、书籍和文章，但我的学生不断说明这些材料很难理解。这个问题并不说明，现有的学习材料不够好，但没有为绝对的初学者提供专门的学习指导，所以我决定写一本书，它并不要求读者必须具备一些经验之后才能学习Spring，而可以用最小的基础知识块来学习Spring。

技术变化很快，但改变的不仅仅是技术，还需要考虑如何改进这些技术的讲授方式。几年前，一个人开始学习语言的基础知识，甚至不知道什么是框架就能成为一名开发人员。但今天，情况发生了变化。提前学习一门语言的所有细节不再是培养在软件开发团队中工作所需技能的快速方法。现在，我建议开发人员从基础开始，在熟悉了基础后，再学习应用程序框架。在我看来，Spring是开始学习的最佳应用程序框架。理解Spring的基础知识也打开了学习其他技术的大门，并将旧的线性学习方法转变为树状学习方法——树的每个分支都是一个新的框架，可以与其他框架并行学习。

我把本书设计成开始学习Spring框架的书。《快捷学习Spring》会逐步引导，提供了所有必要的理论知识，通过示例来讨论实际应用程序的主题。希望本书能给读者带来重要的价值，并帮助读者快速提升Spring知识，打开进一步学习的大门。

目　　录

第I部分　基础

第 I 部分　基础

任何建筑物都是建在地基上的。在这方面，框架也没有什么不同。第 I 部分将学习使用支持 Spring 框架的基本组件。这些组件是 Spring 上下文和 Spring 切面。在本书的进一步介绍中，Spring 的所有功能都依赖于这些基本组件。

第 1 章

真实世界里的Spring

本章内容

- 什么是框架
- 何时使用框架以及何时避免使用框架
- 什么是 Spring 框架
- 在实际场景中使用 Spring

Spring 框架(简称 Spring)是一个应用程序框架，是 Java 生态系统的一部分。应用程序框架是一组通用的软件功能，它为开发应用程序提供了一个基础结构。应用程序框架简化了编写应用程序的工作，省去了从头开始编写所有程序代码的工作。

现在，在许多应用程序的开发中使用 Spring，从大型后端解决方案到自动化测试应用程序，应有尽有。根据许多关于 Java 技术的调查报告(例如 2020 年 JRebel 的 http://mng.bz /N4V7；或者来自 JAXEnter 的 http://mng.bz/DK9a)，Spring 是当今最常用的 Java 框架。

Spring 很流行，开发人员也开始更多地在其他 JVM 语言中使用 Spring 而不是使用 Java。在过去几年里，使用 Spring 和 Kotlin(JVM 家族中的另一种受欢迎的语言)的开发人员的增长令人印象深刻。本书将重点关注 Spring 的基础，并介绍在真实世界的示例中使用 Spring 的基本技能。为了使这个主题更适用于读者，并让读者专注于 Spring，本书只使用 Java 示例。本书通过示例讨论应用程序的基本技能，如连接到数据库，建立应用程序之间的通信，以及保护和测试应用程序。

在后续章节中深入更多的技术细节之前，先讨论 Spring 框架，以及在哪里实际使用它。为什么 Spring 如此受欢迎，何时应该使用它？

本章将重点讨论什么是框架，特别是 Spring 框架。1.1 节讨论使用框架的优点。1.2 节讨论 Spring 生态系统，以及在开始使用 Spring 时需要学习的组件。然后介绍 Spring 框架的可能用法——特别是 1.3 节讨论的真实场景。1.4 节讨论什么时候不应该使用框架。在尝试使用 Spring

框架之前，需要了解它的所有这些内容。否则，就无法掌握这个框架。

根据读者水平的不同，有的读者可能会觉得这一章很难。本章会介绍一些读者没有听说过的概念，这方面可能会令人不安。但别担心，即使现在你还不理解一些知识，本书后面会讨论它们。有时，会引用前面几章提到的内容。使用这种方法是因为学习像 Spring 这样的框架并不总是提供一个线性学习路径，有时需要等待，直到获得更多的拼图，才能看到完整的画面。但最终会得到一个清晰的图像，获得像专业人士开发应用程序所需的宝贵技能。

1.1 为什么要使用框架

本节讨论框架。它们是什么？这个概念是如何出现的?为了激发使用某样东西，需要知道它是如何带来价值的。Spring 也是如此。这里将通过我自己的经验和知识，以及在实际场景中学习和使用各种框架(包括 Spring)，来讨论这些基本的细节。

应用程序框架是一组在其上构建应用程序的功能。应用程序框架提供了一套广泛的工具和功能，可以用来构建应用程序，不需要使用框架提供的所有特性。根据所创建的应用程序的要求，选择使用框架的正确部分。

下面是应用程序框架的一个类比。读者有没有在宜家这样的 DIY 商店买过家具?假设你买了一个衣柜——并不会得到一个组装好的衣柜，而是得到了组装它所需的正确组件和如何组装家具的手册。现在想象一下你订了一个衣柜，但如果只得到了需要的正确组件，就得到了所有可以用来组装任何家具的组件：桌子、衣柜等。如果想要一个衣柜，就必须找到合适的部件并组装它们。它就像一个应用程序框架。应用程序框架提供了构建应用程序所需的各种软件。只需要知道选择哪些功能，以及如何组合它们以得到正确的结果(见图 1.1)。

图 1.1 David 从 UASSEMBLE 商店订购了一个衣柜。但是商店(框架)并不能提供 David(程序员)需要的组件(软件功能)来组装他的新衣柜(应用程序)。该商店将他可能需要的所有部件运送给他，以组装衣柜。David(程序员)负责选择哪些组件(软件功能)是正确的，以及如何组装它们以得到正确的结果(应用程序)

框架的概念并不新鲜。纵观软件开发的历史，程序员可以在多个应用程序中重用他们编写的部分代码。最初，当没有实现那么多应用程序时，每个应用程序都是独特的，并且使用特定的编程语言从头开始开发。当软件开发领域扩展，越来越多的应用程序开始在市场上发布时，很容易观察到许多这些应用程序有类似的需求。例如：

- 在每个应用程序中都会出现日志错误、警告和信息消息。
- 大多数应用程序使用事务处理数据更改。事务代表了一种重要的机制，它负责数据的一致性。第 13 章将详细讨论这个问题。
- 大多数应用程序对相同的常见漏洞使用保护机制。
- 大多数应用程序使用类似的方式相互通信。
- 大多数应用程序使用类似的机制提高性能，如缓存或数据压缩。

事实证明，应用程序中实现的业务逻辑代码明显比构成应用程序引擎的轮子和皮带(也经常称为“管道”)要小得多。

当说到“业务逻辑代码”时，指的是实现应用程序业务需求的代码。这段代码实现了应用程序中用户的期望。例如，“点击一个特定的链接将产生一个发票”是用户期望发生的事情。所开发的应用程序的一些代码实现了此功能，而这部分代码就是开发人员所称的业务逻辑代码。然而，任何应用程序都要关注多个方面：安全性、日志记录、数据一致性等(见图 1.2)。

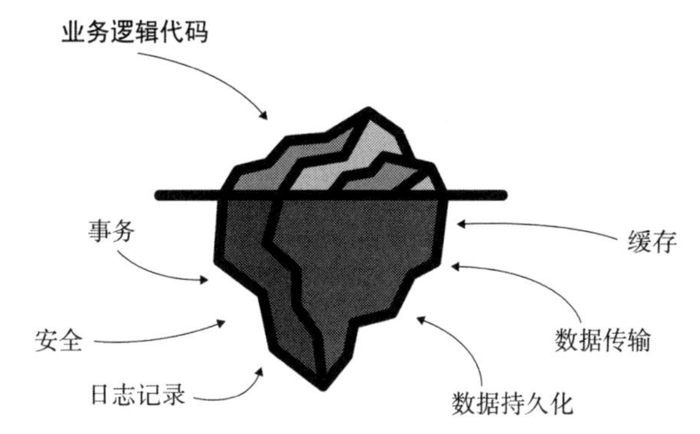

图 1.2　用户的视角就像一座冰山。用户主要观察业务逻辑代码的结果，但这只是构建应用程序完整功能的一小部分。就像冰山的大部分都在水下一样，在企业应用程序中，看不到大部分代码，因为它们是由依赖项提供的

此外，从功能的角度来看，业务逻辑代码使应用程序不同于其他应用程序。如果使用两个不同的应用程序，例如一个拼车系统和一个社交 Web 应用程序，它们有不同的用例。

注意　用例代表了一个人使用应用程序的原因。例如，在拼车应用程序中，用例是“请求一辆车”。对于管理外卖的应用程序，用例是“订购比萨”。

可以采取不同的操作，但它们都需要数据存储、数据传输、日志记录、安全配置、可能还有缓存等。各种应用程序可以重用这些非业务实现。那么每次都重写相同功能的效率高吗?当

然不高。

- 通过重用某样东西而不是自己开发它，可以节省大量的时间和金钱。
- 许多应用程序使用现有的实现引入 bug 的机会更少，因为其他人已经对它进行了测试。
- 可以从社区的建议中受益，因为现在有很多开发人员了解相同的功能。如果实现了自己的代码，则只有少数人知道它。

一个转变的故事

我开发的第一个应用程序是一个用 Java 开发的巨大系统。该系统由围绕老式架构服务器设计的多个应用程序组成，所有这些应用程序都是使用 Java SE 从头编写的。这个应用程序的开发始于大约 25 年前的语言。这是它具有当前形状的主要原因。几乎没有人能想象到它会变得如此之大。那时，更先进的系统架构概念还不存在，由于网速较慢，通常情况下各个系统的工作方式都不一样。

但随着时间的推移，数年后，这款应用程序变成一个大泥球。出于合理的原因，团队决定使用现代架构。这个改变意味着首先要清理代码，主要步骤之一是使用框架。团队决定使用 Spring。那时，有一个叫作 Java EE(现在称为 Jakarta EE)的替代方案，但是团队的大多数成员都认为 Spring 更好，它提供了一个更轻的替代方案，更容易实现，也更容易维护。

这种转变并不容易。我与一些同事、该领域的专家一起，根据对应用程序本身的了解，为这个转变投入了大量的精力。

结果是惊人的!删除了超过40%的代码行。在这个转变过程中，我第一次意识到使用框架的影响有多大。

注意 选择和使用框架与应用程序的设计和架构有关。在学习 Spring 框架的同时，了解更多关于这些主题的信息非常有用。在附录 A 中，如果想了解更多细节，可以找到关于软件架构的讨论，其中有非常好的资源。

1.2 Spring 生态系统

本节讨论 Spring 和相关的项目，如 Spring Boot 或 Spring Data。本书将介绍所有这些项目，以及它们之间的链接。在现实世界中，将不同的框架一起使用很常见，其中每个框架的设计都是为了帮助更快地实现应用程序的特定部分。

将 Spring 称为框架，但它要复杂得多。Spring 是一个框架的生态系统。通常，当开发人员提到 Spring 框架时，他们指的是软件功能的一部分，包括以下内容。

(1) Spring Core —— Spring 的基本部分之一，包括基本功能。这些特性之一就是 Spring 上下文。如第 2 章所述，Spring 上下文是 Spring 框架的一个基本功能，它使 Spring 能够管理应用程序的实例。此外，作为 Spring Core 的一部分，还有 Spring 切面的功能。切面帮助 Spring 拦截和操作在应用程序中定义的方法。详见第 6 章。Spring Expression Language (SpEL)是 Spring

Core 的另一个功能，它允许使用特定的语言描述 Spring 的配置。所有这些都是新概念，读者现在还不太明白它们。但很快就会明白，Spring Core 拥有 Spring用来集成到应用程序中的机制。

(2) Spring模型-视图-控制器(MVC) ——Spring框架的一部分，它允许开发服务于 HTTP 请求的 Web 应用程序。第 7 章将开始使用 Spring MVC。

(3) Spring Data Access——也是 Spring 的基本部分之一。它提供了基本的工具，可以用来连接到 SQL 数据库来实现应用程序的持久层。第 13 章将开始使用 Spring Data Access。

(4) Spring 测试——用于为 Spring 应用程序编写测试所需的工具。第 15 章将讨论这个问题。

可以将 Spring 框架想象成一个太阳系，其中 Spring Core 代表中间的恒星，它将所有框架连接在一起(见图 1.3)。

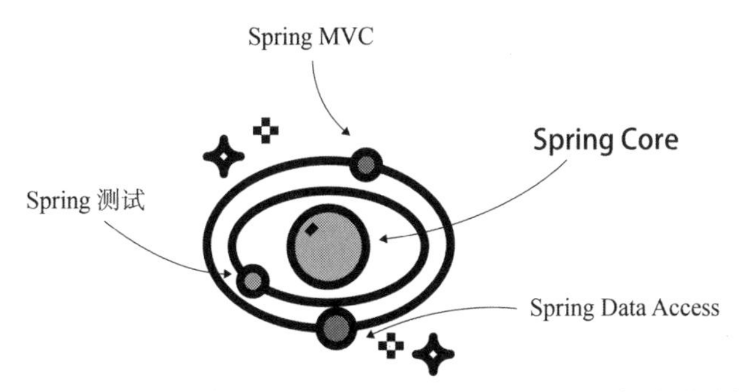

图 1.3　可以把 Spring 框架想象成一个以 Spring Core 为中心的太阳系。软件功能是围绕着 Spring Core 的行星，被它的引力场吸引在它附近

1.2.1　Spring Core：Spring 的基础

Spring Core 是 Spring 框架的一部分，它提供了可以集成到应用程序中的基本机制。Spring 基于控制反转(IoC)原理工作。在使用这一原则时，不是让应用程序控制执行，而是让其他软件控制执行——在示例中，就是 Spring 框架。通过配置，指导框架如何管理编写好的代码，它定义了应用程序的逻辑。这就是 IoC 中的“反转”的来源：不让应用程序通过自己的代码控制执行，而是使用依赖项。相反，允许框架(依赖项)控制应用程序和它的代码(见图 1.4)。

注意　在这个上下文中，术语“控件”指的是“创建一个实例”或“调用一个方法”这样的操作。框架可以创建在应用程序中定义的类的对象。根据编写的配置，Spring 拦截这个方法，用各种特性扩充它。例如，Spring 可以拦截特定的方法，以记录方法执行期间可能出现的任何错误。

第 2～5 章从讨论 Spring IoC 功能开始学习 Spring Core。IoC 容器将 Spring 组件和应用程序的组件黏合到框架上。使用 IoC 容器(通常称为 Spring 上下文)，可以让 Spring 知道某些对象，这使框架能够按照配置的方式使用它们。

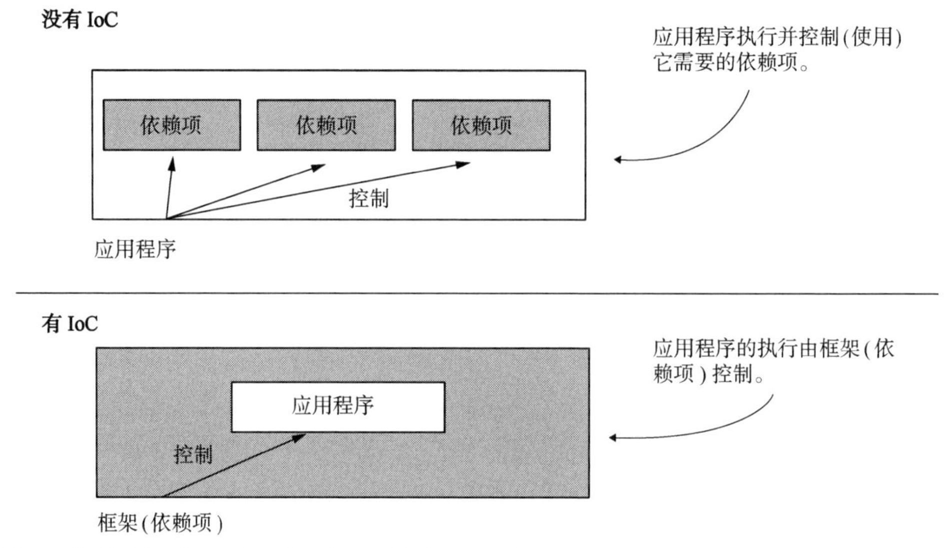

图 1.4 控制反转。在 IoC 场景中，应用程序的执行由依赖项控制，而不是执行它自己的代码(它使用其他几个依赖项)。Spring 框架在应用程序执行期间控制它。因此，它实现了一个执行 IoC 的场景

第 6 章继续讨论 Spring 的面向切面编程(Aspect-Oriented Programming，AOP)。Spring 可以控制添加到 IoC 容器中的实例，它可以拦截表示这些实例行为的方法。这种能力称为方法的切面。Spring AOP 是框架与应用程序交互的最常见方式之一。这个特性也使 Spring AOP 成为其本质的一部分。在 Spring Core 中，还有资源管理、国际化(i18n)、类型转换和 SpEL。本书的示例会遇到这些特性的各个方面。

1.2.2 使用 Spring Data Access 特性实现应用程序的持久化

对于大多数应用程序，持久化它们处理的部分数据至关重要。使用数据库是一个基本的主题，在 Spring 中，使用 Data Access 模块在许多情况下处理数据持久化。Spring Data Access 包括使用 JDBC、与对象关系映射(ORM)框架(如 Hibernate)的集成，以及管理事务。第 12～14 章将涵盖开始使用 Spring Data Access 所需的所有内容。

1.2.3 用于开发 Web 应用程序的 Spring MVC 功能

使用 Spring 开发的最常见的应用程序是 Web 应用程序，在 Spring 生态系统中，可利用大量的工具以不同的方式编写 Web 应用程序和 Web 服务。可以使用 Spring MVC 和标准的 Servlet 方式开发应用程序，这在当今的大量应用程序中很常见。第 7 章将更详细地介绍如何使用 Spring MVC。

1.2.4 Spring 测试特性

Spring 测试模块提供了大量的工具，用来编写单元测试和集成测试。关于测试主题的文章

已经有很多，但是第 15 章将讨论开始使用 Spring 测试所必需的一切。我还将参考一些有价值的资源，需要阅读这些资源来了解这个主题的所有细节。我的经验是，如果不了解测试，就不是一个成熟的开发人员，所以这个主题是应该关心的。

1.2.5　来自 Spring 生态系统的项目

Spring 生态系统不仅仅是本节前面讨论的功能。它包含了大量其他框架的集合，这些框架可以很好地集成并形成一个更大的领域。这里有 Spring Data、Spring Security、Spring Cloud、Spring Batch、Spring Boot 等项目。当开发一个应用程序时，可以同时使用更多的这些项目。例如，可以使用 Spring Boot、Spring Security 和 Spring Data 构建应用程序。接下来的几章将研究小型项目，它们利用了 Spring 生态系统的各种项目。当说到项目时，指的是 Spring 生态系统中独立开发的一部分。每个项目都有一个独立的团队，负责扩展其能力。此外，每个项目都有单独的描述，并在 Spring 的官方网站(https://spring.io/projects)上有自己的介绍。

在 Spring 所创造的浩瀚宇宙之外，本节还将提到 Spring Data 和 Spring Boot。这些项目经常会出现在应用程序中，所以从一开始就了解它们十分重要。

1. 使用 Spring Data 扩展持久化功能

Spring Data 项目实现了 Spring 生态系统的一部分，能够轻松地连接到数据库并使用持久化层，只需要编写最少的代码行数。该项目同时引用了 SQL 和 NoSQL 技术，并创建了一个高级层，它简化了处理数据持久化的方式。

注意　Spring Data Access 是 Spring Core 的一个模块，在 Spring 生态系统中还有一个独立的项目 Spring Data。Spring Data Access 包含基本的数据访问实现，例如事务机制和 JDBC 工具。Spring Data 增强了对数据库的访问，并提供了更广泛的工具集，这使得开发更易于访问，并使应用程序能够连接到不同类型的数据源。详见第 14 章。

2. Spring Boot

Spring Boot 是 Spring 生态系统的一个项目部分，它引入了“约定优于配置”的概念。这个概念的主要思想是，Spring Boot 提供了一个可以根据需要自定义的默认配置，而不是自己设置框架的所有配置。总的来说，结果是写的代码更少，因为遵循了已知的约定，应用程序在很少或很小的方面与其他应用程序不同。因此，与其为每个应用程序编写所有配置，不如从默认配置开始，只更改与约定不同的部分，这样更有效率。Spring Boot 详见第 7 章。

Spring 生态系统是巨大的，包含许多项目。其中一些是我们经常遇到的，而如果正在构建一个没有特殊需求的应用程序，则可能根本不会使用它们。本书只提及那些对入门非常重要的项目：Spring Core、Spring Data 和 Spring Boot。可以在官方 Spring 网站上找到 Spring 生态系统的完整项目列表 https://spring.io/projects/。

使用 Spring 的替代方案

不能真正讨论 Spring 的替代品，因为有人可能会误解它们是整个生态系统的替代品。但是对于许多创建 Spring 生态系统的独立组件和项目，可以找到其他选择，例如其他开源或商业框架或库。

例如，以 Spring IoC 容器为例。多年前，Java EE 规范是一种非常受开发人员欢迎的解决方案。Java EE(2017 年在 Jakarta EE 开源并重新制作)提供了类似上下文和依赖注入(Context and Dependency Injection，CDI)或企业 Java Bean (Enterprise Java Beans，EJB)等规范，其术语略有不同。可以使用 CDI 或 EJB 来管理对象实例的上下文和实现方面(在 EE 术语中称为"拦截器")。而且，纵观历史，Google Guice(https://github.com/google/guice)是一个很受欢迎、用于管理容器中对象实例的框架。

对于一些单独进行的项目，可以找到一个或多个备选方案。例如，可以选择使用 Apache Shiro(https://shiro.apache.org/)而不是 Spring Security。或者可以决定使用 Play 框架(https://www.playframework.com/)而不是 Spring MVC 和 Spring 相关技术来实现 Web 应用程序。

最近一个看起来很有前途的项目是 Red Hat Quarkus。Quarkus 是为云本地实现而设计的，并且在快速变得越来越成熟。如果它成为未来 Java 生态系统中开发企业应用程序的主要项目之一，我不会感到惊讶(https://quarkus.io/)。

我的建议是永远要考虑替代方案。在软件开发中，需要开放思想，永远不要相信解决方案是"唯一的"。总是会发现特定技术比其他技术工作得更好的情况。

1.3 现实场景中的 Spring

前面概述了 Spring，现在应该知道何时以及为什么应该使用框架。本节介绍了一些应用程序场景，在这些场景中，Spring 框架可能非常适合使用。我经常看到开发人员只在使用 Spring 这样的框架时才引用后端应用程序。我甚至看到了一种将场景限制为使用后端 Web 应用程序的趋势。虽然在很多情况下，确实看到 Spring 以这种方式使用，但重要的是要记住框架并不局限于这种场景。我曾看到团队在不同类型的应用程序中成功地使用 Spring，例如自动化测试应用程序的开发，甚至在独立的桌面场景中使用 Spring。

下面进一步描述一些常见的真实世界场景，在这些场景中，成功地使用了 Spring。这些不是唯一可能的场景，Spring 可能不会一直在这些情况下工作。记住 1.2 节讨论的内容：框架并不总是一个好的选择，但以下这些情况通常比较适合使用 Spring。

(1) 后台应用程序的开发

(2) 自动化测试框架的开发

(3) 桌面应用程序的开发

(4) 手机应用程序的开发

1.3.1　使用 Spring 开发后端应用程序

后端应用程序是在服务器端执行的系统的一部分，负责管理数据和服务客户端应用程序的请求。用户通过直接使用客户端应用程序来访问功能。此外，客户端应用程序向后端应用程序发出请求，以处理用户的数据。后端应用程序可能使用数据库存储数据，或者以不同的方式与其他后端应用程序通信。

可以想象，在现实场景中，该应用程序将是管理银行账户事务的后端应用程序。用户可以通过 Web 应用程序(网上银行)或移动应用程序访问并管理他们的账户。移动应用程序和 Web 应用程序都代表后端应用程序的客户端。要管理用户的事务，后端应用程序需要与其他后端解决方案通信，它管理的部分数据需要持久化到数据库中。在图 1.5 中，可以可视化这样一个系统的架构。

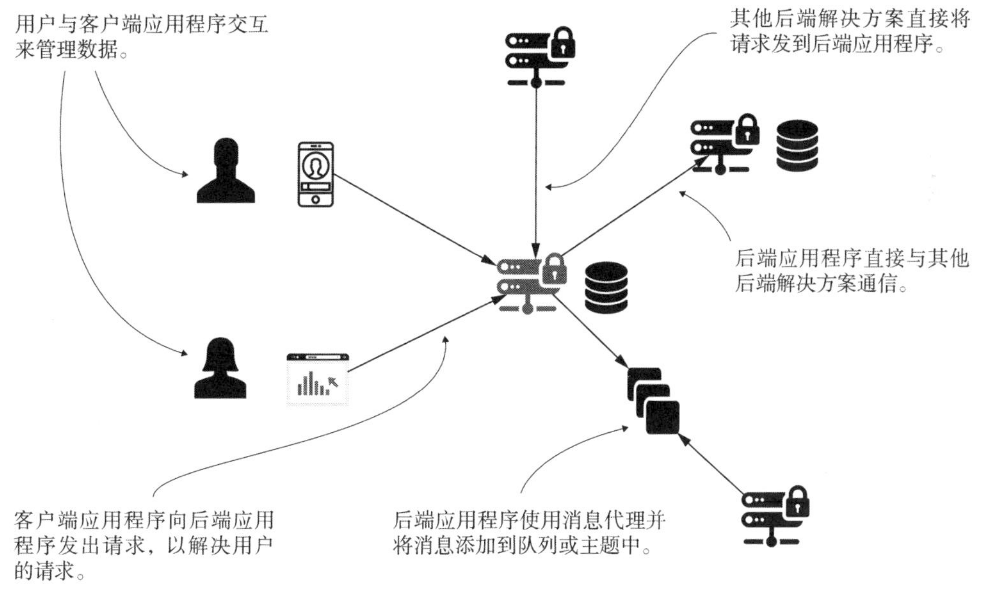
用户与客户端应用程序交互来管理数据。
其他后端解决方案直接将请求发到后端应用程序。
后端应用程序直接与其他后端解决方案通信。
客户端应用程序向后端应用程序发出请求，以解决用户的请求。
后端应用程序使用消息代理并将消息添加到队列或主题中。

图 1.5　后端应用程序以多种方式与其他应用程序交互，并使用数据库管理数据。通常，后端应用程序是复杂的，可能需要使用各种技术。框架通过提供工具来简化实现，可以使用这些工具更快地实现后端解决方案

注意　如果不理解图 1.5 中的所有细节，请不要担心。我不希望知道什么是消息代理，甚至不希望知道如何在组件之间建立数据交换。这样的系统在现实世界中可能会变得复杂，Spring 生态系统的项目是为了帮助尽可能地消除这种复杂性而构建的。

Spring 为实现后端应用程序提供了一组优秀的工具。通过使用通常在后端解决方案中实现的不同功能(从与其他应用程序的集成到各种数据库技术的持久化)，它可以使生活变得更轻松。难怪开发人员经常将 Spring 用于这类应用程序。该框架基本上提供了此类实现所需的一切，并

且非常适合任何类型的架构风格。图 1.6 显示了在后端应用程序中使用 Spring 的可能性。

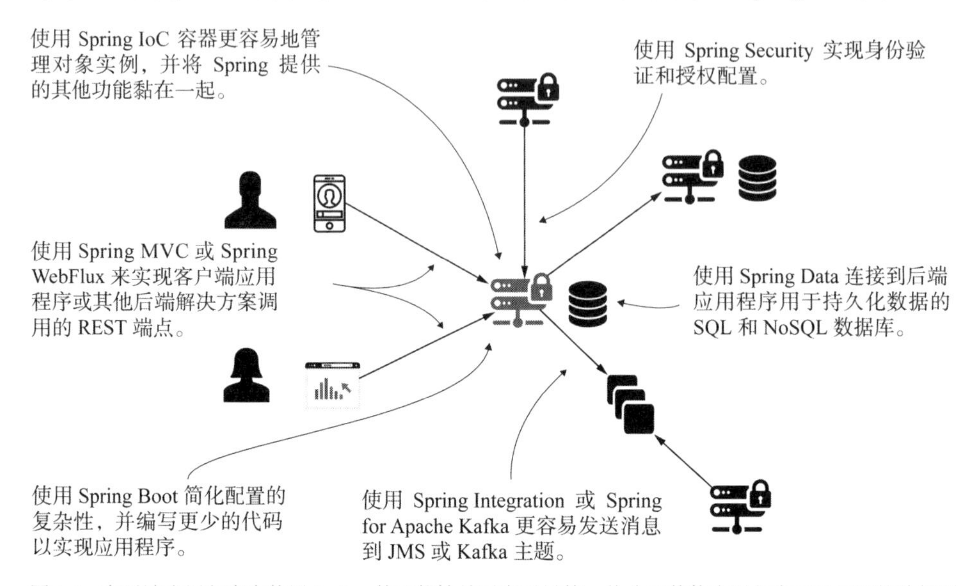

使用 Spring IoC 容器更容易地管理对象实例，并将 Spring 提供的其他功能黏在一起。
使用 Spring Security 实现身份验证和授权配置。
使用 Spring MVC 或 Spring WebFlux 来实现客户端应用程序或其他后端解决方案调用的 REST 端点。
使用 Spring Data 连接到后端应用程序用于持久化数据的 SQL 和 NoSQL 数据库。
使用 Spring Boot 简化配置的复杂性，并编写更少的代码以实现应用程序。
使用 Spring Integration 或 Spring for Apache Kafka 更容易发送消息到 JMS 或 Kafka 主题。

图 1.6 在后端应用程序中使用 Spring 的可能性是无穷无尽的，从公开其他应用程序可以调用的功能到管理数据库访问，从保护应用程序到通过第三方消息代理管理集成

1.3.2 在自动化测试应用程序中使用 Spring

现在，经常使用自动化测试对所实现的系统进行端到端测试。自动化测试指的是实现开发团队使用的软件，以确保应用程序的行为符合预期。开发团队可以安排自动化测试的实现来频繁地测试应用程序，并在出现问题时通知开发人员。拥有这样的功能给了开发人员信心，因为他们知道，如果他们在开发新功能时破坏了应用程序的现有功能，他们就会得到通知。

虽然对于小型系统，可以手动进行测试，但自动化测试用例总是更好。对于更复杂的系统，甚至不能手工测试所有的流。因为流量如此之多，要完全覆盖它需要花费大量的时间和精力。

事实证明，最有效的解决方案是让一个独立的团队实现一个应用程序，负责验证被测试系统的所有流。在开发人员为系统添加新功能的同时，这个测试应用程序也得到了增强，以覆盖新的内容，团队使用它来验证一切仍然按照预期工作。开发人员最终使用一个集成工具，并安排应用程序定期运行，以尽快获得其更改的反馈(见图 1.7)。

这样的应用程序可能会变得像后端应用程序一样复杂。为了验证流，应用程序需要与系统的组件通信，甚至连接到数据库。有时，应用程序会模拟外部依赖项来模拟不同的执行场景。为了编写测试场景，开发人员使用诸如 Selenium、Cucumber、Gauge 等框架。但是，加上这些框架，应用程序仍然可以从 Spring 工具的几个方面获益。例如，应用程序可以使用 Spring IoC 容器管理对象实例，以使代码更易于维护。它可以使用 Spring Data 连接到需要验证数据的数据库。它可以向代理系统的队列或主题发送消息，以模拟特定的场景，或者简单地使用 Spring 调用一些 REST 端点(见图 1.8)。

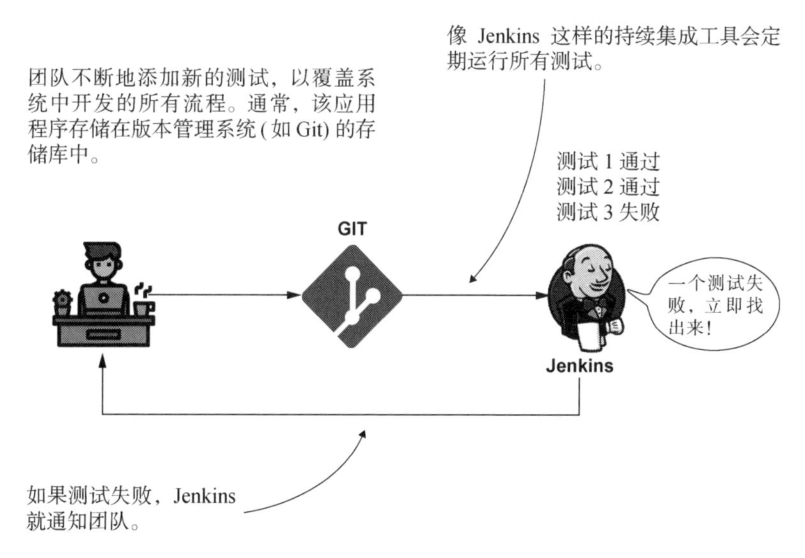

图 1.7　团队在测试环境中部署测试应用程序。像 Jenkins 这样的持续集成工具会定期执行应用程序，并向团队发送反馈。通过这种方式，团队可以始终了解系统的状态，并且知道在开发过程中他们是否破坏了某些东西

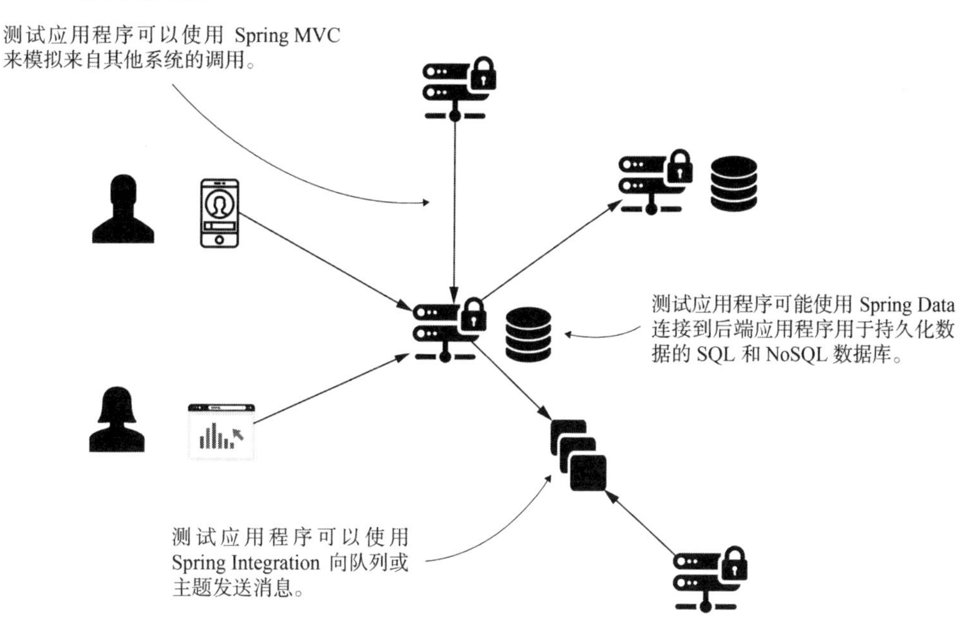

图 1.8　测试应用程序可能需要连接数据库或与其他系统或被测试系统通信。开发人员可以使用 Spring 生态系统的组件来简化这些功能的实现

1.3.3　使用 Spring 开发桌面应用程序

如今，桌面应用程序的开发并不那么频繁，因为 Web 或移动应用程序已经承担了与用户交互的角色。但是，仍然有少数桌面应用程序，Spring 生态系统的组件在开发其特性时可能是一

个不错的选择。桌面应用程序可以成功地使用 Spring IoC 容器来管理对象实例。这样，应用程序的实现更清晰，并提高了其可维护性。此外，应用程序还可能使用 Spring 的工具来实现不同的功能，例如与后端或其他组件通信(调用 Web 服务或使用其他技术进行远程调用)或实现缓存解决方案。

1.3.4 在移动应用程序中使用 Spring

通过 Spring for Android 项目(https://spring.io/projects/spring-android)，Spring 社区试图帮助开发移动应用程序。尽管可能很少遇到这种情况，但值得一提的是，可以使用 Spring 的工具来开发 Android 应用程序。这个 Spring 项目为 Android 提供了一个 REST 客户端，并为访问安全 API 提供了身份验证支持。

1.4 何时不使用框架

本节将讨论为什么有时应该避免使用框架。知道什么时候使用框架，什么时候避免使用框架很重要。有时，使用的工具功能太多可能会消耗更多的能量，也会得到更糟糕的结果。想象一下用电锯切面包。虽然可以尝试甚至实现最终的结果，但这比使用普通的刀更困难，能量消耗得更多(可能最后什么都没有，只有面包屑，而不是切片面包)。本节讨论一些不适合使用框架的场景，然后说一个团队因为使用框架而应用程序的实现失败的故事。

事实证明，就像软件开发中的其他事情一样，不应该在所有情况下都应用框架。在某些情况下，框架并不适合——或者框架很适合，但 Spring 框架不适合。在下列哪一种情况下，应该考虑不使用框架？

(1) 需要在内存占用尽可能小的情况下实现特定的功能。我所说的内存占用，是指应用程序文件所占用的存储内存。

(2) 特定的安全要求迫使在应用程序中只实现定制代码，而不使用任何开源框架。

(3) 必须在框架上做很多定制，这样编写的代码会多于根本不使用的代码。

(4) 已经有了一个功能强大的应用程序，通过改变它来使用框架并不能带来任何好处。

下面详细讨论这些问题。

1.4.1 需要有一个小的内存占用

对于第一点，指的是需要将应用程序缩小的情况。在今天的系统中，越来越多的服务是用容器交付的。容器，可以是 Docker、Kubernetes，也可以使用与此主题相关的其他术语(如果没有，也没关系)。

容器本身超出了本书的讨论范围，所以现在唯一需要知道的是，使用这种部署方式时，希望应用程序尽可能小。容器类似于应用程序所在的盒子。在容器中部署应用程序的一个重要原则是，容器应该很容易丢弃：它们可以尽快销毁和重新创建。应用程序的大小(内存占用)在这里非常重要。可以通过缩小它来节省应用程序初始化的时间。这并不意味着，不会为所有部署在容器中的应用程序使用框架。

但对于一些通常也非常小的应用程序来说，改进它们的初始化并使它们的内存占用更小，而不是向不同的框架添加依赖项更有意义。这种情况是一种称为无服务器功能的应用程序。这些无服务器功能是部署在容器中的微型应用程序。

因为没有太多的权限访问它们的部署方式，所以它们看起来就像在没有服务器的情况下执行(因此得名)。这些应用程序需要很小，对于这种特定的应用程序，要尽量避免添加框架。由于它的大小，也可能不需要框架。

1.4.2　安全需求要求定制代码

第二点，在特定的情况下，由于安全需求，应用程序不能使用框架。这种情况通常发生在国防或政府组织领域的应用程序。同样，这并不意味着政府机构中使用的所有应用程序都被禁止使用框架，但对某些应用程序来说，会有限制。为什么？假设使用了像 Spring 这样的开源框架。如果有人发现了一个特定的漏洞，所有人就会知道这个漏洞，黑客就可以利用这个漏洞。有时，这类应用程序的利益相关者希望确保系统被黑客入侵的可能性尽可能接近于零。这甚至可能导致重新构建功能，而不是使用来自第三方的功能。

注意　等等！前面说过，使用开源框架更安全——因为如果存在漏洞，可能会有人发现。如果投入足够的时间和金钱，自己也可能做到这一点。一般来说，使用框架当然更便宜。如果不想格外小心，使用框架更有意义。但是在一些项目中，利益相关者真的希望确保没有信息被公开。

1.4.3　现有的大量定制使得框架不切实际

另一种情况(第三点)是，可能想要避免使用框架，因为不得不自定义它的组件，以至于最终会编写比没有使用它时更多的代码。如 1.1 节所述，框架提供了一些组件，可以用业务代码来组装它们，获得应用程序。这些由框架提供的组件并不完全合适，需要以不同的方式定制它们。与从头开始开发功能相比，定制框架的组件和它们的组装样式很正常。如果需要从头开发，那么可能选择了错误的框架(寻找替代方案)，或者根本不应该使用框架。

1.4.4　不会从切换框架中获益

第四点提到了一个潜在的错误，那就是尝试使用框架来替换一些已存在并且正在应用程序中运行的东西。有时会试图用一些新的东西替换现有的架构。新的框架出现了，它很流行，每个人都在使用它，为什么不改变应用程序来使用这个框架呢？可以这么做，但是，需要仔细分析想通过改变一些有效的东西来实现什么。在某些情况下，例如在 1.1 节的故事中，它可以帮助改变应用程序，使其依赖于特定的框架。只要这种改变能带来好处，就去改变吧!一个原因可能是要使应用程序更易于维护、更高效或更安全。但是，如果这种改变没有带来好处，有时甚至可能带来不确定性，那么，最终投入的时间和金钱换来了更糟糕的结果。下面是一个我亲身经历的故事。

一个可以避免的错误

使用框架并不总是最好的选择，我不得不付出惨痛的代价才明白这一点。几年前，我致力于 Web 应用程序的后端。时间会影响很多事情，包括软件架构。该应用程序使用 JDBC 直接连接到 Oracle 数据库。代码相当难看。当应用程序需要在数据库上执行查询时，它会打开一条语句，然后发送一条有时会写入多行的查询。我没有在应用程序中直接使用过 JDBC，但是相信我，这是一段又长又难看的代码。

当时，一些使用另一种方法处理数据库的框架变得越来越流行。我记得第一次遇到 Hibernate 时。这是一个 ORM 框架，它允许将数据库中的表及其关系视为对象和对象之间的关系。如果使用正确，它可以编写更少的代码和更直观的功能。如果使用不当，它可能会降低应用程序的速度，使代码不那么直观，甚至引入 bug。

团队开发的应用程序需要更改，可以改进那个丑陋的 JDBC 代码。至少可以最小化代码行数。此更改为可维护性带来极大的好处。我与其他开发人员一起，建议使用 Spring 提供的一个名为 JdbcTemplate 的工具(详见第 12 章)，但是其他人强烈建议使用 Hibernate。它很受欢迎，为什么不使用它呢？(实际上，它仍然是同类框架中最流行的框架之一，第 13 章将学习如何将它与 Spring 集成)将代码更改为一种全新的方法是一个挑战。此外，没有任何好处。这种变化也意味着引入 bug 的风险更大。

幸运的是，这种改变是从概念验证开始的。经过几个月的努力和压力，团队决定退出。

在分析了前面的选项之后，团队使用 JdbcTemplate 完成了实现。通过消除大量的代码行，编写出了更整洁的代码，而且不需要为这一更改引入任何新框架。

1.5 本书内容

既然你已打开了本书，这里就假设你可能是 Java 生态系统中的软件开发人员，发现学习 Spring 很有用。本书的目的是教会读者学习 Spring 的基础知识，并假定读者对框架和 Spring 一无所知。当说到 Spring 时，指的是 Spring 生态系统，而不仅仅是框架的核心部分。

学完本书，你将学会：

- 使用 Spring 上下文，围绕框架管理的对象实现各种功能。
- 实现 Spring 应用程序连接数据库和处理持久化数据的机制。
- 使用 Spring 实现的 REST API 在应用程序之间建立数据交换。
- 构建使用约定优于配置方法的基本应用程序。
- 在 Spring 应用程序的标准类设计中使用最佳实践。
- 正确地测试 Spring 实现。

1.6 本章小结

- 应用程序框架是一组通用的软件功能，为开发应用程序提供了基本结构。框架充当构建应用程序的骨架支持。
- 框架可以帮助更有效地构建应用程序，它提供的功能要组装到实现中，而不是自己开发它。使用框架可以节省时间，并有助于减少实现 bug 特性的机会。
- 使用像 Spring 这样广为人知的框架为大型社区打开了一扇门，这使得其他人更有可能面临类似的问题。然后就有了一个绝佳的机会，去了解别人是如何解决类似问题的，这将节省个人研究的时间。
- 在实现应用程序时，总是考虑到所有的可能性，包括不使用框架。如果决定使用一个或多个框架，请考虑它们的所有替代方案。应该考虑框架的目的，还有谁在使用它(社区有多大)，以及它在市面上存在了多长时间(成熟度)。
- Spring 不仅仅是一个框架。通常将 Spring 称为“Spring 框架”，以表示其核心功能，但 Spring 提供了一个由应用程序开发中使用的许多项目组成的完整生态系统。每个项目都专门用于特定的领域，当实现应用程序时，可能会使用更多这样的项目来实现想要的功能。本书使用 Spring 生态系统的项目如下：
  - Spring Core，它构建了 Spring 的基础，并提供了诸如上下文、切面和基本数据访问等特性。
  - Spring Data，它提供了一套高级的、易于使用的工具来实现应用程序的持久层。使用 Spring Data 处理 SQL 和 NoSQL 数据库很容易。
  - Spring Boot，这是 Spring 生态系统的一个项目，它可以帮助应用“约定优于配置”的方法。
- 通常，学习材料(如书籍、文章或视频教程)只会为后端应用程序提供使用 Spring 的示例。虽然在后端应用程序中使用 Spring 很普遍，但也可以在其他类型的应用程序中使用 Spring，甚至在桌面应用程序和自动化测试应用程序中也是如此。

第2章

Spring上下文：定义bean

本章内容

- 理解 Spring 上下文的需求
- 向 Spring 上下文添加新的对象实例

本章开始学习如何使用 Spring 框架的关键元素：上下文(也称为 Spring 应用程序中的应用程序上下文)。把 context 想象成应用程序内存中的一个地方，在这里添加了想让框架管理的所有对象实例。默认情况下，Spring 不知道在应用程序中定义的任何对象。要使 Spring 能够看到对象，需要将它们添加到上下文。本书的后面将讨论如何在应用程序中使用 Spring 提供的不同功能。了解如何通过添加对象实例并建立它们之间的关系，以通过上下文插入这些特性。Spring 使用上下文中的实例将应用程序连接到它提供的各种功能上。本书会讨论最重要的特性(如事务、测试等)的基础知识。

了解 Spring 上下文是什么以及它是如何工作的是学习使用 Spring 的第一步，因为如果不知道如何管理 Spring 上下文，几乎不可能使用它学习其他任何知识。上下文是一种复杂的机制，它使 Spring 能够控制已定义的实例。通过这种方式，它允许使用框架提供的功能。

本章首先学习如何将对象实例添加到 Spring 上下文中。第 3 章学习如何引用添加的实例并建立它们之间的关系。

将这些对象实例命名为“bean”。当然，对于需要学习的语法，我们将编写代码片段，可以在随书提供的项目中找到所有这些代码片段(可以从 live book 的“图书资源”部分下载这些项目)。本书将用视觉效果和对方法的详细解释来增强代码示例。

因为想循序渐进地介绍 Spring，本章将重点关注使用 Spring 上下文时需要知道的语法。并不是应用程序的所有对象都需要由 Spring 管理，所以不需要将应用程序的所有对象实例都添加到 Spring 上下文中。目前，应该将重点放在添加 Spring 管理的实例的方法上。

2.1 创建 Maven 项目

本节讨论如何创建 Maven 项目。Maven 并不是一个与 Spring 直接相关的主题，但它是一个工具，可以用于轻松地管理应用程序的构建过程，而不管使用的是什么框架。必须了解 Maven 项目的基础知识才能理解这些代码示例。Maven 也是现实场景中 Spring 项目最常用的构建工具之一(另一个构建工具 Gradle 排在第二位，本书不会讨论它)。由于 Maven 是一个非常知名的工具，读者可能已经知道如何创建项目，并使用它的配置向其添加依赖项。在这种情况下，可以跳过这一节，直接进入 2.2 节。

构建工具是可以用来更轻松地构建应用程序的软件。可以配置一个构建工具来执行构建应用程序的一部分任务，而不是手动执行这些任务。下面是一些构建应用程序的任务示例：

- 下载应用程序需要的依赖项
- 运行测试
- 验证语法是否遵循定义的规则
- 检查安全漏洞
- 编译应用程序
- 将应用程序打包到一个可执行的归档文件中

为了使示例能够轻松地管理依赖项，需要为开发的项目使用构建工具。本节只介绍开发本书中的示例所需要知道的内容，本节将一步一步地完成创建 Maven 项目的任务，讨论关于它的结构的要点。如果想了解更多关于使用 Maven 的细节，推荐阅读 Balaji Varanasi 撰写的 *Introduction Maven: A Build Tool for Today's Java Developers* (Apress, 2019)。

下面从头开始。首先，与开发任何其他应用程序一样，需要一个集成开发环境(IDE)。现在任何专业的 IDE 都提供了对 Maven 项目的支持，所以可以选择 IDE：IntelliJ IDEA、Eclipse、Spring STS、Netbeans 等。本书使用了 IntelliJ IDEA，这是我最常使用的 IDE。不要担心——无论选择什么 ID，Maven 项目的结构都是相同的。

从创建新项目开始。在 IntelliJ 中选择 File | New | Project，创建一个新项目。显示如图 2.1 所示的窗口。

一旦选择了项目的类型，在下一个窗口(见图 2.2)中就需要对它进行命名。除了项目名称和选择存储它的位置，对于 Maven 项目，还可以指定以下内容。

- 组 ID，用来分组多个相关的项目
- 工件 ID，它是当前应用程序的名称
- 版本，它是当前实现状态的标识符

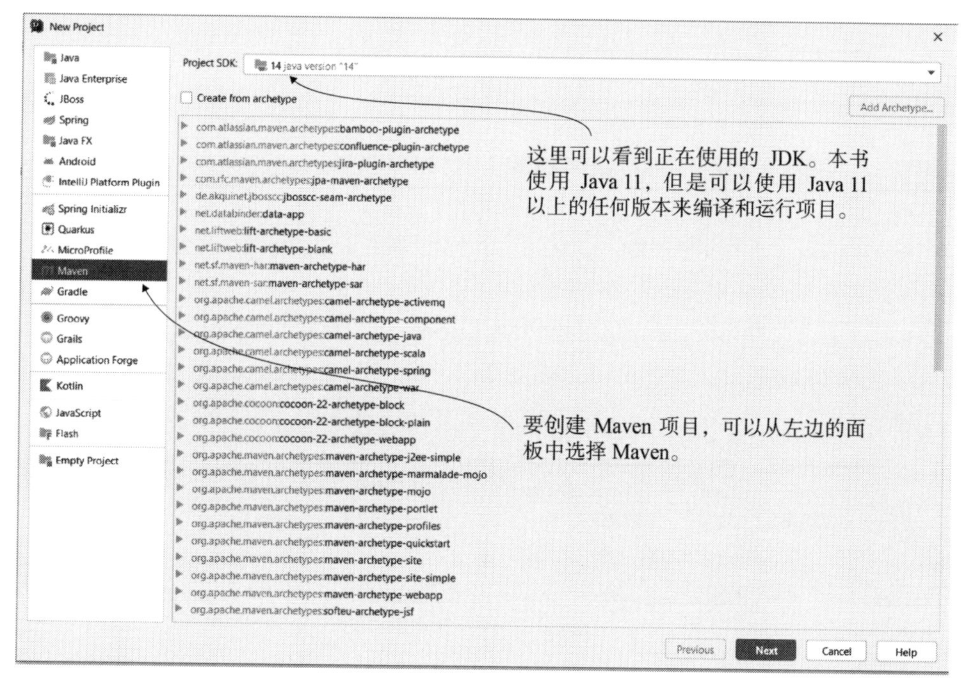

图 2.1　创建新的 Maven 项目：选择 File | New | Project 之后，会进入这个窗口，在这里需要从左边的面板中选择项目的类型。在示例中，选择了 Maven。在窗口的上方，选择希望用来编译和运行项目的 JDK

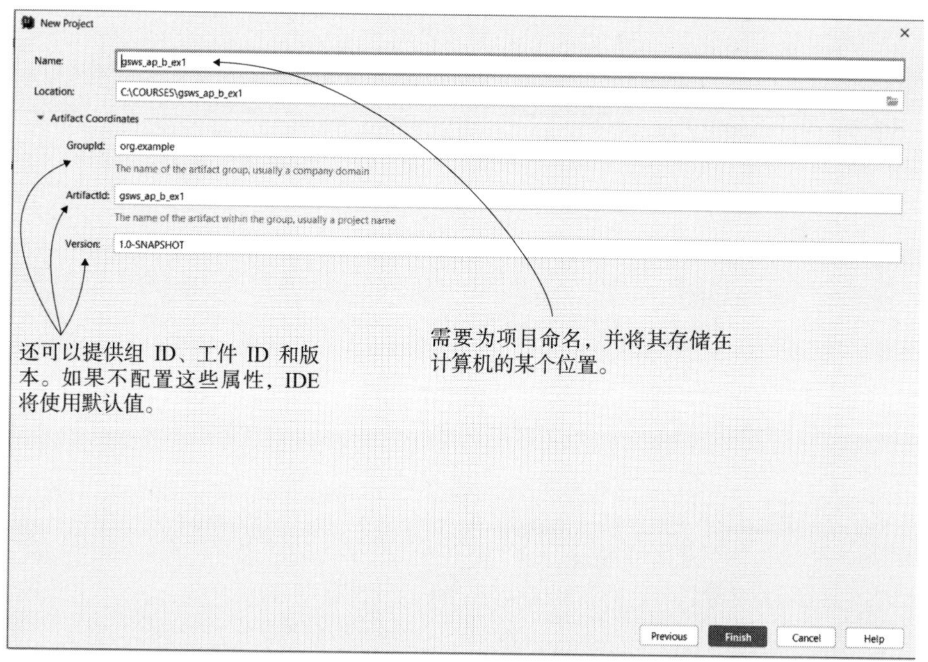

图 2.2　在创建完项目之前，需要对它进行命名，并指定希望 IDE 存储项目的位置。还可以为项目指定组 ID、工件 ID 和版本。然后单击右下角的 Finish 按钮，完成项目的创建

在真实的应用程序中，这 3 个属性是基本的细节，提供它们非常重要。但是本书因为只处理理论示例，所以可以省略它们，让 IDE 为这些特征填充一些默认值。

一旦创建了项目，它的结构如图 2.3 所示。同样，Maven 项目结构不依赖于开发项目所选择的 IDE。当第一次着眼于项目时，会观察到两件主要的事情。

- “src”文件夹(也称为源文件夹)，可以把属于应用程序的所有东西都放在这里。
- pom.xml 文件，可以在其中编写 Maven 项目的配置，例如，添加新的依赖项。

Maven 将“src”文件夹组织成以下文件夹：

- “main”文件夹，用于存储应用程序的源代码。此文件夹包含 Java 代码和配置，分别放在两个不同的子文件夹中，分别命名为“Java”和“resources”。
- “test”文件夹，用于存储单元测试的源代码(第 15 章讨论单元测试以及如何定义它们)。

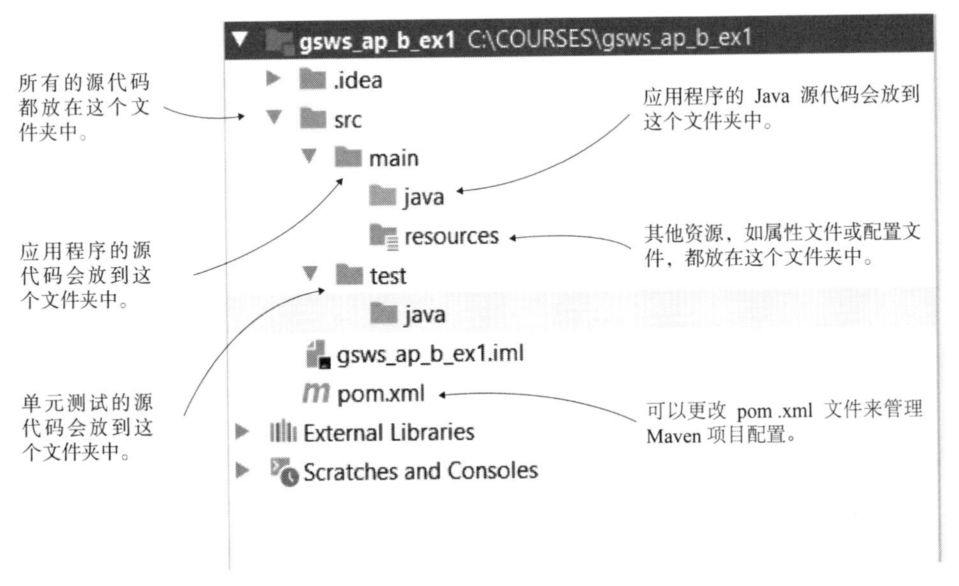

图 2.3 Maven 项目的组织。在 src 文件夹中，添加所有属于应用程序的内容：应用程序的源代码放到 main 文件夹中，单元测试的源代码放到 test 文件夹中。在 pom.xml 文件中，为 Maven 项目编写配置(示例主要使用它定义依赖项)

图 2.4 展示了如何将新的源代码添加到 Maven 项目的 main/java 文件夹中。应用程序的新类放入这个文件夹。

在本书创建的项目中使用了大量的外部依赖项：用来实现示例功能的库或框架。要将这些依赖项添加到 Maven 项目中，需要更改 pom.xml 文件的内容。在代码清单 2.1 中，可以在创建 Maven 项目后立即找到 pom .xml 文件的默认内容。

代码清单 2.1 pom.xml 文件的默认内容

```
<?xml version="1.0" encoding="UTF-8"?>
<project xmlns="http://maven.apache.org/POM/4.0.0"
```

```
         xmlns:xsi="http://www.w3.org/2001/XMLSchema-instance"
         xsi:schemaLocation="http://maven.apache.org/POM/4.0.0
         http://maven.apache.org/xsd/maven-4.0.0.xsd">

    <modelVersion>4.0.0</modelVersion>

    <groupId>org.example</groupId>
    <artifactId>sq-ch2-ex1</artifactId>
    <version>1.0-SNAPSHOT</version>

</project>
```

在“java”文件夹中，可以创建常用的 Java 包和类。这里创建了一个名为“main”的包，里面有一个新的 Main 类。

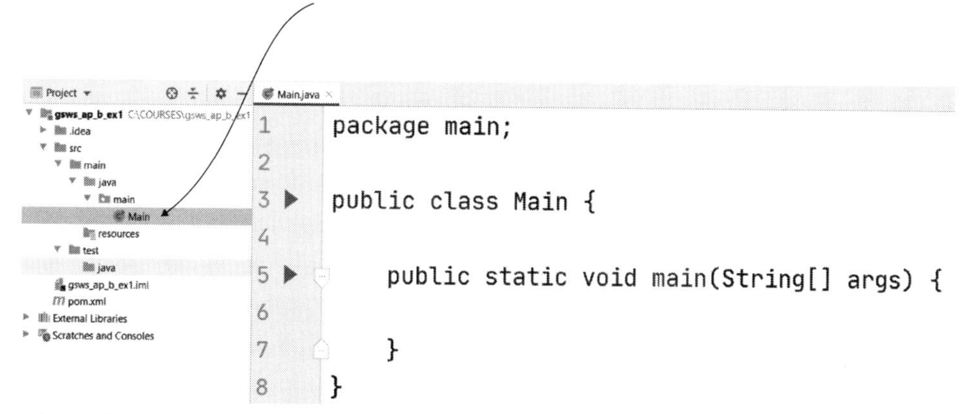

图 2.4　在“java”文件夹中，创建应用程序常用的 Java 包和类。这些类定义了应用程序的整个逻辑，并利用了所提供的依赖项

使用这个 pom .xml 文件，项目不使用任何外部依赖项。如果查看项目的外部依赖文件夹，应该只会看到 JDK(见图 2.5)。

代码清单 2.2 显示了如何向项目添加外部依赖项。在<dependencies> </dependencies>标记之间编写所有的依赖项。每个依赖项都由一组<dependency> </dependency>标记表示，可以在其中编写依赖项的属性有：依赖项的组 ID、工件名称和版本。Maven 根据为这 3 个属性提供的值搜索依赖项，并从存储库下载依赖项。本章不会详细介绍如何配置自定义存储库。Maven 在默认情况下会从名为 Maven 中心的存储库下载依赖项(通常是 jar 文件)。可以在项目的外部依赖文件夹中找到下载的 jar 文件，如图 2.6 所示。

代码清单 2.2　在 pom.xml 文件中添加一个新的依赖项

```
<? xml version="1.0" encoding = "UTF-8"?>
<project xmlns="http://maven.apache.org/POM/4.0.0"
         xmlns:xsi="http://www.w3.org/2001/XMLSchema-instance"
         xsi:schemaLocation="http://maven.apache.org/POM/4.0.0
         http://maven.apache.org/xsd/maven-4.0.0.xsd">
```

```
    <modelVersion>4.0.0</modelVersion>
    <groupId>org.example</groupId>
    <artifactId>sq_ch2_ex1</artifactId>
    <version>1.0-SNAPSHOT</version>

    <dependencies>
      <dependency>
        <groupId>org.springframework</groupId>
        <artifactId>spring-jdbc</artifactId>
        <version>5.2.6.RELEASE</version>
      </dependency>
    </dependencies>

</project>
```

需要在<dependencies>和</dependecies>标记之间为项目编写依赖项

依赖项由一组<dependency></dependency>标记表示

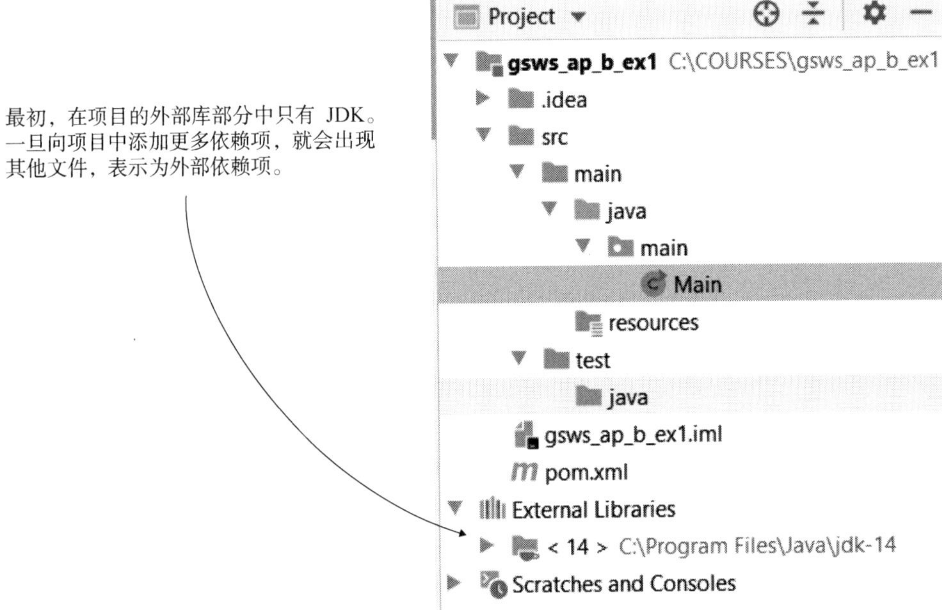

图 2.5 使用默认的 pom .xml 文件，项目只使用 JDK 作为外部依赖项。更改 pom.xml 文件(本书将使用这个文件)的原因之一是添加应用程序需要的新依赖项

一旦在 pom .xml 文件中添加了依赖项，IDE 就会下载它们，现在就会在“External Libraries”文件夹中找到这些依赖项(见图 2.6)。

现在可以转到 2.2 节，2.2 节将讨论 Spring 上下文的基础。你将创建 Maven 项目，并学习使用名为 spring -context 的 Spring 依赖项来管理 Spring 上下文。

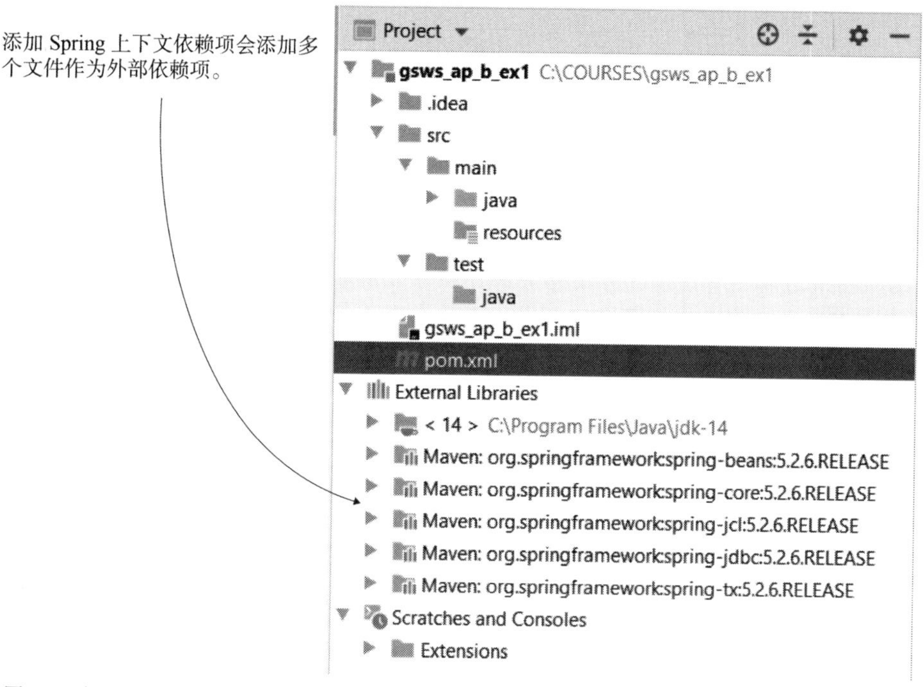

图 2.6　向 pom.xml 文件添加新的依赖项时，Maven 会下载表示该依赖项的 jar 文件。可以在项目的 External Libraries 文件夹中找到这些 jar 文件

2.2　向 Spring 上下文添加新的 bean

本节学习如何向 Spring 上下文添加新的对象实例(即 bean)。有多种方法在 Spring 上下文中添加 bean，这样 Spring 就可以管理它们，并将它提供的特性插入应用程序中。根据操作，选择添加 bean 的特定方式；这里讨论何时选择其中之一。可以通过以下方式在上下文中添加 bean(后面描述)：

- 使用@Bean 注解
- 使用原型注解
- 编程

首先创建一个没有引用任何框架的项目——甚至没有引用 Spring。然后，添加使用 Spring 上下文所需的依赖项并创建它(见图 2.7)。这个示例将作为将 bean 添加到 Spring 上下文示例的先决条件，2.2.1～2.2.3 节将处理这些示例。

创建一个 Maven 项目并定义一个类。因为想象起来很有趣，所以考虑一个名为 Parrot 的类，该类只有一个 String 属性表示 Parrot 的名称(见代码清单 2.3)。记住，本章只关注将 bean 添加到 Spring 上下文中，因此可以使用任何有助于更好地记住对象的语法。可以在项目“sq-ch2-ex1”中找到这个示例的代码(可从 live book 的 Resources 部分下载这些项目)。对于这个项目，可以使用相同的名称或选择自己喜欢的名称。

要达到的目标

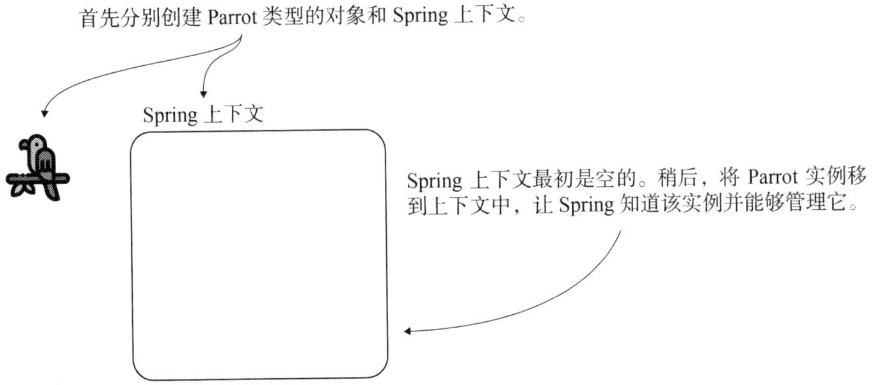

首先分别创建 Parrot 类型的对象和 Spring 上下文。

Spring 上下文

Spring 上下文最初是空的。稍后，将 Parrot 实例移到上下文中，让 Spring 知道该实例并能够管理它。

图 2.7 首先，创建对象实例和空的 Spring 上下文

代码清单 2.3 Parrot 类

```
public class Parrot {

  private String name;

  // Omitted getters and setters
}
```

现在可以定义一个包含 main 方法的类，并创建类 Parrot 的实例，如代码清单 2.4 所示。通常将这个类命名为 Main。

代码清单 2.4 创建 Parrot 类的实例

```
public class Main {

  public static void main(String[] args) {
    Parrot p = new Parrot();
  }
}
```

现在是时候向项目添加所需的依赖项了。因为使用的是 Maven，所以在 pom.xml 文件中添加依赖项，如代码清单 2.5 所示。

代码清单 2.5 为 Spring 上下文添加依赖项

```
<project xmlns="http://maven.apache.org/POM/4.0.0"
  xmlns:xsi="http://www.w3.org/2001/XMLSchema-instance"
  xsi:schemaLocation="http://maven.apache.org/POM/4.0.0
  http://maven.apache.org/xsd/maven-4.0.0.xsd">
```

```
  <modelVersion>4.0.0</modelVersion>

  <groupId>org.example</groupId>
  <artifactId>sq-ch2-ex1</artifactId>
  <version>1.0-SNAPSHOT</version>

  <dependencies>
    <dependency>
      <groupId>org.springframework</groupId>
      <artifactId>spring-context</artifactId>
      <version>5.2.6.RELEASE</version>
    </dependency>
  </dependencies>

</project>
```

需要注意的关键一点是，Spring 被设计成模块化的。通过模块化，当使用 Spring 生态系统之外的东西时，不需要将整个 Spring 添加到应用程序中。只需要添加要使用的那些部分。因此，在代码清单 2.5 中，只添加了 spring-context 依赖项，它指示 Maven 为使用 Spring 上下文拉出所需的依赖项。本书根据要实现的内容向项目中添加各种依赖项，但总是只添加需要的内容。

注意 如何知道应该添加哪个 Maven 依赖项？事实上，我用过它们很多次了，已经记住它们了。无论如何，不需要记住它们。当使用新的 Spring 项目时，可以在 Spring 引用中直接搜索需要添加的依赖项(https://docs.spring.io/spring-framework/docs/current/spring-framework-reference/core.html)。一般来说，Spring 依赖项是 org.springframework 组 ID 的一部分。

通过将依赖项添加到项目中，可以创建 Spring 上下文的实例。代码清单 2.6 通过更改 main 方法来创建 Spring 上下文实例。

代码清单 2.6　创建 Spring 上下文的实例

```
public class Main {

  public static void main(String[] args) {
    var context =
      new AnnotationConfigApplicationContext();   ← 创建 Spring 上下文的实例

    Parrot p = new Parrot();
  }
}
```

注意 前面使用 AnnotationConfigApplicationContext 类创建 Spring 上下文实例。Spring 提供了多种实现。因为在大多数情况下都使用 AnnotationConfigApplicationContext 类(实现使用当今最常用的方法：注解)，所以本书将重点讨论这个类。另外，当前只讨论需要知道的内容。如果刚刚开始使用 Spring，应该避免详细讨论上下文实现和这些类的继承链。否则可能会迷失在不重要的细节中，而不是专注于重要的事情。

如图 2.8 所示，创建了一个 Parrot 的实例，将 Spring 上下文依赖项添加到项目中，并创建了一个 Spring 上下文的实例。目标是将 Parrot 对象添加到上下文，这是下一步。

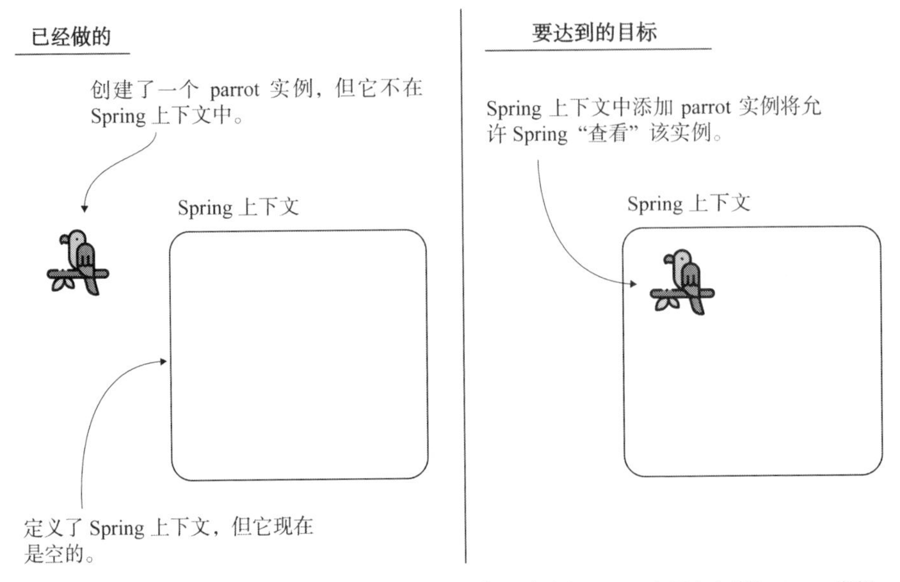
已经做的
创建了一个 parrot 实例，但它不在 Spring 上下文中。
Spring 上下文
定义了 Spring 上下文，但它现在是空的。
要达到的目标
Spring 上下文中添加 parrot 实例将允许 Spring“查看”该实例。
Spring 上下文

图 2.8 创建了 Spring 上下文实例和 Parrot 实例。现在，需要在 Spring 上下文中添加 Parrot 实例，以使 Spring 能够识别该实例

刚刚完成了先决条件(框架)项目的创建，下一节使用它理解如何将 bean 添加到 Spring 上下文中。2.2.1 节继续学习如何使用@Bean 注解将实例添加到 Spring 上下文。此外，2.2.2 节和 2.2.3 节将学习使用原型注解添加实例的替代方法和编程方式。在讨论了这三种方法之后，对它们进行比较，并介绍使用它们的最佳场合。

2.2.1 使用@Bean 注解将 bean 添加到 Spring 上下文中

本节讨论使用@Bean 注解将对象实例添加到 Spring 上下文，以添加在项目中定义的类的实例(就像示例中的 Parrot)，以及不是自己创建但在应用程序中使用的类。开始时这种方法是最容易理解的。记住，学习将 bean 添加到 Spring 上下文的原因是 Spring 只能管理作为它一部分的对象。首先，给出一个简单的示例，说明如何使用@Bean 注解将 bean 添加到 Spring 上下文中。然后，展示如何添加相同或不同类型的多个 bean。

使用@Bean 注解将 bean 添加到 Spring 上下文中需要遵循的步骤如下(见图 2.9)。

(1) 为项目定义一个配置类(带有@Configuration 注解)，用来配置 Spring 的上下文。

(2) 在返回想要添加到上下文的对象实例的配置类中添加一个方法，并用@Bean 注解方法。

(3) 让 Spring 使用步骤(1)中定义的配置类。稍后使用配置类为框架编写不同的配置。

遵循这些步骤，并在名为“sq-c2-ex2”的项目中应用它们。为了将讨论的所有步骤分开，建议为每个示例创建新项目。

注意　请记住，可以在 live book 的 Resources 部分找到本书的项目。

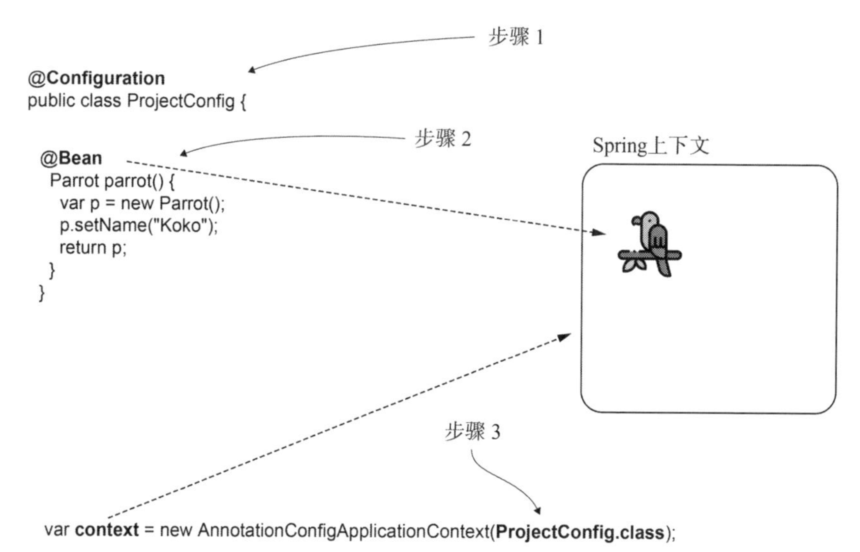
步骤 1
@Configuration
public class ProjectConfig {
步骤 2
@Bean
Parrot parrot() {
var p = new Parrot();
p.setName("Koko");
return p;
}
}
Spring上下文
步骤 3
var context = new AnnotationConfigApplicationContext(ProjectConfig.class);

图 2.9　使用@Bean 注解将 bean 添加到上下文的步骤。通过将实例添加到 Spring 上下文，可以使框架识别对象，从而使其能够管理实例

注意　配置类是 Spring 应用程序中的一个特殊类，用来指示 Spring 执行特定的操作。例如，可以告诉 Spring 创建 bean 或启用某些功能。本书的其余部分将了解可以在配置类中定义的不同内容。

步骤(1)：在项目中定义配置类

第一步是在项目中创建配置类。Spring 配置类的特点是使用@Configuration 注解进行注解。使用配置类来为项目定义各种与 Spring 相关的配置。本书学习使用配置类可以配置的不同东西。目前只关注向 Spring 上下文添加新实例。代码清单 2.7 显示了如何定义配置类。将这个配置类命名为 ProjectConfig。

代码清单 2.7　为项目定义配置类

```
@Configuration
public class ProjectConfig {
}
```

使用@Configuration 注解将这个类定义为 Spring 配置类

注意　将类分离到不同的包中，以使代码更容易理解。例如，在名为 config 的包中创建配置类，在名为 Main 的包中创建 Main 类。将类组织成包是一个很好的实践；建议在实际的实现中也遵循它。

步骤(2)：创建一个返回 bean 的方法，并使用@Bean 注解该方法

使用配置类可以将 bean 添加到 Spring 上下文中。为此，需要定义一个方法，返回的对象实例要添加到上下文中，并用@ Bean 注解来注解方法。这让 Spring 知道，它需要在初始化其上下文并将返回值添加到上下文时调用这个方法。代码清单 2.8 显示了为实现当前步骤而对配置类的更改。

注意 对于本书中的项目，使用了 Java 11：最新的长期支持的 Java 版本。越来越多的项目采用这个版本。一般来说，在代码片段中使用的唯一一个不能在早期版本 Java 中使用的特定特性是 var 保留类型名。使用 var 使代码更短，更容易阅读，但如果想使用 Java 的早期版本(例如 Java 8)，就可以用推断类型替换 var。这样，也可以让项目使用 Java 8。

代码清单 2.8 定义@Bean 方法

```
@Configuration
public class ProjectConfig {

  @Bean

  Parrot parrot() {
    var p = new Parrot();
    p.setName("Koko");
    return p;
  }
}
```

- @Bean：通过添加@Bean 注解，指示 Spring 在上下文初始化时调用这个方法，并将返回值添加到上下文
- p.setName("Koko")：为稍后测试应用程序时使用的鹦鹉设置一个名称
- return p：Spring 将方法返回的 Parrot 实例添加到它的上下文中

注意，为方法使用的名称不包含动词。Java 的最佳实践是在方法名中放置动词，因为方法通常表示操作。但是对于在 Spring 上下文中用来添加 bean 的方法，不遵循这个约定。这些方法表示它们返回的对象实例，现在将成为 Spring 上下文的一部分。方法的名称也变成了 bean 的名称(如代码清单 2.8 所示，bean 的名称现在是“parrot”)。按照惯例，可以使用名词，而且它们通常与类具有相同的名称。

步骤(3)：让 Spring 使用新创建的配置类初始化它的上下文

实现一个配置类，在这个类中，告诉 Spring 需要变成 bean 的对象实例。现在需要确保 Spring 在初始化它的上下文时使用这个配置类。代码清单 2.9 展示了如何在 Main 类中更改 Spring 上下文的实例化，以使用在前两个步骤中实现的配置类。

代码清单 2.9 基于定义的配置类初始化 Spring 上下文

```
public class Main {

  public static void main(String[] args) {
    var context =
      new AnnotationConfigApplicationContext(
              ProjectConfig.class);
  }
}
```

- ProjectConfig.class：在创建 Spring 上下文实例时，将配置类作为参数发送，以指示 Spring 使用它

为了验证 Parrot 实例现在确实是上下文的一部分，可以引用该实例并在控制台中打印它的名称，如代码清单 2.10 所示。

代码清单 2.10　从上下文中引用 Parrot 实例

```
public class Main {

  public static void main(String[] args) {
    var context =
      new AnnotationConfigApplicationContext(
        ProjectConfig.class);

    Parrot p = context.getBean(Parrot.class);    // 从 Spring 上下文中获取 Parrot 类型 bean 的引用

    System.out.println(p.getName());
  }
}
```

现在，在控制台的上下文中添加了鹦鹉的名称，在上例是 Koko。

> **注意**　在实际场景中，使用单元测试和集成测试来验证实现是否按预期工作。本书中的项目实现了单元测试来验证所讨论的行为。因为这是一本“入门”书，所以读者可能还不知道单元测试是什么。为了避免造成混乱，并专注于所讨论的主题，第 15 章之前不讨论单元测试。但是，如果已经知道如何编写单元测试，并且阅读它们有助于更好地理解这个主题，就可以在每个 Maven 项目的测试文件夹中找到实现的所有单元测试。如果还不知道单元测试是如何工作的，建议只关注所讨论的主题。

在前面的示例中，可以向 Spring 上下文添加任何类型的对象(见图 2.10)。还分别添加一个 String 类型和 Interger 类型的 bean，看看它是否工作。

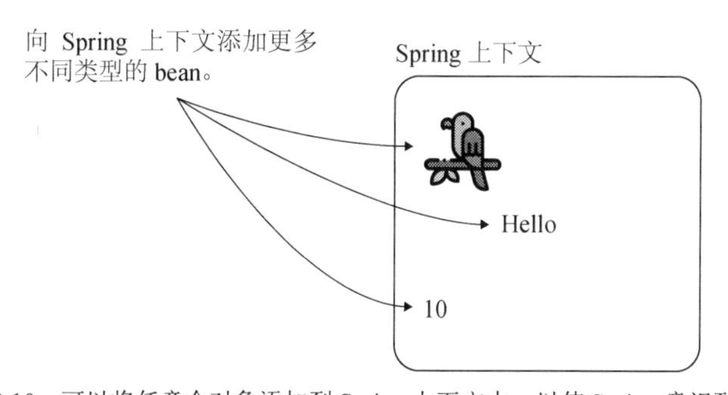
向 Spring 上下文添加更多不同类型的 bean。
Spring 上下文
Hello
10

图 2.10　可以将任意个对象添加到 Spring 上下文中，以使 Spring 意识到它

代码清单 2.11 展示了如何更改配置类，以添加 String 类型的 bean 和 Integer 类型的 bean。

代码清单 2.11　向上下文添加两个 bean

```
@Configuration
public class ProjectConfig {
```

```
  @Bean
  Parrot parrot() {
    var p = new Parrot();
    p.setName("Koko");
    return p;
  }

  @Bean
  String hello() {
    return "Hello";
  }

  @Bean
  Integer ten() {
    return 10;
  }
}
```

将字符串“Hello”添加到 Spring 上下文

将整数 10 添加到 Spring 上下文

注意 记住 Spring 上下文的目的：添加了 Spring 需要管理的实例。(通过这种方式，插入了框架提供的功能。)在真实的应用程序中，不会将每个对象都添加到 Spring 上下文中。从第 4 章开始，当示例更接近于产品应用程序中的代码时，还应该更多地关注 Spring 需要管理哪些对象。目前，重点放在可以用于将 bean 添加到 Spring 上下文的方法上。

现在可以使用与 parrot 相同的方式来引用这两个新 bean。代码清单 2.12 显示了如何更改 main 方法以打印新 bean 的值。

代码清单 2.12 在控制台中打印两个新 bean

```
public class Main {

  public static void main(String[] args) {
    var context = new AnnotationConfigApplicationContext(
                    ProjectConfig.class);

    Parrot p = context.getBean(Parrot.class);
    System.out.println(p.getName());

    String s = context.getBean(String.class);
    System.out.println(s);

    Integer n = context.getBean(Integer.class);
    System.out.println(n);
  }
}
```

不需要做任何显式的类型转换。Spring 在上下文中查找所请求的类型的 bean。如果这样的 bean 不存在，Spring 将抛出异常

现在运行应用程序，3 个 bean 的值将在控制台中打印出来，如下面的代码片段所示。

```
Koko
Hello
10
```

到目前为止，向 Spring 上下文添加了一个或多个不同类型的 bean。但是，是否可以添加多个相同类型的对象(见图 2.11)？如果是，如何单独引用这些对象？下面创建一个新项目“sq-ch2-ex3”，以演示如何向 Spring 上下文添加相同类型的多个 bean，以及如何在之后引用它们。

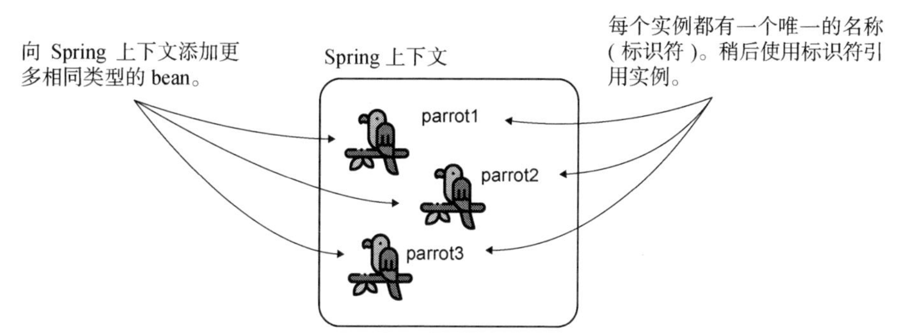

图 2.11　通过使用多个带@Bean 注解的方法，可以向 Spring 上下文添加更多相同类型的 bean。每个实例都有一个唯一的标识符。要在之后引用它们，需要使用 bean 的标识符

注意　不要将 bean 的名称与鹦鹉的名称混淆。在示例中，Spring 上下文中 bean 的名称(或标识符)是 parrot1、parrot2 和 parrot3(类似于定义它们的@Bean 方法的名称)。我给这些鹦鹉取的名字是 Koko、Miki 和 Riki。parrot 名称只是 parrot 对象的一个属性，它对 Spring 没有任何意义。

通过简单地声明更多使用@Bean 注解的方法，可以声明相同类型的任意多个实例。代码清单 2.13 展示了如何在配置类中声明 3 个 Parrot 类型的 bean。可以在项目“sq-ch2-ex3”中找到这个示例。

代码清单 2.13　向 Spring 上下文添加多个相同类型的 bean

```
@Configuration
public class ProjectConfig {

  @Bean
  Parrot parrot1() {
    var p = new Parrot();
    p.setName("Koko");
    return p;
  }

  @Bean
  Parrot parrot2() {
    var p = new Parrot();
    p.setName("Miki");
    return p;
  }

  @Bean
  Parrot parrot3() {
    var p = new Parrot();
    p.setName("Riki");
```

```
    return p;
  }
}
```

当然，不能再通过仅指定类型来从上下文中获取 bean。如果这样做，将得到一个异常，因为 Spring 无法猜测引用的是哪个实例。请看代码清单 2.14。运行这样的代码会抛出一个异常，在这个异常中，Spring 会说明需要更加精确，也就是指定要使用的实例。

代码清单 2.14 按类型引用 Parrot 实例

```
public class Main {

  public static void main(String[] args) {
    var context = new
      AnnotationConfigApplicationContext(ProjectConfig.class);

    Parrot p = context.getBean(Parrot.class);   ← 这一行得到一个异常，因为 Spring 无法猜出引用的是 3 个 Parrot 实例中的哪一个

    System.out.println(p.getName());

  }
}
```

当运行应用程序时，将得到一个异常，如下面的代码片段所示。

```
Exception in thread "main"
org.springframework.beans.factory.NoUniqueBeanDefinitionException: No
qualifying bean of type 'main.Parrot' available: expected single matching
bean but found 3:
     parrot1,parrot2,parrot3   ← 上下文中 Parrot bean 的名称
     at …
```

要解决这个歧义问题，需要通过使用 bean 的名称精确地引用其中一个实例。默认情况下，Spring 使用带有@Bean 注解的方法名称作为 bean 本身的名称。这就是不给@Bean 方法使用动词的原因。在示例中，bean 的名字是 parrot1、parrot2 和 parrot3(记住，方法表示 bean)。可以在前面代码片段的异常消息中找到这些名称。发现它们了吗？通过使用其中一个 bean 的名称来更改 main 方法，以显式地引用它。观察如何在代码清单 2.15 中引用 parrot2 bean。

代码清单 2.15 通过标识符引用 bean

```
public class Main {

  public static void main(String[] args) {
    var context = new
      AnnotationConfigApplicationContext(ProjectConfig.class);

    Parrot p = context.getBean("parrot2", Parrot.class);   ← 第一个参数是引用的实例的名称
    System.out.println(p.getName());

  }
}
```

现在运行应用程序，将不再得到异常。相反，在控制台中将看到第二只鹦鹉的名字 Miki。

如果想给 bean 另起一个名字，可以使用其中任何一个名字，或者@Bean 注解的值属性。以下任何一种语法都将改变“miki”中 bean 的名称：

- `@Bean(name = "miki")`
- `@Bean(value = "miki")`
- `@Bean("miki")`

在下一个代码片段中，可以观察到代码中出现的变化。如果想运行这个示例，可以在名为“sq-ch2-ex4”的项目中找到它。

```
@Bean(name = "miki")        ← 设置 bean 的名称
Parrot parrot2() {
  var p = new Parrot();
  p.setName("Miki");        ← 设置鹦鹉的名称
  return p;
}
```

将 bean 定义为主 bean

本节的前面讨论了在 Spring 上下文中可以有多个相同类型的 bean，但是需要使用它们的名称来引用它们。当有更多相同类型的 bean 时，在上下文中引用 bean 还有另一个选项。

在 Spring 上下文中有多个相同类型的 bean 时，可以将其中一个作为主 bean。使用@Primary 注解将希望的 bean 标记为主 bean。如果有多个 bean，而没有指定主 bean；主 bean 只是 Spring 的默认选择。下面的代码片段展示了被注释为 primary 的@Bean 方法：

```
@Bean
@Primary
Parrot parrot2() {
  var p = new Parrot();
  p.setName("Miki");
  return p;
}
```

如果引用 Parrot 而没有指定名称，那么 Spring 现在将默认选择 Miki。当然，只能将一个类型的 bean 定义为主 bean。可以在项目“sq-ch2-ex5”中找到这个示例。

2.2.2　使用原型注解向 Spring 上下文添加 bean

本节将学习一种向 Spring 上下文添加 bean 的不同方法(本章后面还将比较这些方法，并讨论何时选择其中一种或另一种)。请记住，将 bean 添加到 Spring 上下文中是必要的，因为这是使 Spring 能够识别应用程序的对象实例的方式，这些实例需要由框架管理。Spring 提供了更多将 bean 添加到其上下文中的方法。在不同的场景中，使用这些方法中的一种比另一种更适宜。例如，使用原型注解，编写的代码更少，来指示 Spring 将 bean 添加到它的上下文中。

Spring 提供了多个原型注解。但是这一节关注的是如何一般地使用原型注解。本节将使用其中最基本的@Component，并使用它演示示例。

使用原型注解，可以将注解添加到所要的类的上面，该类需要在 Spring 上下文中有一个实例。这样做时，要将类标记为组件。当应用程序创建 Spring 上下文时，Spring 会创建一个标记为组件的类的实例，并将该实例添加到它的上下文中。当使用这种方法告诉 Spring 在哪里寻找用原型注解进行注解的类时，仍然会有一个配置类。此外，可以一起使用这两种方法(一起使用@Bean 和原型注解；后面的章节将处理这些类型的复杂示例)。

在这个过程中需要遵循的步骤如图 2.12 所示。

(1) 使用@Component 注解，标记想让 Spring 向其上下文添加实例的类(在示例中是 Parrot)。

(2) 在配置类上使用@ComponentScan 注解，告诉 Spring 在哪里可以找到标记的类。

以 Parrot 类为例。可以在 Spring 上下文中添加类的实例，方法是用一个原型注解(如@Component)来注解 Parrot 类。

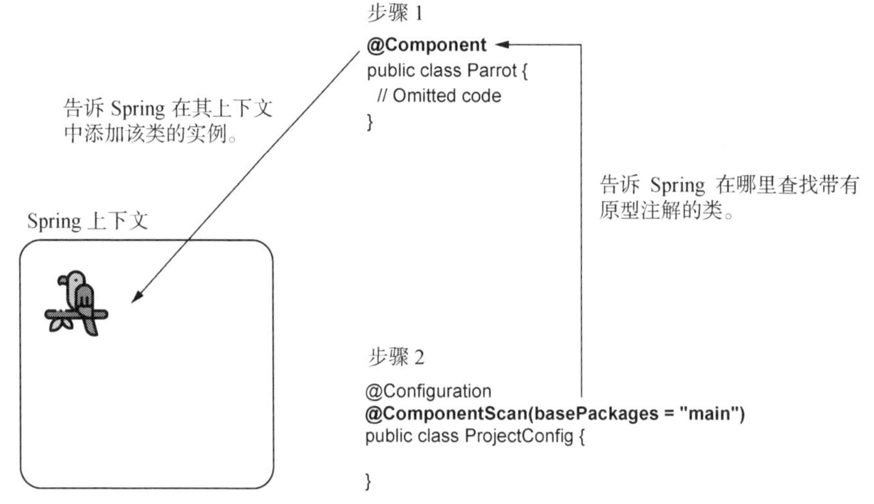

图 2.12　当使用原型注解时，考虑两个步骤。首先，使用原型注解(@Component)来注解要 Spring 为其上下文添加 bean 的类。其次，使用@ComponentScan 注解来告诉 Spring 在哪里寻找带有原型注解的类

代码清单 2.16 展示了如何为 Parrot 类使用@Component 注解。可以在项目“sq-ch2-ex6”中找到这个示例。

代码清单 2.16　为 Parrot 类使用原型注解

```
@Component
public class Parrot {

  private String name;

  public String getName() {
    return name;
  }

  public void setName(String name) {
```

通过在类上使用@Component 注解，指示 Spring 创建这个类的实例，并将其添加到它的上下文中

```
    this.name = name;
  }
}
```

但是等等！这段代码暂时还不能工作。默认情况下，Spring 不会搜索带有原型注解的类，所以如果只是让代码保持原样，Spring 不会在它的上下文中添加 Parrot 类型的 bean。为了告诉 Spring 它需要搜索带有原型注解的类，要在配置类上使用@ComponentScan 注解。同样，通过@ComponentScan 注解，告诉 Spring 在哪里查找这些类。前面列举了用原型注解定义类的包。代码清单 2.17 显示了如何在项目的配置类上使用@ComponentScan 注解。在本例中，包的名称是"main"。

代码清单 2.17 使用@ComponentScan 注解告诉 Spring 去哪里查找

```
@Configuration
@ComponentScan(basePackages = "main")
public class ProjectConfig {

}
```

使用注解的 basePackages 属性，告诉 Spring 在哪里寻找带有原型注解的类

现在告诉 Spring 以下内容：

(1) 向哪个类的上下文(Parrot)添加实例？

(2) 在哪里可以找到这些类(使用@ComponentScan)？

注意 不再需要方法来定义 bean 了。现在看来，这种方法更好，因为通过编写更少的代码来实现同样的目标。但请等到本章结束，这两种方法都是有用的，这取决于场景。

可以继续编写代码清单 2.18 所示的 main 方法，以证明 Spring 在其上下文中创建并添加了 bean。

代码清单 2.18 定义测试 Spring 配置的 main 方法

```
public class Main {

  public static void main(String[] args) {
    var context = new
      AnnotationConfigApplicationContext(ProjectConfig.class);

      Parrot p = context.getBean(Parrot.class);


      System.out.println(p);
      System.out.println(p.getName());
  }
}
```

打印为空，因为没有为 Spring 在其上下文中添加的 parrot 实例分配任何名称

打印从 Spring 上下文中获取的实例的默认 String 表示形式

运行此应用程序，Spring 向其上下文添加了一个 Parrot 实例，因为打印的第一个值是该实例的默认 String 表示。但是，打印的第二个值为空，因为没有为这个鹦鹉分配任何名称。Spring 只是创建类的实例，但应该先想以后如何更改这个实例(例如给它赋一个名称)。

前面介绍了两种最常遇到的向 Spring 上下文添加 bean 的方法，下面对它们做一个简短的比较(见表 2.1)。

在现实生活中，尽可能多地使用原型注解(因为这种方法意味着写更少的代码)，而且只会在不能添加 bean 时使用@Bean(例如，为类创建 bean，该类是一个库的一部分，因此不能修改这个类来添加原型注解)。

表 2.1　优缺点：比较两种将 bean 添加到 Spring 上下文的方法，弄明白何时使用它们

使用@Bean 注解	使用原型注解
1. 可以完全控制添加到 Spring 上下文中的实例创建。在带有@Bean 注解的方法体中创建和配置实例是用户的任务。Spring 只接受该实例，并按原样将其添加到上下文中	1. 只有在框架创建了实例之后才能控制它
2. 可以使用这个方法向 Spring 上下文添加更多相同类型的实例。2.1.1 节向 Spring 上下文添加了 3 个 Parrot 实例	2. 这样，只能将一个类的实例添加到上下文中
3. 可以使用@Bean 注解向 Spring 上下文添加任何对象实例。定义实例的类不需要在应用程序中定义。记住，之前在 Spring 上下文中添加了一个 String 和一个 Integer	3. 可以只使用原型注解来创建应用程序所拥有的类的 bean。例如，不能添加一个 String 或 Integer 类型的 bean，就像 2.1.1 节的@Bean 注解那样，因为不拥有这些类，通过添加原型注解来改变它们
4. 需要为创建的每个 bean 写一个单独的方法，这将为应用程序添加样板代码。因此，在项目中使用@Bean 是比使用原型注解优先级更低的第二个选项	4. 使用原型注解将 bean 添加到 Spring 上下文中，并不会给应用程序添加样板式代码。通常会更喜欢用这种方法处理属于应用程序的类

使用@PostConstruct 管理创建的实例

如本节所述，使用原型注解，可以指示 Spring 创建一个 bean，并将其添加到它的上下文中。但是，与使用@Bean 注解不同，不能完全控制实例的创建。使用@Bean，能够为添加到 Spring 上下文中的每个 Parrot 实例定义一个名称，但是使用@Component，在 Spring 调用 Parrot 类的构造函数之后没有机会做一些事情。如果想在 Spring 创建 bean 之后执行一些指令，该怎么办？可以使用@PostConstruct 注解。

Spring 借用了 Java EE 中的@PostConstruct 注解。还可以将这个注解与 Spring bean 一起使用，以指定 Spring 在创建 bean 之后执行的一组指令。只需要在组件类中定义一个方法，并使

用@PostConstruct 注解该方法，它指示 Spring 在构造函数完成执行后调用该方法。

把使用@PostConstruct 注解所需的 Maven 依赖项添加到 pom.xml 中。

```
<dependency>
  <groupId>javax.annotation</groupId>
  <artifactId>javax.annotation-api</artifactId>
  <version>1.3.2</version>
</dependency>
```

如果使用的 Java 版本小于 Java 11，则不需要添加此依赖项。在 Java 11 之前，Java EE 依赖项是 JDK 的一部分。在 Java 11 中，JDK 删除了与 SE 无关的 API，包括 Java EE 依赖项。

如果想使用被移除的 API 的一部分功能(如@Postconstruct)，现在需要在应用程序中显式地添加依赖项。

现在可以在 Parrot 类中定义一个方法，如下面的代码片段所示。

```
@Component
public class Parrot {

  private String name;

  @PostConstruct
  public void init() {
    this.name = "Kiki";
  }

  // Omitted code
}
```

可以在项目"sq-ch2-ex7"中找到这个示例。如果现在在控制台中打印鹦鹉的名字，应用程序会在控制台中打印值 Kiki。

非常类似，但在现实应用程序中很少遇到，可以使用一个名为@PreDestroy 的注解。使用此注解，可以定义一个方法，Spring 在关闭和清除上下文之前立即调用该方法。@PreDestroy 注解也在 JSR-250 中描述，并被 Spring 借用。但一般来说，建议开发人员避免使用它，并在 Spring 清除上下文之前找到另一种不同的方法来执行一些操作，主要是因为可以预期 Spring 将无法清除上下文。假如在@PreDestroy 方法中定义了一些敏感的内容(例如，关闭数据库连接)；如果 Spring 不调用该方法，就可能会遇到大问题。

2.2.3　以编程方式将 bean 添加到 Spring 上下文中

本节讨论以编程方式向 Spring 上下文添加 bean。在 Spring 5 中，可以通过编程方式将 bean 添加到 Spring 上下文中，这提供了很大的灵活性，因为它允许通过调用上下文实例的方法直接在上下文中添加新实例。当想要实现一种自定义的方式来将 bean 添加到上下文中时，并且@Bean 或原型注解不足以满足需求时，就使用这种方法。假设需要根据应用程序的特定配置在 Spring 上下文中注册特定的 bean。使用@Bean 和原型注解，可以实现大多数场景，但下面的代码片段不行。

```
if (condition) {
   registerBean(b1);
} else {
   registerBean(b2);
}
```

如果条件为真，则向 Spring 上下文添加一个特定的 bean

否则，向 Spring 上下文添加另一个 bean

为了继续使用鹦鹉的示例，场景如下：应用程序读取鹦鹉的集合。有些是绿色的，其他都是橙色的。应用程序只向 Spring 上下文添加绿色的鹦鹉(见图 2.13)。

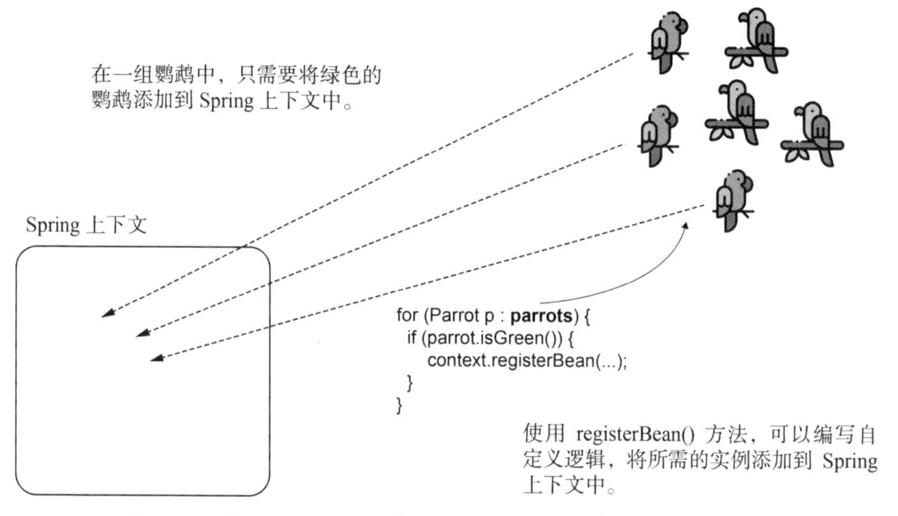

在一组鹦鹉中，只需要将绿色的鹦鹉添加到 Spring 上下文中。
Spring 上下文
for (Parrot p : **parrots**) {
  if (parrot.isGreen()) {
    context.registerBean(...);
  }
}
使用 registerBean() 方法，可以编写自定义逻辑，将所需的实例添加到 Spring 上下文中。

图 2.13 使用 registerBean()方法向 Spring 上下文添加特定的对象实例

下面看看这个方法是如何工作的。要使用编程方法将 bean 添加到 Spring 上下文，只需要调用 ApplicationContext 实例的 registerBean()方法。registerBean()有 4 个参数，如下面的代码片段所示。

```
<T> void registerBean(
  String beanName,
  Class<T> beanClass,
  Supplier<T> supplier,
  BeanDefinitionCustomizer... customizers);
```

(1) 使用第一个参数 beanName 为 Spring 上下文中添加的 bean 定义一个名称。如果不需要为要添加的 bean 指定名称，则可以在调用该方法时使用 null 作为值。

(2) 第二个参数是定义添加到上下文的 bean 的类。假设想添加类 Parrot 的一个实例，给这个参数的值是 Parrot.class。

(3) 第三个参数为 Supplier 的实例。这个 Supplier 的实现需要返回添加到上下文的实例的值。记住，Supplier 是在 java.util.function 包中找到的一个功能性接口。Supplier 实现的目的是返回定义的值而不接收参数。

(4) 第四个也是最后一个参数是 BeanDefinitionCustomizer 的一个变量。(如果这听起来不熟悉，没关系；BeanDefinitionCustomizer 只是一个接口，实现它以配置 bean 的不同特征。例如，使它成为主 bean。)由于定义为 varargs 类型，可以完全省略这个参数，或者可以给它更多 BeanDefinitionCustomizer 类型的值。

在项目“sq-ch2-ex8”中，可以找到一个使用 registerBean()方法的示例。这个项目的配置类是空的，在 bean 定义示例中使用的 Parrot 类只是一个普通的旧 Java 对象(POJO)；没有对它使用注解。在下一个代码片段中，会找到为这个示例定义的配置类。

```
@Configuration
public class ProjectConfig {
}
```

我定义了用于创建 bean 的 Parrot 类。

```
public class Parrot {

  private String name;

  // Omitted getters and setters
}
```

在项目的 main 方法中，使用 registerBean()方法向 Spring 上下文添加一个 Parrot 类型的实例。代码清单 2.19 显示了 main 方法的代码。图 2.14 重点介绍了调用 registerBean()方法的语法。

代码清单 2.19　使用 registerBean()方法向 Spring 上下文添加一个 bean

```
public class Main {

  public static void main(String[] args) {
    var context =
      new AnnotationConfigApplicationContext(
          ProjectConfig.class);

      Parrot x = new Parrot();          // 创建想要添加到 Spring 上下文的实例
      x.setName("Kiki");

      Supplier<Parrot> parrotSupplier = () -> x;          // 定义 Supplier，以返回这个实例

      context.registerBean("parrot1",
        Parrot.class, parrotSupplier);          // 调用 registerBean()方法将实例添加到 Spring 上下文中

      Parrot p = context.getBean(Parrot.class);
      System.out.println(p.getName());          // 为了验证 bean 现在在上下文中，引用 parrot bean 并在控制台中打印它的名称
  }
}
```

使用一个或多个 bean 配置器实例作为最后一个参数来设置所添加的 bean 的不同特征。例如，可以通过更改 registerBean()方法调用来使 bean 成为主 bean，如以下代码片段所示。如果在上下文中有多个相同类型的 bean，主 bean 就定义了 Spring 默认选择的实例。

```
context.registerBean("parrot1",
                     Parrot.class,
                     parrotSupplier,
                     bc -> bc.setPrimary(true));
```

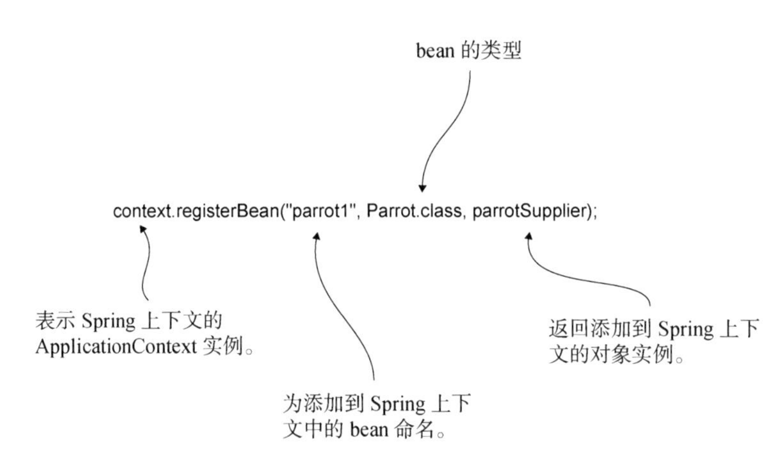

bean 的类型
context.registerBean("parrot1", Parrot.class, parrotSupplier);
表示 Spring 上下文的 ApplicationContext 实例。
返回添加到 Spring 上下文的对象实例。
为添加到 Spring 上下文中的 bean 命名。

图 2.14 调用 registerBean()方法以编程方式向 Spring 上下文添加一个 bean

刚刚向 Spring 的世界迈出了一大步。学习如何将 bean 添加到 Spring 上下文可能看起来没什么意义，但它比看起来更重要。有了这个技能，现在可以继续在 Spring 上下文中引用 bean，参见第 3 章。

注意 本书只使用现代的配置方法。然而，还必须了解开发人员在 Spring 早期是如何配置框架的。那时使用 XML 编写这些配置。附录 B 提供了一个简短的示例，了解如何使用 XML 将 bean 添加到 Spring 上下文中。

2.3 本章小结

- 在 Spring 中，需要学习的第一件事是向 Spring 上下文添加对象实例(称之为 bean)。可以将 Spring 上下文想象成一个桶，在其中添加希望 Spring 能够管理的实例。Spring 只能看到添加到其上下文中的实例。
- 可以用 3 种方式将 bean 添加到 Spring 上下文中：使用@Bean 注解，使用原型注解，以及通过编程的方式。
    - 使用@Bean 注解向 Spring 上下文添加实例，可以将任何类型的对象实例作为 bean

添加到 Spring 上下文，甚至可以将相同类型的多个实例添加到 Spring 上下文。从这个角度来看，这种方法比使用原型注解更灵活。尽管如此，它仍然需要编写更多的代码，因为需要在配置类中为添加到上下文中的每个独立实例编写一个单独的方法。

- 使用原型注解，可以只为应用程序类创建带有特定注解的 bean(如@Component)。这种配置方法需要编写更少的代码，使配置更易于阅读。对于定义并可以注解的类，会更喜欢这种方法而不是@Bean 注解。
- 使用 registerBean()方法可以实现向 Spring 上下文添加 bean 的自定义逻辑。请记住，只能在 Spring 5 及以后的版本中使用这种方法。

第3章

Spring上下文：连线bean

本章内容

- 建立 bean 之间的关系
- 使用依赖注入
- 通过依赖注入从 Spring 上下文访问 bean

第 2 章讨论了 Spring 上下文：在应用程序的内存中，添加希望 Spring 管理的对象实例的位置。因为 Spring 使用 IoC 原则，如第 1 章所述，需要告诉 Spring，它需要控制应用程序的哪些对象。Spring 需要控制应用程序的一些对象，以便使用它提供的功能来增强这些对象。第 2 章介绍了向 Spring 上下文添加对象实例的多种方法，还介绍了如何将这些实例(bean)添加到 Spring 上下文中，以使 Spring 能够识别它们。

本章讨论如何访问已经添加到 Spring 上下文中的 bean。第 2 章使用上下文实例的 getBean()方法直接访问 bean。但是在应用程序中，需要以一种直接的方式从一个 bean 引用到另一个 bean——通过告诉 Spring，从一个需要它的上下文提供实例的引用。这样，就建立了 bean 之间的关系(一个 bean 将在需要时引用另一个 bean 来委托调用)。通常在任何面向对象编程的语言中，当实现其行为时，对象需要将特定的任务委托给别人，所以当使用 Spring 作为框架时，需要知道如何建立对象之间的关系。

读者将了解到有更多的方法可以访问添加到 Spring 上下文中的对象，本章将通过示例、图以及代码片段来研究每种方法。在本章的最后，读者将掌握使用 Spring 上下文和配置 bean 以及它们之间关系所需的技能。这个技能是使用 Spring 的基础；任何 Spring 应用程序都会应用本章讨论的方法。因此，本书中的所有内容(以及从其他任何书籍、文章或视频教程中学到的所有内容)都依赖于正确理解第 2～5 章讨论的方法。

第 2 章介绍了如何使用@Bean 注解在 Spring 上下文中添加 bean。3.1 节首先通过使用@Bean

注解实现在配置类中定义的两个 bean 之间的关系。这里讨论两种建立 bean 之间关系的方法：

- 通过直接调用创建 bean 的方法来链接 bean(将其称为连线)。
- 使 Spring 能够使用方法参数(调用它)提供一个值(将其称为自动连线)。

然后，3.2 节讨论第三种方法，这是一种受 IoC 原则支持的技术：依赖注入(DI)。本节讨论如何在 Spring 中使用 DI，应用@Autowired 注解来实现两个 bean 之间的关系(这也是一个自动连线的示例)。在实际项目中将同时使用这两种方法。

注意 第 2 章和第 3 章中的示例似乎与产品代码不够接近。但是，真正的应用程序不能管理鹦鹉和人！下面从最直接的示例开始，并确保将重点放在这些基本语法上，这些语法将在几乎每个 Spring 应用程序中使用。这样，确保正确地理解所讨论的方法是如何工作的，并只关注它们。从第 4 章开始，课程设计将变得更接近于现实世界的项目。

3.1 实现配置文件中定义的 bean 之间的关系

本节学习如何使用@Bean 注解实现在配置类的注解方法中定义的两个 bean 之间的关系。在使用 Spring 配置建立 bean 之间的关系时，经常会遇到这种方法。第 2 章讨论了在不能更改要添加 bean 的类的情况下，例如，如果类是 JDK 或其他依赖的一部分，使用@Bean 注解将 bean 添加到 Spring 上下文中。要建立这些 bean 之间的关系，需要学习本节讨论的方法。本节将讨论这些方法是如何工作的，给出实现 bean 之间关系所需的步骤，然后把这些步骤应用到小型代码项目中。

例如，如果类是 JDK 或其他依赖的一部分，则需要为其添加 bean。要建立这些 bean 之间的关系，需要学习本节讨论的方法。本节讨论这些方法是如何工作的，给出实现 bean 之间关系所需的步骤，然后把这些步骤应用到小型代码项目中。

假设在 Spring 上下文中有两个实例：一只鹦鹉和一个人。下面将创建这些实例并将其添加到上下文中。让这个人拥有鹦鹉。换句话说，需要链接这两个实例。这个简单的示例帮助讨论在 Spring 上下文中链接 bean 的两种方法，而不会增加不必要的复杂性，并且只关注 Spring 配置。

因此，对于这两种方法(连线和自动连线)，有如下两个步骤(见图 3.1)。

(1) 将 person 和 parrot bean 添加到 Spring 上下文中(如第 2 章所述)。

(2) 建立 person 和 parrot 之间的关系。

图 3.2 以比图 3.1 更专业的方式展示了 Person 和 Parrot 对象之间的“has-A”关系。

在深入了解这两个方法之前，先从本章的第一个示例(“sq-ch3-ex1”)开始，通过@ Bean 注解方法将 bean 添加到 Spring 上下文中，如 2.2.1 节所述(步骤 1)。本节添加一个鹦鹉实例和一个人实例。一旦准备好这个项目，就改变它来建立两个实例之间的关系(步骤 2)。3.1.1 节实现了连线，3.1.2 节实现了@Bean 注解方法的自动连线。在 Maven 项目的 pom.xml 文件中，添加了对 Spring 上下文的依赖，如下面的代码片段所示。

```
<dependency>
  <groupId>org.springframework</groupId>
  <artifactId>spring-context</artifactId>
  <version>5.2.7.RELEASE</version>
</dependency>
```

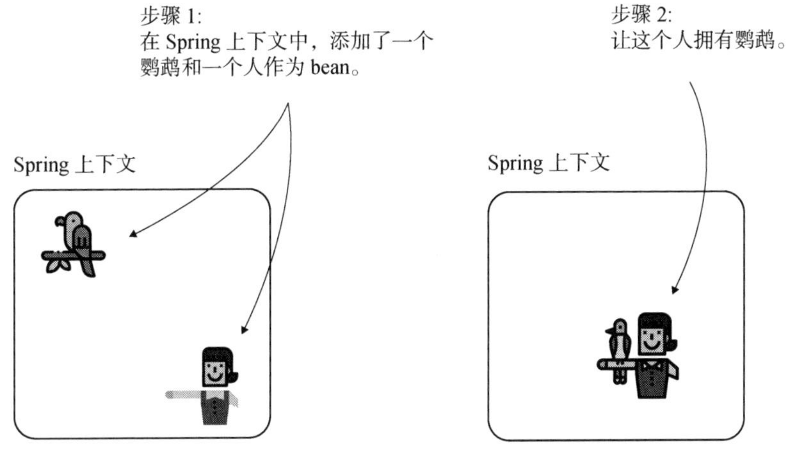

图 3.1　在 Spring 上下文中有两个 bean，要建立它们之间的关系。这样做是为了让一个对象可以在实现其任务时委托给另一个对象。可以使用一种连线方法来实现这一点，这意味着直接调用声明 bean 的方法来建立它们之间的链接，或者通过自动连线来实现。使用框架的依赖注入功能也可以

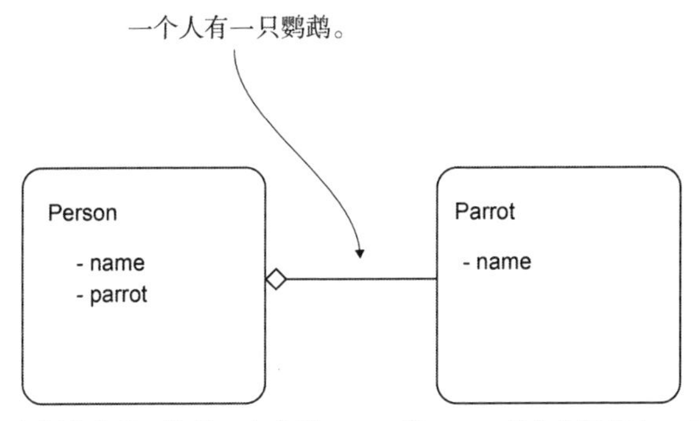

图 3.2　实现 bean 之间的关系。这是一个表示 Person 和 Parrot 对象之间的"has-A"关系的简化图。通过连线和自动连线实现这个关系

然后定义一个类来描述 Parrot 对象，再定义一个类来描述 Person 对象。下面的代码片段包含 Parrot 类的定义：

```
public class Parrot {

  private String name;

  // Omitted getters and setters

  @Override
```

```
  public String toString() {
    return "Parrot : " + name;
  }
}
```

下面的代码片段包含 Person 类的定义:

```
public class Person {

  private String name;
  private Parrot parrot;

  // Omitted getters and setters
}
```

代码清单 3.1 显示了如何在配置类中使用@Bean 注解定义这两个 bean。

代码清单 3.1 定义 Person bean 和 Parrot bean

```
@Configuration
public class ProjectConfig {

  @Bean
  public Parrot parrot() {
    Parrot p = new Parrot();
    p.setName("Koko");
    return p;
  }

  @Bean
  public Person person() {
    Person p = new Person();
    p.setName("Ella");
    return p;
  }
}
```

现在可以编写 Main 类，如代码清单 3.2 所示，并检查这两个实例是否还没有相互链接。

代码清单 3.2 Main 类的定义

基于配置类创建 Spring 上下文的实例

```
public class Main {

  public static void main(String[] args) {
    var context = new AnnotationConfigApplicationContext
      (ProjectConfig.class);

    Person person =
      context.getBean(Person.class);

    Parrot parrot =
```

从 Spring 上下文获取对 Person bean 的引用

```
    context.getBean(Parrot.class);

  System.out.println(
    "Person's name: " + person.getName());

  System.out.println(
  "Parrot's name: " + parrot.getName());

  System.out.println(
  "Person's parrot: " + person.getParrot());
}}
```

从 Spring 上下文获取对 Parrot bean 的引用

打印 person 的名字以证明 Person bean 在上下文中

打印 parrot 的名字以证明 Parrot bean 在上下文中

打印人的鹦鹉，证明实例之间还没有关系

当运行这个应用程序时，控制台输出如下所示。

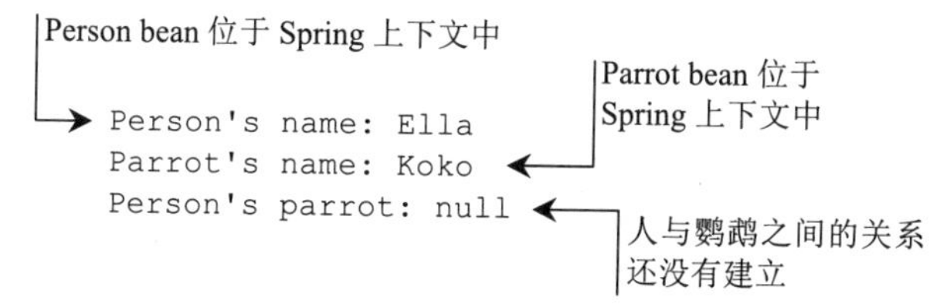
Person bean 位于 Spring 上下文中
Parrot bean 位于
Spring 上下文中
Person's name: Ella
Parrot's name: Koko
Person's parrot: null
人与鹦鹉之间的关系
还没有建立

这里需要注意的最重要的一点是，这个人的 parrot(第三个输出行)为空。但是，person 和 parrot 实例都在上下文中。这个输出为空，意味着实例之间还没有关系(见图 3.3)。

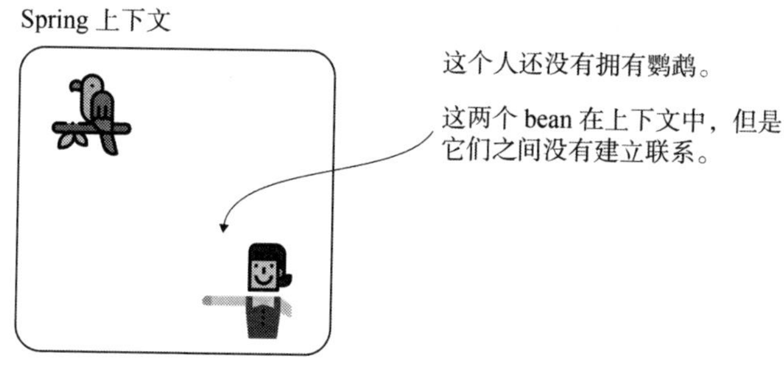
Spring 上下文
这个人还没有拥有鹦鹉。
这两个 bean 在上下文中，但是
它们之间没有建立联系。

图 3.3　在上下文中添加了两个 bean，以进一步配置它们之间的关系

3.1.1　使用@Bean 方法之间的直接方法调用来连线 bean

本节将建立 Person 和 Parrot 两个实例之间的关系。实现此目的的第一种方法(连线)是从配置类中的一个方法调用另一个方法。这是一种经常使用的方式，因为它很简单。在代码清单 3.3 中，为了在 Person bean 和 Parrot bean 之间建立链接，必须对配置类进行一些小更改(参见图 3.4)。为了分离所有步骤并帮助更容易地理解代码，还在第二个项目“sq-ch3-ex2”中分离了此更改。

代码清单 3.3　使用直接方法调用在 bean 之间建立链接

```
@Configuration
public class ProjectConfig {

  @Bean
  public Parrot parrot() {
```

```
    Parrot p = new Parrot();
    p.setName("Koko");
    return p;
  }

  @Bean
  public Person person() {
    Person p = new Person();
    p.setName("Ella");
    p.setParrot(parrot());
    return p;
  }
}
```

将 Parrot bean 的引用设置为 person 的 parrot 属性

运行相同的应用程序，在控制台中会观察到输出的变化。现在发现(请参阅以下代码片段)，第二行显示 Ella (Spring 上下文中的人)拥有 Koko (Spring 上下文中的鹦鹉)。

```
Person's name: Ella
Person's parrot: Parrot : Koko
```

现在，人与鹦鹉之间的关系已经建立

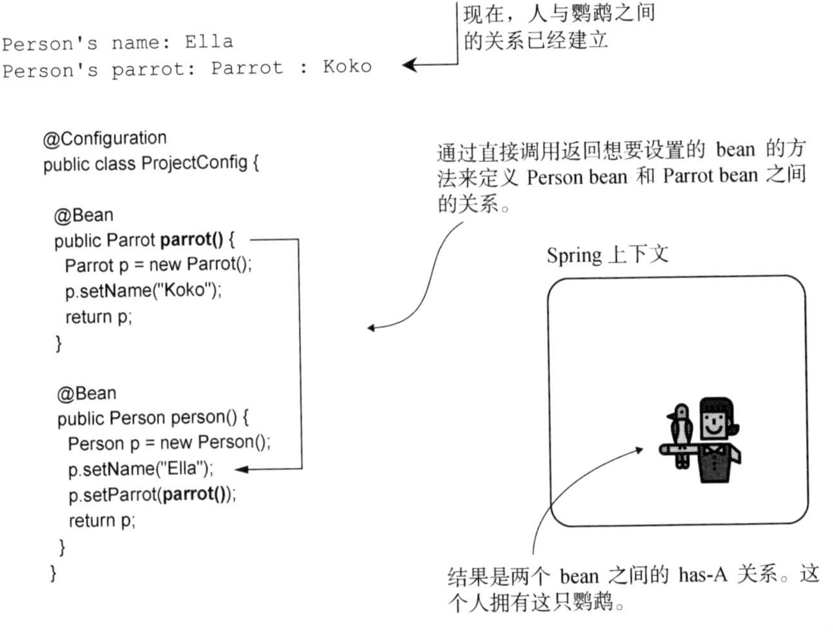

@Configuration
public class ProjectConfig {
@Bean
public Parrot parrot() {
Parrot p = new Parrot();
p.setName("Koko");
return p;
}
@Bean
public Person person() {
Person p = new Person();
p.setName("Ella");
p.setParrot(parrot());
return p;
}
}
通过直接调用返回想要设置的 bean 的方法来定义 Person bean 和 Parrot bean 之间的关系。
Spring 上下文
结果是两个 bean 之间的 has-A 关系。这个人拥有这只鹦鹉。

图 3.4　使用直接连线建立了 bean 之间的关系。这种方法意味着调用返回想要直接设置的 bean 的方法。需要从定义为其设置依赖项的 bean 的方法中调用此方法

每当在班级中讲授这种方法时，就会有人有这样的疑问：这是不是意味着创建了 Parrot 的两个实例(见图 3.5)——一个是 Spring 创建并添加到其上下文中的实例，另一个是 person()方法直接调用 parrot()方法时创建的实例?不，整个应用程序中实际上只有一个 Parrot 实例。

乍一看可能有点奇怪，但是 Spring 足够智能，它能够理解通过调用 parrot()方法，需要在其上下文中引用 Parrot bean。当使用@Bean 注解把 bean 定义到 Spring 上下文中时，Spring 控制如何调用方法和如何应用方法调用的逻辑(第 6 章介绍 Spring 如何拦截方法)。目前，当 person()方法调用 parrot()方法时，Spring 将应用逻辑，如下所述。

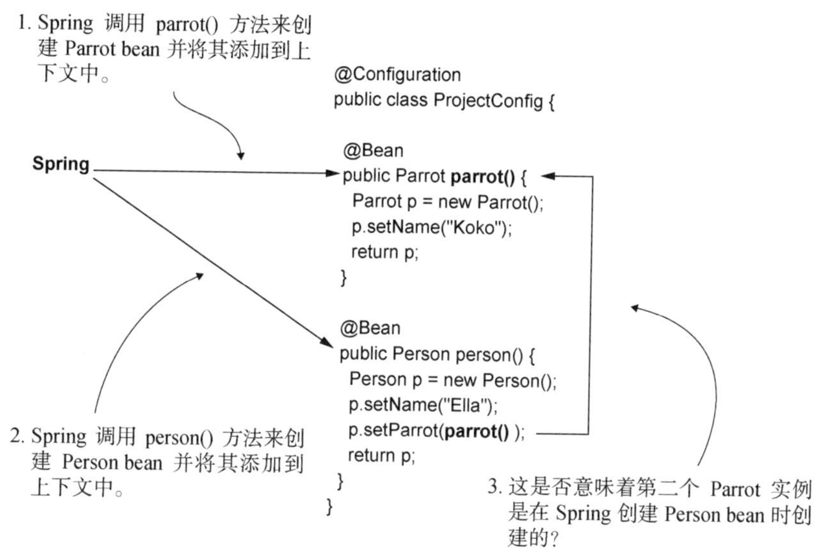
1. Spring 调用 parrot() 方法来创建 Parrot bean 并将其添加到上下文中。
Spring
@Configuration
public class ProjectConfig {
@Bean
public Parrot parrot() {
Parrot p = new Parrot();
p.setName("Koko");
return p;
}
@Bean
public Person person() {
Person p = new Person();
p.setName("Ella");
p.setParrot(parrot());
return p;
}
}
2. Spring 调用 person() 方法来创建 Person bean 并将其添加到上下文中。
3. 这是否意味着第二个 Parrot 实例是在 Spring 创建 Person bean 时创建的？

图 3.5　当 Spring 调用第一个@Bean 注解方法 parrot()时，它创建了一个 Parrot 实例。然后，Spring 在调用第二个带@Bean 注解的方法 person()时创建一个 Person 实例。第二个方法 person()直接调用第一个方法 parrot()。这是否意味着创建了两个 parrot 类型的实例

如果 Parrot bean 已存在于上下文中，那么 Spring 将不再调用 parrot()方法，而是直接从它的上下文中获取该实例。如果 Parrot bean 还不存在于上下文中，Spring 调用 parrot()方法并返回该 bean(见图 3.6)。

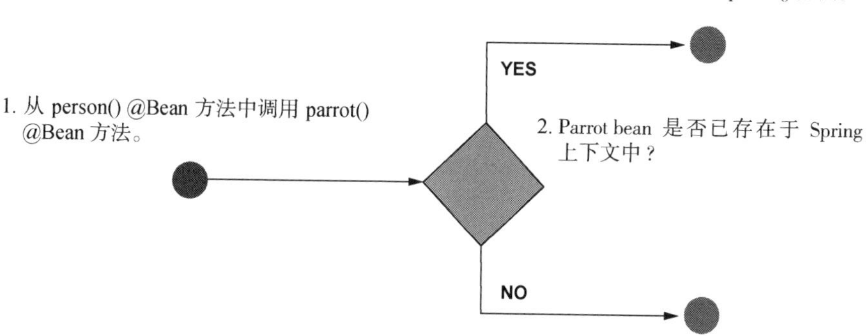
3A. 直接从 Spring 上下文返回 Parrot bean，而不再将调用委托给 parrot() 方法。
YES
1. 从 person() @Bean 方法中调用 parrot() @Bean 方法。
2. Parrot bean 是否已存在于 Spring 上下文中？
NO
3B. 调用 parrot() 方法，将其返回的值添加到 Spring 上下文，并将该值返回到 person() 方法的实际调用。

图 3.6　当两个带@Bean 注解的方法相互调用时，Spring 知道我们想在两个 bean 之间创建链接。如果该 bean 已存在于上下文中(3A)，Spring 将返回现有的 bean，而不将调用转发给@Bean 方法。如果该 bean 不存在(3B)，Spring 将创建该 bean 并返回其引用

实际上，测试这种行为非常容易。只需要向 Parrot 类添加一个无参数的构造函数，并从

中输出一条消息到控制台。在控制台中会打印多少次消息？如果行为是正确的，就只会看到该消息一次。下面做个实验。在下面的代码片段中，改变了 Parrot 类，添加了一个无参数的构造函数。

```
public class Parrot {

  private String name;

  public Parrot() {
    System.out.println("Parrot created");
  }

  // Omitted getters and setters

  @Override
  public String toString() {
    return "Parrot : " + name;
  }
}
```

重新运行应用程序。输出发生了变化(见下面的代码片段)，现在“Parrot created”消息也出现了。它只出现了一次，这证明 Spring 管理了 bean 的创建，并且只调用了一次 parrot()方法。

```
Parrot created
Person's name: Ella
Person's parrot: Parrot : Koko
```

3.1.2 使用@Bean 注解方法的参数连线 bean

本节展示直接调用@Bean 方法的另一种方式。不是直接调用定义了想要引用的 bean 的方法，而是向相应类型的对象的方法添加一个参数，依靠 Spring 通过这个参数提供一个值(见图 3.7)。这种方式比 3.1.1 节讨论的方法更灵活一些。使用这种方式，想要引用的 bean 是否用带@Bean 注解的方法或者使用类似@Component 的原型注解定义并不重要。然而，根据经验，并不是这种灵活性使得开发人员使用这种方法；在使用 bean 时，每个开发人员的喜好决定了他们使用哪种方法。不能说一种方法比另一种好，但是在实际场景中会遇到这两种方法，因此需要理解并能够使用它们。

为了演示这种使用参数而不是直接调用@Bean 方法的方式，使用在项目“sq-ch3-ex2”中开发的代码，并将其更改为在上下文中建立两个实例之间的链接。后面在名为“sq-ch3-ex3”的项目中分离这个新示例。

代码清单 3.4 包含配置类的定义。person()方法现在接收一个 Parrot 类型的参数，将该参数的引用设置为返回的 person 的属性。在调用该方法时，Spring 知道它必须在其上下文中找到 Parrot bean，并将其值注入 person()方法的参数中。

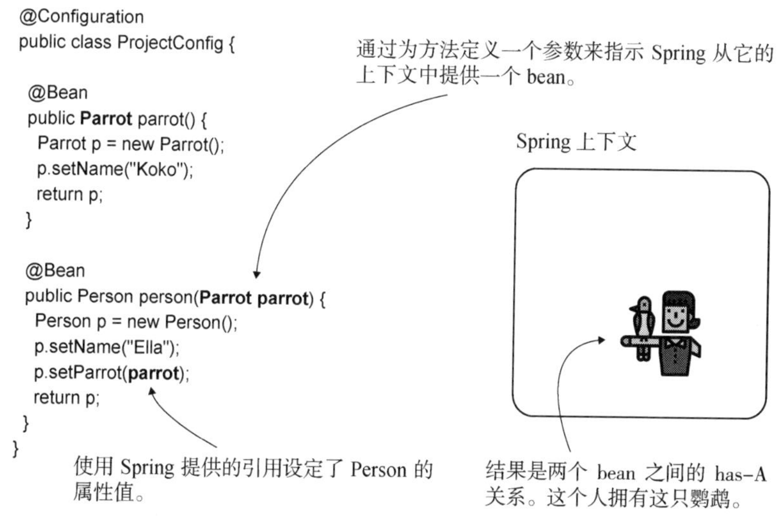
@Configuration
public class ProjectConfig {
@Bean
public Parrot parrot() {
Parrot p = new Parrot();
p.setName("Koko");
return p;
}
@Bean
public Person person(Parrot parrot) {
Person p = new Person();
p.setName("Ella");
p.setParrot(parrot);
return p;
}
}
通过为方法定义一个参数来指示 Spring 从它的上下文中提供一个 bean。
Spring 上下文
使用 Spring 提供的引用设定了 Person 的属性值。
结果是两个 bean 之间的 has-A 关系。这个人拥有这只鹦鹉。

图 3.7　通过给方法定义一个参数，指示 Spring 从它的上下文中提供一个该参数类型的 bean。然后，可以在创建第二个 bean (Person)时使用所提供的 bean (Parrot)。通过这种方式，在两个 bean 之间建立了 has-A 关系

代码清单 3.4　通过使用方法的参数注入 bean 依赖项

```
@Configuration
public class ProjectConfig {

  @Bean
  public Parrot parrot() {
    Parrot p = new Parrot();
    p.setName("Koko");
    return p;
  }

  @Bean
  public Person person(Parrot parrot) {    ← Spring 将 Parrot bean 注入这个参数中
    Person p = new Person();
    p.setName("Ella");
    p.setParrot(parrot);
    return p;
  }
}
```

前一段使用了“注入”这个词。这里指的是将从现在开始调用依赖注入(DI)。顾名思义，DI 是一种让框架在特定字段或参数中设置值的技术。在示例中，Spring 在调用 person()方法时将特定的值设置到该方法的参数中，并解析该方法的依赖项。DI 是 IoC 原则的一种应用程序，IoC 意味着框架在执行时控制应用程序。图 3.8 和图 1.4 相同，这里回顾一下关于 IoC 的讨论。

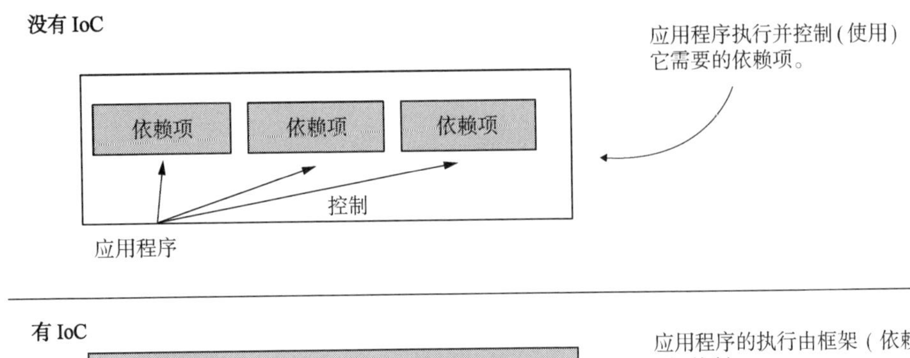

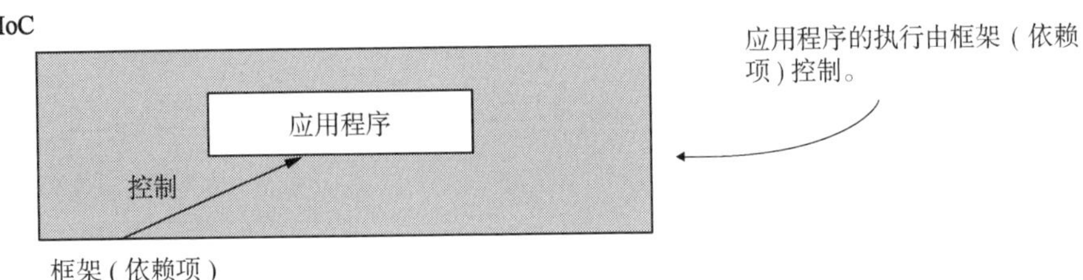

图 3.8　不使用 IoC 原则的应用程序控制执行，并利用各种依赖项。使用 IoC 原则的应用程序允许依赖项控制其执行。DI 就是这样一个控制的示例。框架(依赖项)将一个值设置到应用程序对象的一个字段中

用户会经常使用 DI(不只是在 Spring 中)，因为在管理创建的对象实例时它是一种非常舒适的方式，并有助于在开发应用程序时最小化编写的代码。

运行应用程序时，控制台的输出将如下所示。鹦鹉 Koko 和 Ella 确实有联系。

```
Parrot created
Person's name: Ella
Person's parrot: Parrot : Koko
```

3.2　使用@Autowired 注解注入 bean

本节讨论在 Spring 上下文中创建 bean 之间链接的另一种方式。当更改定义 bean 的类时(当该类不是依赖项的一部分时)，经常会遇到这种技术，它引用了一个名为@Autowired 的注解。使用@Autowired 注解，在希望 Spring 从上下文注入值的地方标记一个对象的属性，并且直接在定义需要依赖的对象的类中标记这个意图。这种方式比 3.1 节讨论的替代方法更容易看到两个对象之间的关系。使用@Autowired 注解有如下 3 种方式：

- 将值注入类的字段中，这通常会在示例和概念证明中用到。
- 通过类方法的构造函数参数注入值，这种方法在现实场景中最常用。
- 通过 setter 注入值，这在产品就绪的代码中很少使用。

下面更详细地讨论这些问题，并为每一个问题编写一个示例。

3.2.1　使用@Autowired 通过类字段注入值

本节首先讨论 3 种可能的@Autowired 使用方法中最简单的一种，这也是开发人员在示例中经常使用的一种：在字段上使用注解(见图 3.9)。即使这种方法非常直接，但也存在缺点，这就是在编写产品代码时避免使用这种方法的原因。但如第 15 章所述，经常在示例、概念证明和编写测试中会用到此方法，因此需要知道如何使用该方法。

开发一个项目(“sq-ch3-ex4”)，在这个项目中，使用@Autowired 注解对 Person 类的 parrot 字段进行注解，以告诉 Spring 想要从它的上下文中注入一个值。首先定义两个对象(Person 和 Parrot)的类。下一段代码定义了 Parrot 类：

```
@Component
public class Parrot {

  private String name = "Koko";

  // Omitted getters and setters

  @Override
  public String toString() {
    return "Parrot : " + name;
  }
}
```

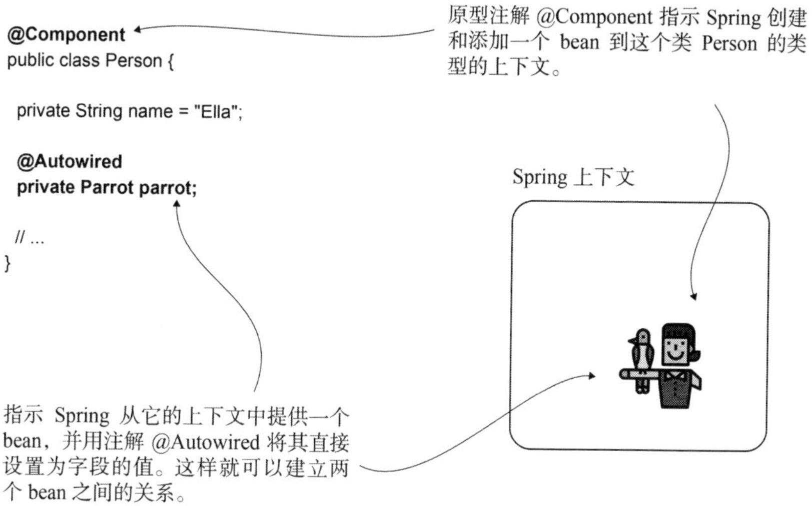

```
@Component
public class Person {

  private String name = "Ella";

  @Autowired
  private Parrot parrot;

  // ...
}
```

原型注解 @Component 指示 Spring 创建和添加一个 bean 到这个类 Person 的类型的上下文。

Spring 上下文

指示 Spring 从它的上下文中提供一个 bean，并用注解 @Autowired 将其直接设置为字段的值。这样就可以建立两个 bean 之间的关系。

图 3.9　在字段上使用@Autowired 注解，指示 Spring 从它的上下文中为该字段提供一个值。Spring 创建了两个 bean：Person 和 Parrot，并将 parrot 对象注入 Person 类型的 bean 的字段中

这里使用原型注解@Component，如第 2 章(2.2.2 节)所述。使用原型注解作为使用配置类创建 bean 的替代方法。当用@Component 注解一个类时，Spring 知道它必须创建该类的一个实例，并将其添加到它的上下文中。下面的代码片段展示了 Person 类的定义：

```
@Component
public class Person {

  private String name = "Ella";

  @Autowired
  private Parrot parrot;

  // Omitted getters and setters
}
```

用@Autowired 注解字段，指示 Spring 从它的上下文中注入一个适当的值

注意 这个示例使用了原型注解在 Spring 上下文中添加 bean。本可以使用@Bean 来定义 bean 的，但是在实际的场景中，经常会遇到@Autowired 与原型注解一起使用，所以应该关注最有用的方法。

下面继续示例，定义一个配置类。将配置类命名为 ProjectConfig。在这个类上，使用@ComponentScan 注解来告诉 Spring 在哪里可以找到用@Component 注解进行注解的类，如第 2 章(2.2.2 节)所述。下面的代码片段展示了配置类的定义：

```
@Configuration
@ComponentScan(basePackages = "beans")
public class ProjectConfig {

}
```

然后，使用 main 类，就像本章前面的示例一样，证明 Spring 正确地注入了 Parrot bean 的引用。

```
public class Main {

  public static void main(String[] args) {
    var context = new AnnotationConfigApplicationContext
                      (ProjectConfig.class);

    Person p = context.getBean(Person.class);

    System.out.println("Person's name: " + p.getName());
    System.out.println("Person's parrot: " + p.getParrot());
  }
}
```

这将在应用程序的控制台中打印如下输出。输出的第二行证明鹦鹉(在示例中，名为 Koko)属于 Person bean(名为 Ella)。

```
Person's name: Ella
Person's parrot: Parrot : Koko
```

为什么在产品代码中不希望使用这种方法？使用它并不是完全错误的，但是要确保应用程

序在产品代码中是可维护和可测试的。通过直接在字段中注入值：

- 没有使字段定义为 final 的选项(见下一个代码片段)，这样，可确保没有人在初始化后更改它的值。

```
@Component
public class Person {

  private String name = "Ella";

  @Autowired
  private final Parrot parrot;
}
```

这无法编译。如果没有初始值，则不能定义 final 字段

- 在初始化时自己管理值会更加困难。

如第 15 章所述，有时需要创建对象的实例，并轻松地管理单元测试的依赖项。

3.2.2　使用@Autowired 通过构造函数注入值

当 Spring 创建 bean 时，将值注入对象属性的第二个选项是使用类的构造函数定义实例(见图 3.10)。这种方法在产品代码中最常用，也是推荐的一种方法。它允许将字段定义为 final，确保在 Spring 初始化它们之后，没有人可以更改它们的值。在调用构造函数时对值进行设置也可能有助于编写特定的单元测试，在这些测试中，不希望依赖 Spring 进行字段注入(稍后将详细讨论这个主题)。

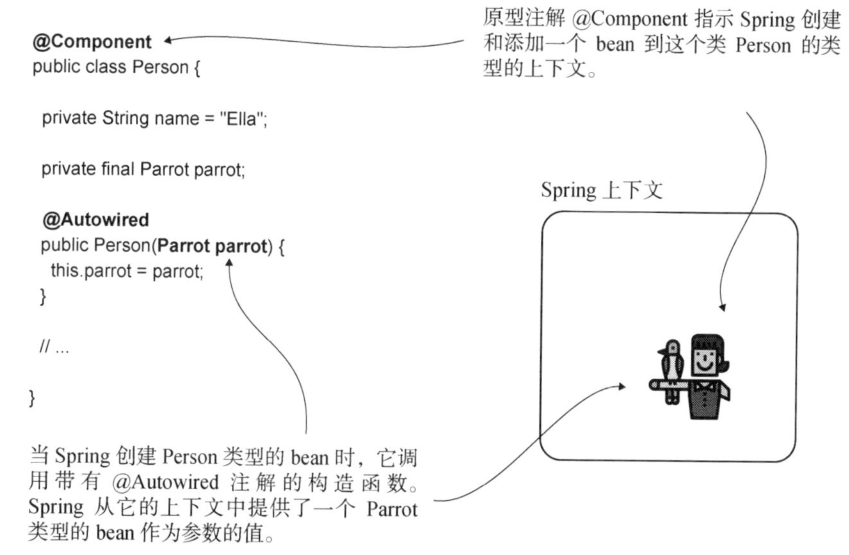
@Component
public class Person {
private String name = "Ella";
private final Parrot parrot;
@Autowired
public Person(Parrot parrot) {
this.parrot = parrot;
}
// ...
}
原型注解 @Component 指示 Spring 创建和添加一个 bean 到这个类 Person 的类型的上下文。
Spring 上下文
当 Spring 创建 Person 类型的 bean 时，它调用带有 @Autowired 注解的构造函数。Spring 从它的上下文中提供了一个 Parrot 类型的 bean 作为参数的值。

图 3.10　定义构造函数的一个参数，当调用这个构造函数时，Spring 会从它的上下文中提供一个 bean 作为参数的值

可以快速地将项目的实现从 3.2.1 节改为使用构造函数注入而不是字段注入。只需要更改

Person类，如代码清单3.5所示。需要为该类定义一个构造函数，并使用@Autowired对其进行注解。现在也可以将鹦鹉字段定义为final。不需要对配置类进行任何更改。

代码清单 3.5　通过构造函数注入值

```
@Component
public class Person {

  private String name = "Ella";
  private final Parrot parrot;      <-- 现在可以将字段定义为final，以确保初始化后不能更改其值

  @Autowired                        <-- 在构造函数上使用@Autowired注解
  public Person(Parrot parrot) {
    this.parrot = parrot;
  }

  // Omitted getters and setters
}
```

为了保留所有步骤和更改，在项目“sq-ch3- ex5”中分离了这个示例，可以启动应用程序，它显示的结果与3.2.1节中的示例相同。如下面的代码片段所示，Person拥有Parrot，因此Spring正确地建立了两个实例之间的链接。

```
Person's name: Ella
Person's parrot: Parrot : Koko
```

注意　从Spring 4.3版本开始，当类中只有一个构造函数时，可以省略@Autowired注解。

3.2.3　通过setter使用依赖注入

开发人员不会经常在依赖注入中使用setter方法。这种方法的缺点多于优点：它阅读起来更富有挑战性，不允许把字段定义为final，不能帮助简化测试。即便如此，这里还是想提一下这种可能性。我们可能会在某个时候遇到它，不要怀疑它的存在。即使这并不是推荐的方法，一些老的应用程序也曾使用过这种方法。

在项目“sq-ch3-ex6”中，有一个使用setter注入的示例。只需要更改Person类就可以实现这一点。下面的代码片段在setter上使用了@Autowired注解：

```
@Component
public class Person {

  private String name = "Ella";

  private Parrot parrot;

  // Omitted getters and setters

  @Autowired
```

```
    public void setParrot(Parrot parrot) {
      this.parrot = parrot;
    }
}
```

运行该应用程序时，将得到与本节前面讨论的示例相同的输出。

3.3 处理循环依赖项

构建和设置应用程序对象的依赖项十分方便。让 Spring 帮助完成这项工作，就不用再编写那么多行代码了，还能让应用程序更容易阅读和理解。但在某些情况下，Spring 也会被混淆。在实践中经常遇到的一个场景是错误地生成循环依赖项。

循环依赖项(见图 3.11)是指如下情况：创建一个 bean(命名为 Bean A)，Spring 需要注入另一个尚不存在的 bean (Bean B)。但 Bean B 请求对 Bean A 的依赖。所以，为了创建 Bean B, Spring 需要首先有 Bean A。Spring 现在处于死锁。它不能创建 Bean A，因为它需要 Bean B；它也不能创建 Bean B，因为它需要 Bean A。

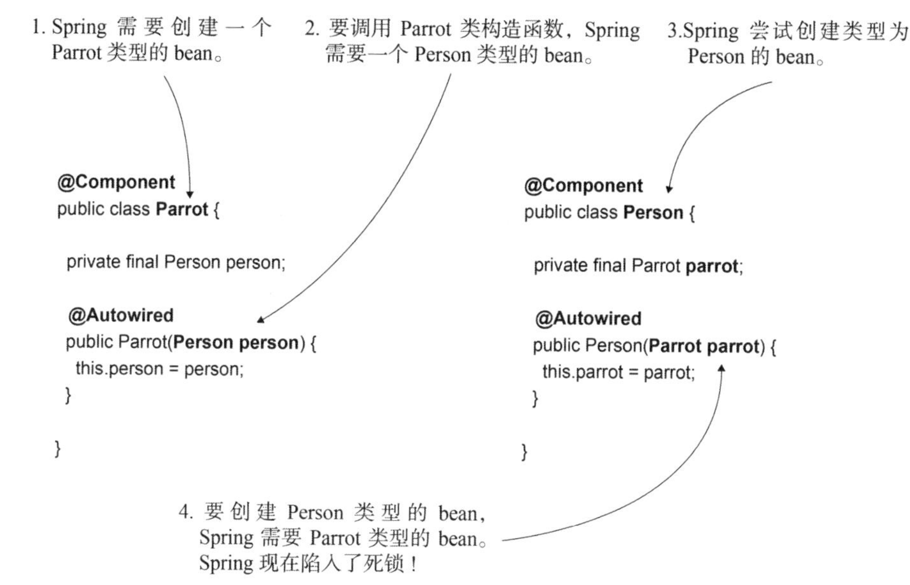
1. Spring 需要创建一个 Parrot 类型的 bean。
2. 要调用 Parrot 类构造函数，Spring 需要一个 Person 类型的 bean。
3.Spring 尝试创建类型为 Person 的 bean。
@Component
public class Parrot {
private final Person person;
@Autowired
public Parrot(Person person) {
this.person = person;
}
}
@Component
public class Person {
private final Parrot parrot;
@Autowired
public Person(Parrot parrot) {
this.parrot = parrot;
}
}
4. 要创建 Person 类型的 bean，Spring 需要 Parrot 类型的 bean。Spring 现在陷入了死锁！

图 3.11 循环依赖项。Spring 需要创建一个 Parrot 类型的 bean。但因为 Parrot 有一个 Person 作为依赖项，所以 Spring 首先需要创建一个 Person。但要创建 Person，Spring 需要构建一个 Parrot。Spring 现在陷入了死锁!它不能创建 Parrot，因为它需要 Person；它也不能创建 Person，因为它需要 Parrot

循环依赖项很容易避免。只需要确保某个对象的创建不依赖于另一个对象即可。像这样让一个对象依赖于另一个对象是一种糟糕的类设计。在这种情况下，需要重写代码。

在所有 Spring 开发人员中，至少有人在应用程序中创建过循环依赖项。每个开发人员都需要了解这种情况，这样当遇到该情况时，就会知道其原因，并快速解决它。

在项目“sq-ch3-ex7”中，有一个循环依赖项的示例。如下面的代码片段所示，使 Parrot bean 的实例化依赖于 Person 类型的 bean，反之亦然。

Person 类：

```
@Component
public class Person {

  private final Parrot parrot;

  @Autowired
  public Person(Parrot parrot) {
    this.parrot = parrot;
  }

  // Omitted code

}
```

要创建 Person 实例，Spring 需要有一个 Parrot bean

Parrot 类：

```
public class Parrot {

  private String name = "Koko";

  private final Person person;

  @Autowired
  public Parrot(Person person) {
    this.person = person;
  }

  // Omitted code
}
```

为了创建 Parrot 实例，Spring 需要一个 Person bean

使用这样的配置运行应用程序将导致一个异常，如下面的代码片段所示。

```
Caused by:
org.springframework.beans.factory.BeanCurrentlyInCreationException: Error
creating bean with name 'parrot': Requested bean is currently in creation:
Is there an unresolvable circular reference?
    at
org.springframework.beans.factory.support.DefaultSingletonBeanRegistry.before
SingletonCreation(DefaultSingletonBeanRegistry.java:347)
```

在这个异常中，Spring 试图说明它遇到的问题。异常消息非常清楚：Spring 处理循环依赖项和导致这种情况的类。每当发现这样的异常时，需要转到由异常指定的类并消除循环依赖项。

3.4　在 Spring 上下文中从多个 bean 中选择

本节讨论这样一个场景：Spring 需要将一个值注入参数或类字段中，但是有多个相同类型的 bean 可供选择。假设在 Spring 上下文中有 3 个 Parrot bean。将 Spring 配置为把 Parrot 类型的值注入参数中。Spring 将如何表现？在这样的场景中，框架会选择注入相同类型的哪个 bean？

根据实现，有以下情况。

(1) 参数的标识符匹配上下文中一个 bean 的名称(记住，它与带@Bean 注解的返回其值的方法名称相同)。在本例中，Spring 将选择名称与参数相同的 bean。

(2) 参数的标识符不匹配上下文中的任何 bean 名称。然后有以下选择：

a. 将其中一个 bean 标记为主 bean (如第 2 章所述，使用@Primary 注解)。在本例中，Spring 将选择用于注入的主 bean。

b. 可以使用@Qualifier 注解显式地选择一个特定的 bean，参见本章的讨论。

c. 如果没有一个 bean 是主要的，并且没有使用@Qualifier，应用程序将会失败，抛出一个异常，抱怨上下文包含多个相同类型的 bean, Spring 不知道该选择哪一个。

在项目“sq-ch3-ex8”中进一步尝试，在这个场景中，Spring 上下文中的一个类型有多个实例。代码清单 3.6 显示了一个配置类，它定义了两个 Parrot 实例，并通过方法参数使用注入。

代码清单 3.6　对多个 bean 使用参数注入

```
@Configuration
public class ProjectConfig {

  @Bean
  public Parrot parrot1() {
    Parrot p = new Parrot();
    p.setName("Koko");
    return p;
  }

  @Bean
  public Parrot parrot2() {
    Parrot p = new Parrot();
    p.setName("Miki");
    return p;
  }

  @Bean
  public Person person(Parrot parrot2) {   ← 参数的名称与表示鹦鹉 Miki 的 bean 的名称相匹配
    Person p = new Person();
    p.setName("Ella");
    p.setParrot(parrot2);
    return p;
  }
}
```

使用此配置运行应用程序，控制台的输出如下面的代码片段所示。注意，Spring 将 Person bean 与名为 Miki 的鹦鹉连接起来，因为代表这只鹦鹉的 bean 名为 parrot2(见图 3.12)。

```
Parrot created
Person's name: Ella
Person's parrot: Parrot : Miki
```

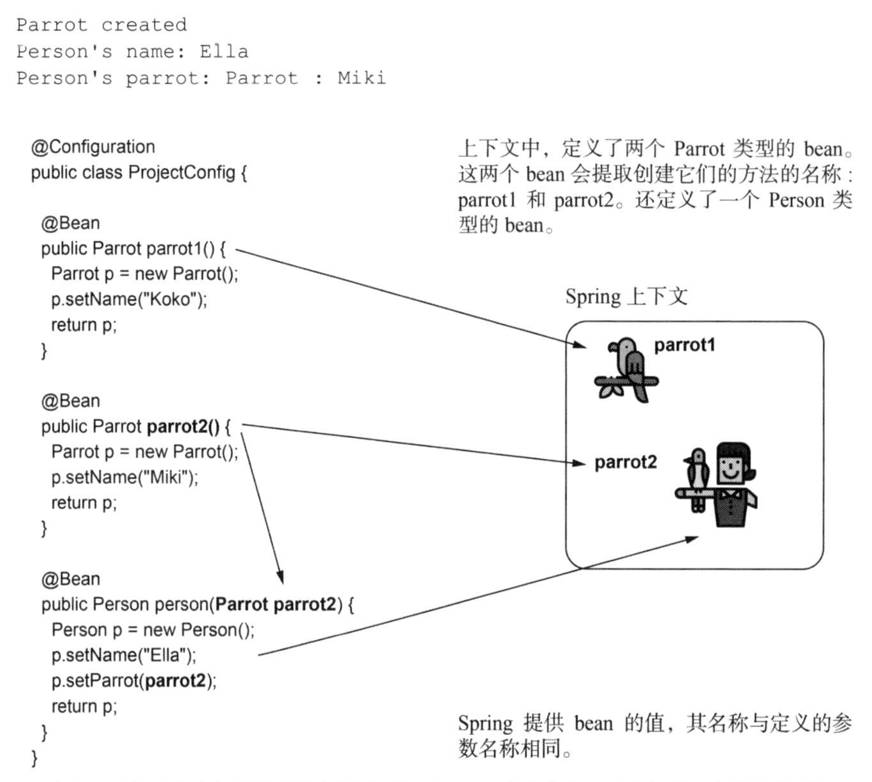
@Configuration
public class ProjectConfig {
@Bean
public Parrot parrot1() {
Parrot p = new Parrot();
p.setName("Koko");
return p;
}
@Bean
public Parrot parrot2() {
Parrot p = new Parrot();
p.setName("Miki");
return p;
}
@Bean
public Person person(Parrot parrot2) {
Person p = new Person();
p.setName("Ella");
p.setParrot(parrot2);
return p;
}
}
上下文中，定义了两个 Parrot 类型的 bean。这两个 bean 会提取创建它们的方法的名称：parrot1 和 parrot2。还定义了一个 Person 类型的 bean。
Spring 上下文
parrot1
parrot2
Spring 提供 bean 的值，其名称与定义的参数名称相同。

图 3.12 当上下文包含多个相同类型的实例时，指示 Spring 从它的上下文中提供一个特定实例的一种方法是依赖这个实例的名称。只需要将参数命名为与希望 Spring 提供的实例相同的名称

在实际的场景中，应该避免依赖于参数的名称，因为名称很容易被其他开发人员重构和更改。为了更方便，通常选择一种更明显的方法来表达注入特定 bean 的意图：使用@Qualifier 注解。再一次，根据经验，开发人员对使用@Qualifier 注解持赞成或反对的态度。我觉得最好在清楚地定义了意图的这种情况下使用该注解。其他开发人员认为添加这个注解会创建不需要的(样板)代码。

代码清单 3.7 是一个使用@Qualifier 注解的示例。注意，没有使用参数的特定标识符，而是使用@Qualifier 注解的 value 属性指定要注入的 bean。

代码清单 3.7 使用@Qualifier 注解

```
@Configuration
public class ProjectConfig {

  @Bean
  public Parrot parrot1() {
```

```
    Parrot p = new Parrot();
    p.setName("Koko");
    return p;
  }

  @Bean
  public Parrot parrot2() {
    Parrot p = new Parrot();
    p.setName("Miki");
    return p;
  }

  @Bean
  public Person person(
    @Qualifier("parrot2") Parrot parrot) {

    Person p = new Person();
    p.setName("Ella");
    p.setParrot(parrot);
    return p;
  }
}
```

使用@Qualifier 注解，可以清楚地标记出从上下文中注入特定 bean 的意图

重新运行该应用程序，应用程序将相同的结果输出到控制台。

```
Parrot created
Person's name: Ella
Person's parrot: Parrot : Miki
```

在使用@Autowired 注解时也会出现类似的情况。为了展示这种情况，这里创建了另一个项目“sq-ch3-ex9”。在这个项目中，定义了两个Parrot类型的bean(使用@Bean注解)和一个Person实例(使用原型注解)。配置 Spring，将两个 Parrot bean 中的一个注入 Person 类型的 bean 中。

如下面的代码片段所示，没有向 Parrot 类中添加@Component 注解，因为打算在配置类中使用@Bean 注解定义两个 Parrot 类型的 bean。

```
public class Parrot {

  private String name;

  // Omitted getters, setters, and toString()
}
```

使用@Component 原型注解定义了一个 Person 类型的 bean。观察下一段代码中为构造函数参数提供的标识符。给标识符赋予名称“parrot2”的原因在于，该名称也是在上下文中为 bean 配置的、让 Spring 注入这个参数的名称。

```
@Component
public class Person {

  private String name = "Ella";
```

```
  private final Parrot parrot;

  public Person(Parrot parrot2) {
    this.parrot = parrot2;
  }

  // Omitted getters and setters
}
```

使用配置类中的@Bean 注解定义了两个 Parrot 类型的 bean。仍然需要添加@ComponentScan，以告诉 Spring 在哪里可以找到用原型注解进行注解的类。在示例中，用@Component 原型注解对类 Person 进行了注解。代码清单 3.8 显示了配置类的定义。

代码清单 3.8 在配置类中定义 Parrot 类型的 bean

```
@Configuration
@ComponentScan(basePackages = "beans")
public class ProjectConfig {

  @Bean
  public Parrot parrot1() {
    Parrot p = new Parrot();
    p.setName("Koko");
    return p;
  }

  @Bean
  public Parrot parrot2() {
    Parrot p = new Parrot();
    p.setName("Miki");
    return p;
  }
}
```

在当前的设置中，名为 parrot2 的 bean 是 Spring 注入 Person bean 中的 bean

如果像下一个代码片段展示的那样运行 main 方法，会发生什么?人拥有哪只鹦鹉?因为构造函数的参数名与 Spring 上下文中 bean 的一个名称相匹配(parrot2)，所以 Spring 注入了该 bean(见图 3.13)，应用程序在控制台打印的鹦鹉的名字是 Miki。

```
public class Main {

  public static void main(String[] args) {
    var context = new
        AnnotationConfigApplicationContext(ProjectConfig.class);

    Person p = context.getBean(Person.class);

    System.out.println("Person's name: " + p.getName());
    System.out.println("Person's parrot: " + p.getParrot());
  }
}
```

运行这个应用程序，控制台显示如下输出。

```
Person's name: Ella
Person's parrot: Parrot : Miki
```

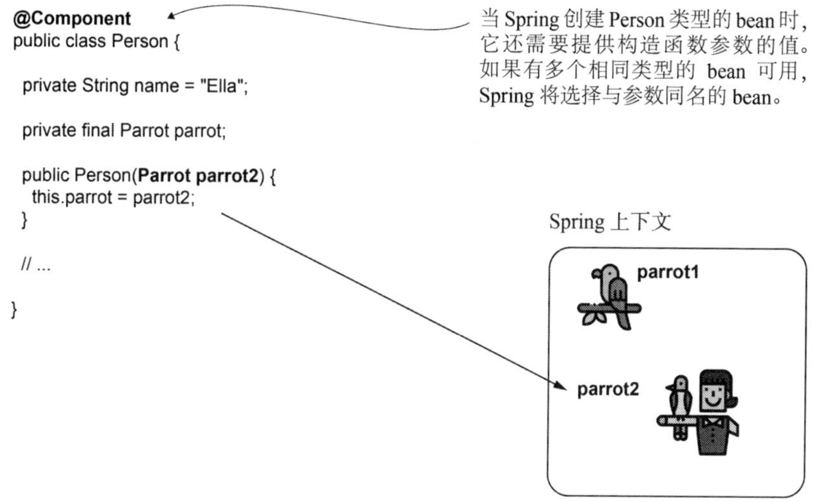

```
@Component
public class Person {

  private String name = "Ella";

  private final Parrot parrot;

  public Person(Parrot parrot2) {
    this.parrot = parrot2;
  }

  // ...

}
```

当 Spring 创建 Person 类型的 bean 时，它还需要提供构造函数参数的值。如果有多个相同类型的 bean 可用，Spring 将选择与参数同名的 bean。

Spring 上下文

parrot1

parrot2

图 3.13 当 Spring 上下文包含多个同类型的 bean 时，Spring 将选择名称与参数名称匹配的 bean

如@Bean 注解方法参数的讨论所述，建议不要依赖于变量的名称。相反，最好使用@Qualifier 注解来清楚地表达意图：从上下文中注入了一个特定的 bean。通过这种方式，重构变量名，从而将影响应用程序工作方式的可能性降到最低。注意在下面的代码片段中窗口对 Person 类所做的更改。使用@Qualifier 注解，指定了要 Spring 从上下文中注入的 bean 的名称，并且不依赖于构造函数参数的标识符(参见名为“sq-ch3-ex10”的项目中的更改)。

```
@Component
public class Person {

  private String name = "Ella";

  private final Parrot parrot;

  public Person(@Qualifier("parrot2") Parrot parrot) {
    this.parrot = parrot;
  }

  // Omitted getters and setters

}
```

应用程序的行为不会改变，输出也保持不变。这种方法可以减少代码的错误。

3.5 本章小结

Spring 上下文是应用程序内存中的一块地方，框架使用它保存所管理的对象。你需要使用框架提供的特性将任何需要被提升的对象添加到 Spring 上下文中。

当实现应用程序时，需要从一个对象引用到另一个对象。通过这种方式，一个对象可以在执行其任务时将操作委托给其他对象。要实现此行为，需要在 Spring 上下文中建立 bean 之间的关系。

可以使用以下 3 种方法之一在两个 bean 之间建立关系。

- 直接引用通过@Bean 注解的方法，从创建其中一个 bean 的方法中创建另一个 bean。Spring 知道在上下文中引用了该 bean，如果该 bean 已存在，它不会再次调用相同的方法来创建另一个实例。相反，它返回对上下文中现有 bean 的引用。
- 定义一个通过@Bean 注解的方法参数。当 Spring 观察到@Bean 方法有参数时，它会在其上下文中搜索该参数类型的 bean，并将该 bean 作为参数的值提供给该参数。
- 有如下 3 种方式使用@Autowired 注解：
  - 让 Spring 从上下文中注入 bean 的类中注解字段。这种方法经常用于示例和概念证明。
  - 注解希望 Spring 调用的构造函数来创建 bean。Spring 从上下文中将其他 bean 注入构造函数的参数中。这种方法在实际代码中使用得最多。
  - 注解想让 Spring 从上下文中注入 bean 的属性的 setter。在产品就绪的代码中，不会经常使用这种方法。
- 每当允许 Spring 通过类的属性、方法或构造函数参数提供一个值或引用时，就说 Spring 使用 DI，这是 IoC 原则支持的一种技术。
- 两个相互依赖的 bean 的创建会生成一个循环依赖项。Spring 不能创建具有循环依赖项的 bean，会执行失败并出现异常。在配置 bean 时，请确保避免循环依赖项。
- 当 Spring 的上下文中有多个相同类型的 bean 时，它不能决定需要注入哪些 bean。可以告诉 Spring 哪个实例是它需要注入的，方法如下：
  - 使用@Primary 注解，它将其中一个 bean 标记为依赖注入的默认值，或者
  - 命名 bean 并使用@Qualifier 注解来注入它们。

第4章

Spring上下文：使用抽象

本章内容

- 使用接口定义契约
- 在 Spring 上下文中使用 bean 的抽象
- 通过抽象使用依赖注入

本章讨论如何在 Spring bean 中使用抽象。这个主题必不可少，因为在实际的项目中，经常使用抽象解耦实现。如本章所述，通过解耦实现可确保应用程序易于维护和测试。

本章从 4.1 节开始复习如何使用接口定义契约。讨论这个问题时，首先要讨论对象的任务，说明它们如何融入应用程序的标准类设计，然后使用编码技术实现一个小场景。在该场景中，不使用 Spring，但专注于满足需求和使用抽象实现解耦应用程序依赖的对象。

接下来，4.2 节会讨论使用 DI 和抽象时 Spring 的行为。首先从 4.1 节的实现开始，并将 Spring 添加到应用程序的依赖项中。然后，使用 Spring 上下文实现依赖注入。有了这个示例，就会更接近期望在产品实现中发现的东西：具有典型的真实场景任务的对象，以及 DI 和 Spring 上下文中使用的抽象。

4.1 使用接口定义契约

本节讨论如何使用接口定义契约。在 Java 中，接口是用于声明特定任务的抽象结构。实现接口的对象必须定义这个任务。实现相同接口的多个对象可以定义该接口以不同方式声明的任务。接口指定了“需要发生什么”，而实现接口的每个对象指定了“应该如何发生”。

当我还是孩童时，我父亲给了我一台旧收音机，让我拆着玩(我对拆卸东西很感兴趣)。看着它，我意识到我需要一些工具拧开它的螺丝。经过短暂的思考，我决定用一把刀完成这项工作，于是我向父亲要了一把刀。他问我：“要刀做什么？”我说拆收音机。“哦！”他说，“最好用一把螺丝刀；给！”那时，我便明白了，当人们对做什么一筹莫展时，去找寻需要的东西总比寻求解决方案更明智。接口是对象请求自己需要的东西的方式。

4.1.1 使用接口实现解耦

本节讨论契约是什么，以及如何使用接口在 Java 应用程序中定义它们。首先从一个类比开始，然后使用一些视觉效果解释这个概念，以及说明何时使用接口是有用的。4.1.2 节继续讨论问题的需求，4.1.3 节在没有框架的情况下解决这个场景。4.2 节使用 Spring 框架，并且学习当使用契约解耦功能时，Spring 中的依赖注入是如何工作的。

打个比方：因为要去某个地方，所以要使用拼车应用程序。在预订旅行时，通常不关心汽车的外观或司机是谁，只需要考虑到达目的地。如果能及时到达目的地，我们并不关心接客户的是一辆汽车还是一艘宇宙飞船。拼车应用程序只是一个接口。客户想要的不是一辆车或一个司机，而是一次旅行。任何能提供这项服务的司机都能满足客户的要求。客户和司机通过应用程序(接口)解耦；在汽车响应请求之前，客户不知道司机是谁，也不知道哪辆车会来接他们，而且司机也不需要知道要为谁提供服务。这个类比形象地说明了 Java 中接口与对象之间的关系。

假设一个示例实现了一个对象，该对象需要打印一个送货应用程序要交付的包的详细信息。打印的详细信息必须根据目的地址进行排序。处理打印详细信息的对象需要将“按照包的交付地址对包进行排序的任务”委托给其他对象(见图 4.1)。

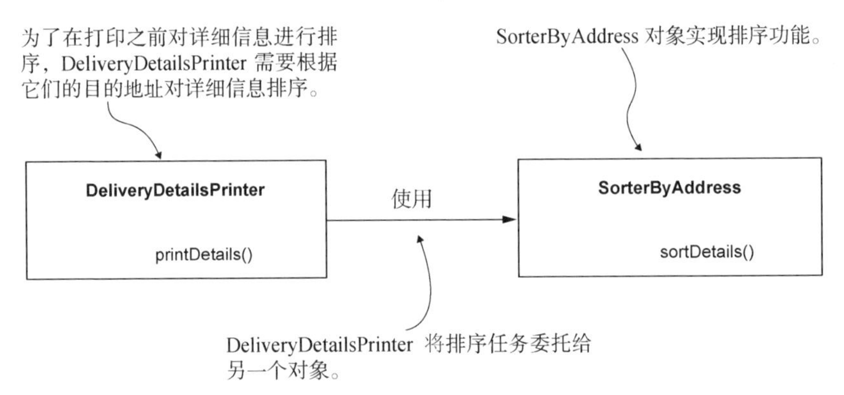

图 4.1 DeliveryDetailsPrinter 对象将“根据交付地址对交付详细信息进行排序的任务”委托给另一个名为 SorterByAddress 的对象

如图 4.1 所示，DeliveryDetailsPrinter 直接将排序任务委托给 SorterByAddress 对象。保持这个类的设计，如果之后需要更改这个功能，可能会遇到困难。假设稍后需要更改打印的详细信息的顺序，新顺序根据发件人的姓名排序，则需要将 SorterByAddress 对象替换为另一个实现新任务的对象，还需要更改使用排序任务的 DeliveryDetailsPrinter 对象(见图 4.2)。

如何改进这个设计？当更改对象的任务时，应避免使用更改的任务来更改其他对象。出现这个设计问题是因为 DeliveryDetailsPrinter 对象指定了它需要什么以及如何需要。如前所述，对象只需要指定它需要什么，完全不需要知道如何实现。当然，可以使用接口实现这一点。图 4.3 引入了一个名为 Sorter 的接口来解耦这两个对象。DeliveryDetailsPrinter 对象在此不声明 SorterByAddress，而是指定它需要一个 Sorter。现在可以拥有任意多的对象，以解决 DeliveryDetailsPrinter 请求的问题。任何实现 Sorter 接口的对象都可以在任何时候满足 DeliveryDetailsPrinter 对象的依赖。图 4.3 显示了 DeliveryDetailsPrinter 对象和 SorterByAddress 对象在使用接口解耦后的依赖关系。

```
public class DeliveryDetailsPrinter {

  private SorterByAddress sorter;

  public DeliveryDetailsPrinter(SorterByAddress sorter) {
    this.sorter = sorter;
  }

  public void printDetails() {
    sorter.sortDetails();
    // printing the delivery details
  }

}
```

如果必须更改排序任务，则需要在这些地方更改代码。

图 4.2　因为这两个对象是强耦合的，所以如果想改变排序任务，还需要改变使用这个任务的对象。更好的设计是允许更改排序任务，而不必更改使用该任务的对象

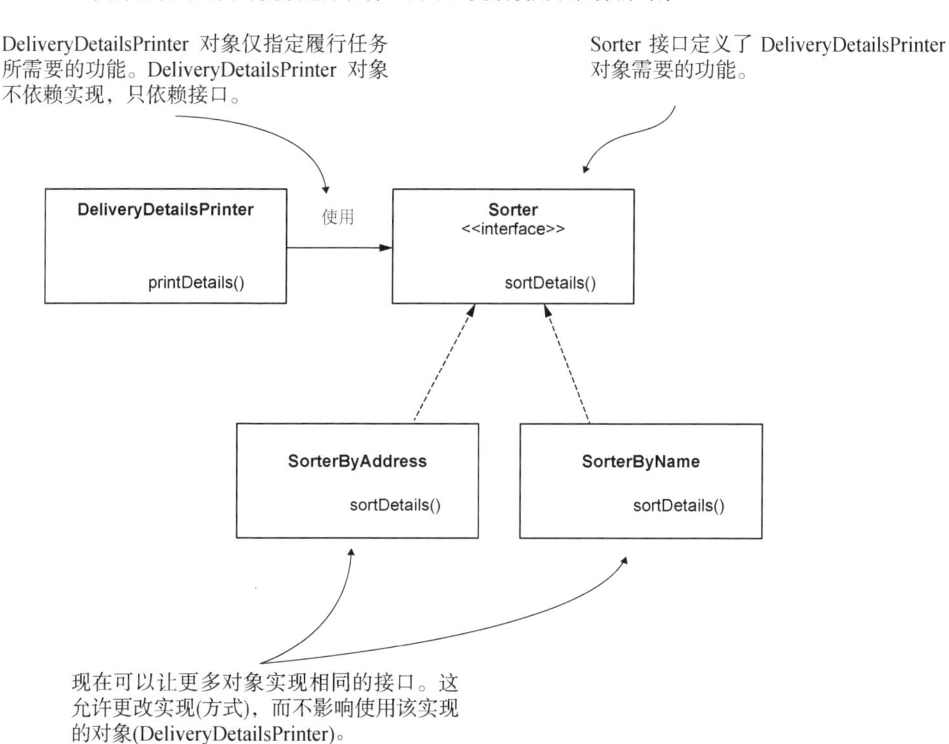

图 4.3　使用接口解耦任务。DeliveryDetailsPrinter 对象并不直接依赖实现，而是依赖接口(契约)。DeliveryDetailsPrinter 可以使用任何实现该接口的对象，而不局限于特定的实现

下面的代码片段包含 Sorter 接口的定义：

```
public interface Sorter {
  void sortDetails();
}
```

对比图 4.4 与图 4.2。因为 DeliveryDetailsPrinter 对象直接依赖接口而非实现，所以即便更改了交付细节的排序方式，也不需要进一步更改它。

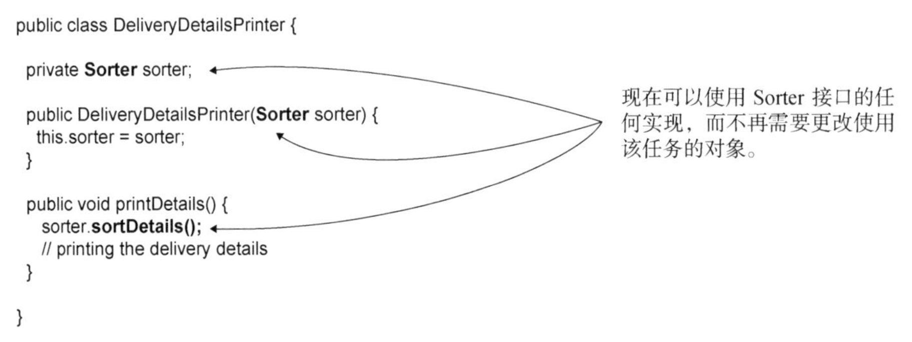

图 4.4 DeliveryDetailsPrinter 对象依赖 Sorter 接口。可以更改 Sorter 接口的实现，并使用此任务避免对对象(DeliveryDetailsPrinter)进行更多的更改

通过此处的理论介绍，想必你已经知道了为什么要使用接口来解耦类设计中相互依赖的对象。接下来将实现某个场景的需求。在此，我们使用普通的 Java 实现这个需求，而不需要任何框架，重点关注对象的任务，并使用接口解耦它们。本节最后将创建一个项目来定义通过协作实现用例的一些对象。

4.2 节会对这个项目进行一些更改，并将 Spring 添加到其中，通过“依赖注入”管理这些对象以及它们之间的关系。采用这种循序渐进的方法，更容易理解将 Spring 添加到应用程序所需要的更改，以及这种更改带来的好处。

4.1.2 场景需求

前面使用了简单的示例，并选择了简单的对象(如 Parrot)。即使它们与产品就绪应用程序使用的对象还不太接近，仍有助于你专注需要学习的语法。现在是时候向前迈进一步，使用前面几章学到的知识完成一个更接近真实世界的示例。

假设你正在实现一个团队的用来管理任务的应用程序。该应用程序的功能之一是允许用户对任务进行评论。当用户发布评论时，它会存储在某个地方(如数据库中)，同时应用程序会发送一封电子邮件到应用程序配置的特定地址。

在此，需要设计对象，并为实现该特性找到正确的任务和抽象。

4.1.3 不使用框架就能实现需求

本节重点关注实现 4.1.1 节描述的需求。可使用到目前为止学到的有关接口的知识来实现这一点。首先，确定要实现的对象(任务)。

在标准的实际应用程序中，通常将实现用例的对象称为服务，这就是这里要做的——需要一个实现“发布评论”用例的服务。此处将这个对象命名为 CommentService。最好给服务类起一个以“service”结尾的名称，这样它们在项目中的角色就会突出。关于好的命名实践的更多细节，推荐阅读 Robert C. Martin 编著的 *Clean Code: A Handbook of Agile Software Craftsmanship* (Pearson，2008)一书中的第 2 章。

当再次分析需求时，会发现该用例由两个操作组成：存储评论和通过邮件发送评论。由于这两个操作彼此迥然不同，因此应将它们视为两个不同的任务，并需要实现两个不同的对象。

当某个对象直接与数据库一起工作时，这样的对象通常被命名为存储库。有时，这样的对象也被称为数据访问对象(Data Access Object，DAO)。这里将实现存储评论任务的对象命名为 CommentRepository。

最后，在实际应用程序中，当所实现对象的任务与应用程序外部的事物建立通信时，就可将这些对象命名为代理，因此，此处将负责发送电子邮件的对象命名为 CommentNotificationProxy。图 4.5 显示了这 3 种任务之间的关系。

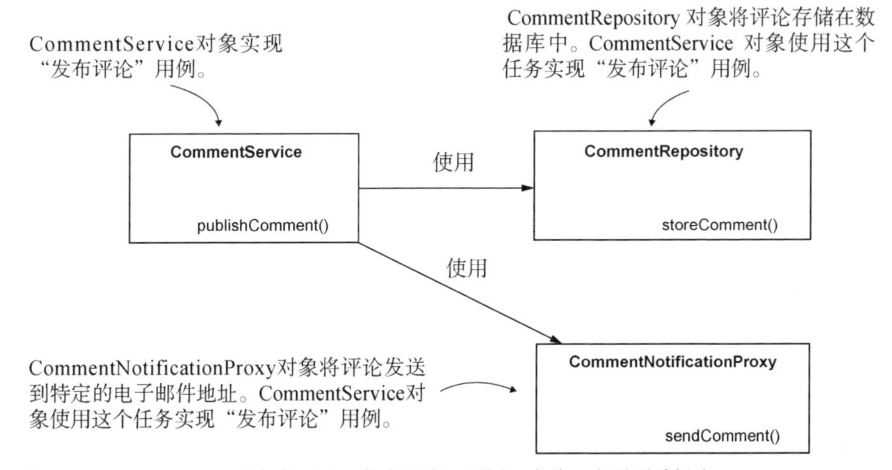
CommentService对象实现
“发布评论”用例。
CommentRepository 对象将评论存储在数
据库中。CommentService 对象使用这个
任务实现“发布评论”用例。
CommentService
publishComment()
使用
CommentRepository
storeComment()
使用
CommentNotificationProxy对象将评论发送
到特定的电子邮件地址。CommentService对
象使用这个任务实现“发布评论”用例。
CommentNotificationProxy
sendComment()

图 4.5　CommentService 对象实现了“发布评论”用例。为此，它需要委托由 CommentRepository 和 CommentNotificationProxy 对象实现的任务

但是等等！应该在实现之间使用直接耦合吗？需要确保通过使用接口来实现解耦。最终，CommentRepository 可能使用数据库存储评论。但在将来，也许会改用其他技术或外部服务。可以对 CommentNotificationProxy 对象做同样的操作。现在它通过电子邮件发送通知，但在未来的版本中，评论通知也可能通过其他渠道发送。当然，我们希望将 CommentService 从其依赖项的实现中解耦，这样当需要更改依赖项时，就不需要同时使用它们更改对象了。

图 4.6 显示了如何通过使用抽象解耦该类设计。该方法不是将 CommentRepository 和 CommentNotificationProxy 设计为类，而是将它们设计为可以实现的接口来定义功能。

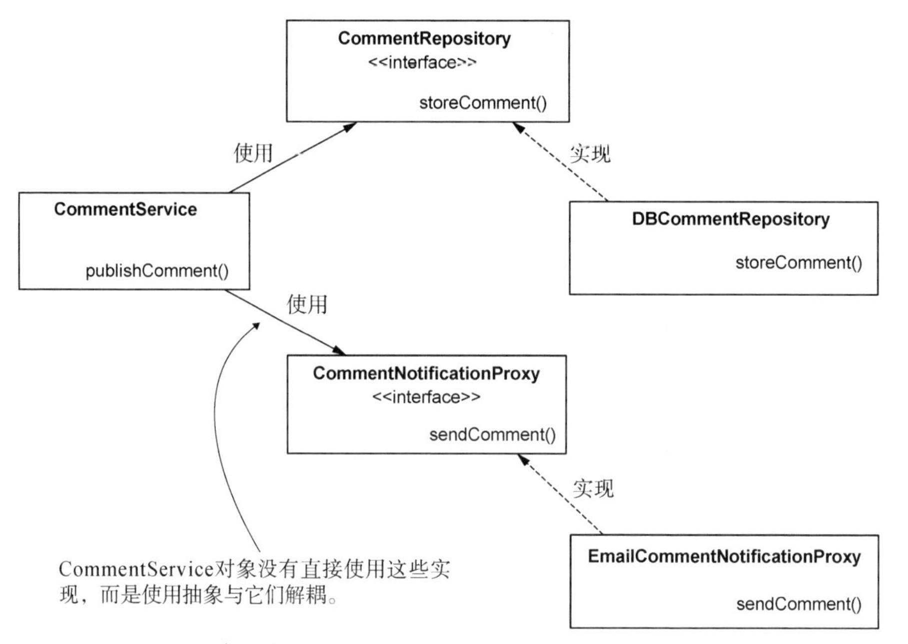

图 4.6 CommentService 对象依赖于 CommentRepository 和 CommentNotificationProxy 接口提供的抽象。DBCommentRepository 和 EmailCommentNotificationProxy 类进一步实现了这些接口。这种设计将“发布评论”用例的实现与其依赖关系解耦，并使应用程序在未来的开发中更容易被更改

现在已经清楚地了解了想要实现的内容，下面开始编写代码。目前，创建了一个普通的 Maven 项目，而没有向 pom.xml 文件添加任何外部依赖项。将这个项目命名为“sq-ch4-ex1”，其组织结构如图 4.7 所示，并在各自的包中分放不同的任务。

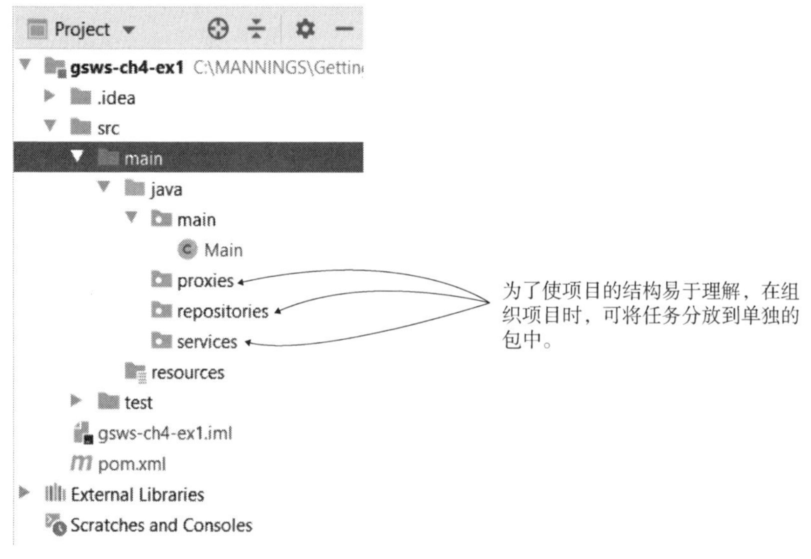

图 4.7 项目结构。为每个任务声明一个单独的包，以使项目的结构易于阅读和理解

之前为了专注于应用程序的主要任务，有一点并未提及，即我们还必须以某种方式表示评论。为此，只需要编写一个定义评论的简单 POJO 类。我们从编写这个 POJO 类开始实现用例。这种类型的对象的任务只是为应用程序使用的数据建模，我们称之为模型。在此考虑具有以下两个属性的评论：文本和作者。创建一个包模型，在其中定义一个 Comment 类。代码清单 4.1 给出了这个类的定义。

注意　POJO 是一个没有依赖项的简单对象，仅由它的属性和方法描述。在示例中，Comment 类定义了一个 POJO，并通过它的两个属性(作者和文本)描述评论的详情。

代码清单 4.1　定义评论

```
public class Comment {

  private String author;

  private String text;

  // Omitted getters and setters
}
```

现在可以定义存储库和代理的任务。代码清单 4.2 包含 CommentRepository 接口的定义。这个接口定义的契约声明了 storeComment(Comment comment)方法，CommentService 对象需要用该方法实现用例。将这个接口和实现它的类存储在项目的 repositories 包中。

代码清单 4.2　定义 CommentRepository 接口

```
public interface CommentRepository {

  void storeComment(Comment comment);
}
```

该接口只提供了 CommentService 对象实现用例(存储评论)所需要的东西。当定义实现此契约的对象时，需要重写 storeComment(Comment comment)方法来定义实现方式。代码清单 4.3 包含 DBCommentRepository 类的定义。因为此时还不知道如何连接到数据库，所以只在控制台中编写一个文本来模拟这个操作。从第 12 章开始，将学习如何将应用程序与数据库相连。

代码清单 4.3　实现 CommentRepository 接口

```
public class DBCommentRepository implements CommentRepository {

  @Override
  public void storeComment(Comment comment) {
    System.out.println("Storing comment: " + comment.getText());
  }
}
```

同样，也为CommentService对象需要的第二个任务定义了一个接口：CommentNotificationProxy。在项目的proxies包中定义这个接口和实现它的类。代码清单4.4给出了这个接口。

代码清单 4.4　定义 CommentNotificationProxy 接口

```
public interface CommentNotificationProxy {

  void sendComment(Comment comment);
}
```

代码清单4.5包含这个接口的实现，在后面的演示中将使用它。

代码清单 4.5　CommentNotificationProxy 接口的实现

```
public class EmailCommentNotificationProxy
  implements CommentNotificationProxy {

  @Override
  public void sendComment(Comment comment) {
    System.out.println("Sending notification for comment: "
                         + comment.getText());
  }
}
```

现在可使用CommentService对象的两个依赖项(CommentRepository和CommentNotificationProxy)来实现对象本身。在服务(service)包中，编写了CommentService类，如代码清单4.6所示。

代码清单 4.6　实现 CommentService 对象

```
public class CommentService {

  private final CommentRepository commentRepository;
  private final CommentNotificationProxy commentNotificationProxy;

  public CommentService(
          CommentRepository commentRepository,
          CommentNotificationProxy commentNotificationProxy) {

    this.commentRepository = commentRepository;
    this.commentNotificationProxy = commentNotificationProxy;
  }

  public void publishComment(Comment comment) {
    commentRepository.storeComment(comment);
    commentNotificationProxy.sendComment(comment);
  }
}
```

将这两个依赖项定义为类的属性

通过构造函数的参数构建对象的同时提供了依赖项

实现了将“存储评论”和“发送通知”任务委托给依赖项的用例

现在，编写Main类，如代码清单4.7所示，并测试整个类设计。

代码清单 4.7　在 Main 类中调用用例

```
public class Main {

  public static void main(String[] args) {
    var commentRepository =
      new DBCommentRepository();
    var commentNotificationProxy =
      new EmailCommentNotificationProxy();
    var commentService =
      new CommentService(
          commentRepository, commentNotificationProxy);

    var comment = new Comment();
    comment.setAuthor("Laurentiu");
    comment.setText("Demo comment");

    commentService.publishComment(comment);
  }
}
```

为依赖项创建实例

创建服务类的实例并提供依赖项

创建一个评论实例，将其作为参数发送到“发布评论”用例

调用“发布评论”用例

当运行这个应用程序时，控制台会显示由 CommentRepository 和 CommentNotificationProxy 对象打印的两行代码。下面的代码片段展示了输出：

```
Storing comment: Demo comment
Sending notification for comment: Demo comment
```

4.2　通过抽象使用依赖注入

本节在 4.1 节实现的类设计上应用 Spring 框架。通过这个示例，讨论 Spring 在使用抽象时如何管理依赖注入。这个主题非常重要，因为在大多数项目中，都会使用抽象实现对象之间的依赖关系。第 3 章讨论了依赖注入，并使用具体的类声明变量，希望 Spring 在这些变量的上下文中设置 bean 的值。但如本章所述，Spring 也理解抽象。

首先将 Spring 依赖项添加到项目中，然后决定该应用程序的哪些对象需要由 Spring 管理，学会决策让 Spring 感知哪些对象。

接着，调整在 4.1 节中实现的项目，以使用 Spring 及其依赖注入功能。本节重点讨论在对抽象使用依赖注入时可能出现的各种情况。最后将讨论更多关于原型注解的内容。你会发现 @Component 不是可以使用的唯一的原型注解，你也会学会何时使用其他注解。

4.2.1　决定哪些对象应该成为 Spring 上下文的一部分

第 2 章和第 3 章讨论 Spring 时，关注的是语法，并没有使用用例来说明现实场景中的相应情形。这也是我们未讨论是否需要向 Spring 上下文添加对象的原因。根据讨论，需要在 Spring 上下文中添加所有的应用程序对象，但事实并非如此。

记住，将对象添加到 Spring 上下文中的主要原因是允许 Spring 控制它，并进一步用框架提供的功能来扩充它。因此，决策应该很容易基于这样一个问题做出："这个对象需要由框架管理吗？"

在场景中回答这个问题并不困难，因为使用的唯一的 Spring 特性是 DI。在示例中，如果对象有一个需要从上下文注入的依赖项，或者它本身就是一个依赖项，就需要将该对象添加到 Spring 上下文中。查看实现会发现，唯一没有依赖项且本身也不是依赖项的对象是 Comment。类设计中的其他对象如下。

- CommentService——有两个依赖项，CommentRepository 和 CommentNotificationProxy。
- DBCommentRepository——实现 CommentRepository 接口，是 CommentService 的依赖项。
- EmailCommentNotificationProxy——实现 CommentNotificationProxy 接口，是 CommentService 的依赖项。

但是为什么不同时添加 Comment 实例呢？当我讲授 Spring 课程时，经常有人问这个问题。将对象添加到 Spring 上下文而不使用框架管理对象，会给应用程序增加不必要的复杂性，使应用程序的维护更具挑战性，性能也更差。当向 Spring 上下文中添加对象时，应允许框架使用框架提供的某些特定功能来管理对象。如果添加了要由 Spring 管理的对象，却没有从框架中获得任何好处，那就说明对实现进行了过度设计。

第 2 章讨论了当类属于项目，并且可以改变类时，使用原型注解(@Component)是将 bean 添加到 Spring 上下文的最舒适的方式。这里也将使用这种方法。

注意，图 4.8 中的两个接口的底色为白色(没有用@Component 标记它们)。学生们在实现中使用接口时，经常对应该在什么地方使用原型注解感到困惑。可以对 Spring 需要创建实例的类使用原型注解，并将这些实例添加到 Spring 的上下文中。在接口或抽象类上添加原型注解没有意义，因为它们不能被实例化。从语法上讲，可以这样做，但没什么用。

更改代码并向这些类添加@Component 注解。在代码清单 4.8 中，更改了 DBCommentRepository 类。

代码清单 4.8 向 DBCommentRepository 类添加@Component

用@Component 标记类，告知 Spring 实例化这个类，并在上下文中以 bean 的形式添加一个实例

```
@Component
public class DBCommentRepository implements CommentRepository {

  @Override
  public void storeComment(Comment comment) {
    System.out.println("Storing comment: " + comment.getText());
  }
}
```

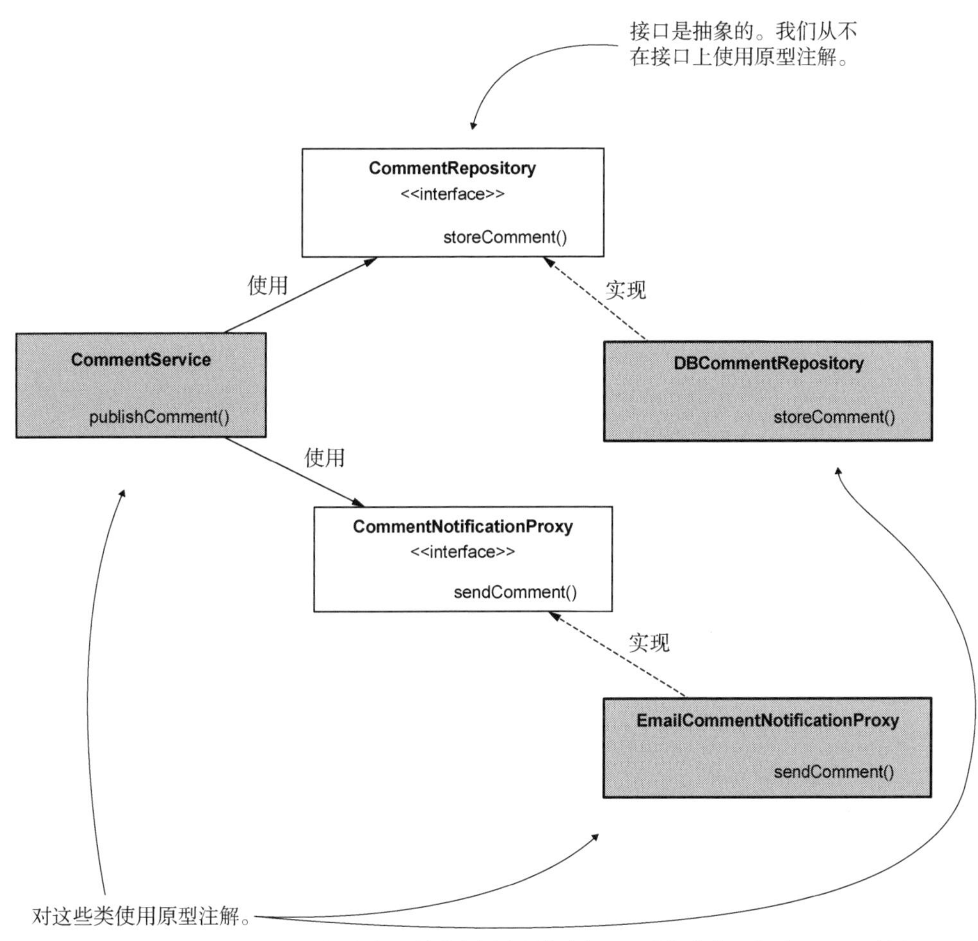

图 4.8　用@Component 原型注解标记的类在图中用灰底标识。当加载上下文时，Spring 创建这些类的实例并将实例添加到上下文中

代码清单 4.9 包含对 EmailCommentNotificationProxy 类的更改。

代码清单 4.9　向 EmailCommentNotificationProxy 类添加@Component

```
@Component
public class EmailCommentNotificationProxy
  implements CommentNotificationProxy {

  @Override
  public void sendComment(Comment comment) {
    System.out.println(
      "Sending notification for comment: " +
        comment.getText());
  }
}
```

在代码清单 4.10 中，也通过添加@Component 注解以更改 CommentService 类。CommentService

类通过 CommentRepository 和 CommentNotificationProxy 接口来声明对其他两个组件的依赖关系。智能的 Spring 发现属性是用接口类型定义的之后，便会在上下文中搜索由实现这些接口的类创建的 bean。如第 2 章所述，因为类中只有一个构造函数，所以@Autowired 注解是可选的。

代码清单 4.10 使 CommentService 类成为一个组件

```
@Component          ← Spring 创建这个类的 bean，并将其添加到上下文中
public class CommentService {

  private final CommentRepository commentRepository;

  private final CommentNotificationProxy commentNotificationProxy;
                    如果类有多个构造函数，则必须使用@Autowired

  public CommentService(        ← Spring 使用这个构造函数创建 bean，并在创建实例时将来自其上下文的引用注入参数
    CommentRepository commentRepository,
    CommentNotificationProxy commentNotificationProxy) {
    this.commentRepository = commentRepository;
    this.commentNotificationProxy = commentNotificationProxy;
  }

  public void publishComment(Comment comment) {
    commentRepository.storeComment(comment);
    commentNotificationProxy.sendComment(comment);
  }
}
```

我们只需要告诉 Spring 在哪里可以找到带原型注解的类，并测试应用程序。代码清单 4.11 展示了项目的配置类，并在其中使用@ComponentScan 注解告知 Spring 在哪里可以找到带@Component 注解的类。第 2 章讨论了@ComponentScan。

代码清单 4.11 在配置类中使用@ComponentScan

```
@Configuration 注解标记配置类
使用@ComponentScan 注解告知 Spring 在哪个包中搜索带有原型注解的类。在此未指定模型包，是因为它不包含用原型注解注解的类

@Configuration
@ComponentScan(
  basePackages = {"proxies", "services", "repositories"}
)
public class ProjectConfiguration {
}
```

注意 本例使用了@ComponentScan 注解的 basePackages 属性。Spring 还提供了直接指定类的特性(通过使用相同注解的 basePackageClasses 属性)。定义包的好处是，只需要提到包的名称。如果它包含 20 个组件类，只需要编写一行(包名)，而不是 20 个。缺点是，如果开发人员重命名包，他们可能不会意识到还必须更改@ComponentScan 注解的值。直接指定类，可能会编写更多代码，但当有人更改代码时，会立即发现还需要更改@ComponentScan 注解；否则，应用程序无法编译。在产品应用程序中，根据经验可能会发现这两种方法都不太好。

为了测试设置，应先行创建新的 Main 方法，如代码清单 4.12 所示。旋转 Spring 上下文，从中获取 CommentService 类型的 bean，并调用 publishComment(Comment comment)方法。

代码清单 4.12　Main 类

```
public class Main {

  public static void main(String[] args) {
    var context =
      new AnnotationConfigApplicationContext(
        ProjectConfiguration.class);

    var comment = new Comment();
    comment.setAuthor("Laurentiu");
    comment.setText("Demo comment");

    var commentService = context.getBean(CommentService.class);
    commentService.publishComment(comment);
  }
}
```

运行这个应用程序，会看到如下输出，它演示了这两个依赖项被 CommentService 对象访问并正确调用。

```
Storing comment: Demo comment
Sending notification for comment: Demo comment
```

这是一个小示例，并不像 Spring 那样能给用户带来丰富的体验，但是请再看一遍。通过使用 DI 特性，不需要自行创建 CommentService 对象及其依赖项的实例，也不需要显式地建立它们之间的关系。在实际的场景中，若有 3 个以上的类，让 Spring 管理对象和它们之间的依赖关系确实会有很大的区别。它消除了可以隐含的代码(开发人员也可以将其命名为样板代码)，允许我们专注于应用程序所做的事情。记住，将这些实例添加到上下文，可以让 Spring 使用后续章节讨论的特性来控制和增强它们。

通过抽象使用依赖注入的不同方式

第 3 章学习了可以使用自动连线的多种方式。讨论了@Autowired 注解，通过它可以进行字段、构造函数或 setter 注入。还讨论了使用@Bean 注解的方法的参数在配置类中使用自动连线(Spring 使用@Bean 在上下文中创建 bean)。

当然，本节是从实际示例中最常用的方法——构造函数注入开始讲解的。但是了解可能遇到的不同方法很重要。本部分旨在强调，带有抽象的 DI(如本节所述)与第 3 章学到的所有 DI 样式是一样的。为了证明这一点，可试着改变项目“sq-ch4-ex2”，让它首先使用@Autowired 的字段依赖注入。然后，再次更改项目，并测试如果使用配置类中的@Bean 方法，带有抽象的 DI 如何工作。

为了完成工作的所有步骤，可先为第一个演示创建一个名为“sq-ch4-ex3”的新项目。幸运的是，唯一需要更改的是 CommentService 类。删除构造函数，用@Autowired 注解标记类的字段，如下面的代码片段所示。

```
@Component
public class CommentService {

  @Autowired
  private CommentRepository commentRepository;

  @Autowired
  private CommentNotificationProxy commentNotificationProxy;

  public void publishComment(Comment comment) {
    commentRepository.storeComment(comment);
    commentNotificationProxy.sendComment(comment);
  }
}
```

字段不再是 final 字段，它们被标记为@Autowired。Spring 对象用默认构造函数创建类的实例，然后从其上下文中注入两个依赖项

还可以使用带有抽象的@Bean 注解方法的参数自动连线。在项目“sq-ch4-ex4”中分别存放这些示例。这个项目完全删除了 CommentService 类的原型注解(@Component)和它的两个依赖项。

此外，还更改了配置类，以创建这些 bean 并建立它们之间的关系。下面的代码片段展示了配置类的新内容：

```
@Configuration
public class ProjectConfiguration {

  @Bean
  public CommentRepository commentRepository() {
    return new DBCommentRepository();
  }

  @Bean
  public CommentNotificationProxy commentNotificationProxy() {
    return new EmailCommentNotificationProxy();
  }

  @Bean
  public CommentService commentService(
    CommentRepository commentRepository,
    CommentNotificationProxy commentNotificationProxy) {
    return new CommentService(commentRepository,
              commentNotificationProxy);
  }
}
```

因为不使用原型注解，所以不再需要使用@ComponentScan 注解

为这两个依赖项分别创建 bean

使用@Bean 方法的参数(现在由接口类型定义)指示 Spring 从上下文中为 bean 提供引用，与参数的类型兼容

4.2.2　从抽象的多个实现中选择自动连线的内容

前面的内容主要关注 Spring 在使用 DI 和抽象时的行为。所使用的示例仅为请求注入的每种抽象类型添加一个实例。

下面接着讨论，如果 Spring 上下文包含更多与请求的抽象匹配的实例，会发生什么。因为这种情况极可能在现实项目中发生，所以要知道如何处理，以使应用程序的工作可预期。

假设我们用两个实现 CommentNotificationProxy 接口的不同类创建了两个 bean(见图 4.9)。幸运的是，Spring 使用了第 3 章讨论过的一种机制来决定选择哪个 bean。在第 3 章中，如果在 Spring 上下文中存在多个相同类型的 bean，需要告诉 Spring 要注入这些 bean 中的哪一个。你还学习了以下方法：

- 使用@Primary 注解将实现的 bean 之一标记为默认值。
- 使用@Qualifier 注解为一个 bean 命名，然后在 DI 中通过名称进行引用。

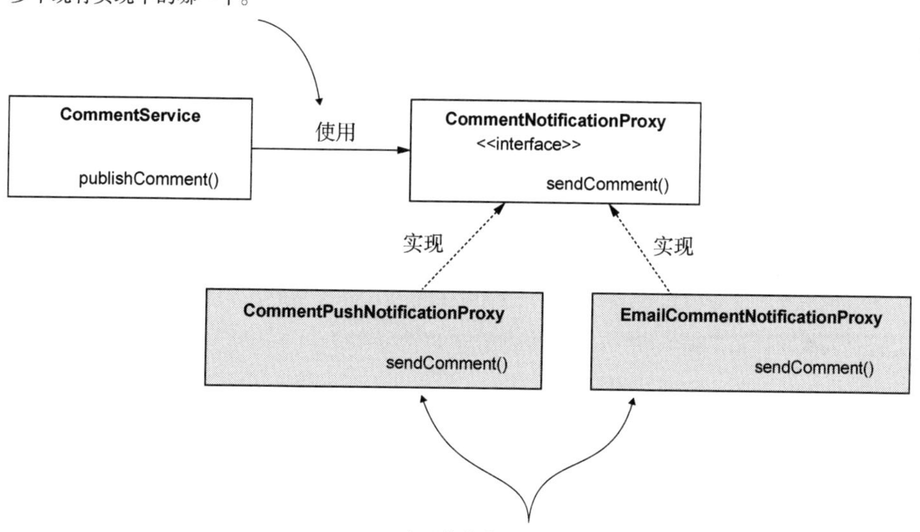

图 4.9　有时，在现实场景中，同一个接口有多个实现。在接口上使用依赖注入时，需要告诉 Spring 应该注入哪个实现

现在要证明这两种方法也适用于抽象。向应用程序添加一个新类 CommentPushNotificationProxy (它实现了 CommentNotificationProxy 接口)，并逐个测试这些方法，如代码清单 4.13 所示。创建一个名为“sq-ch4-ex5”的新项目存放这些示例。并基于项目“sq-ch4-ex2”中的代码开始这个示例。

代码清单 4.13 CommentNotificationProxy 接口的新实现

```
@Component
public class CommentPushNotificationProxy
  implements CommentNotificationProxy {    ← 这个类实现了 CommentNotificationProxy 接口

  @Override
  public void sendComment(Comment comment) {
    System.out.println(
      "Sending push notification for comment: "
        + comment.getText());
  }
}
```

如果按原样运行这个应用程序，将得到一个异常，因为 Spring 不知道在它的上下文中选择哪个 bean 进行注入。下面这个代码片段提取了异常消息中最有趣的部分。这个异常清楚地说明了 Spring 遇到的问题。它是一个 NoUniqueBeanDefinitionException，带有消息"expected single matching bean but found 2"(预期单个匹配，但发现了 2 个匹配)。框架旨在告知我们：它需要关于从上下文中注入现有 bean 的指示。

```
Caused by: org.springframework.beans.factory.NoUniqueBeanDefinitionException:

No qualifying bean of type 'proxies.CommentNotificationProxy' available:
     expected single matching bean but found 2:

commentPushNotificationProxy,emailCommentNotificationProxy
```

1. 使用@Primary 将一个实现标记为默认注入

第一种解决方案是使用@Primary。只需要在@Component 注解附近添加@Primary，以将这个类提供的实现标记为默认实现，如代码清单 4.14 所示。

代码清单 4.14 使用@Primary 将实现标记为默认

```
@Component
@Primary                                     ← 使用@Primary，将这个实现标记为依赖注入的默认实现
public class CommentPushNotificationProxy
  implements CommentNotificationProxy {

  @Override
  public void sendComment(Comment comment) {
    System.out.println(
      "Sending push notification for comment: "
        + comment.getText());
  }
}
```

通过这个小小的改变，应用程序就会有一个更友好的输出，如下面的代码片段所示。可以看到，Spring 确实注入了由新创建的类提供的实现。

```
Storing comment: Demo comment
Sending push notification for comment: Demo comment
```

Spring 注入了新的实现，因为已把它标记为主要实现

此时我经常听到的问题是，“现在有两个实现，但 Spring 总是只注入其中一个？本示例为什么有两个类呢？”

在现实场景中怎么会遇到这种情况？应用程序是复杂的，使用了大量的依赖项。可能的情况是，在某些时候，用户使用的依赖项为特定的接口提供了实现(见图 4.10)，但提供的实现并不适合应用程序，于是他选择定义自己的实现。那么@Primary 是最简单的解决方案。

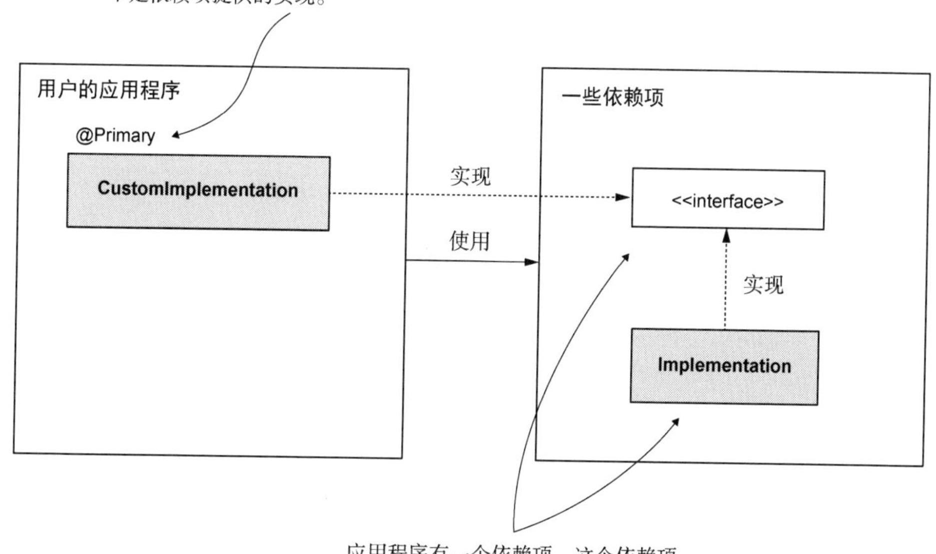

图 4.10　有时用户会使用已经为特定接口提供实现的依赖项。当需要这些接口的自定义实现时，可以使用@Primary 将实现标记为 DI 的默认实现。通过这种方式，Spring 知道要注入自定义的实现，而不是依赖项提供的实现

2. 使用@Qualifier 为依赖注入命名实现

有时，在产品应用程序中，需要定义同一个接口的多个实现，并由不同的对象使用这些实现。假设需要两种评论通知的实现方式：通过电子邮件或通过推送通知(见图 4.11)。这些仍然是同一接口的实现，但它们依赖于应用程序中的不同对象。

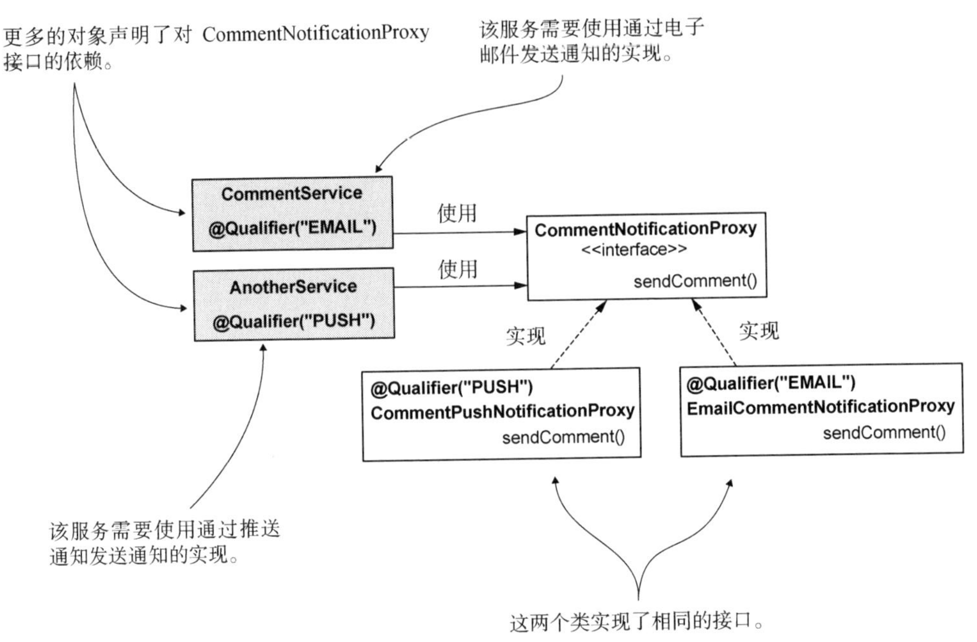

图 4.11 如果不同的对象需要使用同一个契约的不同实现，可以使用@Qualifier 为它们命名，并告知 Spring 需要注入的位置和内容

下面修改代码以测试这种方法。可以在项目“sq-ch4-ex6”中找到这个实现。下面的代码片段展示了如何使用@Qualifier 注解来命名特定的实现。

CommentPushNotification 类：

```
@Component
@Qualifier("PUSH")
public class CommentPushNotificationProxy
  implements CommentNotificationProxy {
  // Omitted code
}
```

使用@Qualifier，将此实现命名为“PUSH”

EmailCommentNotificationProxy 类：

```
@Component
@Qualifier("EMAIL")
public class EmailCommentNotificationProxy
  implements CommentNotificationProxy {
  // Omitted code
}
```

使用@Qualifier，将此实现命名为“EMAIL”

当想让 Spring 注入其中的一个实现时，只需要再次使用@Qualifier 注解指定实现的名称。代码清单 4.15 说明了如何将特定的实现注入 CommentService 对象的依赖项中。

代码清单 4.15　使用@Qualifier 指定 Spring 需要注入的实现

为每个需要使用特定实现的参数使用@Qualifier 注解

```
@Component
public class CommentService {

  private final CommentRepository commentRepository;

  private final CommentNotificationProxy commentNotificationProxy;

  public CommentService(
    CommentRepository commentRepository,
    @Qualifier("PUSH") CommentNotificationProxy commentNotificationProxy) {

    this.commentRepository = commentRepository;
    this.commentNotificationProxy = commentNotificationProxy;
  }

  // Omitted code
}
```

当运行这个应用程序时，Spring 会注入使用@Qualifier 指定的依赖项。观察控制台的输出：

```
Storing comment: Demo comment
Sending push notification for comment: Demo comment
```

可以看到，Spring 注入了推送通知的实现

4.3　用原型注解关注对象任务

到目前为止，当讨论原型注解时，只在示例中使用了@Component。但是在实际实现中，开发人员有时会为了同样的目的使用其他注解。本节将展示如何使用另外两个原型注解：@Service 和@Repository。

在实际的项目中，显式地使用原型注解来定义组件很常见。通常使用@Component，并不提供要实现的对象的详细任务。但是开发人员通常使用具有某些已知任务的对象。4.1 节讨论的两个任务是服务和存储库。

服务是负责实现用例的对象，而存储库是管理数据持久化的对象。因为这些任务在项目中很常见，在类设计中也很重要，所以有一种独特的标记方式可以帮助开发人员更好地理解应用程序设计。

Spring 使用@Service 注解以标记承担服务任务的组件，使用@Repository 注解以标记实现存储库任务的组件(见图 4.12)。这 3 个注解(@Component、@Service 和@Repository)都是原型注解，可指示 Spring 创建注解类的实例并将其添加到上下文中。

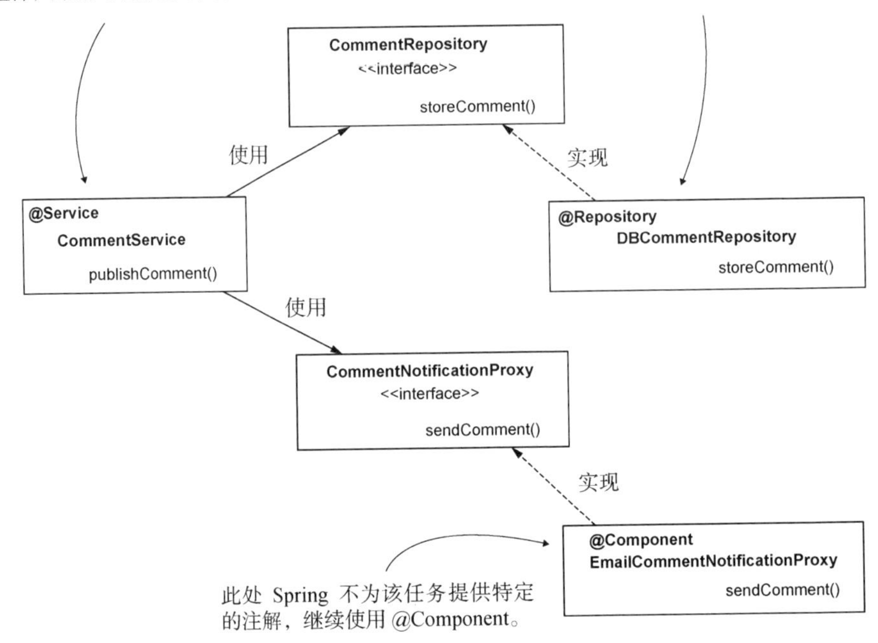

图 4.12　在类设计中，使用@Service 和@Repository 注解显式地标记组件的任务。在 Spring 没有为该任务提供特定注解的地方继续使用@Component

在本章的示例中，应该用@Service 而非@Component 标记 CommentService 类。通过这种方式，可以显式地标记对象的任务，并使其对任何查看该类的开发人员都更显而易见。下面的代码片段展示了这个使用@Service 原型注解进行注解的类：

```
@Service
public class CommentService {
  // Omitted code
}
```

使用@Service 将这个对象定义为负责服务的组件

同样，可以使用@Repository 注解显式地标记存储库类的任务。

```
@Repository
public class DBCommentRepository implements CommentRepository {
  // Omitted code
}
```

使用@Repository 将这个对象定义为负责存储库的组件

可以在本书提供的项目中找到这个示例(“sq-ch4-ex7”)。

4.4　本章小结

- 通过抽象实现解耦是实现类设计的一种很好的实践。解耦对象使实现易于更改，而不会影响应用程序的太多部分。这使应用程序更容易扩展和维护。

- Java 使用接口解耦实现，并通过接口定义实现之间的契约。
- 当使用带依赖注入的抽象时，Spring 便知道要搜索由请求抽象的实现创建的 bean。
- Spring 需要在创建实例的类上使用原型注解，并将这些实例作为 bean 添加到它的上下文中。永远不要在接口上使用原型注解。
- 当 Spring 上下文中有多个由同一个抽象的多个实现创建的 bean 时，可以告诉 Spring 要注入哪个 bean，方法是
    - 使用@Primary 注解将其中一个标记为默认值，或
    - 使用@Qualifier 注解命名该 bean，然后指示 Spring 按名称注入该 bean。
- 当有服务任务组件时，使用@Service 原型注解而非@Component。同样，当组件有存储库任务时，使用@Repository 原型注解代替@Component。通过这种方式，可以显式地标记组件的任务，并使类设计更易于阅读和理解。

第5章

Spring上下文：bean作用域和生命周期

本章内容

- 使用单例 bean 作用域
- 对单例 bean 使用即时实例化和延迟实例化
- 使用原型 bean 作用域

前面讨论了 Spring 管理的对象实例(bean)的几个基本问题，讲解了创建 bean 需要知道的一些重要语法，并讨论了如何建立 bean 之间的关系(包括使用抽象的必要性)。但是没有关注 Spring 如何以及何时创建 bean。从这个角度来看，我们仅依赖于框架的默认方法。

本书的前面部分选择不讨论这个内容，是因为需要将重点放在项目中要预先了解的语法上。然而，产品应用程序的场景是复杂的，有时依赖框架的默认行为是不够的。因此，本章需要更深入地讨论 Spring 如何在其上下文中管理 bean。

Spring 有多种不同的创建 bean 和管理它们的生命周期的方法，在 Spring 中，这些方法被称为作用域。本章讨论在 Spring 应用程序中经常看到的两个作用域：单例(singleton)和原型(prototype)。

注意 第 9 章将讨论应用于 Web 应用程序的另外 3 个 bean 作用域：请求(request)、会话(session)和应用程序(application)。

单例是 Spring 中 bean 的默认作用域，到目前为止我们一直在使用它。5.1 节将讨论单例 bean 作用域。本章首先讨论 Spring 如何管理单例 bean，然后讲解在实际应用程序中使用单例作用域需要了解的基本知识。

5.2 节继续讨论原型 bean 作用域。重点是原型、单例作用域与真实世界的情况有何不同，在这种情况下，需要应用其中的哪一个。

5.1 使用单例 bean 作用域

单例 bean 作用域定义了 Spring 在其上下文中管理 bean 的默认方法。它也是在产品应用程序中最常遇到的 bean 作用域。

5.1.1 节讲解 Spring 如何创建和管理单例 bean，这对于理解应该在哪里使用它们至关重要。为此，将通过两个使用不同方法定义 bean(参见第 2 章)的示例来分析这些 bean 的 Spring 行为。然后(5.1.2 节)讨论在实际场景中使用单例 bean 的常见情形。5.1.3 节讨论两种单例 bean 的实例化方法(即时和延迟)，以及在产品应用程序中应该在哪些地方使用它们。

5.1.1 单例 bean 的工作方式

下面先介绍 Spring 管理单例作用域 bean 的行为。在使用这个作用域时，需要知道会发生什么，特别是因为单例是 Spring 中默认的(也是最常用的)bean 作用域。本节将描述编写的代码与 Spring 上下文之间的链接，以使 Spring 的行为更容易理解。然后，通过几个示例测试该行为。

Spring 在加载上下文时会创建一个单例 bean，并为该 bean 分配一个名称(有时也称为 bean ID)。可将此作用域命名为 singleton(单例)，因为当引用特定的 bean 时，总是会得到相同的实例。但是要小心！如果相同类型的实例有不同的名称，那么在 Spring 上下文中可以有多个实例。之所以强调这一点，是因为过去使用过“单例”设计模式。如果不知道单例设计模式，不要感到困惑，可以跳过下面的段落。

但如果知道什么是单例模式，那么它在 Spring 中的工作方式就可能看起来很奇怪，因为应用程序中只有一个类型的实例。对于 Spring，单例的概念允许有多个相同类型的实例，单例意味着每个名字都独一无二，但这些名字在应用程序中不是唯一的(见图 5.1)。

1. 使用@Bean 声明单例作用域的 bean

下面用示例演示单例 bean 的行为，使用@Bean 注解将一个实例添加到 Spring 上下文，然后简单地在 Main 类中多次引用它。这样做是为了证明每次引用 bean 时都能得到相同的实例。

图 5.2 是配置它的代码附近的上下文的可视化表示。视图中的咖啡豆表示 Spring 添加到其上下文的实例。注意，该上下文只包含一个具有关联名称的实例(咖啡豆)。如第 2 章所述，当使用@Bean 注解方法将 bean 添加到上下文时，用@Bean 注解的方法的名称就变成 bean 的名称。

单例模式　　对比　　Spring的单例作用域

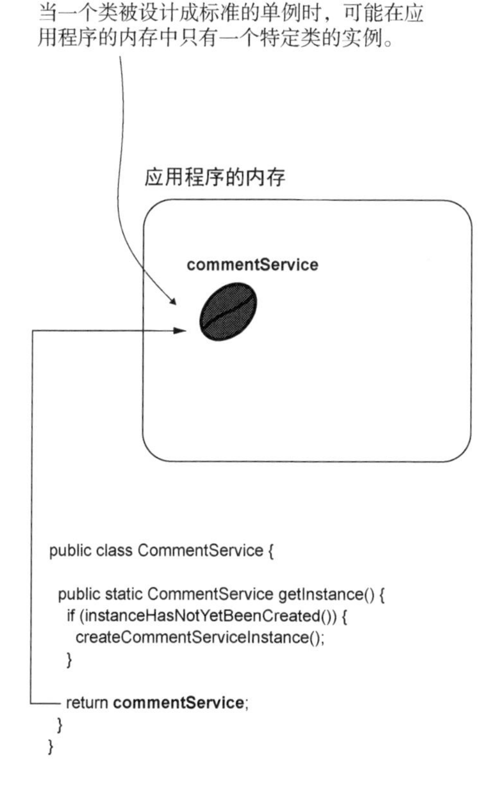
当一个类被设计成标准的单例时，可能在应用程序的内存中只有一个特定类的实例。
应用程序的内存
commentService
public class CommentService {
public static CommentService getInstance() {
if (instanceHasNotYetBeenCreated()) {
createCommentServiceInstance();
}
return commentService;
}
}

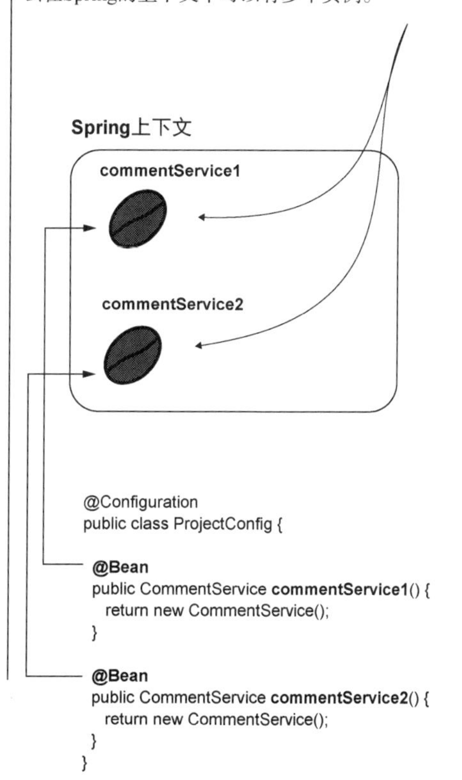
然而，在Spring中，单例意味着同一个实例具有唯一的名称。如果同一个类的实例有不同的名称，那么在Spring的上下文中可以有多个实例。
Spring上下文
commentService1
commentService2
@Configuration
public class ProjectConfig {
@Bean
public CommentService commentService1() {
return new CommentService();
}
@Bean
public CommentService commentService2() {
return new CommentService();
}
}

使用单例模式时类管理实例的创建，并确保只创建类型的一个实例。

使用Spring时，可以使用配置类中带有@Bean注解的方法定义许多相同类型的bean。这些bean中的每一个都是一个单例。

图 5.1　当提到应用程序中的单例类时，它们指的是一个只向应用程序提供一个实例并管理该实例的创建的类。然而，在 Spring 中，单例并不意味着上下文只有该类型的一个实例。它只意味着一个名称被分配给实例，相同的实例将始终通过该名称引用 bean

本例使用@Bean 注解方法将 bean 添加到 Spring 上下文中。但单例 bean 并非只能使用@Bean 注解创建。如果使用原型注解(如@Component)将 bean 添加到上下文，结果将是相同的。下一个示例演示这一事实。

注意，在这个演示中，当从 Spring 上下文中获取 bean 时，显式地使用了 bean 名称。如第 2 章所述，当在 Spring 上下文中只有一种 bean 时，不再需要使用它的名称。可以根据其类型获取该 bean。本例使用这个名称只是为了强制引用同一个 bean。如第 2 章所述，可以直接引用类型，在这两种情况下，当从上下文中获得 bean 时，将在上下文中获得对同一个(且唯一的)CommentService 实例的引用。

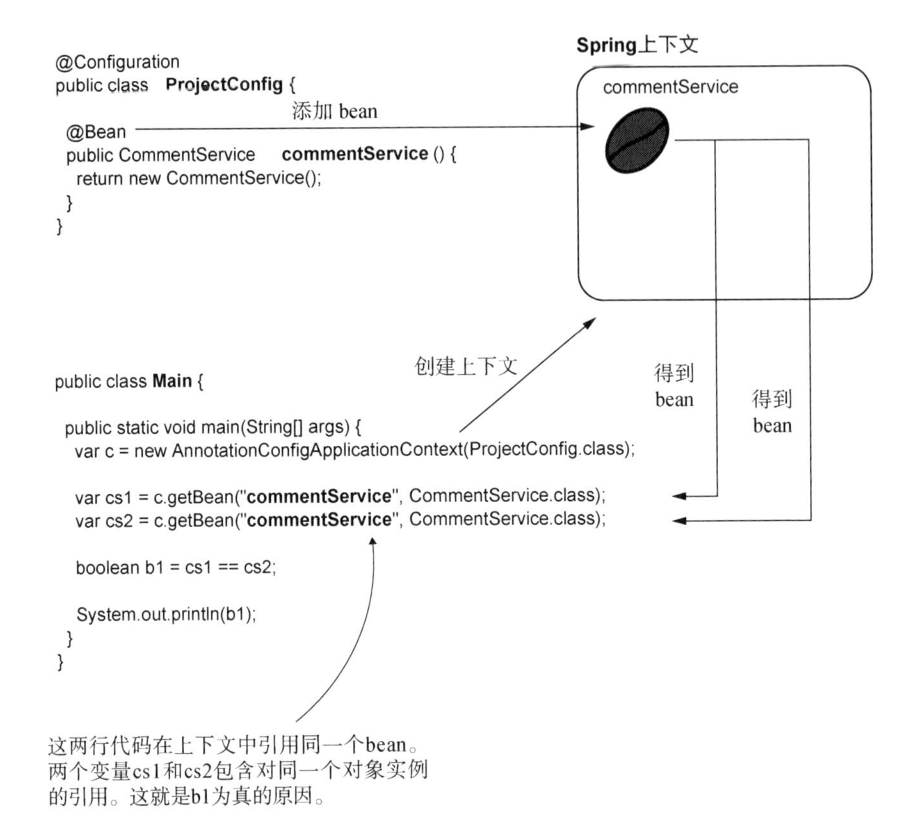
Spring上下文
commentService
@Configuration
public class ProjectConfig {
添加 bean
@Bean
public CommentService commentService () {
return new CommentService();
}
}
创建上下文
得到
bean
得到
bean
public class Main {
public static void main(String[] args) {
var c = new AnnotationConfigApplicationContext(ProjectConfig.class);
var cs1 = c.getBean("commentService", CommentService.class);
var cs2 = c.getBean("commentService", CommentService.class);
boolean b1 = cs1 == cs2;
System.out.println(b1);
}
}
这两行代码在上下文中引用同一个bean。
两个变量cs1和cs2包含对同一个对象实例
的引用。这就是b1为真的原因。

图 5.2 单例 bean。应用程序在启动时初始化上下文并添加 bean。本例使用@Bean 注解的方法声明 bean。方法的名称成为 bean 的标识符。无论在何处使用该标识符，都将获得对同一实例的引用

编写代码并运行它，结束这个示例。可以在名为“sq-ch5-ex1”的项目中找到这个示例。需要定义一个空的 CommentService 类，如下面的代码片段所示。然后编写配置类和 Main 类，如图 5.2 所示。

```
public class CommentService {
}
```

代码清单 5.1 包含配置类定义，它使用一个带@Bean 注解的方法向 Spring 上下文添加一个类型为 CommentService 的实例。

代码清单 5.1 向 Spring 上下文添加 bean

```
@Configuration
public class ProjectConfig {

  @Bean                                          // 将 CommentService bean
  public CommentService commentService() {       // 添加到 Spring 上下文
    return new CommentService();
  }
}
```

代码清单5.2包含用来测试单例bean的Spring行为的Main类。本例获得了对CommentService bean的两次引用，并且每次都获得相同的引用。

代码清单 5.2　Main 类用于测试单例 bean 的 Spring 行为

```
public class Main {

  public static void main(String[] args) {
    var c = new AnnotationConfigApplicationContext(ProjectConfig.class);

    var cs1 = c.getBean("commentService", CommentService.class);
    var cs2 = c.getBean("commentService", CommentService.class);

    boolean b1 = cs1 == cs2;    // 因为这两个变量持有相同的引用，所以这个操作的结果为真

    System.out.println(b1);
  }
}
```

运行该应用程序，控制台将打印“true”，因为作为一个单例 bean，Spring 每次都会返回相同的引用。

2. 使用原型注解声明单例 bean

如前所述，当使用原型注解时，Spring 对于单例 bean 的行为与使用@Bean 注解声明它们时并没有什么不同。本节用一个示例强调这一点。

假设有一个类设计场景，其中两个服务类依赖于一个存储库——CommentService 和 UserService 都依赖于一个名为 CommentRepository 的存储库，如图 5.3 所示。

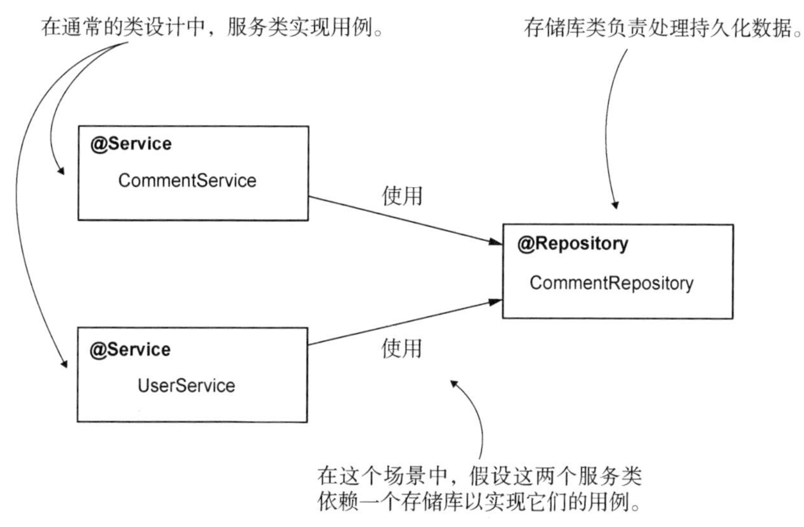

图 5.3　场景类设计。两个服务类依赖一个存储库以实现它们的用例。当被设计为单例 bean 时，Spring 的上下文将拥有这些类的同一个实例

这些类相互依赖的原因并不重要，服务不会做任何事情(这只是一个场景)。假设这个类设计是一个更复杂的应用程序的一部分，我们重点关注 bean 之间的关系以及 Spring 如何在其上下文中建立链接。图 5.4 是配置它的代码附近的上下文的可视化表示。

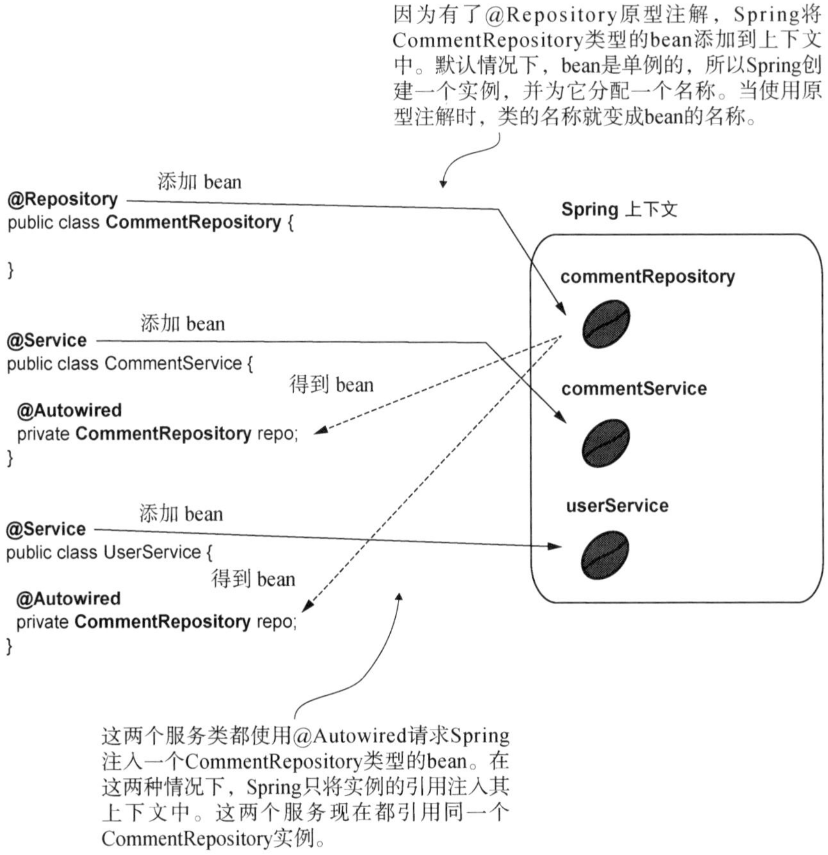

因为有了@Repository原型注解，Spring将CommentRepository类型的bean添加到上下文中。默认情况下，bean是单例的，所以Spring创建一个实例，并为它分配一个名称。当使用原型注解时，类的名称就变成bean的名称。

添加 bean

@Repository
public class **CommentRepository** {

}

Spring 上下文

commentRepository

添加 bean

@Service
public class CommentService {

得到 bean

@Autowired
private **CommentRepository** repo;
}

commentService

添加 bean

@Service
public class UserService {

得到 bean

@Autowired
private **CommentRepository** repo;
}

userService

这两个服务类都使用@Autowired请求Spring注入一个CommentRepository类型的bean。在这两种情况下，Spring只将实例的引用注入其上下文中。这两个服务现在都引用同一个CommentRepository实例。

图 5.4　当使用原型注解创建 bean 时，这些 bean 也是单例作用域 bean。当使用@Autowired 请求 Spring 注入一个 bean 引用时，框架会在所有被请求的地方注入对单例 bean 的引用

为了证明这种行为，可创建这 3 个类并在服务 bean 中比较 Spring 注入的引用。Spring 在两个服务 bean 中注入相同的引用。下面的代码片段包含 CommentRepository 类的定义(项目“sq-ch5-ex2”)：

```
@Repository
public class CommentRepository {
}
```

下面的代码片段展示了 CommentService 类的定义。注意，此处使用@Autowired 指示 Spring 在类声明的属性中注入一个 CommentRepository 类型的实例。还定义了一个 getter 方法，稍后使用它来证明 Spring 在两个服务 bean 中注入了相同的对象引用。

```
@Service
public class CommentService {

  @Autowired
  private CommentRepository commentRepository;

  public CommentRepository getCommentRepository() {
    return commentRepository;
  }
}
```

遵循 CommentService 的相同逻辑，在下面的代码片段中定义 UserService 类。

```
@Service
public class UserService {

  @Autowired
  private CommentRepository commentRepository;

  public CommentRepository getCommentRepository() {
    return commentRepository;
  }
}
```

与本节中的第一个示例不同，这个项目中的配置类仍然是空的。只需要告诉 Spring 在哪里找到使用原型注解进行注解的类。如第 2 章所述，为了告诉 Spring 在哪里可以找到使用原型注解进行注解的类，使用了@ComponentScan 注解。配置类的定义参见下面的代码段：

```
@Configuration
@ComponentScan(basePackages = {"services", "repositories"})
public class ProjectConfig {

}
```

在 Main 类中，获得了两个服务的引用，比较它们的依赖关系以证明 Spring 在这两个服务中注入了相同的实例。代码清单 5.3 显示了 Main 类。

代码清单 5.3　测试 Spring 在 Main 类中注入单例 bean 的行为

基于配置类创建 Spring 上下文

```
public class Main {

  public static void main(String[] args) {
    var c = new AnnotationConfigApplicationContext(
      ProjectConfig.class);

    var s1 = c.getBean(CommentService.class);
    var s2 = c.getBean(UserService.class);

    boolean b =
      s1.getCommentRepository() == s2.getCommentRepository();
```

获取 Spring 上下文中两个服务 bean 的引用

比较 Spring 注入的存储库依赖项的引用

```
        System.out.println(b);
    }
}
```

因为依赖项(CommentRepository)是单例的，所以两个服务都包含相同的引用，且这一行总是输出“true”

5.1.2 现实场景中的单例 bean

前面讨论了 Spring 如何管理单例 bean。现在继续讨论在使用单例 bean 时需要注意的事项。首先考虑一些应该或不应该使用单例 bean 的场景。

因为单例 bean 作用域假设应用程序的多个组件可以共享一个对象实例，所以最重要的是要考虑这些 bean 必须是不可变的。最常见的情况是，一个真实的应用程序在多个线程上执行操作(如任何 Web 应用程序)。在这种情况下，多个线程共享同一个对象实例。如果这些线程改变了实例，就会遇到一个竞态条件场景(见图 5.5)。

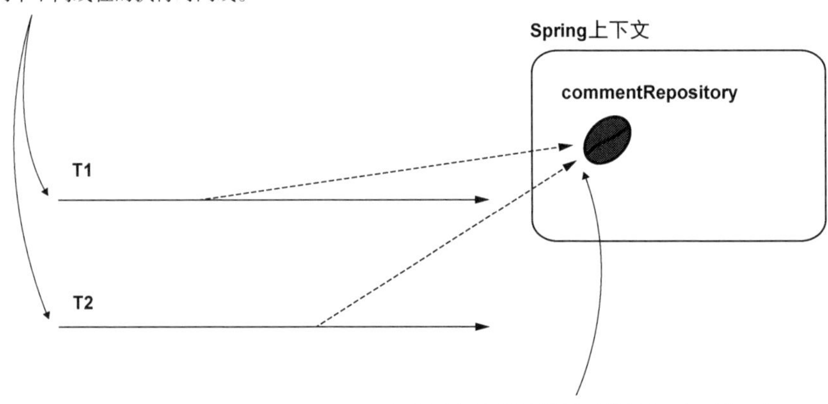
这些箭头表示名为 T1 和 T2 的两个不同线程的执行时间线。
Spring上下文
commentRepository
T1
T2
如果两个线程试图同时访问和更改同一个实例，它们就会陷入竞态条件。

图 5.5 当多个线程访问一个单例 bean 时，它们访问的是同一个实例。如果这些线程试图同时更改实例，它们将进入竞态条件。如果 bean 不是为并发设计的，则竞态条件会导致意外结果或执行异常

竞态条件是指多线程架构中的多个线程试图更改共享资源时可能发生的情况。在竞态条件下，开发人员需要适当地同步线程，以避免意外的执行结果或错误。

如果想要可变的单例 bean(其属性可更改)，需要自行让这些 bean 并发(主要通过使用线程同步)。但是单例 bean 并不是为同步而设计的。它们通常用于定义应用程序的主干类设计，并相互委派任务。从技术上讲，同步是可能的，但这不是一种良好的实践。同步并发实例上的线程会极大地影响应用程序的性能。在大多数情况下，可以找到其他方法解决相同的问题并避免线程并发性。

还记得第 3 章的讨论吗？第 3 章指出，构造函数的 DI 是一个很好的实践，并且比字段注入更受欢迎。构造函数注入的优点之一是，它允许使实例不可变(将 bean 的字段定义为 final)。在前面的示例中，可以用构造函数注入替换字段注入，从而增强 CommentService 类的定义。

更好的类设计应该如下面的代码片段所示：

```
@Service
public class CommentService {

  private final CommentRepository commentRepository;   ← 将字段定义为 final，强调该字段不打算更改

  public CommentService(CommentRepository commentRepository) {
    this.commentRepository = commentRepository;
  }

  public CommentRepository getCommentRepository() {
    return commentRepository;
  }
}
```

使用 bean 可以归结为以下 3 点：

- 只有在需要 Spring 管理对象 bean 时，才在 Spring 上下文中创建对象 bean，以便框架可以用特定的功能扩充该 bean。如果对象不需要框架提供的任何功能，就不需要将其变成 bean。
- 如果需要在 Spring 上下文中创建一个对象 bean，那么它应该是单例的，除非它是不可变的。应避免设计可变的单例 bean。
- 如果需要可变 bean，那么一种选择是使用原型作用域，参见 5.2 节。

5.1.3　使用即时实例化和延迟实例化

在大多数情况下，Spring 在初始化上下文时会创建所有单例 bean——这是 Spring 的默认行为。前面只使用这种默认行为，也称之为即时实例化。本节讨论框架的另一种不同方法——延迟实例化，并对这两种方法进行比较。使用延迟实例化，Spring 在创建上下文时不会创建单例实例。相反，它会在使用者第一次引用 bean 时创建每个实例。下面通过示例对比这两种方法之间的区别，然后讨论在产品应用程序中使用它们的优缺点。

在初始场景中，只需要一个 bean 测试默认(即时)初始化(项目“sq-ch5-ex3”)。此时，可以沿用之前一直使用的名字，将这个类命名为 CommentService。可以使用@Bean 注解方法或原型注解使这个类成为一个 bean，如下面的代码片段所示。但是无论使用哪种方法，请确保在类的构造函数中向控制台添加一个输出。这样，可以很容易观察到框架是否调用了它。

```
@Service
public class CommentService {

  public CommentService() {
    System.out.println("CommentService instance created!");
  }
}
```

如果使用原型注解，则不要忘记在配置类中添加@ComponentScan 注释。配置类如下面的代码片段所示：

```
@Configuration
@ComponentScan(basePackages = {"services"})
public class ProjectConfig {

}
```

在 Main 类中，只实例化 Spring 上下文。需要注意的一个关键是，没有人使用 CommentService bean。然而，Spring 将在上下文中创建并存储实例。是 Spring 创建了这个实例，因为当运行应用程序时，会看到 CommentService bean 类的构造函数的输出。下面的代码片段展示了 Main 类：

```
public class Main {

  public static void main(String[] args) {   // 这个应用程序创建了 Spring 上下文，但它没有在任何地方使用 CommentService bean
    var c = new AnnotationConfigApplicationContext(ProjectConfig.class);
  }
}
```

即使应用程序在任何地方都没有使用 bean，当运行应用程序时，也会在控制台中看到以下输出。

```
CommentService instance created!
```

现在通过在类(对于原型注解方法)或@Bean 方法(对于@Bean 方法)上面添加@Lazy 注解来改变这个示例(项目“sq-ch5-ex4”)。当运行应用程序时，会发现输出不再出现在控制台中，因为程序指示 Spring 只在有人使用 bean 时才创建它。而且，在示例中，没有人使用 CommentService bean。

```
@Service
@Lazy                  // @Lazy 注解告诉 Spring，当有人引用该 bean 时，才创建该 bean
public class CommentService {
  public CommentService() {
    System.out.println("CommentService instance created!");
  }
}
```

更改 Main 类并添加对 CommentService bean 的引用，如下面的代码片段所示。

```
public class Main {

  public static void main(String[] args) {
    var c = new AnnotationConfigApplicationContext(ProjectConfig.class);

    System.out.println("Before retrieving the CommentService");
    var service = c.getBean(CommentService.class);   // 在这一行，Spring 需要提供对 CommentService bean 的引用，Spring 也创建了实例
    System.out.println("After retrieving the CommentService");
  }
}
```

重新运行该应用程序，控制台再次显示输出。框架只在使用时创建 bean。

```
Before retrieving the CommentService
CommentService instance created!
After retrieving the CommentService
```

什么时候应该使用即时实例化，什么时候应该使用延迟实例化？在大多数情况下，让框架在上下文初始化时创建所有的实例会更舒适；这样，当一个实例委托给另一个实例时，第二个 bean 便已存在了。

在延迟实例化中，框架首先检查实例是否存在，如果它不存在，就创建它。因此从性能的角度看，最好上下文中已经有(即时)实例了——因为当一个 bean 委托另一个 bean 时，这样可以准备框架需要的一些检查。即时实例化的另一个优点是当出现问题而框架无法创建 bean 时，可以在启动应用程序时察觉这个问题。使用延迟实例化，则只能在应用程序已经执行并且到达需要创建 bean 的点时，才会发现这个问题。

但是延迟实例化并不全是坏事。不久前，我开发了一个巨大的单片应用程序。这个应用程序被安装在不同的位置，且被客户应用于不同的领域。在大多数情况下，特定的客户只使用少部分的功能，因此实例化 bean 和 Spring 上下文会占用大量不必要的内存。对于该应用程序，开发人员将大多数 bean 设计为延迟实例化，以便应用程序只创建必要的实例。

建议使用默认设置，即即时实例化。这种方法通常会带来更多的好处。如果遇到了类似于上述单片应用程序的情况，首先看看能否修改应用程序的设计。通常，需要使用延迟实例化是应用程序设计可能有问题的标志。例如，在我的故事中，如果应用程序以模块化的方式或微服务的形式设计就更好了。这样的架构将帮助开发人员只部署特定客户需要的内容，然后使 bean 的实例化变得不那么必要。但在现实世界中，由于成本或时间等其他因素，因此并非所有事情都是可能的。如果不能根除问题的真正原因，有时至少可以缓解一些症状。

5.2 使用原型 bean 作用域

本节讨论 Spring 提供的第二个 bean 作用域：prototype(原型)。在某些情况下(参见本节)，应该使用原型作用域 bean，而不是单例。5.2.1 节先讨论声明为原型的 bean 的框架行为。然后，讲解如何将 bean 的作用域更改为原型，并引入几个示例。最后，5.2.2 节讨论在使用原型作用域时需要知道的真实情况。

5.2.1 原型 bean 的工作方式

讨论在应用程序中的何处使用原型 bean 之前，先要弄清楚用于管理原型 bean 的 Spring 行为。这个想法很简单。每次请求对原型作用域 bean 的引用时，Spring 都会创建一个新的对象实例。对于原型 bean，Spring 并不直接创建和管理对象实例。框架管理对象的类型，并在每次有人请求对 bean 的引用时创建一个新实例。图 5.6 将咖啡豆表示为一棵咖啡树(每次请求咖啡豆时，都会得到一个新实例)。仍然使用 bean 术语，但是使用咖啡树，是因为希望帮助读者快速理解和记住 Spring 对原型 bean 的行为。

如图 5.6 所示，需要使用一个名为@Scope 的新注解更改 bean 的作用域。当使用@Bean 注解方法创建 bean 时，@Scope 与@Bean 一起使用声明该 bean 的方法。当用原型注解声明 bean

时，@Scope 注解和原型注解应该一起用于声明 bean 的类。

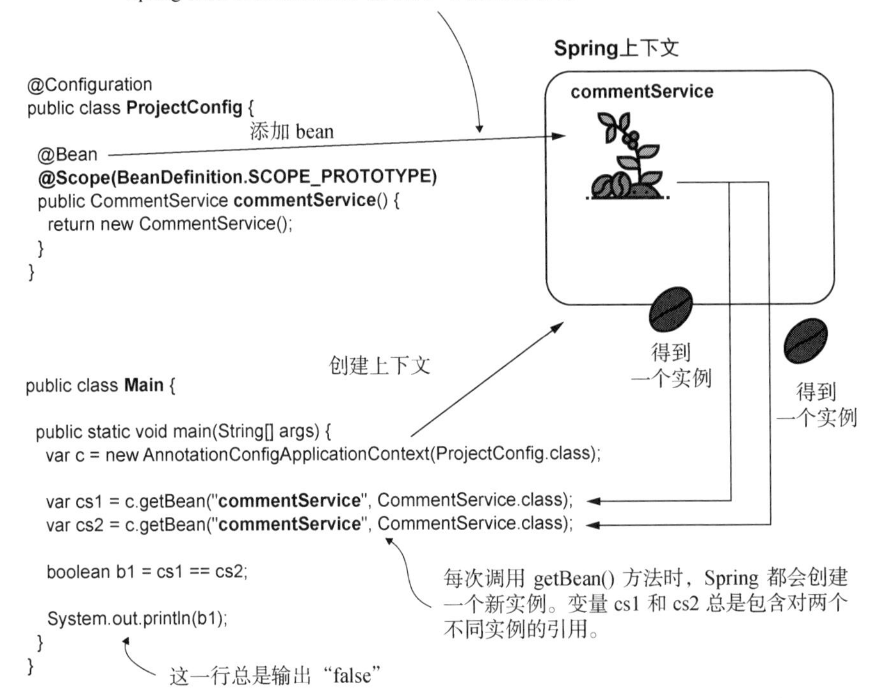

图 5.6 使用@Scope 注解改变原型中的 bean 作用域。现在，bean 表示为一棵咖啡树，因为每次引用它都会获得一个新的对象实例。因此，变量 cs1 和 cs2 总是包含不同的引用，代码的输出总是“false”

使用原型 bean，不再有并发问题，因为请求 bean 的每个线程都得到一个不同的实例，所以定义可变原型 bean 不是问题(见图 5.7)。

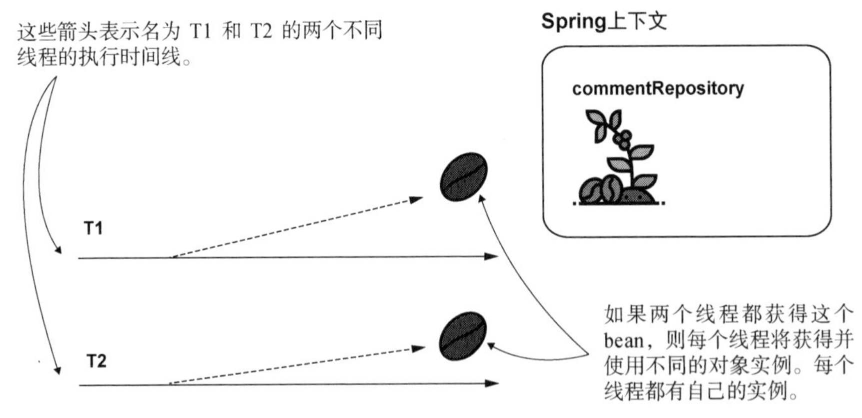

这些箭头表示名为 T1 和 T2 的两个不同线程的执行时间线。
Spring上下文
commentRepository
T1
T2
如果两个线程都获得这个 bean，则每个线程将获得并使用不同的对象实例。每个线程都有自己的实例。

图 5.7 当多个线程请求某个原型 bean 时，每个线程得到一个不同的实例。这样，线程就不会陷入竞态条件

1. 使用@Bean 声明原型作用域的 bean

为了强化此处的讨论，可编写一个项目(“sq-ch5-ex5”)，并证明 Spring 用于管理原型 bean 的行为。创建一个名为 CommentService 的 bean，并将其声明为原型，以证明每次请求该 bean 时都会得到一个新实例。下面的代码片段展示了 CommentService 类：

```
public class CommentService {
}
```

在配置类中定义了一个带有 CommentService 类的 bean，如代码清单 5.4 所示。

代码清单 5.4　在配置类中声明原型 bean

```
@Configuration
public class ProjectConfig {

  @Bean
  @Scope(BeanDefinition.SCOPE_PROTOTYPE)     ←── 使此 bean 具有原型作用域
  public CommentService commentService() {
    return new CommentService();
  }
}
```

为了证明每次请求 bean 都会得到一个新实例，创建一个 Main 类并从上下文中两次请求 bean。得到的引用是不同的。代码清单 5.5 包含 Main 类的定义。

代码清单 5.5　测试 Main 类中原型 bean 的 Spring 行为

```
两个变量 cs1 和 cs2 包含对不同实例的引用
public class Main {

  public static void main(String[] args) {
    var c = new AnnotationConfigApplicationContext(ProjectConfig.class);

    var cs1 = c.getBean("commentService", CommentService.class);
    var cs2 = c.getBean("commentService", CommentService.class);

    boolean b1 = cs1 == cs2;        这一行总是在控制
                                    台中输出“false”
    System.out.println(b1);   ←──
  }
}
```

当运行这个应用程序时，它总是在控制台中显示“false”。这个输出证明了调用 getBean() 方法时收到的两个实例是不同的。

2. 使用原型注解声明原型作用域的 bean

接下来，创建一个项目(“sq-ch5-ex6”)并观察自动连线原型作用域 bean 的行为。定义一个 CommentRepository 原型 bean，并使用@Autowired 将该 bean 注入另外两个服务 bean 中。每个服务 bean 都引用了一个不同的 CommentRepository 实例。这个场景类似于 5.1 节使用的单例作用域 bean 的示例，但是现在的 CommentRepository bean 是原型。图 5.8 描述了 bean 之间的关系。

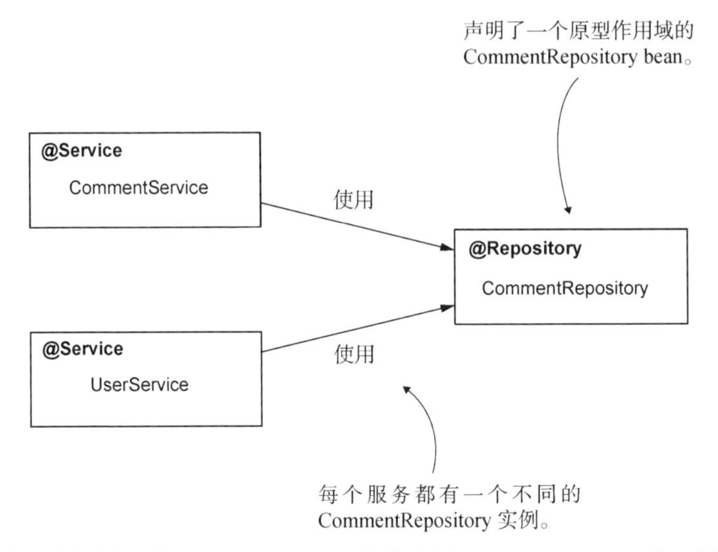

图 5.8 每个服务类请求一个 CommentRepository 实例，因为 CommentRepository 是一个原型 bean，所以每个服务都有一个不同的 CommentRepository 实例

下面的代码片段给出了 CommentRepository 类的定义。该类使用的@Scope 注解将 bean 的作用域更改为 prototype。

```
@Repository
@Scope(BeanDefinition.SCOPE_PROTOTYPE)
public class CommentRepository {
}
```

两个服务类使用@Autowired 注释请求一个 CommentRepository 类型的实例。下面的代码片段展示了 CommentService 类：

```
@Service
public class CommentService {

  @Autowired
  private CommentRepository commentRepository;

  public CommentRepository getCommentRepository() {
    return commentRepository;
  }
}
```

在前面的代码片段中，UserService 类还请求了 CommentRepository bean 的一个实例。在配置类中，需要使用@ComponentScan 注解告知 Spring 在哪里可以找到被原型注解注解的类。

```
@Configuration
@ComponentScan(basePackages = {"services", "repositories"})
public class ProjectConfig {

}
```

将 Main 类添加到项目中，并测试 Spring 如何注入 CommentRepository bean。Main 类如代码清单 5.6 所示。

代码清单 5.6　测试 Spring 在 Main 类中注入原型 bean 的行为

```
public class Main {

  public static void main(String[] args) {
    var c = new AnnotationConfigApplicationContext(ProjectConfig.class);

    var s1 = c.getBean(CommentService.class);
    var s2 = c.getBean(UserService.class);

    boolean b =
      s1.getCommentRepository() == s2.getCommentRepository();

    System.out.println(b);
  }
}
```

从上下文获取服务 bean 的引用

比较注入的 CommentRepository 实例的引用。因为 CommentRepository 是一个原型 bean，所以比较的结果总是“false”

5.2.2　真实场景中的原型 bean

前面讨论了 Spring 如何通过关注行为管理原型 bean。本节将更多地关注用例，以及在产品应用程序中应该在哪些地方使用原型作用域内的 bean。如 5.1.2 节对单例应用程序所做的那样，考虑讨论的特征，并分析原型 bean 适用于哪些场景，以及应该在哪里(通过使用单例 bean)避免使用原型 bean。

单例 bean 不会像原型 bean 那样常见。但是有一个很好的模式可以用来决定 bean 是否应该是原型。记住，单例 bean 并不是变异对象。假设设计一个名为 CommentProcessor 的对象，用于处理和验证评论。服务使用 CommentProcessor 对象实现用例。但是 CommentProcessor 对象把要处理的评论存储为一个属性，它的方法会改变这个属性(见图 5.9)。

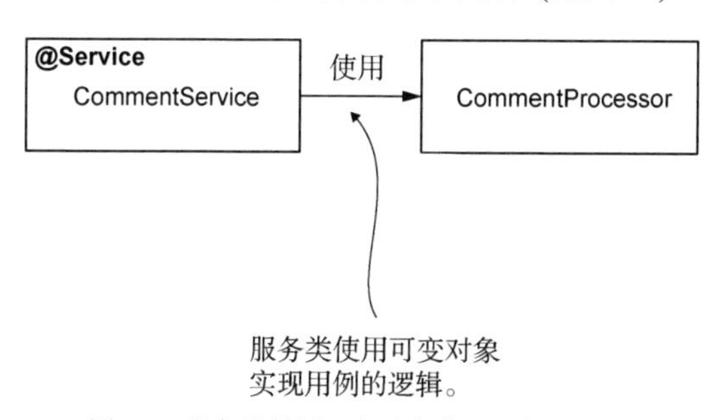

图 5.9　服务类使用可变对象实现用例的逻辑

代码清单 5.7 显示了 CommentProcessor bean 的实现。

代码清单 5.7 可变对象：原型作用域的潜在候选对象

```
public class CommentProcessor {
  private Comment comment;

  public void setComment(Comment comment) {
    this.comment = comment;
  }

  public void getComment() {
    return this.comment;
  }

  public void processComment() {
    // changing the comment attribute
  }

  public void validateComment() {
    // validating and changing the comment attribute
  }
}
```

这两个方法改变了 Comment 属性的值

代码清单 5.8 展示了这个服务，它使用 CommentProcessor 类实现一个用例。该服务方法使用类的构造函数创建一个 CommentProcessor 的实例，然后在方法的逻辑中使用该实例。

代码清单 5.8 使用可变对象实现用例的服务

```
@Service
public class CommentService {

  public void sendComment(Comment c) {
    CommentProcessor p = new CommentProcessor();

    p.setComment(c);
    p.processComment(c);
    p.validateComment(c);
    c = p.getComment();
    // do something further
  }
}
```

创建 CommentProcessor 实例

使用 CommentProcessor 实例修改 Comment 实例

获取修改后的 Comment 实例并进一步使用它

CommentProcessor 对象甚至不是 Spring 上下文中的 bean。必须是 bean 吗？在决定将任何对象变成 bean 之前，必须先问自己这个问题。记住，只有当 Spring 需要管理对象以使用框架提供的某些功能来扩充对象时，对象才需要是上下文中的 bean。如果场景与此处相同，那么 CommentProcessor 对象根本不需要是 bean。

但是如果 CommentProcessor bean 需要使用一个 CommentRepository 对象来持久化一些数据，则 CommentRepository 应成为 Spring 上下文中的 bean(见图 5.10)。

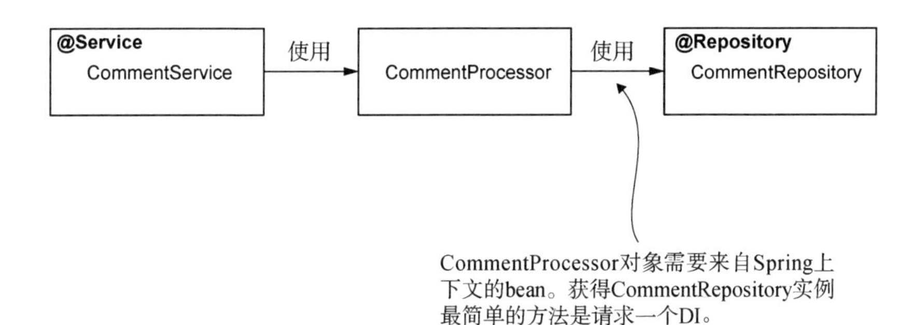

图 5.10　如果 CommentProcessor 对象需要使用 CommentRepository 实例，那么获取实例的最简单的方法是请求一个 DI，但是为此，Spring 需要知道 CommentProcessor，因此 CommentProcessor 对象需要的是上下文中的 bean

在这个场景中，CommentProcessor bean 需要变成 bean，才能从 Spring 提供的 DI 功能中获益。一般来说，在任何情况下，若想让 Spring 用特定的功能扩展对象，都需要 bean。

让 CommentProcessor 成为 Spring 上下文中的 bean。但是它可以是单例作用域的吗？不。如果将这个 bean 定义为单例，当多个线程同时使用它时，就进入了竞态条件(如 5.1.2 节所述)。不能确定处理哪个线程提供的哪个评论，以及是否正确处理了评论。这个场景希望每个方法调用都获得 CommentProcessor 对象的不同实例，因此可以将 CommentProcessor 类更改为原型 bean，如下面的代码片段所示。

```
@Component
@Scope(BeanDefinition.SCOPE_PROTOTYPE)
public class CommentProcessor {

  @Autowired
  private CommentRepository commentRepository;

  // Omitted code
}
```

现在可以从 Spring 上下文中获得 CommentProcessor 的实例。但是要小心！对于 sendComment()方法的每次调用，都需要这个实例，因此对 bean 的请求应该位于方法的内部。要实现这样的结果，可以使用@Autowired 直接将 Spring 上下文(ApplicationContext)注入 CommentService bean 中。在 sendComment()方法中，使用 getBean()从应用程序上下文中检索 CommentProcessor 实例，如代码清单 5.9 所示。

代码清单 5.9　使用 CommentProcessor 作为原型 bean

```
@Service
public class CommentService {

  @Autowired
  private ApplicationContext context;
```

```
  public void sendComment(Comment c) {
    CommentProcessor p =
      context.getBean(CommentProcessor.class);   ← 这里总是提供一个新的
                                                    CommentProcessor 实例

    p.setComment(c);
    p.processComment(c);
    p.validateComment(c);

    c = p.getComment();
    // do something further
  }
}
```

不要犯直接在 CommentService bean 中注入 CommentProcessor 的错误。CommentService bean 是一个单例，这意味着 Spring 只创建这个类的一个实例。因此，当 Spring 创建 CommentService bean 本身时，它也只会注入该类的依赖项一次。在本例中，只得到 CommentProcessor 的一个实例。sendComment()方法的每次调用都将使用这个唯一的实例，因此对于多个线程，会遇到与单例 bean 相同的竞态条件问题。代码清单 5.10 将介绍这种方法。并将此作为练习来尝试和证明此行为。

代码清单 5.10 将原型注入到单例中

```
@Service
public class CommentService {

  @Autowired
  private CommentProcessor p;   ← Spring 在创建 CommentService bean 时注
                                  入这个 bean。但是因为 CommentService
                                  是单例的，所以 Spring 也只会创建并注
                                  入一次 CommentProcessor

  public void sendComment(Comment c) {

    p.setComment(c);
    p.processComment(c);
    p.validateComment(c);

    c = p.getComment();
    // do something further
  }
}
```

我对使用原型 bean 的看法如下：在开发应用程序中，通常应该避免使用原型 bean 以及可变实例。但有时需要重构或处理旧的应用程序。本示例在为一个旧的应用程序添加 Spring 而进行应用程序重构时，就遇到了这样的情况。该应用程序在许多地方使用了变异对象，在短时间内重构所有这些对象是不可能的。在此需要使用原型 bean，以允许团队逐步重构这些代码。

快速比较一下单例作用域和原型作用域，表 5.1 列出了它们的特征。

表 5.1　单例 bean 和原型 bean 作用域的快速比较

单例	原型
1. 框架将名称与实际的对象实例关联起来	1. 名称与类型相关联
2. 每次引用一个 bean 名，会得到相同的对象实例	2. 每次引用一个 bean 名，会得到一个新的实例
3. 可以配置 Spring 以在加载上下文或第一次引用上下文时创建实例	3. 当引用 bean 时，框架总是为原型作用域创建对象实例
4. 单例是 Spring 默认的 bean 作用域	4. 需要显式地将 bean 标记为原型
5. 不建议单例 bean 有可变属性	5. 原型 bean 可以有可变的属性

5.3　本章小结

- 在 Spring 中，bean 的作用域定义了框架如何管理对象实例。
- Spring 提供了两个 bean 作用域：单例和原型。
  - 使用单例时，Spring 直接在它的上下文中管理对象实例。每个实例都有一个唯一的名称，使用该名称时，总是引用该特定实例。单例模式是 Spring 的默认模式。
  - 使用原型时，Spring 只考虑对象类型。每种类型都有一个与之关联的唯一名称。每次引用 bean 名称时，Spring 都会创建该类型的新实例。
  - 可以将 Spring 配置为在初始化上下文时(即时)或第一次引用 bean 时(延迟)创建一个单例 bean。默认情况下，bean 是即时实例化的。
- 在应用程序中，最常使用单例 bean。因为任何引用相同名称的人都会得到相同的对象实例，所以多个不同的线程都可以访问和使用这个实例。因此，实例最好是不可变的。但是，如果希望对 bean 的属性进行变异操作，则用户应该负责处理线程同步。
- 如果需要一个像 bean 这样的可变对象，使用原型作用域可能是一个很好的选择。
- 在将原型作用域的 bean 注入一个单例作用域的 bean 时要小心。这样做时，需要知道单例实例总是使用相同的原型实例，而该原型实例是 Spring 在创建单例实例时注入的。这通常是一种恶意的设计，因为定义 bean 原型作用域的目的是为了在每次使用时获得不同的实例。

第6章

在Spring AOP中使用切面

本章内容

- 面向切面编程(Aspect-Oriented Programming，AOP)
- 使用切面
- 使用切面执行链

前面讨论了Spring上下文，使用的唯一的Spring功能是DI，它由IoC原则支持。框架使用DI管理定义的对象，可以请求在需要的地方使用这些对象。如第2～5章所述，要请求bean的引用，在大多数情况下，可以使用@Autowired注解。当从Spring上下文中请求这样一个对象时，即意味着Spring在请求它的地方“注入”了该对象。本章学习如何使用另一种由IoC原则支持的强大技术——切面。

切面是框架拦截方法调用并可能改变方法执行的一种方式，可以影响选择的特定方法调用的执行。这种技术可以帮助提取属于执行方法的部分逻辑。在某些场景中，将一部分代码解耦有助于使该方法更容易理解(见图6.1)。它允许开发人员在阅读方法逻辑时只关注讨论的相关细节。本章讨论如何实现切面以及何时应该使用它们。切面是一个强大的工具，如Peter・Parker的叔叔所说，“能力越大，责任越大！”如果使用切面不小心，就可能会得到一个可维护性较差的应用程序，事与愿违。这种方法称为面向切面编程(AOP)。

学习切面的另一个重要原因是Spring在实现它提供的许多关键功能时都使用了切面。理解框架的工作原理可以在遇到特定问题时节省大量的调试时间。与使用切面的Spring功能相关的一个示例是事务性，参见第13章。事务性是当今大多数应用程序用来保持持久化数据一致性的主要功能之一。另一个依赖切面的重要功能是安全配置，它帮助应用程序保护数据，并确保数据不会被不想要的人看到或更改。要正确理解使用这些功能的应用程序中发生了什么，首先需要了解切面。

图 6.1　有时把不相关的部分代码和业务逻辑放在一起会让应用程序更难理解。一种解决方案是使用切面将部分代码移出业务逻辑实现。在这个场景中，程序员 Jane 因为与业务代码一起编写的日志行而感到气馁。Count Dracula 通过将日志解耦到一个切面，向她展示了切面的功能

6.1 节介绍切面的理论知识，并讲解切面是如何工作的。理解了这些基础知识后，即可进入 6.2 节学习如何实现切面。6.2 节从一个场景开始，开发一个示例，讨论使用切面的最实用的语法。6.3 节讲解当定义多个切面来拦截相同的方法并处理这些场景时会发生什么。

6.1　切面在 Spring 中的工作方式

本节讲解切面的工作方式以及与切面使用相关的基本术语。实现切面这个新技术可使应用程序更具可维护性。此外，本节还会讲解 Spring 的某些特性是如何插入应用程序的。学习完以上内容后，即可直接进入 6.2 节的实现示例。但是，如果在开始编写代码之前对正在实现的内容有一个概念，将会更有助益。

切面只是框架在调用选择的特定方法时执行的一段逻辑。当设计切面时，需要定义以下内容：

- 当调用特定方法时，希望 Spring 执行哪些代码？这称为切面。
- 应用程序应该何时执行切面的这个逻辑(例如，在方法调用之前或之后，而不是方法调用时)。这称为建议。
- 框架用于拦截和执行它们的切面的方法称为切入点。

从切面的术语，还可引出连接点的概念。连接点定义了触发切面执行的事件。对于 Spring 而言，这个事件总是一个方法调用。

与依赖项注入的情况一样，要使用切面，需要使用框架管理希望应用切面的对象。使用第 2 章学习的方法将 bean 添加到 Spring 上下文中，使框架能够控制它们并应用所定义的切面。声明由切面拦截的方法的 bean 称为目标对象。图 6.2 总结了这些术语。

要成为切面目标，对象需要是Spring上下文中的bean。Spring需要知道它必须管理的对象。
添加bean
Spring上下文
commentService
@Service
public class CommentService {
public void publishComment(Comment comment) {
// do something
}
}
切面
建议
切入点
We want some logic to be executed before each execution of method publishComment(), which belongs to the CommentService bean.
连接点
目标对象

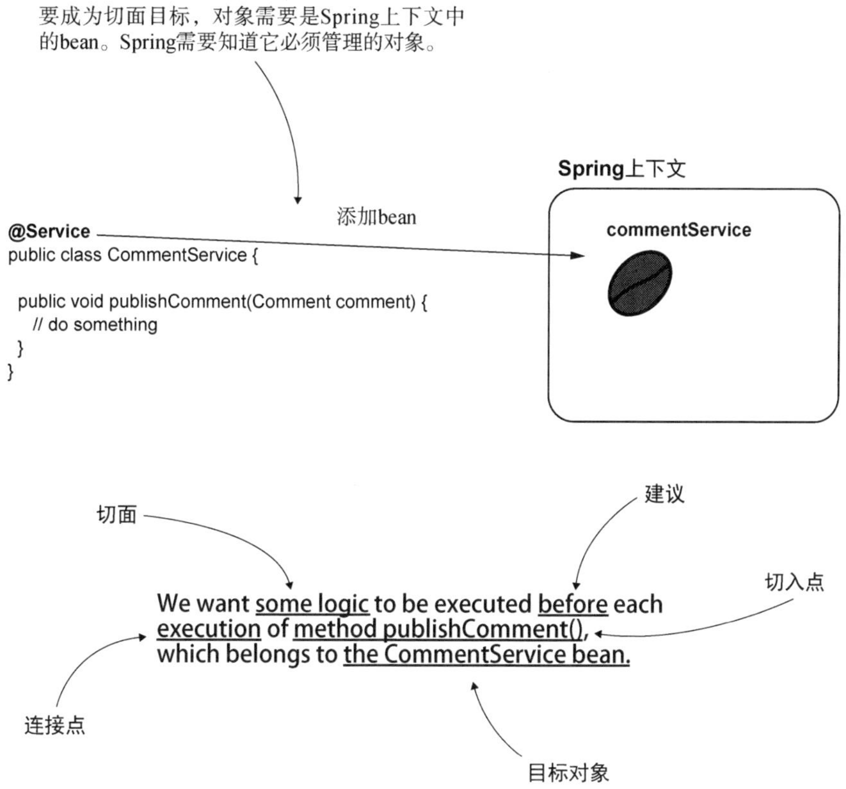

图 6.2　切面术语。当有人调用特定的方法(切入点)时，Spring 执行某个逻辑(切面)。需要根据切入点指定何时执行该逻辑(如 before/之前)。执行时间就是建议。为了让 Spring 拦截该方法，定义被拦截方法的对象需要是 Spring 上下文中的 bean。因此，该 bean 成为切面的目标对象

但是，Spring 如何拦截每个方法调用并应用切面逻辑呢？如本节所述，对象需要是 Spring 上下文中的 bean。但因为将对象作为切面目标，所以当从上下文中请求 bean 时，Spring 不会直接提供 bean 的实例引用。相反，Spring 提供了一个调用切面逻辑而非实际方法的对象。即

Spring 提供了一个代理对象，而非真正的 bean。现在，无论何时从上下文获得 bean，都将接收代理而非 bean，直接使用上下文的 getBean()方法或使用 DI 都是如此(见图 6.3)。这种方法称为编织(weaving)。

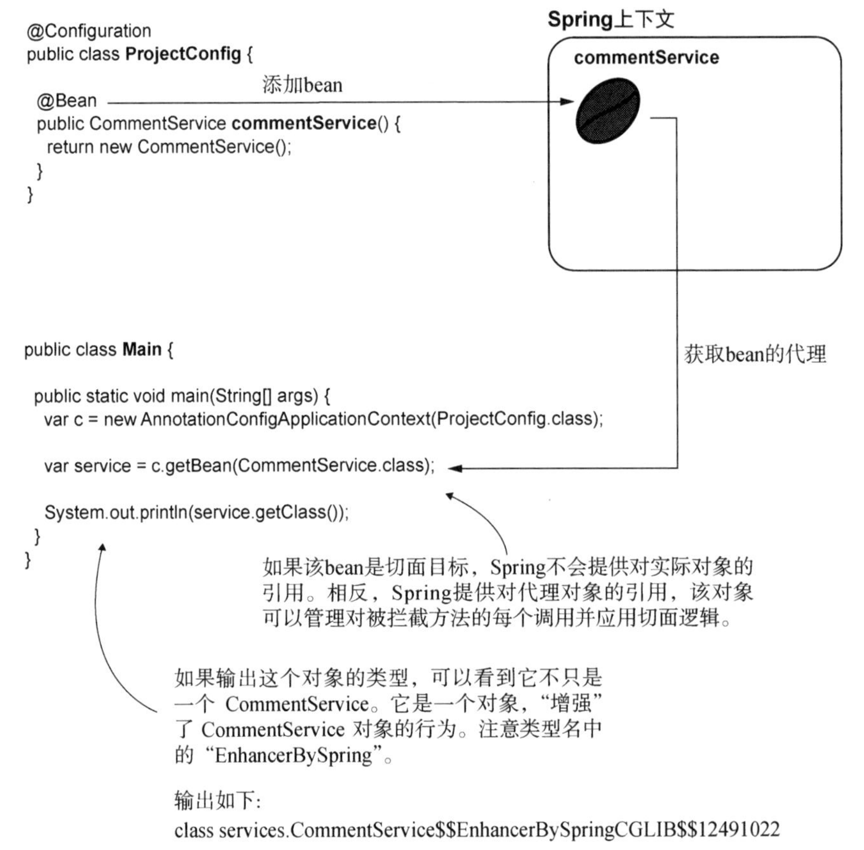
@Configuration
public class ProjectConfig {
@Bean
public CommentService commentService() {
return new CommentService();
}
}
添加bean
Spring上下文
commentService
获取bean的代理
public class Main {
public static void main(String[] args) {
var c = new AnnotationConfigApplicationContext(ProjectConfig.class);
var service = c.getBean(CommentService.class);
System.out.println(service.getClass());
}
}
如果该bean是切面目标，Spring不会提供对实际对象的引用。相反，Spring提供对代理对象的引用，该对象可以管理对被拦截方法的每个调用并应用切面逻辑。
如果输出这个对象的类型，可以看到它不只是一个 CommentService。它是一个对象，“增强”了 CommentService 对象的行为。注意类型名中的“EnhancerBySpring”。
输出如下:
class services.CommentService$$EnhancerBySpringCGLIB$$12491022

图 6.3 编织切面。Spring 没有提供对实际 bean 的引用，而是提供对代理对象的引用、拦截方法调用并管理切面逻辑

如图 6.4 所示，在没有被切面拦截的情况下调用方法与被切面拦截的情况下调用方法之间进行比较，可以看到，调用切面方法假定通过 Spring 提供的代理对象调用该方法。代理应用切面逻辑并将调用委托给实际的方法。

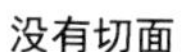
没有切面

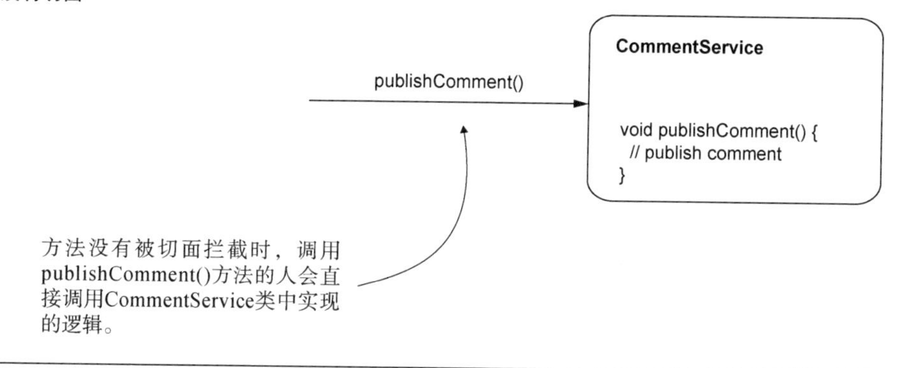
CommentService
publishComment()
void publishComment() {
// publish comment
}
方法没有被切面拦截时，调用publishComment()方法的人会直接调用CommentService类中实现的逻辑。

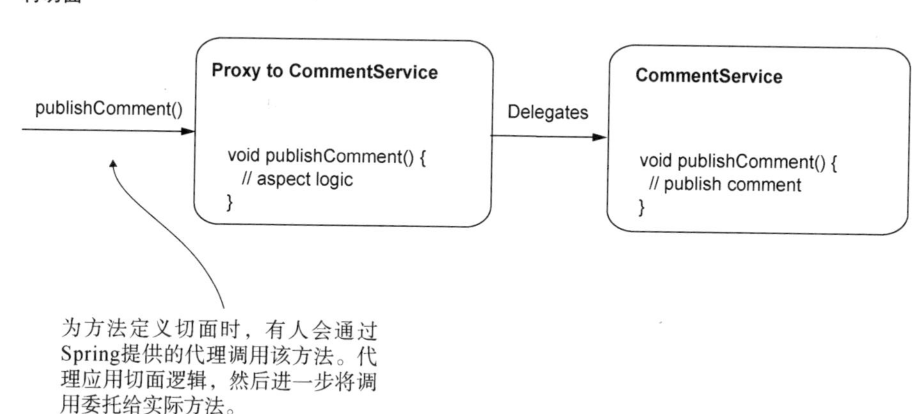
有切面
Proxy to CommentService
publishComment()
void publishComment() {
// aspect logic
}
Delegates
CommentService
void publishComment() {
// publish comment
}
为方法定义切面时，有人会通过Spring提供的代理调用该方法。代理应用切面逻辑，然后进一步将调用委托给实际方法。

图 6.4　方法没有切面时，调用将直接指向该方法。为方法定义了切面时，调用将经过代理对象。代理对象应用切面定义的逻辑，然后将调用委托给实际方法

前面大致讲解了切面的基本知识以及 Spring 如何管理切面，接下来进一步讨论使用 Spring 实现切面所需要的语法。6.2 节描述了一个场景，我们可以使用切面实现该场景的需求。

6.2　使用 Spring AOP 实现切面

本节将学习在实际示例中使用的最相关的切面语法，同时创设一个场景，并使用切面实现其需求。完成本节的学习，即可应用切面语法解决实际场景中最常见的问题。

假设有一个在其服务类中实现多个用例的应用程序。新的规则要求该应用程序存储每个用例执行的开始时间和结束时间。于是，开发团队决定实现一个功能，以记录用例开始和结束的所有事件。

6.2.1 节使用切面以最简单的方式解决这个场景。这样，就介绍了实现切面需要什么。此外，本章将逐步讲解有关使用切面的更多详情。6.2.2 节讨论如何使用切面，以及如何更改被拦截方法的参数或被拦截方法返回的值。6.2.3 节学习如何使用注解标记为了特定目的而想要拦截的方

法。开发人员经常使用注解标记切面需要拦截的方法。Spring 中的许多特性都使用了注解，如后续章节所述。6.2.4 节将提供更多可用于 Spring 切面的通知注解的替代方法。

6.2.1 实现简单的切面

本节讨论如何实现简单的切面以解决我们创设的场景。本节将创建一个新项目，并定义一个服务类，其中包含一个用来测试实现并在最后证明定义的切面符合要求的方法。

可以在名为“sq-ch6-ex1”的项目中找到这个示例。除了 spring-context 依赖项，本例还需要 spring-aspects 依赖项。请确保已更新 pom.xml 文件，并添加了所需要的依赖项，如下面的代码片段所示。

```
<dependency>
  <groupId>org.springframework</groupId>
  <artifactId>spring-context</artifactId>
  <version>5.2.8.RELEASE</version>
</dependency>
<dependency>                                   ← 需要这个依赖项以实现切面
  <groupId>org.springframework</groupId>
  <artifactId>spring-aspects</artifactId>
  <version>5.2.8.RELEASE</version>
</dependency>
```

为了使示例更简短，让你重点关注与切面相关的语法，本节只创设了一个名为 CommentService 的服务对象和它定义的名为 publishComment(Comment comment)的用例。此方法在 CommentService 类中定义，可接收一个 Comment 类型的参数。Comment 是一个模型类，如下面的代码片段所示。

```
public class Comment {

  private String text;
  private String author;

  // Omitted getters and setters
}
```

注意 在第 4 章中，模型类是为应用程序处理的数据建模的类。在示例中，Comment 类用它的属性—— text 和 author ——描述注解。服务类实现应用程序的用例。第 4 章详细讨论了这些任务，并在示例中使用了它们。

在代码清单 6.1 中，可以找到 CommentService 类的定义。此处用@Service 原型注解注解了 CommentService 类，使其成为 Spring 上下文中的 bean。CommentService 类定义了 publishComment(Comment comment)方法，代表场景的用例。

在本例中，没有使用 System.out，而是使用 Logger 类型的对象在控制台中写入消息。在现实世界的应用程序中，你不会使用 System.out 在控制台中写入消息，而通常可能会使用一个日志框架——该框架在定制日志功能和标准化日志消息方面提供了更大的灵活性。日志框架的一些不错的选项如下：

- Log4j (https://logging.apache.org/log4j/2.x/)
- Logback (http://logback.qos.ch/)
- Java 日志 API，随 JDK 一起提供(http://mng.bz/v4Xq)

日志框架与任何 Java 应用程序都兼容——不管它是否使用 Spring。由于它们与 Spring 无关，因此为了避免分散注意力，没有在示例中使用它们。但是，使用 Spring 已经足够了，可以逐渐开始在示例中使用这些额外的框架，以熟悉更接近产品就绪的应用程序的语法。

代码清单 6.1　示例中使用的 Service 类

```
@Service
public class CommentService {

  private Logger logger =
    Logger.getLogger(CommentService.class.getName());

  public void publishComment(Comment comment) {
    logger.info("Publishing comment:" + comment.getText());
  }
}
```

使用原型注解让它成为 Spring 上下文中的 bean

为了在每次有人调用用例时在应用程序的控制台中记录一条消息，可使用一个 logger 对象

该方法定义了用于演示的用例

这个示例使用了 JDK 的日志记录功能，以避免向项目中添加其他依赖项。声明 logger 对象时，需要为它命名，并将该名称设为参数。然后，该名称会出现在日志中，便于查看日志消息源。通常，使用类名，如本示例所示：CommentService.class.getName()。

还需要添加一个配置类，告诉 Spring 到哪里寻找用原型注解注解的类。示例在名为“services”的包中添加了服务类，这是需要用@ComponentScan 注解指定的，如下面的代码片段所示。

```
@Configuration
@ComponentScan(basePackages = "services")

public class ProjectConfig {
}
```

使用@ComponentScan 告诉Spring在哪里搜索带有原型注解的类

下面编写 Main 类，该类调用服务类中的 publishComment()方法，并观察当前的行为，如代码清单 6.2 所示。

代码清单 6.2　用来测试应用程序行为的 Main 类

```
public class Main {

  public static void main(String[] args) {
    var c = new AnnotationConfigApplicationContext(ProjectConfig.class);
```

```
    var service = c.getBean(CommentService.class);   ← 从上下文获取 CommentService bean

    Comment comment = new Comment();                  ← 创建一个 Comment 实例，作为
    comment.setText("Demo comment");                    publishComment()方法的参数
    comment.setAuthor("Natasha");

    service.publishComment(comment);                  ← 调用 publishComment()方法
  }
}
```

如果运行这个应用程序，会在控制台中看到如下输出。

```
Sep 26, 2020 12:39:53 PM services.CommentService publishComment
INFO: Publishing comment:Demo comment
```

还会看到由 publishComment()方法生成的输出。这是示例解决之前的应用程序。记住，需要在服务方法调用之前和之后在控制台中输出消息。现在用一个切面类增强项目，这个切面类拦截方法调用并在调用之前和之后添加输出。

要创建切面，需要遵循以下步骤(见图 6.5)。

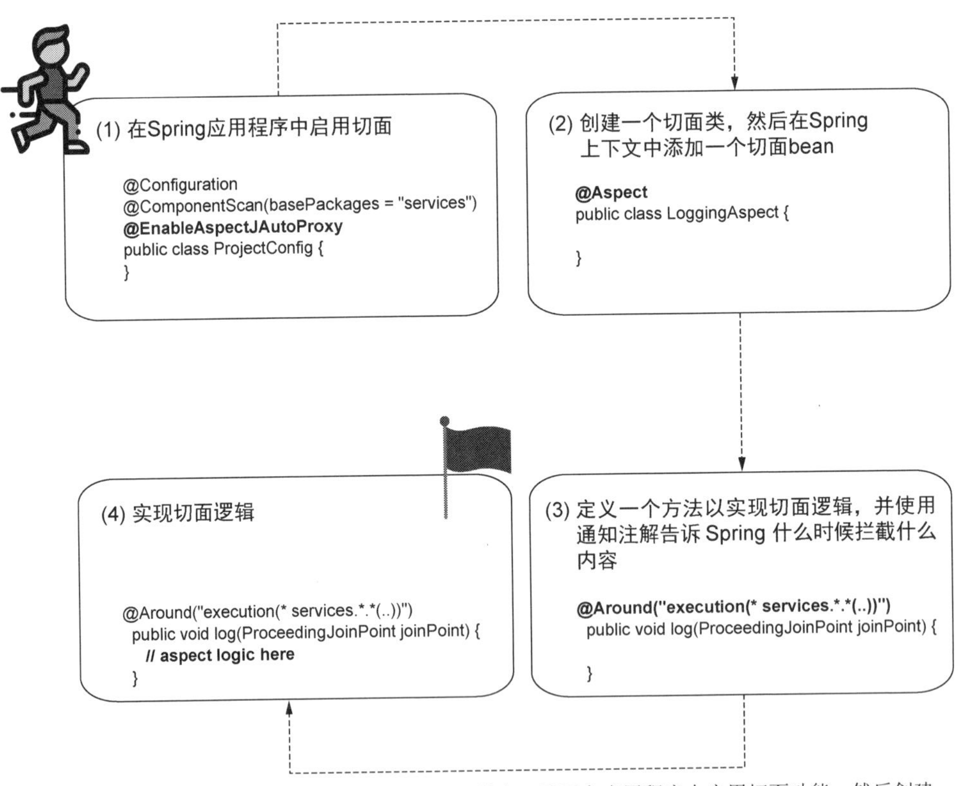

图 6.5 要实现切面，需要遵循 4 个简单的步骤。首先，需要在应用程序中启用切面功能。然后创建切面类，定义方法，并指示 Spring 什么时候拦截什么内容。最后，实现切面逻辑

(1) 在 Spring 应用程序中，通过@EnableAspectJAutoProxy 注解配置类来启用切面机制。

(2) 创建一个新类，用@Aspect 注解来注解它。使用@Bean 注解或者原型注解，在 Spring 上下文中为这个类添加一个 bean。

(3) 定义一个实现切面逻辑的方法，并使用通知注解告诉 Spring 何时拦截以及拦截哪些方法。

(4) 实现切面逻辑。

步骤(1)：为应用程序启用切面机制

第一步，需要告诉 Spring 在应用程序中使用切面。每当使用 Spring 提供的特定机制时，必须用一个特定的注解注解配置类，以显式地启用它。在大多数情况下，这些注解的名称都以“Enable”开头。随着本书的深入，将介绍更多这样的注解，它们支持不同的 Spring 功能。本例需要使用@EnableAspectJAutoProxy 注解启用切面功能。配置类需要如代码清单 6.3 所示。

代码清单 6.3　在 Spring 应用程序中启用切面机制

```
@Configuration
@ComponentScan(basePackages = "services")
@EnableAspectJAutoProxy        // 在 Spring 应用程序中启用切面机制
public class ProjectConfig {
}
```

步骤(2)：创建定义切面的类，并在 Spring 上下文中为这个类添加一个实例

需要在 Spring 上下文中创建一个定义切面的新 bean。这个对象保存的方法将拦截那些特定的方法调用，并使用特定的逻辑对它们进行扩充。代码清单 6.4 包含这个新类的定义。

代码清单 6.4　定义切面类

```
@Aspect
public class LoggingAspect {
  public void log() {
    // To implement later
  }
}
```

可以使用第 2 章学习的任何方法将该类的实例添加到 Spring 上下文中。如果决定使用@Bean 注解，则必须更改配置类，如下面的代码片段所示。当然，如果愿意，也可以使用原型注解。

```
@Configuration
@ComponentScan(basePackages = "services")
@EnableAspectJAutoProxy
public class ProjectConfig {

  @Bean                                    // 将 LoggingAspect 类的实例添加到 Spring 上下文
  public LoggingAspect aspect() {
    return new LoggingAspect();
  }
}
```

记住，需要将此对象作为 Spring 上下文中的 bean，因为 Spring 需要知道它要管理的任何对象。这也是第 2~5 章强烈强调管理 Spring 上下文的方法的原因。在开发 Spring 应用程序时，几乎可以在任何地方使用这些技能。

而且，@Aspect 注解并不是原型注解。使用@Aspect，可以告诉 Spring“这个类实现了切面的定义”，但是 Spring 不会为这个类创建 bean。需要显式地使用第 2 章学习的语法之一来为类创建 bean，并允许 Spring 以这种方式管理它。忘记用@Aspect 注解类也不会向上下文添加 bean，这是一个常见的错误，许多人都因为忘记这一点而受挫。

步骤(3)：使用通知注解告诉 Spring 什么时候要拦截什么方法调用

现在已经定义了切面类，下面选择通知注解并相应地注解方法。代码清单 6.5 介绍了如何用@Around 注解注解方法。

代码清单 6.5 使用通知注解将切面编织到特定的方法

```
@Aspect
public class LoggingAspect {

  @Around("execution(* services.*.*(..))")   ← 定义哪些是被拦截的方法
  public void log(ProceedingJoinPoint joinPoint) {
    joinPoint.proceed();   ← 委托给实际拦截的方法
  }
}
```

除了使用@Around 注解外，此处还编写了一个不寻常的字符串表达式作为注解的值，并且向切面方法添加了一个参数。

下面逐个进行介绍。作为@Around 注解参数的特殊表达式告诉 Spring 要拦截哪个方法调用。不要被这种表达吓倒！这种表达式语言称为 AspectJ 切入点语言，该语言不需要背诵就可以使用。在实践中，不要使用复杂的表达式。当需要编写这样的表达式时，我总是会参考文档(http://mng.bz/4K9g)。

从理论上讲，可以编写非常复杂的 AspectJ 切入点表达式来标识要拦截的特定方法调用集。这种语言非常强大。但如本章后面所述，最好避免编写复杂的表达式。在大多数情况下，可以找到更简单的替代方案。

看看前面使用的表达式(见图 6.6)。这意味着 Spring 将拦截在服务包的类中定义的任何方法，而不管方法的返回类型、所属的类、名称或接收的参数。

再看一次，会发现这个表达式似乎没有那么复杂，不是吗？这些 AspectJ 切入点表达式会让初学者感到害怕，但是请相信我，你不必成为 AspectJ 专家，也可以在 Spring 应用程序中使用这些表达式。

现在看看添加到方法中的第二个元素：ProceedingJoinPoint 参数，它表示被拦截的方法。使用这个参数主要是为了告诉切面，它应该在什么时候进一步委托给实际的方法。

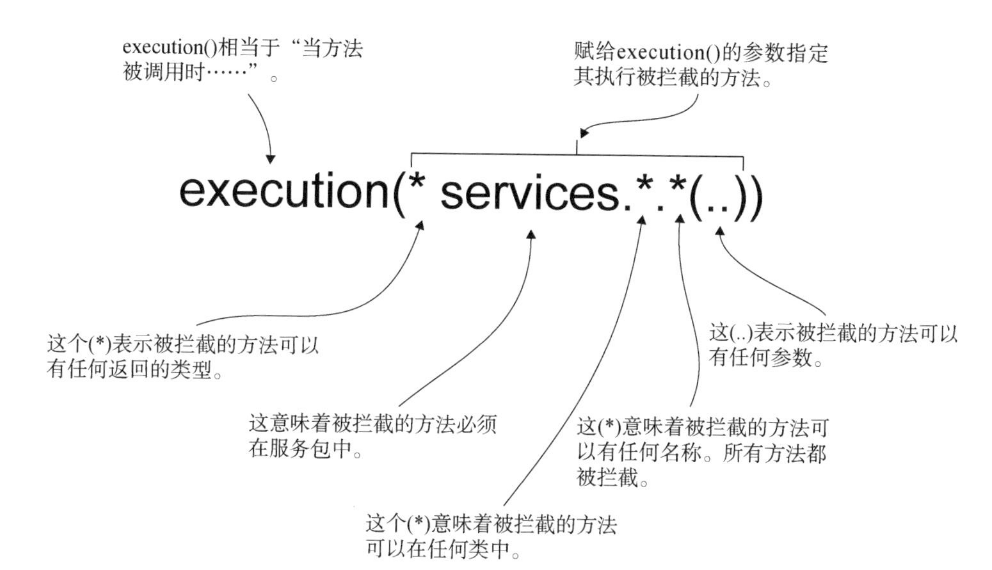

execution()相当于“当方法被调用时……”。
赋给execution()的参数指定其执行被拦截的方法。
execution(* services.*.*(..))
这个(*)表示被拦截的方法可以有任何返回的类型。
这意味着被拦截的方法必须在服务包中。
这个(*)意味着被拦截的方法可以在任何类中。
这(*)意味着被拦截的方法可以有任何名称。所有方法都被拦截。
这(..)表示被拦截的方法可以有任何参数。

图 6.6　示例中使用的 AspectJ 切入点表达式。它告诉 Spring 拦截服务包中所有方法的调用，而不管它们的返回类型、所属的类、名称或接收的参数

步骤(4)：实现切面逻辑

代码清单 6.6 为切面添加了逻辑。现在的切面将执行以下步骤。

(1) 拦截该方法。

(2) 在调用被拦截的方法之前，控制台会显示一些内容。

(3) 调用被拦截的方法。

(4) 在调用被拦截的方法之后，控制台会显示一些内容。

图 6.7 直观地展示了切面的行为。

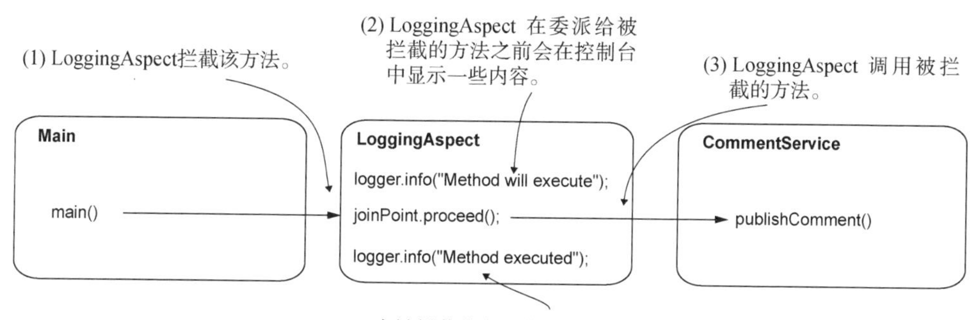

(1) LoggingAspect拦截该方法。
(2) LoggingAspect 在委派给被拦截的方法之前会在控制台中显示一些内容。
(3) LoggingAspect 调用被拦截的方法。
Main
main()
LoggingAspect
logger.info("Method will execute");
joinPoint.proceed();
logger.info("Method executed");
CommentService
publishComment()
(4) 在被拦截的方法执行之后，LoggingAspect 会在控制台中显示一些内容。

图 6.7　切面行为。LoggingAspect 通过在方法调用之前和之后显示一些内容来包装方法的执行。通过这种方式，可以观察到切面的简单实现

代码清单 6.6 实现切面逻辑

```
@Aspect
public class LoggingAspect {

  private Logger logger = Logger.getLogger(LoggingAspect.class.getName());

  @Around("execution(* services.*.*(..))")
  public void log(ProceedingJoinPoint joinPoint) throws Throwable {
    logger.info("Method will execute");
    joinPoint.proceed();
    logger.info("Method executed");
  }
}
```

调用被拦截的方法

在被拦截的方法执行之后，控制台输出的一条消息

在被拦截方法执行之前，控制台输出的一条消息

ProceedingJoinPoint 参数的方法 proceed()调用被拦截的 CommentService bean 的方法 publishComment()。如果不调用 proceed()，则切面永远不会进一步委托给被拦截的方法(见图 6.8)。

如果不调用ProceedingJoinPoint参数的proceed()方法，切面将永远不会委托给被拦截的方法。
Main
main()
LoggingAspect
logger.info("Method will execute");
logger.info("Method executed");
CommentService
publishComment()
切面执行它的逻辑，并直接返回main()方法。对于main()方法，这看起来仍然像是执行了publishComment()方法。

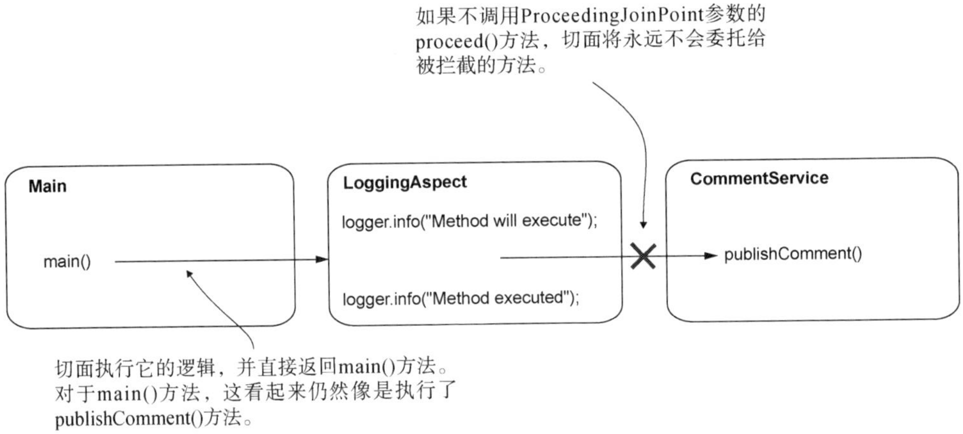

图 6.8 如果不调用切面的 ProceedingJoinPoint 参数的 proceed()方法，切面就不会再委托给被拦截的方法。在这种情况下，只执行切面而不执行被拦截的方法。方法的调用者并不知道真正的方法永远不会执行

甚至可以在不再调用实际方法的地方实现逻辑。例如，应用了一些授权规则的切面可决定是否进一步委托给应用程序保护的方法。如果授权规则不满足，则切面不会委托给它保护的拦截方法(见图 6.9)。

图 6.9 切面可以决定完全不委托给它拦截的方法。这种行为看起来像是切面对方法的调用者应用了一种思维技巧。调用者最终执行的是另一个逻辑，而不是它实际调用的逻辑

注意，proceed()方法会抛出 Throwable。proceed()方法抛出来自被拦截方法的任何异常。这个示例选择用简单的方法进一步传播它，但如果需要的话，可以使用 try-catch-finally 块处理这个 Throwable。

重新运行应用程序(“sq-ch6-ex1”)。控制台将输出包含切面和拦截方法的日志。输出应如下所示：

```
Sep 27, 2020 1:11:11 PM aspects.LoggingAspect log
INFO: Method will execute
Sep 27, 2020 1:11:11 PM services.CommentService publishComment
INFO: Publishing comment:Demo comment
Sep 27, 2020 1:11:11 PM aspects.LoggingAspect log
INFO: Method executed
```

这一行输出来自切面

这一行输出来自实际的方法

这一行输出来自切面

6.2.2 修改被拦截方法的参数和返回值

切面的功能非常强大，它们不仅可以拦截方法并改变其执行，还可以拦截用于调用该方法的参数，并改变这些参数或被拦截的方法返回的值。本节将更改前述示例，以证明切面如何影响这些参数以及被拦截方法返回的值。知其所以然可以更好地使用切面实现其功能。

假设想记录调用服务方法所用的参数以及该方法返回的内容。为了演示如何实现这样的场景，可将这个示例存放到一个名为“sq-ch6-ex2”的项目中。因为也引用了方法返回的内容，所以可修改服务方法，让它返回一个值，如下面的代码片段所示。

```
@Service
public class CommentService {

  private Logger logger = Logger.getLogger(CommentService.class.getName());
```

```
  public String publishComment(Comment comment) {
    logger.info("Publishing comment:" + comment.getText());
    return "SUCCESS";          在演示中，方法
  }                            现在返回一个值
}
```

切面可以很容易地找到被拦截的方法的名称和方法参数。记住，切面方法的 ProceedingJoinPoint 参数表示被拦截的方法。可以使用这个参数获取与被拦截方法相关的任何信息(参数、方法名、目标对象等)。下面的代码片段展示了如何在拦截调用之前获取方法名和用于调用该方法的参数：

```
String methodName = joinPoint.getSignature().getName();
Object [] arguments = joinPoint.getArgs();
```

现在，还可以更改切面来记录这些详情。代码清单 6.7 包含需要对切面方法进行的更改。

代码清单 6.7 获取切面逻辑中的方法名和参数

```
@Aspect
public class LoggingAspect {

  private Logger logger = Logger.getLogger(LoggingAspect.class.getName());

  @Around("execution(* services.*.*(..))")
  public Object log(ProceedingJoinPoint joinPoint) throws Throwable {
    String methodName =                                获取被拦截方法
      joinPoint.getSignature().getName();              的名称和参数
    Object [] arguments = joinPoint.getArgs();

    logger.info("Method " + methodName +
      " with parameters " + Arrays.asList(arguments) +    记录被拦截方法
      " will execute");                                    的名称和参数

    Object returnedByMethod = joinPoint.proceed();      调用被拦截的方法

    logger.info("Method executed and returned " + returnedByMethod);

    return returnedByMethod;      返回被拦截方法
  }                               返回的值
}
```

图 6.10 使可视化流程变得更易理解。可观察切面如何拦截调用并访问参数和返回值。

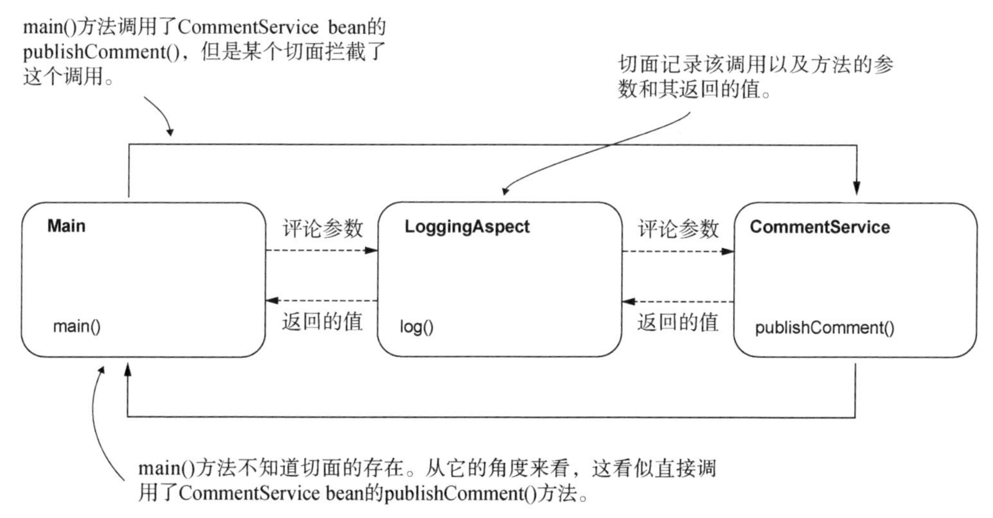
main()方法调用了CommentService bean的publishComment()，但是某个切面拦截了这个调用。
切面记录该调用以及方法的参数和其返回的值。
Main
main()
评论参数
返回的值
LoggingAspect
log()
评论参数
返回的值
CommentService
publishComment()
main()方法不知道切面的存在。从它的角度来看，这看似直接调用了CommentService bean的publishComment()方法。

图 6.10　切面拦截了方法调用，因此它可以访问被拦截方法执行后返回的参数和值。对于 main()方法，这看似直接调用了 CommentService bean 的 publishComment()方法。调用者不知道有切面拦截了方法调用

更改 main()方法以打印 publishComment()返回的值，如代码清单 6.8 所示。

代码清单 6.8　打印返回值，观察切面的行为

```
public class Main {

  private static Logger logger = Logger.getLogger(Main.class.getName());

  public static void main(String[] args) {
    var c = new AnnotationConfigApplicationContext(ProjectConfig.class);

    var service = c.getBean(CommentService.class);

    Comment comment = new Comment();
    comment.setText("Demo comment");
    comment.setAuthor("Natasha");

    String value = service.publishComment(comment);

    logger.info(value);    ← 打印 publishComment() 方法返回的值
  }
}
```

当运行应用程序时，控制台中会显示切面记录的值和 main()方法记录的返回值。

由切面打印的参数

```
Sep 28, 2020 10:49:39 AM aspects.LoggingAspect log
INFO: Method publishComment with parameters [Comment{text='Demo comment',
➥ author='Natasha'}] will execute
Sep 28, 2020 10:49:39 AM services.CommentService publishComment
```

```
INFO: Publishing comment:Demo comment          ← 由被拦截方法打印的消息
Sep 28, 2020 10:49:39 AM aspects.LoggingAspect log
INFO: Method executed and returned SUCCESS     ← 由切面打印的返回值
Sep 28, 2020 10:49:39 AM main.Main main
INFO: SUCCESS     ← 在 Main 中打印返回值
```

切面的功能还可以更强大。切面可以通过以下方式改变被拦截方法的执行。

- 修改发送到方法的参数值。
- 更改调用者接收的返回值。
- 向调用者抛出异常，或捕获并处理被拦截方法抛出的异常。

可以非常灵活地更改对被拦截方法的调用，甚至可以完全改变它的行为(见图 6.11)。但是要小心！通过切面更改逻辑时，将使一部分逻辑透明。确保没有隐藏不明显的东西。解耦部分逻辑的整个思想是为了避免重复的代码并隐藏不相关的内容，这样开发人员就可以轻松地专注于业务逻辑代码。在编写切面时，应把自己放在开发人员的位置上。需要理解代码的人应该很容易意识到发生了什么。

项目“sq-ch6-ex3”演示了切面如何通过更改参数或被拦截方法返回的值来更改调用。如代码清单 6.9 所示，当调用 proceed()方法而不发送任何参数时，切面会将原始参数发送给被拦截的方法。但是可以选择在调用 proceed()方法时提供一个参数。这个参数是切面发送给被拦截方法的对象数组，而不是原始的参数值。切面记录了被拦截方法返回的值，但为调用者返回一个不同的值。

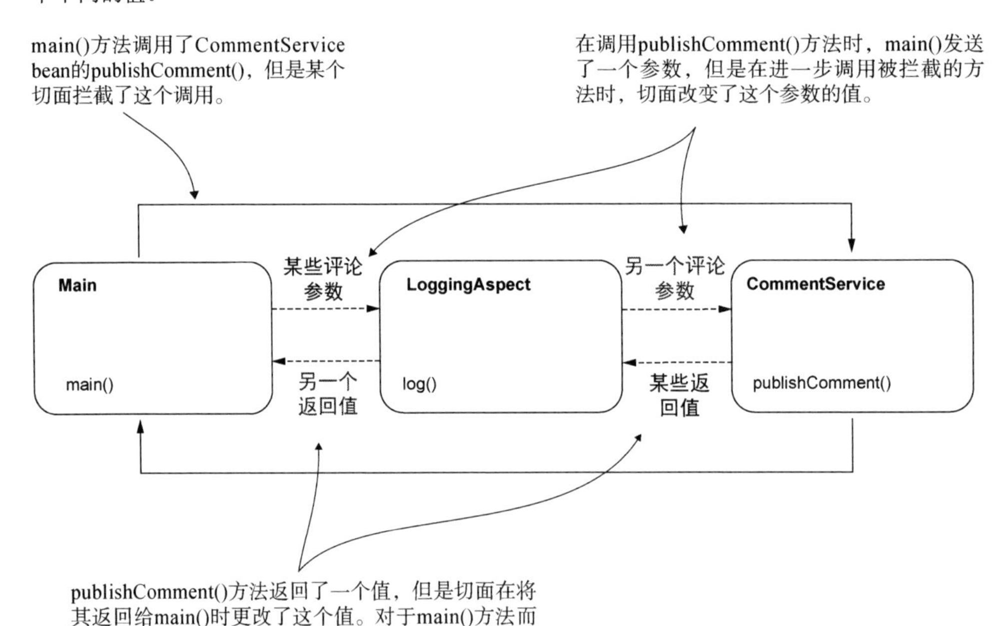
main()方法调用了CommentService bean的publishComment()，但是某个切面拦截了这个调用。
在调用publishComment()方法时，main()发送了一个参数，但是在进一步调用被拦截的方法时，切面改变了这个参数的值。
Main
main()
某些评论参数
另一个返回值
LoggingAspect
log()
另一个评论参数
某些返回值
CommentService
publishComment()
publishComment()方法返回了一个值，但是切面在将其返回给main()时更改了这个值。对于main()方法而言，更改的值看似直接来自publishComment()。

图 6.11　切面可以改变用于调用被拦截方法的参数和被拦截方法的调用者接收到的返回值。该方法功能强大，对被拦截方法具有灵活的控制能力

代码清单 6.9　修改参数和返回值

```
@Aspect
public class LoggingAspect {

  private Logger logger =
  Logger.getLogger(LoggingAspect.class.getName());

  @Around("execution(* services.*.*(..))")
  public Object log(ProceedingJoinPoint joinPoint) throws Throwable {
    String methodName = joinPoint.getSignature().getName();
    Object [] arguments = joinPoint.getArgs();


    logger.info("Method " + methodName +
      " with parameters " + Arrays.asList(arguments) +
      " will execute");

    Comment comment = new Comment();
    comment.setText("Some other text!");
    Object [] newArguments = {comment};

    Object returnedByMethod = joinPoint.proceed(newArguments);

    logger.info("Method executed and returned " + returnedByMethod);

    return "FAILED";
  }
}
```

将一个不同的评论实例作为值发送给方法的参数

记录被拦截方法返回的值，但向调用者返回一个不同的值

运行该应用程序将生成如下的输出。publishComment()方法接收到的参数值与调用该方法时发送的参数值不同。publishComment()方法返回一个值，但是 main()得到一个不同的值。

publishComment()方法被一个带有文本“Demo comment”的评论调用

```
Sep 29, 2020 10:43:51 AM aspects.LoggingAspect log
INFO: Method publishComment with parameters [Comment{text='Demo comment',
➥ author='Natasha'}] will execute
Sep 29, 2020 10:43:51 AM services.CommentService publishComment
INFO: Publishing comment:Some other text!
Sep 29, 2020 10:43:51 AM aspects.LoggingAspect log
INFO: Method executed and returned SUCCESS
Sep 29, 2020 10:43:51 AM main.Main main
INFO: FAILED
```

publishComment() 方法接收到带有文本“Some other text!”的评论

main()接收到的返回值是“FAILED”

publishComment ()方法返回“SUCCESS”

注意　这一点非常重要。使用切面时要小心！只应使用它们来隐藏容易被暗示的无关的代码行。切面的功能非常强大，稍有不慎就会适得其反，使应用程序更难维护。因此，使用切面时一定要小心！

但我们是否希望有一个切面能够改变被拦截方法的参数呢？或者它的返回值？是的。有时这种方法是有用的。前面已解释所有的这些方法，因为后续章节将使用某些依赖于切面的Spring功能。例如，第 13 章将讲解事务，Spring 中的事务依赖于切面。当谈到该主题时，就会发现理解各个切面非常有用。

如果事先已理解切面的工作方式，那么便可以更好地理解 Spring 切面。开发人员经常在未理解其功能背后含义的情况下就开始使用框架。在很多情况下，这种行为常常会给应用程序引入 bug 或漏洞，或者降低它们的性能和可维护性。建议在使用它们之前，一定要了解它们的工作方式。

6.2.3 拦截带注解的方法

本节讨论一种重要的方法：使用注解。这种方法在 Spring 应用程序中经常使用，用于标记需要被切面拦截的方法。你是否注意我们的示例中使用了多少注解？注解使用起来很舒服，自从它们与 Java 5 一起出现以来，就已成为配置使用特定框架的应用程序的事实上的方法。现在可能没有不使用注解的 Java 框架。还可以使用合适的语法，通过它们标记希望切面拦截的方法，这样便可以避免编写复杂的 AspectJ 切入点表达式。

下面创建一个单独的示例以学习这种方法，类似于本章前面讲述的那些方法。在 CommentService 类中，添加 3 个方法：publishComment()、deleteComment()和 editComment()。可以在项目“sq-ch6-ex4”中找到这个示例。在此需要定义一个自定义注解，并且只记录使用自定义注解标记的方法的执行。为了实现这一目标，需要做到以下几点：

(1) 定义一个自定义注解，并使其在运行时可访问。这个注解称为@ToLog。

(2) 为切面方法使用不同的 AspectJ 切入点表达式，告诉切面拦截用自定义注解标注的方法。

图 6.12 直观地表示了这些步骤。

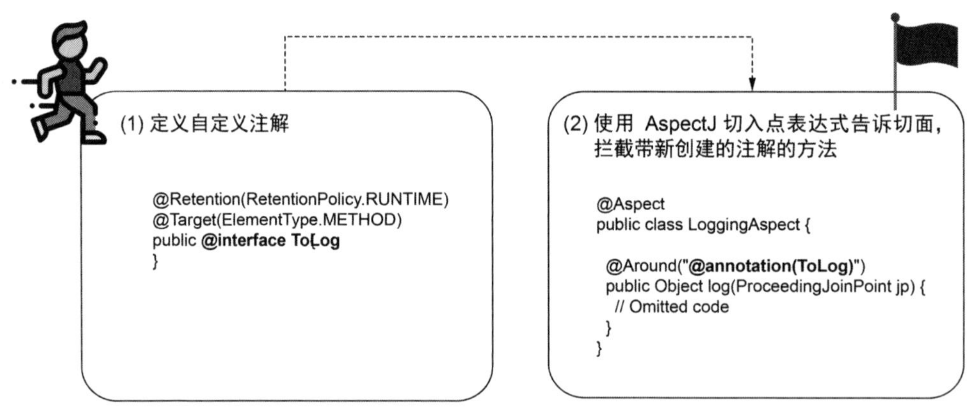

图 6.12 拦截带注解的方法的步骤。需要创建一个自定义注解，以便用于注解切面需要拦截的方法。然后使用一个不同的 AspectJ 切入点表达式配置切面，以拦截用自定义注解注解的方法

我们不必改变切面的逻辑。对于这个示例，切面做的事情与前面的示例相同：记录被拦截

方法的执行。

下面的代码片段包含自定义注解的声明。使用@Retention(RetentionPolicy.RUNTIME)定义保留策略很关键。默认情况下，在 Java 中不能在运行时拦截注解。需要显式地指定某人可以通过将保留策略设置为 RUNTIME 来拦截注解。@Target 注解指定，可以将该注解用于哪些语言元素。默认情况下，可以注解任何语言元素，但最好将注解限制为它的目标对象——在本示例中是方法。

```
@Retention(RetentionPolicy.RUNTIME)   ← 启用在运行时拦截的注解
@Target(ElementType.METHOD)   ← 将此注解限制为仅用于方法
public @interface ToLog {
}
```

代码清单 6.10 包含 CommentService 类的定义，它现在定义了 3 个方法。这里只注解了 deleteComment()方法，因此期望切面只拦截这个方法。

代码清单 6.10　CommentService 类定义了 3 个方法

```
@Service
public class CommentService {

  private Logger logger = Logger.getLogger(CommentService.class.getName());

  public void publishComment(Comment comment) {
    logger.info("Publishing comment:" + comment.getText());
  }

  @ToLog   ← 自定义注解用于希望切面拦截的方法
  public void deleteComment(Comment comment) {
    logger.info("Deleting comment:" + comment.getText());
  }

  public void editComment(Comment comment) {
    logger.info("Editing comment:" + comment.getText());
  }
}
```

为了将切面编织到带有自定义注解的方法中(见图 6.13)，可使用以下 AspectJ 切入点表达式：@annotation(ToLog)。这个表达式引用任何用名为@ToLog 的注解(本例中是自定义注解)标注的方法。在代码清单 6.11 中，可以找到切面类，它使用新的切入点表达式将切面逻辑编织到被拦截的方法中。很简单，不是吗？

代码清单 6.11　更改切入点表达式，将切面编织到带注解的方法中

```
@Aspect
public class LoggingAspect {

  private Logger logger = Logger.getLogger(LoggingAspect.class.getName());
```

```
    @Around("@annotation(ToLog)")  ◀── 将切面编织到带@ToLog 注解的方法中
    public Object log(ProceedingJoinPoint joinPoint) throws Throwable {
      // Omitted code
    }
  }
```

```
@Aspect
public class LoggingAspect{

 private Logger logger =
   Logger.getLogger(LoggingAspect.class.getName());

 @Around("@annotation(ToLog)")  ──编织到──▶
 public Object log(ProceedingJoinPoint joinPoint) throws Throwable {
   // Omitted code
 }
}

@Service
public class CommentService {

 private Logger logger =
   Logger.getLogger(CommentService.class.getName());

 public void publishComment(Comment comment) {
   logger.info("Publishing comment:" + comment.getText());
 }

 @ToLog
 public void deleteComment(Comment comment) {
   logger.info("Deleting comment:" + comment.getText());
 }

 public void editComment(Comment comment) {
   logger.info("Editing comment:" + comment.getText());
 }
}
```

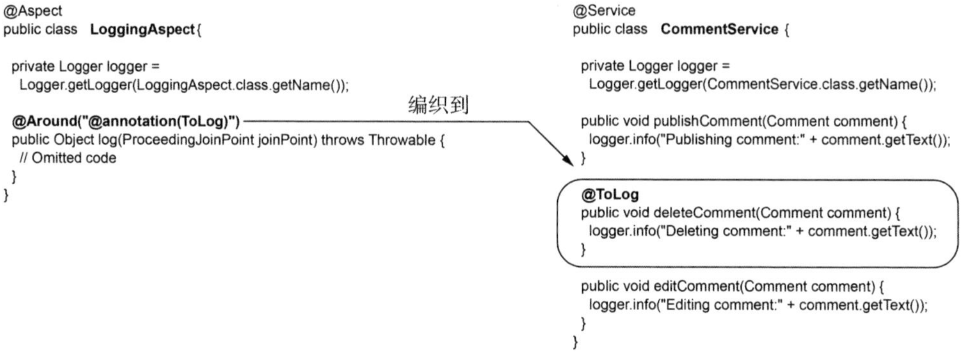

图 6.13 使用 AspectJ 切入点表达式，将切面逻辑编织到任何用自定义注解注解的方法上。这是一种标记应用特定切面逻辑的方法的舒适方式

当运行应用程序时，只有带注解的方法(在本示例中是 deleteComment())被拦截，并且切面会在控制台中记录这个方法的执行。控制台中的输出应该如下所示：

```
Sep 29, 2020 2:22:42 PM services.CommentService publishComment
INFO: Publishing comment:Demo comment
Sep 29, 2020 2:22:42 PM aspects.LoggingAspect log
INFO: Method deleteComment with parameters [Comment{text='Demo comment',
➥ author='Natasha'}] will execute
Sep 29, 2020 2:22:42 PM services.CommentService deleteComment
INFO: Deleting comment:Demo comment
Sep 29, 2020 2:22:42 PM aspects.LoggingAspect log
INFO: Method executed and returned null
Sep 29, 2020 2:22:42 PM services.CommentService editComment
INFO: Editing comment:Demo comment
```

切面只拦截 deleteComment ()方法，该方法用自定义@ToLog 注解进行了标记

6.2.4 可以使用的其他通知注解

本节讨论 Spring 中用于切面的其他通知注解。本章前面使用了通知注解@Around。这确实是 Spring 应用程序中最常用的通知注解，因为它可以覆盖任何实现案例：可以在被拦截的方法之前、之后甚至代替被拦截的方法做一些事情。可以在切面中以任何想要的方式更改逻辑。

但并不总是需要所有的这些灵活性。一个好的主意是：寻找最直接的方法实现需要实现的东西。任何应用程序的实现都应该通过简单性定义。通过避免复杂性，可使应用程序更容易维护。对于简单的场景，Spring 提供了 4 种不如@Around 强大的替代通知注解。当它们的功能足

以使实现变得比较简单时，建议使用它们。

除了@Around，Spring 还提供了以下通知注解。

- @Before——在被拦截的方法执行之前调用定义切面逻辑的方法。
- @AfterReturning——在方法成功返回后调用定义切面逻辑的方法，并将返回值作为参数提供给切面方法。如果被拦截的方法抛出异常，则不会调用切面方法。
- @AfterThrowing——如果被拦截的方法抛出异常，则调用定义切面逻辑的方法，并将异常实例作为参数提供给切面方法。
- @After——仅在被拦截的方法执行之后(无论该方法成功返回或抛出异常)才调用定义切面逻辑的方法。

使用这些通知注解的方式与@Around 相同。需要为它们提供一个 AspectJ 切入点表达式，以便将切面逻辑编织到特定的方法执行。

切面方法不接收 ProceedinJoinPoint 参数，而且它们不能决定何时委托给被拦截的方法。这个事件已经根据注解的目的发生了(例如，对于@Before，被拦截的方法调用总是在切面逻辑执行之后发生)。

可以在名为“sq-ch6-ex5”的项目中找到使用@AfterReturning 的示例。下面的代码片段使用了@AfterReturning 注解。注意，使用它的方式与@Around 相同。

AspectJ 切入点表达式指定了这个切面逻辑要编织到哪些方法

当使用@AfterReturning 时，可以获得被拦截方法返回的值。本例添加了 returning 属性，该属性的值对应于提供了该值的方法的参数名

```
@Aspect
public class LoggingAspect {

  private Logger logger = Logger.getLogger(LoggingAspect.class.getName());

  @AfterReturning(value = "@annotation(ToLog)",
                  returning = "returnedValue")
  public void log(Object returnedValue) {
    logger.info("Method executed and returned " + returnedValue);
  }
}
```

参数名应该与注解的 returning 属性值相同，如果不需要使用返回值，则参数名会丢失

6.3 切面执行链

在迄今为止的所有示例中，都讨论了切面拦截方法时会发生什么。在现实世界的应用程序中，一个方法经常被多个切面拦截。例如，希望记录某个方法的执行并应用一些安全约束。切面经常用来履行此类任务，因此在这个场景中，有两个切面对同一个方法的执行进行操作。根据需求使用多个切面并没有什么错，但是当这种情况发生时，需要问自己以下问题：

- Spring 以什么顺序执行这些切面？

- 执行顺序重要吗？

本节将通过一个示例分析来回答这两个问题。

假设，对于某个方法，需要应用一些安全限制，并记录它的执行。可使用两个切面完成这些任务。

- SecurityAspect——应用安全限制。这个切面拦截方法，验证调用，并且在某些情况下不将调用转发给被拦截的方法(SecurityAspect的工作详情与当前的讨论无关；记住，有时这个切面不会调用被拦截的方法)。
- LoggingAspect——记录被拦截方法执行的开始时间和结束时间。

当将多个切面编织到同一个方法中时，它们需要逐个执行。一种方法是先执行SecurityAspect，然后再委托给 LoggingAspect，后者进一步委托给被拦截的方法。第二个选项是让 LoggingAspect 先执行，然后委托给 SecurityAspect，SecurityAspect 最终将进一步委托给被拦截的方法。通过这种方式，切面创建了执行链。

切面的执行顺序非常重要，因为以不同的顺序执行切面可能会产生不同的结果。例如，SecurityAspect 在所有情况下都不会委托执行，如果选择这个切面先执行，那么有时 LoggingAspect 就不会执行。如果期望 LoggingAspect 记录因安全限制而失败的执行，这就不是我们需要的方式(见图 6.14)。

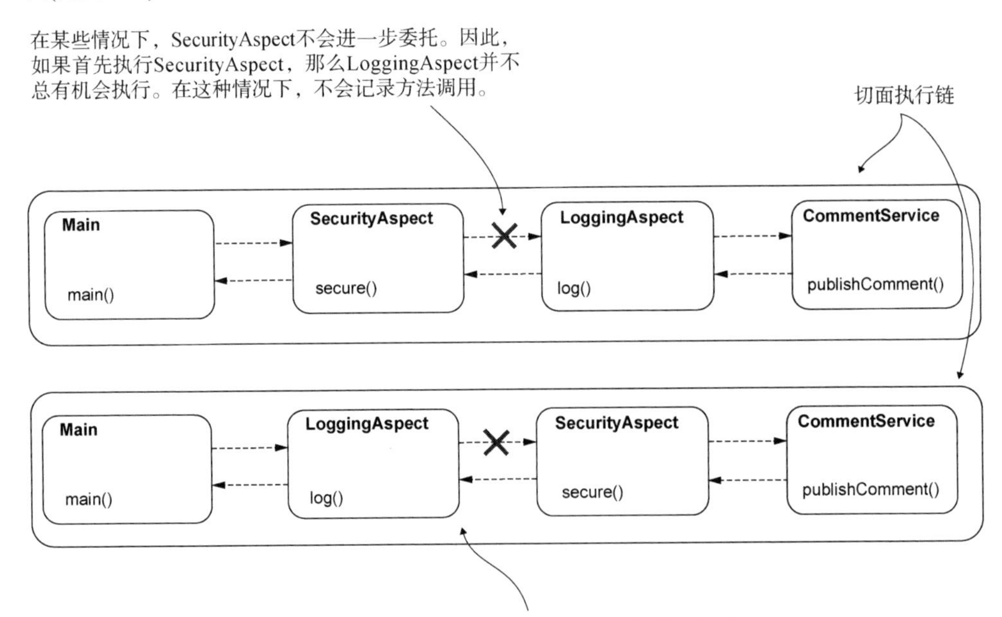
在某些情况下，SecurityAspect不会进一步委托。因此，如果首先执行SecurityAspect，那么LoggingAspect并不总有机会执行。在这种情况下，不会记录方法调用。
切面执行链
Main
main()
SecurityAspect
secure()
LoggingAspect
log()
CommentService
publishComment()
Main
main()
LoggingAspect
log()
SecurityAspect
secure()
CommentService
publishComment()
如果期望 LoggingAspect 记录所有的调用，即使是那些被 SecurityAspect 拒绝的调用，也需要确保 LoggingAspect 先执行。

图 6.14 切面的执行顺序很重要。根据应用程序的需求，需要为执行切面选择特定的顺序。在这个场景中，如果 SecurityAspect 先执行，LoggingAspect 就不能记录所有方法的执行

这些切面的执行顺序有时是相关的。但是可以定义这个顺序吗？默认情况下，Spring 不保

证调用同一执行链中两个切面的顺序。如果执行顺序不相关，那么只需要定义切面，并让框架按照任意顺序执行它们。如果需要定义切面的执行顺序，那么可以使用@Order 注解。这个注解接收一个序数(数字)，表示特定切面的执行链中的顺序。数字越小，则该切面执行得越早。如果两个值相同，则同样表示执行顺序没有定义。下面在一个示例中尝试使用@Order 注解。

在名为“sq-ch6-ex6”的项目中，定义了拦截 CommentService bean 的 publishComment()方法的两个切面。代码清单 6.12 包含名为 LoggingAspect 的切面。最初没有为切面定义任何顺序。

代码清单 6.12　LoggingAspect 类的实现

```
@Aspect
public class LoggingAspect {

  private Logger logger =
    Logger.getLogger(LoggingAspect.class.getName());

  @Around(value = "@annotation(ToLog)")
  public Object log(ProceedingJoinPoint joinPoint) throws Throwable {
    logger.info("Logging Aspect: Calling the intercepted method");

    Object returnedValue = joinPoint.proceed();

    logger.info("Logging Aspect: Method executed and returned " +
                returnedValue);

    return returnedValue;
  }
}
```

这里的 proceed()方法在切面执行链中进一步委托。它可以调用下一个切面，也可以调用被拦截的方法

为示例定义的第二个切面名为 SecurityAspect，如代码清单 6.13 所示。为了使示例简单并聚焦于此处的主题，这个切面将不做任何特别的事情。像 LoggingAspect 一样，它会在控制台中打印一条消息，因此可以很容易观察到它在何时执行。

代码清单 6.13　SecurityAspect 类的实现

```
@Aspect
public class SecurityAspect {

  private Logger logger =
    Logger.getLogger(SecurityAspect.class.getName());

  @Around(value = "@annotation(ToLog)")
  public Object secure(ProceedingJoinPoint joinPoint) throws Throwable {
    logger.info("Security Aspect: Calling the intercepted method");

    Object returnedValue = joinPoint.proceed();

    logger.info("Security Aspect: Method executed and returned " +
                returnedValue);
    return returnedValue;
  }
}
```

这里的 proceed()方法在切面执行链中进一步委托。它可以调用下一个切面，也可以调用被拦截的方法

CommentService 类与前面示例中定义的类相同。但是为了更便于阅读，也可以参考代码清单 6.14 编写代码。

代码清单 6.14 CommentService 类的实现

```
@Service
public class CommentService {

  private Logger logger =
    Logger.getLogger(CommentService.class.getName());

  @ToLog
  public String publishComment(Comment comment) {
    logger.info("Publishing comment:" + comment.getText());
    return "SUCCESS";
  }

}
```

记住，这两个切面都必须是 Spring 上下文中的 bean。本例选择使用@Bean 方法在上下文中添加 bean。下面介绍配置类，如代码清单 6.15 所示。

代码清单 6.15 在 Configuration 类中声明切面 bean

```
@Configuration
@ComponentScan(basePackages = "services")
@EnableAspectJAutoProxy
public class ProjectConfig {

  @Bean
  public LoggingAspect loggingAspect() {
    return new LoggingAspect();
  }

  @Bean
  public SecurityAspect securityAspect() {
    return new SecurityAspect();
  }
}
```

这两个切面都需要作为 bean 添加到 Spring 上下文中

main()方法调用 CommentService bean 的 publishComment()方法。在示例中，执行后的输出如下所示：

首先调用 LoggingAspect 并委托给 SecurityAspect

```
Sep 29, 2020 6:04:22 PM aspects.LoggingAspect log
INFO: Logging Aspect: Calling the intercepted method
Sep 29, 2020 6:04:22 PM aspects.SecurityAspect secure
INFO: Security Aspect: Calling the intercepted method
Sep 29, 2020 6:04:22 PM services.CommentService publishComment
INFO: Publishing comment:Demo comment
```

接着调用 SecurityAspect，并委托给被拦截的方法

执行被拦截的方法

```
Sep 29, 2020 6:04:22 PM aspects.SecurityAspect secure
INFO: Security Aspect: Method executed and returned SUCCESS
Sep 29, 2020 6:04:22 PM aspects.LoggingAspect log
INFO: Logging Aspect: Method executed and returned SUCCESS
```

被拦截的方法返回到 SecurityAspect

SecurityAspect 返回到 LoggingAspect

图 6.15 有助于你可视化执行链，并理解控制台中的日志。

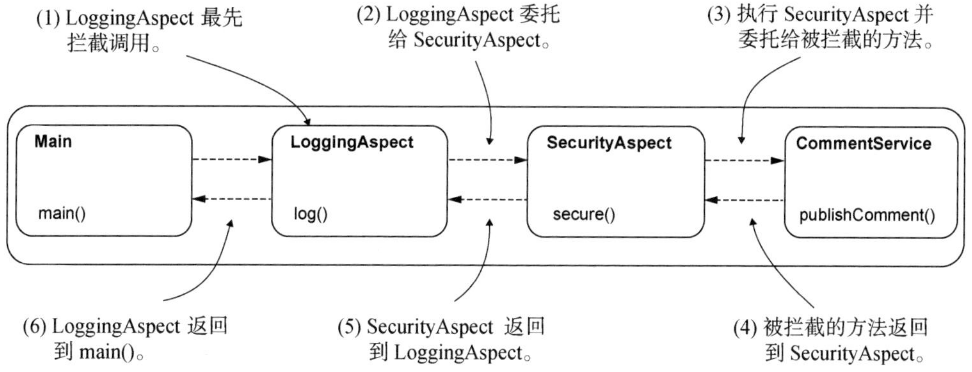

(1) LoggingAspect 最先拦截调用。
(2) LoggingAspect 委托给 SecurityAspect。
(3) 执行 SecurityAspect 并委托给被拦截的方法。
Main
main()
LoggingAspect
log()
SecurityAspect
secure()
CommentService
publishComment()
(6) LoggingAspect 返回到 main()。
(5) SecurityAspect 返回到 LoggingAspect。
(4) 被拦截的方法返回到 SecurityAspect。

图 6.15　执行流程。LoggingAspect 先拦截方法调用，再在执行链中委托给 SecurityAspect，然后，SecurityAspect 将调用委托给被拦截的方法。被拦截的方法返回到 SecurityAspect，SecurityAspect 再返回到 LoggingAspect

为了反转 LoggingAspect 和 SecurityAspect 执行的顺序，可使用@Order 注解。在下一个代码片段中，将使用@Order 注解为 SecurityAspect 指定一个执行位置(参见项目“sq-ch6-ex7”中的这个示例)。

```
@Aspect
@Order(1)
public class SecurityAspect {

  // Omitted code
}
```

给出切面的执行顺序位置

可使用@Order 将 LoggingAspect 切面放在一个较靠前的顺序，如下面的代码片段所示：

```
@Aspect
@Order(2)
public class LoggingAspect {

  // Omitted code
}
```

将 LoggingAspect 作为第二个要执行的对象

重新运行应用程序，切面执行的顺序已经改变。日志记录现在应该如下所示：

SecurityAspect 首先拦截方法调用，并在执行链中进一步委托给 LoggingAspect

执行 LoggingAspect 并进一步委托给被拦截的方法

执行被拦截的方法并返回到 LoggingAspect

执行 LoggingAspect 并返回到 SecurityAspect

```
Sep 29, 2020 6:38:20 PM aspects.SecurityAspect secure
INFO: Security Aspect: Calling the intercepted method
Sep 29, 2020 6:38:20 PM aspects.LoggingAspect log
INFO: Logging Aspect: Calling the intercepted method
Sep 29, 2020 6:38:20 PM services.CommentService publishComment
INFO: Publishing comment:Demo comment
Sep 29, 2020 6:38:20 PM aspects.LoggingAspect log
INFO: Logging Aspect: Method executed and returned SUCCESS
Sep 29, 2020 6:38:20 PM aspects.SecurityAspect secure
INFO: Security Aspect: Method executed and returned SUCCESS
```

SecurityAspect 返回到进行初始调用的 main()方法

图 6.16 有助于你可视化执行链并理解控制台中的日志。

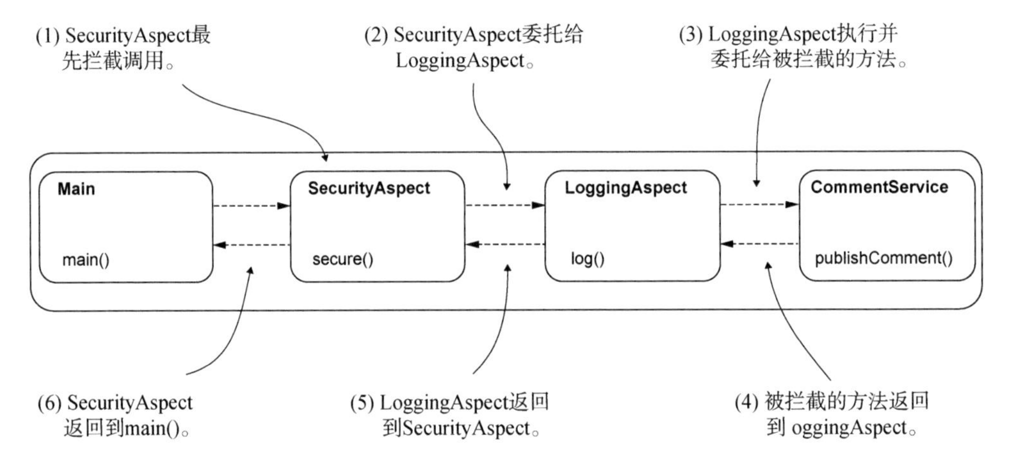

(1) SecurityAspect最先拦截调用。
(2) SecurityAspect委托给LoggingAspect。
(3) LoggingAspect执行并委托给被拦截的方法。
Main
main()
SecurityAspect
secure()
LoggingAspect
log()
CommentService
publishComment()
(6) SecurityAspect返回到main()。
(5) LoggingAspect返回到SecurityAspect。
(4) 被拦截的方法返回到 oggingAspect。

图 6.16 更改切面顺序后的执行流程。SecurityAspect 先拦截方法调用，然后在执行链中进一步委托给 LoggingAspect，后者再将调用委托给被拦截的方法。被拦截的方法返回到 LoggingAspect，后者再返回到 SecurityAspect

6.4 本章小结

- 切面是一个拦截方法调用的对象，可以在被拦截的方法之前、之后甚至替代该方法执行逻辑。这可以帮助将部分代码从业务实现中解耦出来，并使应用程序更容易维护。
- 使用切面，可以编写与方法一起执行的逻辑，同时与该方法完全解耦。这样，读取代码的人将只看到与业务实现相关的内容。
- 然而，切面可能是一个危险的工具。过度使用切面设计代码会使应用程序的可维护性降低。不需要在任何地方都使用切面。在使用它们时，要确保它们确实有助于实现。

- 切面支持许多基本的 Spring 功能，例如事务和安全方法。
- 要在 Spring 中定义切面，需要用@Aspect 注解注解实现切面逻辑的类。但是请记住，Spring 需要管理这个类的实例，因此还需要在 Spring 上下文中添加其类型的 bean。
- 要告诉 Spring 切面需要拦截哪些方法，可以使用 AspectJ 切入点表达式。将这些表达式作为值写入通知注解。Spring 提供了 5 个通知注解：@Around、@Before、@After、@AfterThrowing、@AfterReturning。在大多数情况下会使用@Around，该注解的功能最强大。
- 多个切面可以拦截同一个方法调用。这里建议使用@Order 注解定义要执行的切面的顺序。

第Ⅱ部分　实现

第II部分讲解如何使用现实世界中经常需要的Spring功能实现应用程序。首先从讨论Web应用程序开始，然后讲解如何在应用程序之间交换数据和使用持久化数据。Spring使这一切变得简单明了。在本书的最后，将为Spring应用程序中实现的功能编写单元和集成测试。

第II部分讲解的技能基于理解支持 Spring 的基础：Spring 上下文和切面。如果已经知道Spring上下文和切面是如何工作的，并且迫切希望实现使用Spring功能的应用程序，那么可以直接从第II部分开始阅读。但如果对Spring上下文和切面还没有足够的了解，最好从第I部分开始，先行学习这些内容。

第7章

了解Spring Boot和Spring MVC

本章内容

- 实现你的第一个 Web 应用程序
- 在开发 Spring 应用程序时使用 Spring Boot
- 理解 Spring MVC 架构

前面已了解所有必要的 Spring 基础知识，接下来关注 Web 应用程序以及如何使用 Spring 实现它们。可以使用前面讨论过的所有 Spring 功能来实现任何类型的应用程序。但通常使用 Spring 实现的应用程序都是 Web 应用程序。第 1～6 章讨论了 Spring 上下文和切面，这些是理解本书接下来的内容所需要学习的(包括本章的内容)。如果直接跳到本章，并且还不知道如何使用 Spring 上下文和切面，那么可能会发现后面的内容很难理解。强烈建议在进一步学习之前，先了解使用框架的基本知识。

Spring 使 Web 应用程序的开发变得简单。下面讨论什么是 Web 应用程序以及它们是如何工作的。

为了实现 Web 应用程序，可使用 Spring 生态系统中的一个名为 Spring Boot 的项目。7.2 节将介绍 Spring Boot，以及为什么它在应用程序实现中必不可少。7.3 节讨论简单的 Spring Web 应用程序的标准架构，并使用 Spring Boot 实现 Web 应用程序。本章的最后，将介绍 Web 应用程序是如何工作的，并用 Spring 实现基本的 Web 应用程序。

本章的主要目的是帮助你理解支持 Web 应用程序实现的基础。第 8 章和第 9 章实现在生产中大多数 Web 应用程序的主要功能。第 8 章讨论的一切都基于本章的内容。

7.1 什么是Web应用程序

本节介绍什么是 Web 应用程序。许多人每天都在使用 Web 应用程序。在开始阅读本章之前，你可能只是在浏览器中打开了几个选项卡，甚至没有阅读本书。

通过 Web 浏览器访问的任何应用程序都是 Web 应用程序。几年前，人们几乎做任何事情都要借助安装在计算机上的桌面应用程序(见图 7.1)。随着时间的推移，大多数应用程序都可以通过 Web 浏览器访问。在浏览器中访问应用程序会让它使用起来更舒适。不需要安装任何东西，就可以在任何接入互联网的设备上使用它，如平板电脑或智能手机。

图 7.1 时光飞逝。20 世纪 90 年代，人们使用桌面应用程序。今天，人们使用的几乎所有应用程序都是 Web 应用程序。作为开发人员，学习如何实现 Web 应用程序很重要

本节需要确保你对要实现的内容有一个大致的清晰的了解。什么是 Web 应用程序，需要什么构建和执行这样的应用程序？一旦对 Web 应用程序有了清晰的认识，就可以用 Spring 来实现它了。

7.1.1 Web 应用程序概览

本节将从技术的角度对 Web 应用程序做一个高层次的介绍。这个概述可以帮助我们更进一步地讨论创建 Web 应用程序的选项。

首先，Web 应用程序由两部分组成。

- 客户端是用户直接与之交互的部分。Web 浏览器代表 Web 应用程序的客户端。浏览器向 Web 服务器发送请求，从服务器接收响应，并为用户提供了一种与应用程序交互的方式。Web 应用程序的客户端也称为前端。

- 服务器端接收来自客户端的请求，并返回数据作为响应。服务器端实现在发送响应之前处理和(有时)存储客户端请求数据的逻辑。Web 应用程序的服务器端也称为后端。

图 7.2 展示了 Web 应用程序的示意图。

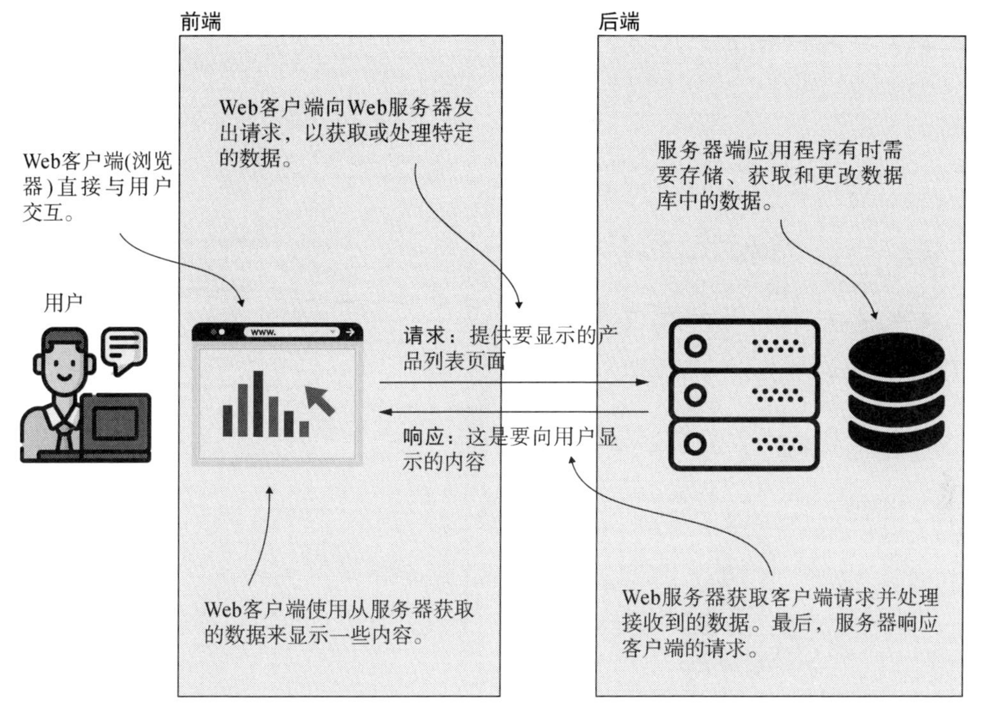

图 7.2　Web 应用程序的示意图。用户通过前端与应用程序进行交互。前端与后端通信，根据用户的请求执行逻辑，并获得要显示的数据。后端执行业务逻辑，有时在数据库中持久化数据或与其他外部服务通信

当谈及 Web 应用程序时，通常指的是客户端和服务器，但重要的是要记住后端同时服务于多个客户端。许多人可以在不同的平台上同时使用同一个应用程序。用户可以通过计算机、手机、平板电脑等浏览器访问应用程序(见图 7.3)。

7.1.2　使用 Spring 实现 Web 应用程序的不同方式

本节讨论用于实现 Web 应用程序的两种主要设计。以这两种方式实现应用程序，可以更深入地了解如何实现它们，第 8～10 章讨论实现的细节。至此，应该要意识到自己的选择，并对这些选择有一个大致的了解。知道如何创建 Web 应用程序很重要，这可以避免以后在实现示例时感到困惑。

创建 Web 应用程序的方法分为以下几种：

(1) 后台提供完全准备好的视图以响应客户端请求的应用程序。 浏览器直接解释从后端接收到的数据，并在这些应用程序中向用户显示这些信息。本章讨论这种方法并通过实现一个简单的应用程序来证明它。第 8 章和第 9 章继续讨论与产品应用程序相关的更复杂的细节。

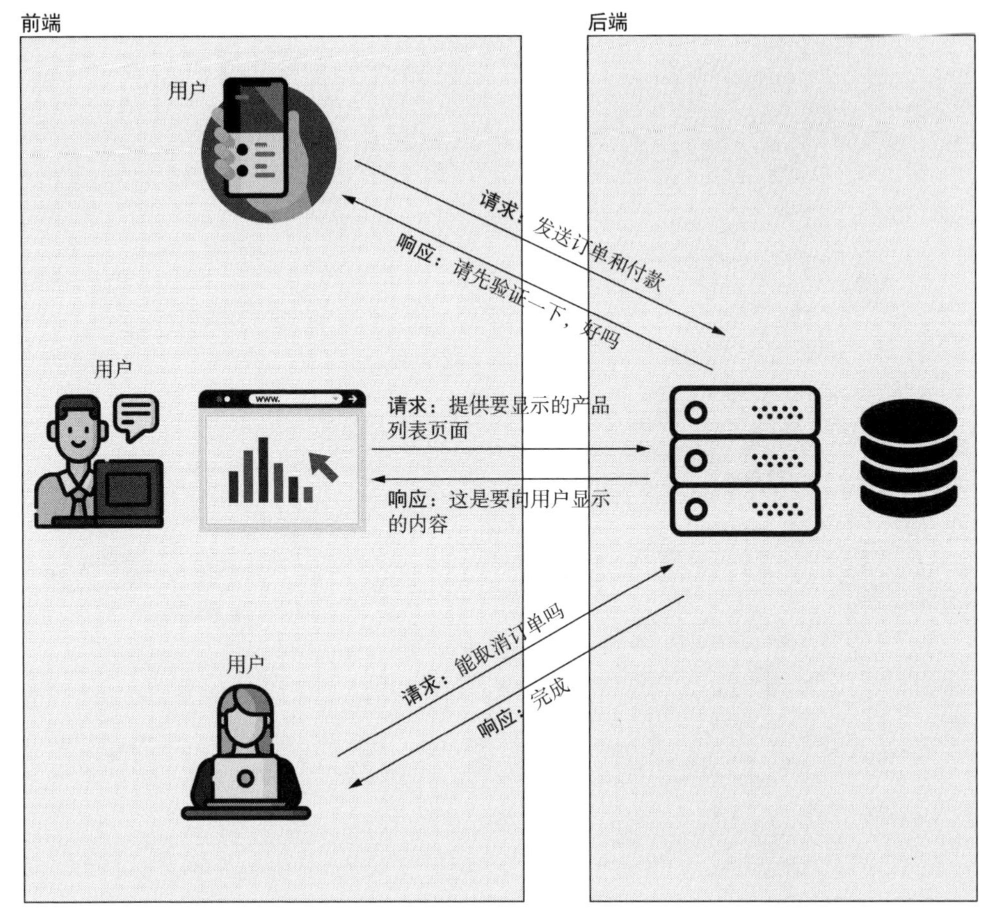

图 7.3 当谈及 Web 应用程序时，是指将客户端视为一个实例，但请记住，多个用户可以访问一个浏览器并同时使用同一个 Web 应用程序。每个用户对需要执行的特定操作发出各自的请求。这很重要，因为这意味着后端的一些操作是并发执行的。如果编写的代码访问和更改相同的资源，应用程序可能会出现错误的行为，因为场景可能有竞态条件

(2) 应用程序使用前端-后端分离。对于这些应用程序，后端只提供原始数据。浏览器不会直接在后端响应中显示数据。浏览器运行一个独立的前端应用程序，该应用程序获得后端响应，处理数据，并指示浏览器显示什么。第 9 章将讨论这种方法并实现一些示例。

图 7.4 展示了第一种方法，即应用程序不使用前端-后端分离。对于这些应用程序，几乎所有的事情都发生在后端。后端获得表示用户操作的请求并执行一些逻辑。最后，服务器会响应浏览器需要显示的内容。后端以浏览器可以解释和显示的格式(如 HTML、CSS、图像等)响应数据。它还可以发送用浏览器可以理解和执行的语言(如 JavaScript)编写的脚本。

图 7.5 显示的则是一个使用前端-后端分离的应用程序。将图 7.5 中的服务器响应与图 7.4 中的服务器返回的响应进行比较，可以看出，服务器现在只发送原始数据，而不是精确地告诉浏览器要显示什么。浏览器运行一个独立的前端应用程序，它在服务器的初始请求时加载。这个前端

应用程序接收服务器的原始响应，解释它，并决定信息如何显示。第 9 章将详细讨论这种方法。

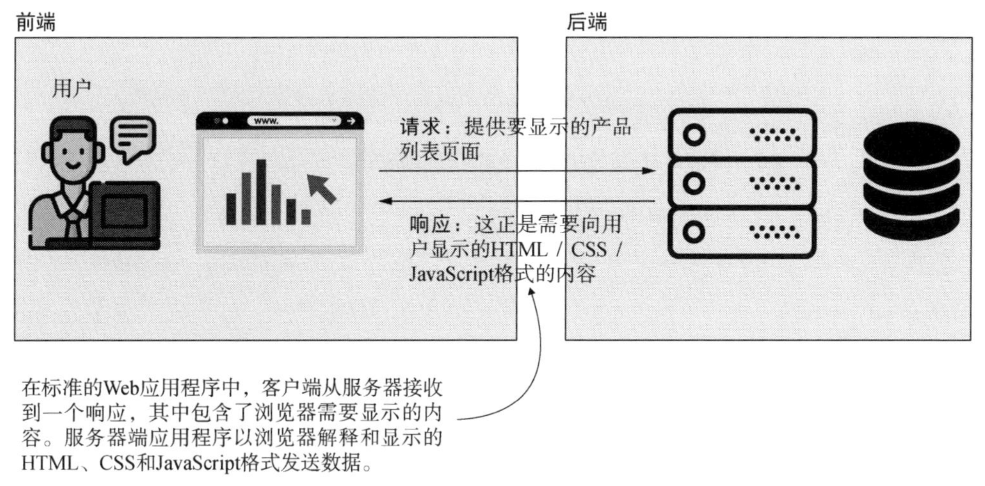
前端
后端
用户
www.
请求：提供要显示的产品列表页面
响应：这正是需要向用户显示的HTML / CSS / JavaScript格式的内容
在标准的Web应用程序中，客户端从服务器接收到一个响应，其中包含了浏览器需要显示的内容。服务器端应用程序以浏览器解释和显示的HTML、CSS和JavaScript格式发送数据。

图 7.4　当 Web 应用程序没有提供前端-后端分离时，浏览器会精确地显示它从服务器获得的内容。服务器从浏览器获取请求，执行一些逻辑，然后响应。后端将在响应中以 HTML 和 CSS 格式，以及浏览器解释并显示的其他样式提供内容

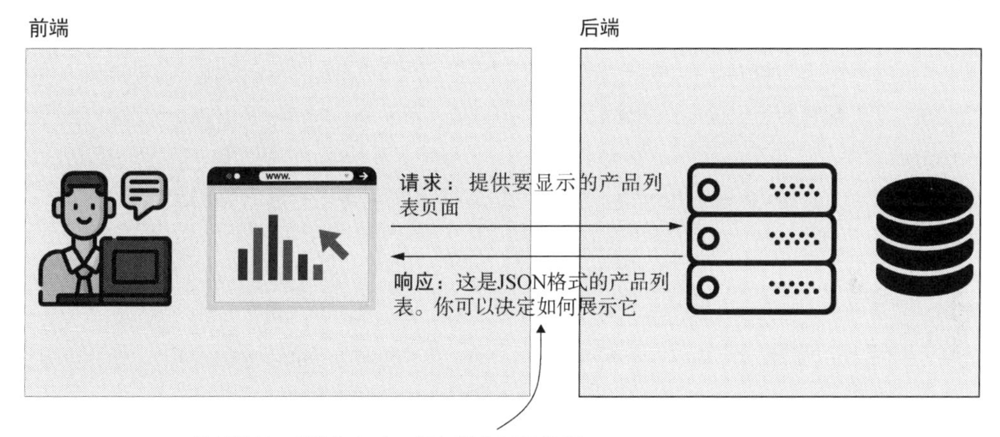
前端
后端
www.
请求：提供要显示的产品列表页面
响应：这是JSON格式的产品列表。你可以决定如何展示它
使用前端-后端分离时，服务器将原始数据发送给客户端。例如，它可能只发送特定格式的产品列表。客户端使用这些数据并决定浏览器将如何显示它。

图 7.5　使用前端-后端分离，服务器不响应要由浏览器显示的确切数据。后端将数据发送给客户端，但不告诉浏览器如何显示这些数据或如何处理这些数据。后端现在只发送原始数据(通常是JSON或 XML 等易于解析的格式)。浏览器执行一个前端应用程序，该应用程序接收服务器的原始响应并处理它以显示数据

可以在产品应用程序中找到这两种方法。有时开发人员将前端-后端分离方法称为现代方法。前端和后端的分离有助于更轻松地管理大型应用程序的开发。由不同的团队负责实现后端

和前端，可允许更多的开发人员协作开发应用程序。此外，前端和后端的部署可以独立管理。对于大型应用程序来说，这种灵活性有很大的好处。

另一种不使用前端-后端分离的方法主要适用于小型应用程序。在详细讲解这两种方法后，将分别介绍这两种方法的优点，以及何时应根据应用程序的需求选择其中一种方法。

7.1.3 在 Web 应用程序开发中使用 servlet 容器

本节将更深入地分析需要使用 Spring 构建 Web 应用程序的内容和原因。我们已经知道 Web 应用程序具有前端和后端，但没有明确地讨论如何用 Spring 实现 Web 应用程序。当然，本节的目的是学习 Spring 并用它实现应用程序，因此必须向前迈出一步，找出用这个框架来实现 Web 应用程序需要什么。

需要考虑的要点之一是客户端和服务器之间的通信。Web 浏览器使用 HTTP (Hypertext Transfer Protocol)协议与服务器进行网络通信。该协议准确地描述了客户端和服务器如何通过网络交换数据。但是，除非对网络充满热情，否则不需要详细了解 HTTP 如何编写 Web 应用程序。作为一名软件开发人员，应该知道 Web 应用程序组件使用这个协议以请求-响应的方式交换数据。客户端向服务器发送请求，服务器响应。客户端在发送每个请求后等待响应。附录 C 列出了需要了解的关于 HTTP 的所有细节，以理解第 7～9 章的内容。

但这是否意味着应用程序需要知道如何处理 HTTP 消息？如果愿意，可以实现这个功能，但是除非想在编写低级功能时获得一些乐趣，否则应该使用一个已被设计为可以理解 HTTP 的组件。

事实上，需要的不仅仅是一些理解 HTTP 的东西，还需要一些能够将 HTTP 请求和响应转换成 Java 应用程序的东西，即 servlet 容器(有时也称为 Web 服务器)，它是 Java 应用程序的 HTTP 消息的翻译器。这样，Java 应用程序不需要负责实现通信层。最受欢迎的 servlet 容器实现之一是 Tomcat，它也是本书的示例中使用的依赖项。

注意 本书使用 Tomcat 作为示例，但是也可以在 Spring 应用程序中使用它的替代方案。在现实生活中，应用程序中使用的解决方案列表很长。其中有 Jetty (https://www.eclipse.org/jetty/)、JBoss(https://www.jboss.org/)和 Payara (https://www.payara.fish/)。

图 7.6 是应用程序架构中 servlet 容器(Tomcat)的可视化表示。

但如果这就是 servlet 容器所做的一切，为什么要将其命名为 servlet 容器呢？什么是 servlet？servlet 只不过是一个直接与 servlet 容器交互的 Java 对象。当 servlet 容器获得 HTTP 请求时，会调用 servlet 对象的方法并将请求作为参数提供。该方法还会获得一个表示 HTTP 响应的参数，servlet 使用该参数设置返回给发出请求的客户端的响应。

不久前，从开发人员的角度来看，servlet 是后端 Web 应用程序中最关键的组件。假设一个开发人员必须为 Web 应用程序在 URL 的特定路径(如/home/profile/edit 等)实现一个新的页面访问，就需要创建一个新的 servlet 实例，在 servlet 容器中配置它，将它分配给某个特定的路径(见图 7.7)。servlet 包含与用户请求相关的逻辑和准备响应的能力，包括浏览器如何显示响应的信息。对于 Web 客户端可以调用的任何路径，开发人员都需要在 servlet 容器中添加实例并配置它。因为这样的组件用于管理添加到其上下文中的 servlet 实例，所以将其命名为 servlet 容器。它基本上有一个它控制的 servlet 实例的上下文，就像 Spring 对它的 bean 所做的那样。因此，可将 Tomcat 这样的组件称为 servlet 容器。

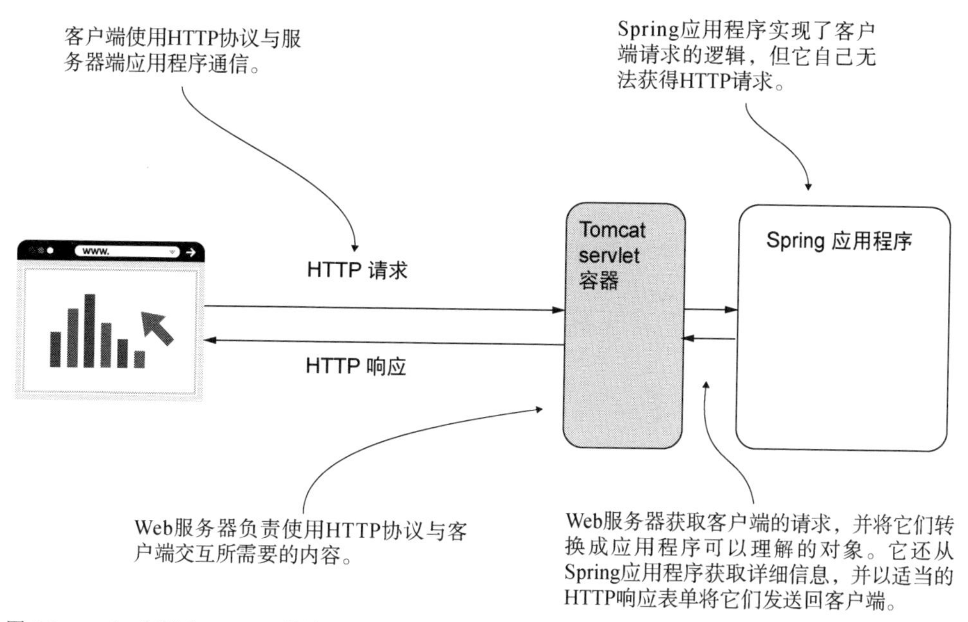

图 7.6　servlet 容器(如 Tomcat)发送 HTTP。它将 HTTP 请求发送给 Spring 应用程序，并将应用程序的响应转换为 HTTP 响应。这样，使用者就不必关心用于网络通信的协议，只需要将所有内容编写为 Java 对象和方法

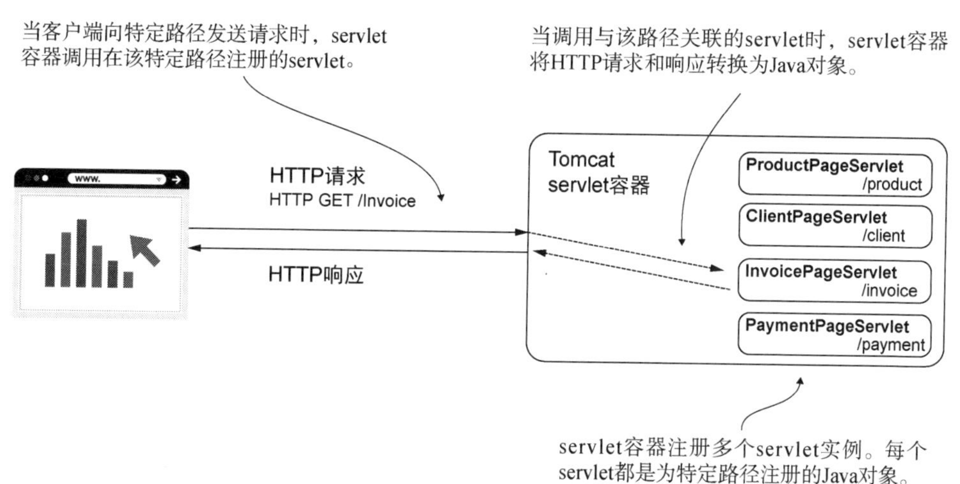

图 7.7　servlet 容器(Tomcat)注册了多个 servlet 实例。每个 servlet 都与一个路径相关联。当客户端发送请求时，Tomcat 会调用与客户端请求的路径相关联的 servlet 方法。servlet 获取请求中的值，并构建 Tomcat 返回给客户端的响应

如本章所述，通常不用创建 servlet 实例，而是对使用 Spring 开发的 Spring 应用程序应用 servlet，也不需要自行编写，这样就不必专注于学习如何实现 servlet。但是需要记住 servlet 是应用程序逻辑的入口点。它是 servlet 容器(在本示例中是 Tomcat)直接与之交互的组件，也是请求数据进入应用程序的方式，响应通过 Tomcat 返回到客户端的方式(见图 7.8)。

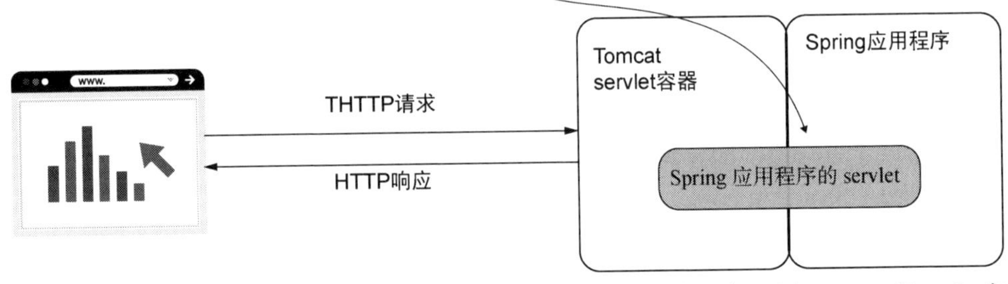

图 7.8 Spring 应用程序定义了一个 servlet 对象，并将其注册到 servlet 容器中。现在，Spring 和 servlet 容器都知道这个对象并可以管理它。servlet 容器可为任何客户端请求调用这个对象，允许 servlet 管理请求和响应

7.2 Spring Boot 的魔力

要创建 Spring Web 应用程序，需要配置 servlet 容器，创建 servlet 实例，然后确保正确地配置了这个 servlet 实例，这样 Tomcat 就可以在任何客户端请求时调用它。编写这么多配置是多么令人头疼的事情啊！许多年前，当我讲授 Spring 3(当时最新的 Spring 版本)时，就配置了 Web 应用程序，这是我和学生最讨厌的部分。幸运的是，时代变了，今天不需要再学习这种配置了。

本节讲解 Spring Boot，这是一个实现现代 Spring 应用程序的工具。Spring Boot 现在是 Spring 生态系统中最受欢迎的项目之一。它有助于更高效地创建 Spring 应用程序，并通过削减大量用于编写配置的代码来专注于编写业务代码。特别是在一个面向服务的架构(SOA)和微服务的世界中，人们经常要创建应用程序(参见附录 A)，避免编写配置非常有用。

下面列出了 Spring Boot 特性以及它们提供的功能：

- **简化的项目创建**——可以使用项目初始化服务获得一个空的、但配置好的框架应用程序。
- **依赖项启动器**——Spring Boot 将用于特定目的的某些依赖项与依赖项启动器组合在一起。不需要为了特定的目的了解需要添加到项目中的所有必要的依赖项，也不需要为了兼容性而使用某个特定的版本。

- **基于依赖项的自动配置**——基于添加到项目中的依赖项，Spring Boot 定义了一些默认配置。不需要自行编写所有的配置，只需要修改 Spring Boot 提供的那些不符合需要的配置。更改配置可能需要更少的代码(如果有的话)。

下面将更深入地讨论 Spring Boot 的这些基本特性并应用它们。第一个示例是我们编写的第一个 Spring Web 应用程序。

7.2.1 使用项目初始化服务创建 Spring Boot 项目

本节讨论如何使用项目初始化服务创建 Spring Boot 项目。有些人不太重视项目初始化服务，但是我对这个特性心存感激。作为一名开发人员，不会一天创建多个项目，因此看不到这个特性的巨大优势。然而对于每天编写大量 Spring Boot 项目的学生和教师来说，这个特性节省了大量的时间，可以在项目伊始时做一些重复的、无关紧要的工作。为了了解它如何提供帮助，可先使用项目初始化服务创建一个名为“sq-ch7-ex1”的项目。

有些 IDE 直接集成了项目初始化服务，有些则没有。例如，在 IntelliJ Ultimate 或 STS 中，当创建新项目时，这个特性是可用的(见图 7.9)，但如果使用 IntelliJ Community，就不可用。

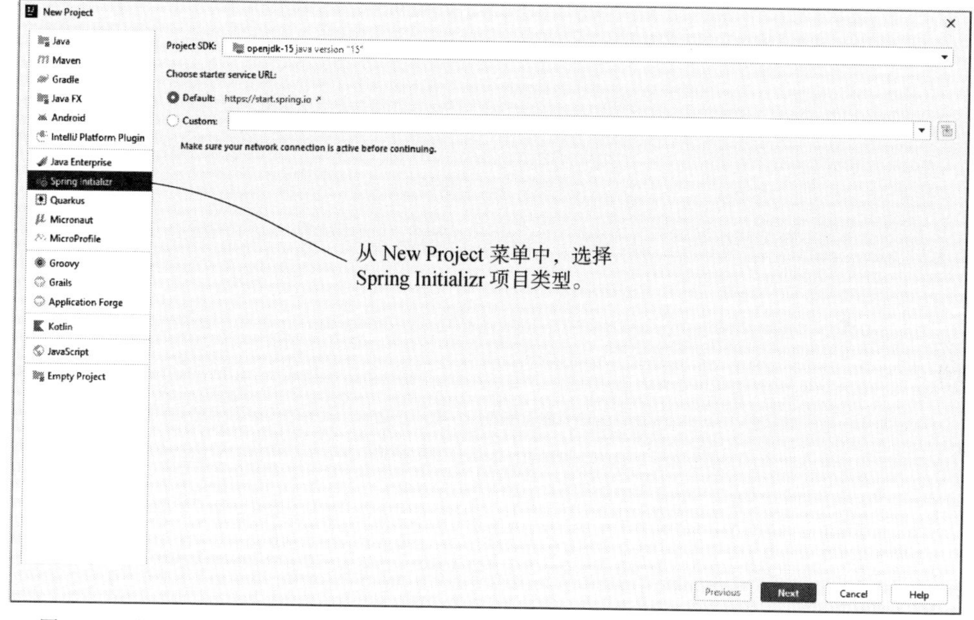

图 7.9　一些 IDE 直接与项目初始化器服务集成。例如，在 IntelliJ Ultimate 中，可以从 New Project 菜单中选择 Spring Initializr，创建一个带有项目初始化器服务的 Spring Boot 应用程序

如果 IDE 支持此特性，就能在项目创建菜单中找到它，其名称为 Spring Initializr。但是，如果 IDE 不支持与 Spring Boot 项目初始化服务的直接集成，还可以通过在浏览器中直接访问 http://start.spring.io 来使用该特性。此服务将帮助创建可以导入到任何 IDE 的项目。下面使用这种方法创建第一个项目。

下面的列表总结了使用 start.spring.io 创建 Spring Boot 项目的步骤(见图 7.10)：

(1) 在 Web 浏览器中访问 start.spring.io。

(2) 选择项目属性(语言、版本、构建工具等)。

(3) 选择需要添加到项目中的依赖项。

(4) 单击 Generate 按钮下载压缩打包的项目。

(5) 解压项目并在 IDE 中打开它。

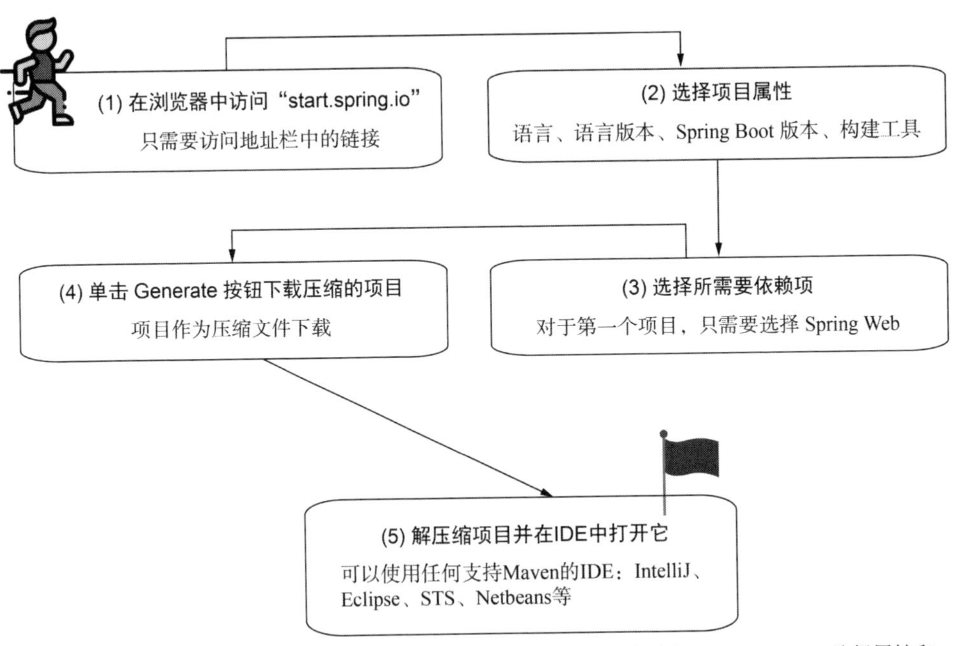

图 7.10 使用 start.spring.io 生成 Spring Boot 项目的步骤。在浏览器中访问 start.spring.io，选择属性和所需要的依赖项，然后下载压缩的项目。最后在浏览器中打开项目

在 Web 浏览器中访问 start.spring.io 后，会打开一个如图 7.11 所示的界面。必须指定一些项目属性，例如，选择 Maven 或 Gradle 构建工具和想要使用的 Java 版本。Spring Boot 甚至可以把应用程序的语法改成 Kotlin 或 Groovy。

Spring Boot 提供了许多选项，但是本书继续使用 Maven 和 Java 11，以保持全书示例的一致性。图 7.12 展示了一个示例，可为示例填写字段，生成一个新的 Spring Boot 项目。在这个示例中，只需要添加一个名为 Spring Web 的依赖项。这个依赖项添加了项目成为 Spring Web 应用程序所需要的一切。

当单击 Generate 按钮时，浏览器会下载包含 Spring Boot 项目的压缩文件。现在接着探讨 Spring Initializr 配置到 Maven 项目中的主要内容(见图 7.13)：

- Spring 应用程序主类
- Spring Boot POM 父节点
- 依赖项

- Spring Boot Maven 插件
- 属性文件

作为开发人员，还需要了解项目的具体情况。因此，下面讨论每种配置。

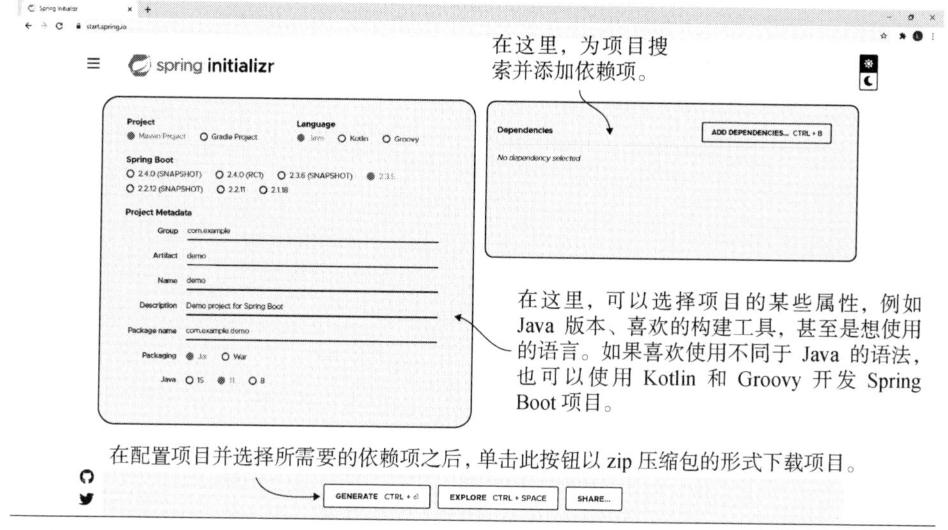

图 7.11　start.spring.io 界面。访问 start.spring.io 后，可以指定项目的主要配置，选择依赖项，并下载压缩的项目

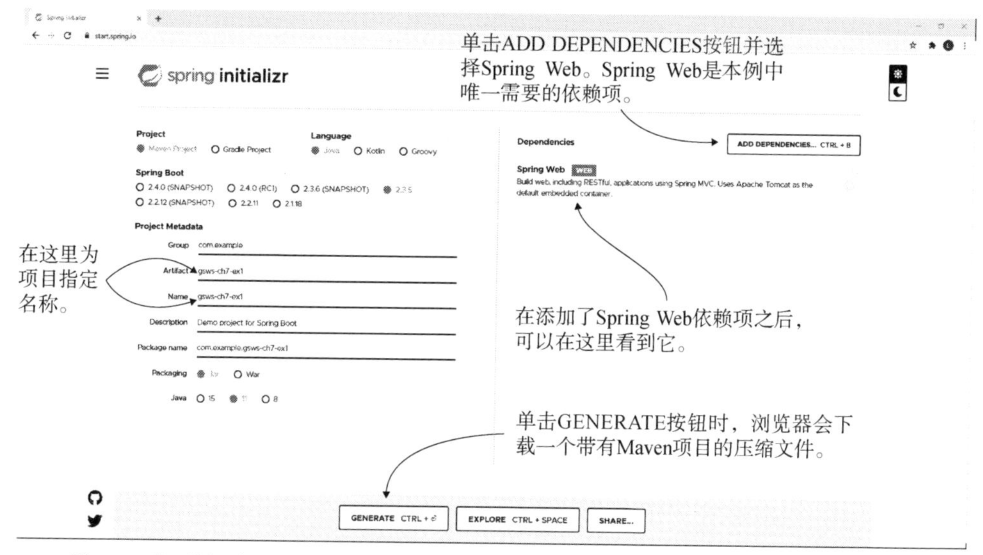

图 7.12　为示例添加 Spring Web 依赖项。可以使用窗口右上方的 ADD DEPENDENCIES 按钮添加它。还需要为项目命名

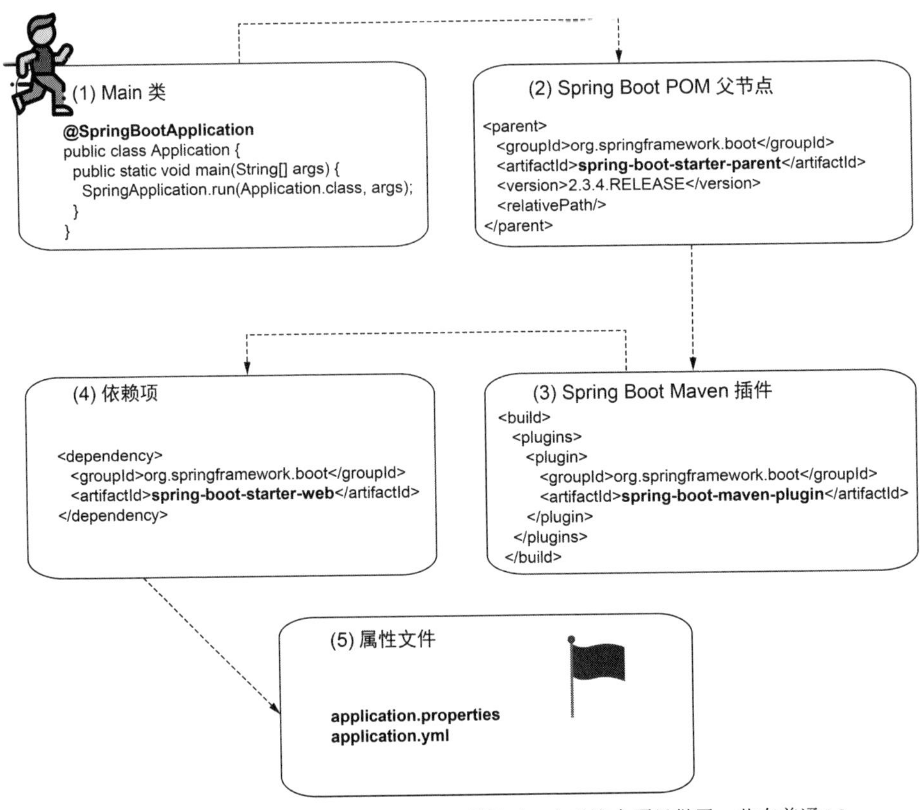

图 7.13　当用 Spring Initializr 生成 Spring Boot 项目时，它对这个项目做了一些在普通 Maven 项目中找不到的配置

1. 应用程序的 Main 类由 start.spring.io 创建

首先要介绍的是应用程序的 Main 类。解压缩下载的文件，并在 IDE 中打开它。Spring Initializr 向应用程序添加了 Main 类，并在 pom.xml 文件中添加了一些配置。SpringBoot 应用程序的 Main 类是用@SpringBootApplication 注解的，如下面的代码片段所示。

```
@SpringBootApplication        ← 这个注解定义了 Spring Boot 应用程序的 Main 类
public class Main {

  public static void main(String[] args) {
    SpringApplication.run(Main.class, args);
  }
}
```

Spring Initializr 生成了所有这些代码。本书只关注与示例相关的内容。例如，不会详细说明 SpringApplication.run()方法做什么，以及 Spring Boot 如何精确地使用@SpringBootApplication 注解。这些细节与当前学习的内容无关。Spring Boot 的内容可以写一整本书。但在某些时候，你也许会想要详细了解 Spring Boot 应用程序是如何工作的，为此，建议阅读 Craig Walls 编著的 *Spring Boot in Action*(Manning，2015)和 Mark Heckler 编著的 *Spring Boot: Up and Running*(O'reilly Media，2021)。

2. 由 start.spring.io 配置的 Spring Boot Maven 父节点

下面介绍 pom.xml 文件。如果打开项目的 pom.xml 文件，会发现项目初始化服务也在这里添加了一些细节。最重要的细节之一是 Spring Boot 的父节点，如下面的代码片段所示。

```
<parent>
  <groupId>org.springframework.boot</groupId>
  <artifactId>spring-boot-starter-parent</artifactId>
  <version>2.3.4.RELEASE</version>
  <relativePath/>
</parent>
```

这个父节点为添加到项目中的依赖项提供兼容的版本。在大多数情况下，都不必为使用的依赖项指定版本，而是让(推荐)Spring Boot 选择依赖的版本，以确保不会遇到不兼容的情况。

3. 由 start.spring.io 配置的 Spring Boot Maven 插件

接下来介绍在创建项目时由 start.spring.io 配置的 Spring Boot Maven 插件。pom.xml 文件中也配置了这个插件。下面的代码片段显示了插件声明，它通常出现在 pom.xml 文件的末尾，位于<build><plugins>…</plugins></build>标记中。这个插件负责添加项目中的部分默认配置：

```
<build>
  <plugins>
    <plugin>
      <groupId>org.springframework.boot</groupId>
      <artifactId>spring-boot-maven-plugin</artifactId>
    </plugin>
  </plugins>
</build>
```

4. 在创建项目时由 start.spring.io 添加的 Maven 依赖项

同样在 pom.xml 文件中，可以在 start.spring.io 中找到创建项目时添加的依赖项 Spring Web。start.spring.io 提供了这个依赖项，如下面的代码片段所示。它是一个名为 spring-boot-starter-web 的依赖启动器。7.2.2 节详细讨论了什么是依赖启动器。现在，知道它没有指定版本即可。

我们为编写的所有示例的每个依赖项都指定了一个版本。而你到现在都没有指定版本的原因是为了让 Spring Boot 自动选择正确的版本。如本节前面所述，这就是需要在 pom.xml 文件中添加 Spring Boot 父节点的原因。

```
<dependency>
   <groupId>org.springframework.boot</groupId>
   <artifactId>spring-boot-starter-web</artifactId>
</dependency>
```

5. 应用程序属性文件

Spring Initializr 添加到项目中的最后一个重要的文件是一个名为“application.properties”的文件。可以在 Maven 项目的资源文件夹中找到这个文件。最初，这个文件是空的，第一个示例将保持空的文件状态。稍后，讨论如何使用这个文件配置应用程序在执行期间所需要的属性值。

7.2.2 使用依赖启动器简化依赖项管理

前面学习了如何使用 Spring Boot 项目初始化服务，并对创建的 Spring Boot 项目有了更好的概述，接下来关注 Spring Boot 提供的第二个基本优势：依赖项启动器。依赖项启动器节省了大量的时间，而且它们是 Spring Boot 提供的宝贵功能。

依赖项启动器是一组为了特定目的而添加的依赖项。在项目的 pom.xml 文件中，启动器看起来像一个普通的依赖项，如下面的代码片段所示。观察依赖项的名称：启动器的名称通常以“spring-boot-starter-”开头，后面跟着一个描述它添加到应用程序中的功能的相关名称。

```
<dependency>
   <groupId>org.springframework.boot</groupId>
   <artifactId>spring-boot-starter-web</artifactId>
</dependency>
```

假设想为应用程序添加 Web 功能。在过去，要配置 Spring Web 应用程序，必须自行将所有需要的依赖项添加到 pom.xml 文件中，并确保它们的版本彼此兼容。配置需要的所有依赖项不是一件容易的工作。考虑版本兼容性就更加复杂了。

有了依赖项启动器，就不需要直接请求依赖项了。我们将请求功能(见图7.14)。可以为需要的特定功能(如 Web 功能、数据库或安全性)添加依赖项启动器。Spring Boot 可确保为应用程序添加正确的依赖项，并为所要求的功能提供合适的兼容版本。可以说，依赖项启动器是一组面向功能的兼容依赖项。

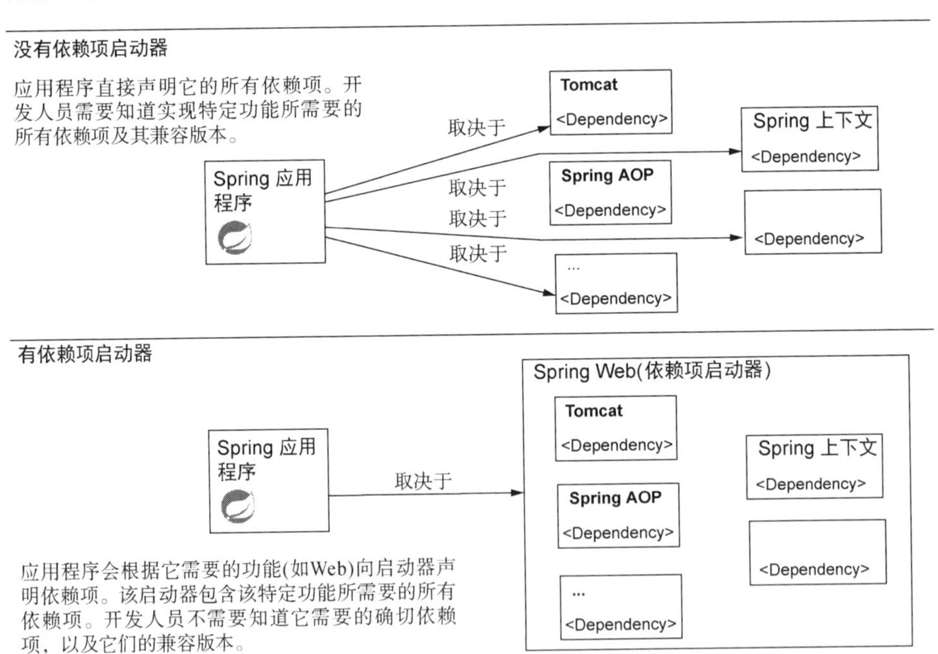

图 7.14 使用依赖项启动器。应用程序现在只需要依赖一个启动器，而不用单独引用特定的依赖项。启动器包含实现特定功能需要的所有依赖项。启动器还会确保这些依赖项彼此兼容

下面看看 pom.xml 文件。该文件只添加了 spring-boot-starter-web 依赖项，没有 Spring 上下文，没有 AOP，也没有 Tomcat！但是，如果查看应用程序的“External Libraries”文件夹，会找到所有这些的 JAR 压缩文件。Spring Boot 知道你需要它们，并下载了它知道的兼容的特定版本。

7.2.3　根据依赖约定使用自动配置

Spring Boot 还为应用程序提供自动配置。它应用了“约定优于配置”的原则。本节讨论什么是约定优于配置，以及 Spring Boot 如何通过应用这一原则来帮助我们。在本章讨论的所有 Spring Boot 特性中，自动配置可能是最受欢迎和最广为人知的。

只要启动应用程序，就会明白为什么。是的，用户甚至还没有编写任何内容——只是下载了项目并在 IDE 中打开它。但是可以启动应用程序，应用程序默认情况下会在 8080 端口上启动 Tomcat 实例。在控制台，代码片段如下所示：

Spring Boot 配置了 Tomcat，默认情况下在端口 8080 上启动它

```
Tomcat started on port(s): 8080 (http) with context path ''
Started Main in 1.684 seconds (JVM running for 2.306)
```

根据添加的依赖项，Spring Boot 会实现你对应用程序的期望，并提供一些默认配置。Spring Boot 提供了配置，这些配置通常适用于添加依赖项时所要求的功能。

例如，Spring 知道你何时添加了 servlet 容器需要的 Web 依赖，并会为你配置 Tomcat 实例，因为在大多数情况下，开发人员会使用这个实现。对于 Spring Boot，Tomcat 是一个 servlet 容器的约定。

约定代表了为特定目的配置应用程序的最常用方式。Spring Boot 会按照约定配置应用程序，之后，便只需要更改应用程序需要更特殊配置的地方即可。使用这种方法，可以编写更少的配置代码(如果有的话)。

7.3　用 Spring MVC 实现 Web 应用程序

本节将在 Spring Web 应用程序中实现第一个 Web 页面。确实，现在已经有了一个 Spring Boot 项目，它使用了默认配置，但是这个应用程序只启动了 Tomcat 服务器。这些配置还不能让应用程序成为 Web 应用程序！仍然需要实现用户可以使用 Web 浏览器访问的页面。继续实现“sq-ch7-ex1”项目，添加一个包含静态内容的网页。通过这些更改，可以学习如何实现 Web 页面，以及 Spring 应用程序在幕后是如何工作的。

要在应用程序中添加网页，需要执行以下两个步骤(见图 7.15)。

(1) 编写一个 HTML 文档，其中包含希望在浏览器中显示的内容。

(2) 为步骤(1)创建的网页编写一个带有动作的控制器。

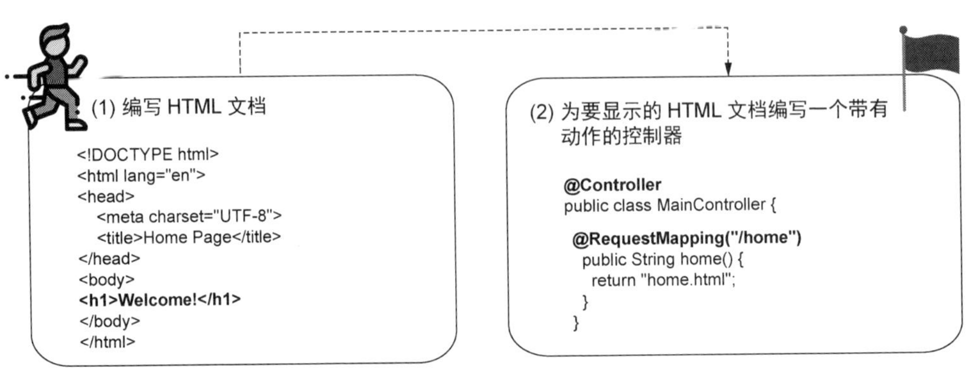

图 7.15 为应用程序添加静态网页的步骤。首先添加包含浏览器将显示的信息的 HTML 文档，然后编写一个带有分配给它的动作的控制器

在“sq-ch7-ex1”项目中，首先添加一个静态 Web 页面，其中包含要在浏览器中显示的内容。这个网页只是一个 HTML 文档，在本示例中，这个网页只在标题中显示一个简短的文本。代码清单 7.1 显示了这个文件的内容。需要将该文件添加到 Maven 项目的“resources/static”文件夹中。这个文件夹是 Spring Boot 应用程序希望找到要呈现的页面的默认位置。

代码清单 7.1 HTML 文件的内容

```
<!DOCTYPE html>
<html lang="en">
<head>
    <meta charset="UTF-8">
    <title>Home Page</title>
</head>
<body>
    <h1>Welcome!</h1>   ← 在标准的 HTML 文档中显示标题文本
</body>
</html>
```

第二步是编写一个带有方法的控制器，该方法将 HTTP 请求链接到希望应用程序响应时提供的页面。控制器是 Web 应用程序的一个组件，它包含为特定的 HTTP 请求执行的方法(通常称为动作)。最后，控制器的动作会返回应用程序作为响应返回的网页引用。为了使第一个示例尽可能简单，现在不会让控制器为请求执行任何特定的逻辑。只需要配置一个动作，响应第一步创建并存储在“resources/static”文件夹中的 home.html 文档的内容。

要将类标记为控制器，只需要使用@Controller 注解，这是一个原型注解(类似于@Component 和@Service，参见第 4 章)，这意味着 Spring 也会将这个类的 bean 添加到它的上下文中来管理它。在这个类中，可以定义控制器动作，这些动作是与特定 HTTP 请求相关联的方法。

假设希望浏览器在用户访问/home 路径时显示此页面的内容。为此，可以使用@RequestMapping 注解注解动作方法，将路径指定为注解的值：@RequestMapping("/ home")。该方法需要以字符串的形式返回希望应用程序作为响应发送的文档的名称。代码清单 7.2 显示了控制器类及其实现的操作。

代码清单 7.2 控制器类的定义

```
@Controller                    ←—— 用@Controller 原型注解注解这个类
public class MainController {

  @RequestMapping("/home")     ←—— 使用@RequestMapping 注解将动作与 HTTP 请求路径关联起来
  public String home() {
    return "home.html";        ←—— 返回 HTML 文档名称，其中包含希望浏览器显示的详细信息
  }
}
```

我知道你现在有很多问题！我在课堂上讲授 Spring 时，我所有的学生都会提出如下问题：

(1) 除了返回 HTML 文件名，这个方法还能做些什么？

(2) 能否获得参数？

(3) 我在网上看到了一些使用@RequestMapping 之外的注解的示例；它们更好吗？

(4) HTML 页面能否包含动态内容？

第 8 章将用示例回答所有这些问题。但现在，请专注下面这个简单的应用程序，以理解刚刚编写的内容。首先，需要知道 Spring 是如何管理请求和调用这个控制器动作的。正确理解框架管理 Web 请求的方式是一项有价值的技能，有助于以后更快地了解细节，并在 Web 应用程序中实现需要的任何功能。

现在，启动应用程序，分析它的行为，并讨论应用程序背后的机制，使这个结果成为可能。当启动应用程序时，会看到日志。它说明 Tomcat 已经启动，并已在应用程序控制台中使用端口。如果使用默认端口(没有配置本章没有解释的内容)，Tomcat 将使用端口 8080。

```
Tomcat started on port(s): 8080 (http) with context path ''
```

在运行应用程序的同一台计算机上打开一个浏览器窗口，并在地址栏中填写以下地址：http://localhost:8080/home(见图 7.16)。不要忘记输入用控制器的动作映射的路径/home；否则，会得到错误和一个状态为“404 Not Found”的 HTTP 响应。

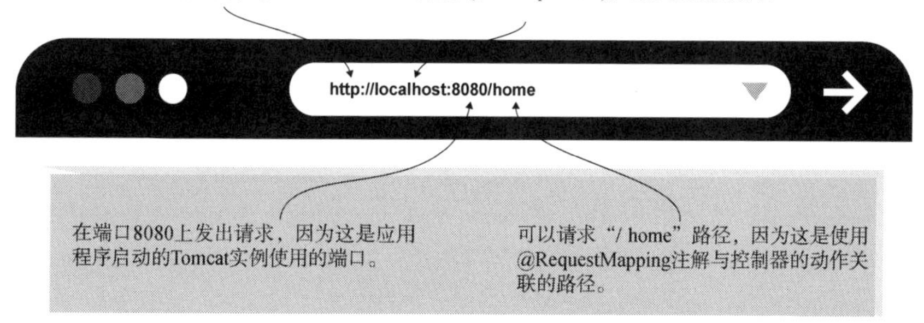

图 7.16 测试实现。使用浏览器，将请求发送到后端应用程序。需要使用 Tomcat 打开的端口和使用@RequestMapping 注解指定的路径

图 7.17 显示了在浏览器中访问 Web 页面的结果。

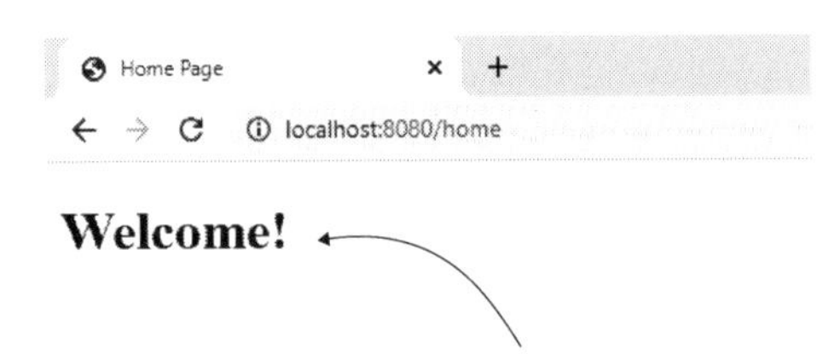

图 7.17 在浏览器中访问该页面，会看到标题文本“Welcome!”。浏览器解释并显示从后端响应中接收到的 HTML

这就是应用程序的行为，下面讨论它背后的机制。Spring 有一组组件，它们相互作用以获得显示的结果。图 7.18 展示了这些组件和它们管理 HTTP 请求的流程。

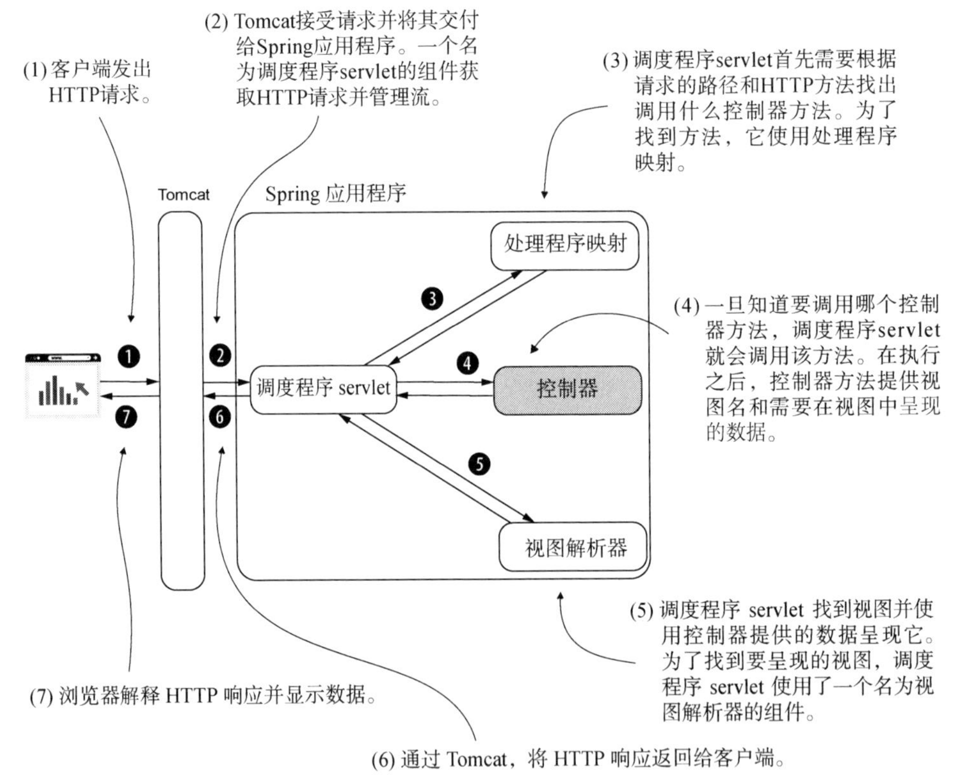

(1) 客户端发出HTTP请求。
(2) Tomcat接受请求并将其交付给Spring应用程序。一个名为调度程序servlet的组件获取HTTP请求并管理流。
(3) 调度程序servlet首先需要根据请求的路径和HTTP方法找出调用什么控制器方法。为了找到方法，它使用处理程序映射。
Tomcat
Spring 应用程序
处理程序映射
(4) 一旦知道要调用哪个控制器方法，调度程序servlet就会调用该方法。在执行之后，控制器方法提供视图名和需要在视图中呈现的数据。
调度程序 servlet
控制器
视图解析器
(5) 调度程序 servlet 找到视图并使用控制器提供的数据呈现它。为了找到要呈现的视图，调度程序 servlet 使用了一个名为视图解析器的组件。
(7) 浏览器解释 HTTP 响应并显示数据。
(6) 通过 Tomcat，将 HTTP 响应返回给客户端。

图 7.18 Spring MVC 架构。在图中，可以找到 Spring MVC 的主要组件。这些组件以及它们的协作方式决定了 Web 应用程序的行为。控制器(图中带底色的部分)是要实现的唯一组件。Spring Boot 配置其他组件

(1) 客户端发起 HTTP 请求。

(2) Tomcat 获取客户端的 HTTP 请求。Tomcat 必须为 HTTP 请求调用 servlet 组件。在 Spring MVC 架构中，Tomcat 调用一个配置了 Spring Boot 的 servlet。将这个 servlet 命名为调度程序 servlet。

(3) 调度程序 servlet 是 Spring Web 应用程序的入口点(它是本章前面的图 7.8 中讨论过的 servlet；也位于图 7.18 中)。Tomcat 为它获取的任何 HTTP 请求调用该调度程序 servlet。该调度程序 servlet 的任务是进一步管理 Spring 应用程序内部的请求，必须找到请求调用的控制器动作，以及响应客户端返回的响应。这个 servlet 也称为“前端控制器”。

(4) 调度程序 servlet 需要做的第一件事是找到请求调用的控制器动作。为了找出要调用哪个控制器动作，调度程序 servlet 会委托给一个名为处理程序映射的组件。处理程序映射通过 @RequestMapping 注解找到与请求关联的控制器动作。

(5) 在找出调用哪个控制器动作之后，调度程序 servlet 会调用那个特定的控制器动作。如果处理程序映射找不到任何与请求相关的操作，应用程序便以 HTTP“404 Not Found”状态响应客户端。控制器返回它需要为调度程序 servlet 的响应呈现的页面名称。这个 HTML 页面也称为“视图”。

(6) 此时，调度程序 servlet 需要找到从控制器接收到的那个名称所对应的视图，以获取其内容并将其作为响应发送出去。调度程序 servlet 将获取视图内容的任务委托给一个名为“视图解析器”的组件。

(7) 调度程序 servlet 在 HTTP 响应中返回渲染的视图。

注意　本章将处理程序映射描述为通过 HTTP 请求路径找到控制器动作的组件。处理程序映射还可以通过一个名为 HTTP 的方法进行搜索，此处暂时不讲解这个方法，以便你能集中精力关注流。第 8 章将更详细地讨论 HTTP 方法。

Spring(与 Spring Boot)通过这样的设置大大简化了 Web 应用程序的开发。开发人员只需要编写控制器动作，并使用注解将它们映射到请求上。大部分的逻辑都隐藏在框架中，这有助于更快、更清晰地编写应用程序。

第 8 章将继续详细介绍如何使用控制器类。现实世界的应用程序通常比仅仅返回静态 HTML 页面的内容复杂得多。大多数情况下，页面会显示应用程序在呈现 HTTP 响应之前处理的动态细节。现在花点时间回顾一下本章学到的内容。理解 Spring Web 应用程序的工作原理是继续下一章学习的关键，也是成为一名专业 Spring 开发人员的必要条件。“在正确理解基本知识之前，不要急于学习细节”是我学习任何技术时的经验法则。

7.4　本章小结

- 如今，人们使用 Web 应用程序的频率要高于桌面应用程序。因此，必须了解 Web 应用程序是如何工作的，并学会实现它们。

- Web 应用程序是用户使用 Web 浏览器与之交互的应用程序。Web 应用程序有一个客户端和一个服务器端，数据由服务器端处理和存储。客户端(前端)向服务器端(后端)发送请求。后端执行前端请求的操作并进行响应。
- Spring 提供了实现 Web 应用程序的能力。为了避免编写很多配置，可以使用 Spring Boot——一个 Spring 生态系统项目，它应用了“约定优于配置”的原则，为应用程序需要的功能提供默认配置。
- Spring Boot 还可以通过它提供的依赖项启动器帮助更轻松地配置依赖项。依赖项启动器是一组具有可对比版本的依赖项，能为应用程序提供特定的功能。
- 为了获取 HTTP 请求并交付响应，Java 后端 Web 应用程序需要一个 servlet 容器(如 Tomcat)——能将 HTTP 请求和响应传递给 Java 应用程序的软件。利用 servlet 容器，不需要使用 HTTP 协议便可通过网络实现通信。
- 可以很容易地将 Web 应用程序项目创建为 Spring Boot 项目，项目会自动配置 servlet 容器，并自带编写 Web 应用程序用例的能力。Spring Boot 还配置了一组组件来拦截和管理 HTTP 请求。这些组件是类设计的一部分，称为 Spring MVC。
- 因为 Spring Boot 会自动配置 Spring MVC 组件和 servlet 容器，所以只需要编写 HTML 文档(其中包含应用程序作为响应发送的数据，以及一个最小 HTTP 请求-响应流动作的控制器类)。
- 可以使用注解配置控制器和控制器的动作。要将类标记为 Spring MVC 控制器，可使用@Controller 原型注解。要将控制器动作分配给特定的 HTTP 请求，可使用@RequestMapping 注解。

第8章

使用Spring Boot和Spring MVC实现Web应用程序

本章内容

- 使用模板引擎实现动态视图
- 客户端通过 HTTP 请求向服务器发送数据
- 为 HTTP 请求使用 GET 和 POST HTTP 方法

第 7 章在理解如何使用 Spring 编写 Web 应用程序上取得了进展。前面讨论了 Web 应用程序的组件、Web 应用程序需要的依赖项以及 Spring MVC 架构，甚至编写了第一个 Web 应用程序来证明所有这些组件能够协同工作。

本章将更进一步，实现一些在任何现代 Web 应用程序中都能找到的功能。首先实现一些页面，这些页面的内容会根据应用程序处理特定请求的数据的方式而改变。今天，很少在网站上看到静态页面。“在将 HTTP 响应返回给浏览器之前，必须有一种方法来决定在页面上添加什么内容。”有很多方法可以做到这一点！

8.1 节使用模板引擎实现动态视图。模板引擎是一个依赖项，它允许轻松地获取和显示控制器发送的变量数据。在回顾 Spring MVC 流之后，将用一个示例演示模板引擎是如何工作的。

8.1 节还将学习如何通过 HTTP 请求将数据从客户端发送到服务器。此小节将在控制器的方法中使用这些数据，并在视图中创建动态内容。

8.2 节讨论 HTTP 方法，仅通过请求路径以标识客户端的请求是不够的。除了请求路径外，客户端还会使用一个用动词表示的 HTTP 方法(GET、POST、PUT、DELETE、PATCH 等)，该方法可表示客户端的意图。该节示例将实现一个可以用来发送后端必须处理的值的 HTML 表单。

之后，第 12 章和第 13 章会学习如何将这些数据持久化到数据库中，应用程序将越来越接近于产品就绪的可交付的样子。

8.1 使用动态视图实现 Web 应用程序

假设已实现在线商店的购物车页面。这个页面不应该为每个人显示相同的数据。它甚至不会每次为同一用户显示相同的信息。这个页面准确地显示了特定用户添加到购物车中的产品。图 8.1 是一个动态视图的示例，显示了 Manning 网站的购物车功能。试观察对相同页面 manning.com/cart 的请求如何收到不同的响应数据，即页面相同，显示的信息不同。页面有动态内容！

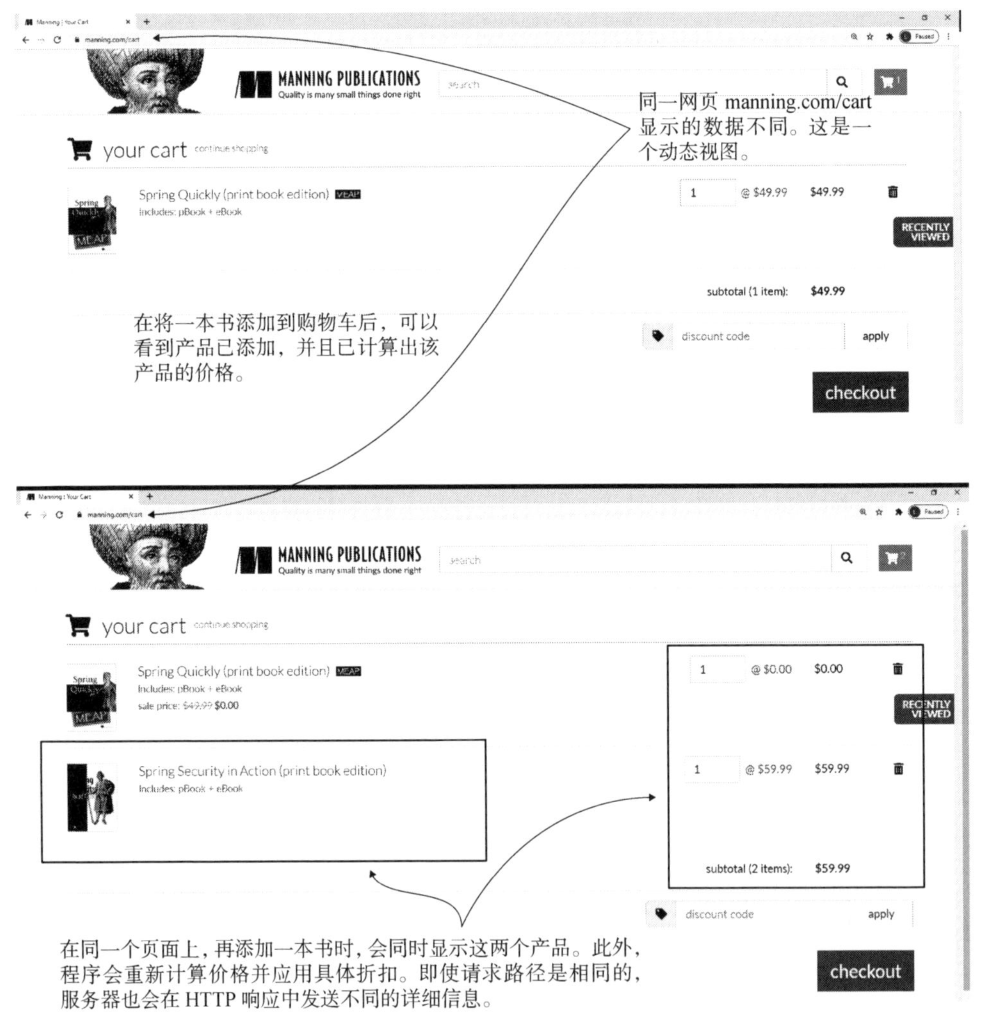

图 8.1 Manning 购物车功能的动态视图。即使请求的页面相同，页面的内容也不同。在将一个产品添加到购物车之前和之后，后端会在响应中发送不同的数据

本节将实现一个带有动态视图的 Web 应用程序。今天的大多数应用程序都需要向用户显示动态数据。现在，对于通过浏览器发送的 HTTP 请求表达的用户请求，Web 应用程序都会接收一些数据，处理它，然后返回浏览器需要显示的 HTTP 响应(见图 8.2)。我们将回顾 Spring MVC 流，然后通过一个示例演示视图如何从控制器获取动态值。

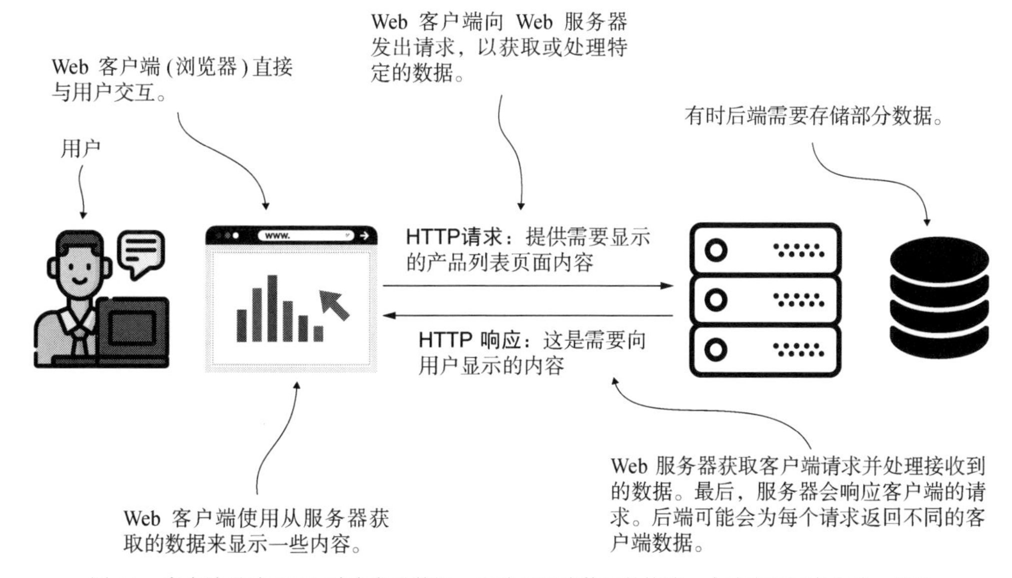

图 8.2　客户端通过 HTTP 请求发送数据。后端处理该数据并构建一个响应返回客户端。根据后端处理数据的方式，不同的请求可能会导致向用户显示不同的数据

在第 7 章末尾实现的示例中，浏览器会为页面的每个 HTTP 请求都显示相同的内容。请记住 Spring MVC 流程(见图 8.3)。

(1) 客户端向 Web 服务器发送 HTTP 请求。

(2) 调度程序 servlet 使用处理程序映射来找出要调用的控制器动作。

(3) 调度程序 servlet 调用控制器的动作。

(4) 执行与 HTTP 请求相关的动作后，控制器返回调度程序 servlet 需要呈现给 HTTP 响应的视图名。

(5) 为客户端返回响应。

步骤(4)需要进行一些修改。控制器不仅要返回视图名，还要以某种方式向视图发送数据。视图包含定义 HTTP 响应的数据。这样，如果服务器发送一个只有一个产品的列表，那么页面就会显示该列表，并显示一个产品。如果控制器为同一个视图发送两个产品，那么显示的数据将不同，因为页面将显示两个产品(见图 8.1)。

现在展示如何将数据从控制器发送到项目的视图中。可以在项目“sq-ch8-ex1”中找到这个示例。这个示例很简单，你可以重点关注其语法。可以使用这种方法将任何数据从控制器发送到视图中。

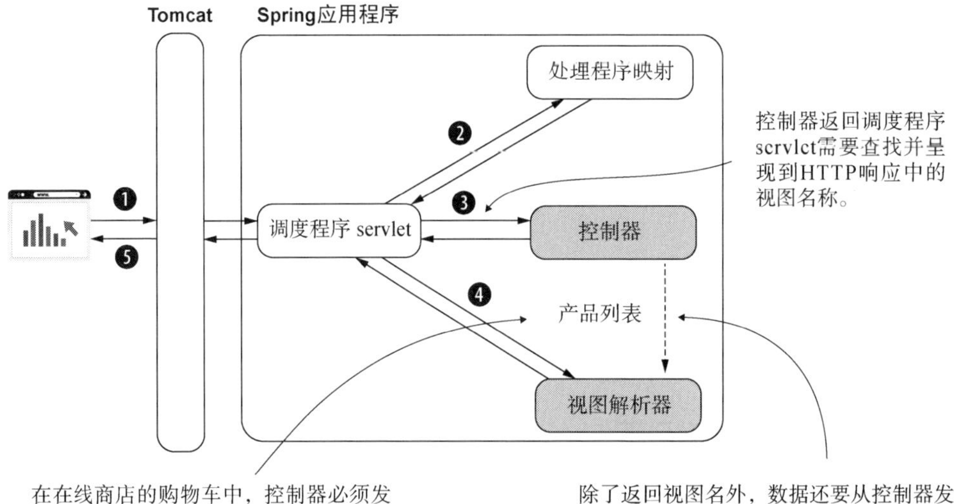

图 8.3 Spring MVC 流。要定义动态视图，控制器需要向视图发送数据。控制器可能为每个请求发送不同的数据。例如，在在线商店的购物车功能中，控制器最初向视图发送一个产品列表。当用户添加了更多的产品后，控制器发送的列表便会包含购物车中的所有产品。同一视图显示这些请求的不同信息

现在，假设想要发送一个名称，并用特定的颜色打印它。在实际的场景中，可能需要在页面的某个地方打印用户名。怎么办？如何获取不同请求之间可能不同的数据，并将其打印在页面上？

创建一个 Spring Boot 项目(“sq-ch8-ex1”)，并将一个模板引擎添加到 pom.xml 文件的依赖项中。使用一个名为 Thymeleaf 的模板引擎。模板引擎是一个依赖项，它允许将数据轻松地从控制器发送到视图，并以特定的方式显示这些数据。选择 Thymeleaf 是因为它比其他的模板引擎简单，而且更容易理解和学习。如示例所述，与 Thymeleaf 一起使用的模板是简单的 HTML 静态文件。下面的代码片段显示了需要添加到 pom.xml 文件中的依赖项：

```
<dependency>
   <groupId>org.springframework.boot</groupId>
   <artifactId>spring-boot-starter-thymeleaf</artifactId>
</dependency>
<dependency>
   <groupId>org.springframework.boot</groupId>
   <artifactId>spring-boot-starter-web</artifactId>
</dependency>
```

需要添加依赖项启动器以将 Thymeleaf 作为模板引擎

尽管是在创建 Web 应用程序，仍然需要为 Web 应用程序添加依赖启动器

代码清单 8.1 包含控制器的定义。使用@RequestMapping 对方法进行注解，以将操作映射到特定的请求路径，如第 7 章所述。现在，还为该方法定义了一个参数。这个 Model 类型的参数存储了希望控制器发送给视图的数据。在这个 Model 实例中，添加了要发送给视图的值，并使用唯一的名称(也称为键)来标识它们。要添加控制器发送给视图的新值，可调用 addAttribute()

方法。addAttribute()方法的第一个参数是键；第二个参数是发送到视图的值。

代码清单 8.1 控制器类定义页面动作

@Controller 原型注解将这个类标记为 Spring MVC 控制器，并将这种类型的 bean 添加到 Spring 上下文中

将控制器的动作分配给某个 HTTP 请求路径

动作方法定义了一个 Model 类型的参数，用于存储控制器发送给视图的数据

添加让控制器发送给视图的数据

控制器的动作返回呈现到 HTTP 响应中的视图

```
@Controller
public class MainController {

  @RequestMapping("/home")
  public String home(Model page) {
    page.addAttribute("username", "Katy");
    page.addAttribute("color", "red");
    return "home.html";
  }
}
```

注意 学生们问我，当他们在浏览器的地址栏里直接添加“localhost:8080”而非像“/home”这样的路径时，为什么会出错。出现错误是必然的。这个错误是当得到一个 HTTP 404 (Not Found)响应状态时，Spring Boot 应用程序显示的默认页面。当直接调用“localhost:8080”时，需要引用路径“/”。因为没有为这个路径分配任何控制器动作，所以通常会得到一个 HTTP 404。如果希望看到其他内容，也可以使用@RequestMapping 注解为该路径分配一个控制器动作。

要定义视图，需要在 Spring Boot 项目的“resources/templates”文件夹中添加一个新的“home.html”文件。注意这个细微的区别：第 7 章在“resources/static”文件夹中添加了 HTML 文件，是因为创建了一个静态视图。现在使用模板引擎创建动态视图，需要将 HTML 文件添加到“resources/templates”文件夹中。

代码清单 8.2 显示了添加到项目中的“home.html”文件的内容。文件内容中需要注意的第一件重要的事情是<html>标记，在其中添加了属性 xmlns:th="http://www.thymeleaf.org"。这个定义相当于 Java 中的导入。它允许进一步使用前缀“th”指代视图中由 Thymeleaf 提供的特定功能。

在视图中再深入一点，会发现有两个地方使用“th”前缀将控制器的数据引用到视图。使用${attribute_key}语法，可以使用 Model 实例引用从控制器发送的任何属性。例如，使用${username}获取“username”属性的值，使用${color}获取“color”属性的值。

代码清单 8.2 表示应用程序的动态视图的 home.html 文件

```
<!DOCTYPE html>
<html lang="en" xmlns:th="http://www.thymeleaf.org">

  <head>
    <meta charset="UTF-8">
    <title>Home Page</title>
  </head>
```

定义 Thymeleaf 的“th”前缀

```
  <body>
    <h1>Welcome
    <span th:style="'color:' + ${color}"
          th:text="${username}"></span>!</h1>
  </body>

</html>
```

通过“th”前缀使用控制器发送的值

要测试一切是否正常，可启动应用程序并在浏览器中访问 Web 页面。该页面如图 8.4 所示。

图 8.4 运行应用程序并在浏览器中访问该页面的结果，即，使用控制器发送的值的视图

无论控制器发送什么，视图都会使用。

8.1.1 获取 HTTP 请求的数据

本节讨论客户端如何通过 HTTP 请求向服务器发送数据。在应用程序中，经常需要赋予客户端向服务器发送信息的能力。这些数据将被处理，然后显示在视图上，如 8.1 节所述。以下是一些客户端必须向服务器发送数据的用例示例。

- 实现在线商店的订购功能。客户端需要将用户订购的产品发送给服务器，进而由服务器处理订单。
- 实现一个允许用户添加和编辑新帖子的 Web 论坛。客户端将帖子的详细信息发送到服务器，服务器在数据库中存储或更改详细信息。
- 实现应用程序的登录功能。用户编写凭证，凭证需要验证。客户端将凭证发送给服务器，然后服务器验证这些凭证。
- 实现 Web 应用程序的联系人页面。该页面显示一个表单，用户可以在其中编写消息主题和消息体。这些详细信息需要通过电子邮件发送到一个特定的地址。客户端会将这些值发送给服务器，服务器负责处理这些值并向所需要的电子邮件地址发送电子邮件。

在大多数情况下，通过 HTTP 请求发送数据，使用以下方式之一。

- HTTP 请求参数是一种将值以键-值对的格式从客户端发送到服务器的简单的方式。要发送 HTTP 请求参数，需要将其附加到请求查询表达式中的 URI。其也称为查询参数。这种方法只在发送少量数据时使用。
- HTTP 请求头与请求参数类似——请求头通过 HTTP 头发送。最大的区别是请求头不会出现在 URI 中，但同样不能使用 HTTP 头发送大量数据。

- 路径变量通过请求路径本身发送数据。这与请求参数方法相同：使用路径变量发送少量数据。但是当发送的值是强制时，应该使用路径变量。
- HTTP 请求体主要用于发送大量的数据(格式化为字符串，但有时甚至是二进制数据，如文件)。第 10 章将讨论这种方法，并介绍如何实现 REST 端点。

8.1.2　使用请求参数从客户端向服务器发送数据

本节将通过一个示例，演示如何使用 HTTP 请求参数这个简单的方式将数据从客户端发送到后端。这种方法经常会在产品应用程序中遇到。在以下场景中可以使用请求参数：

- **发送的数据量不大。**可以使用查询变量设置请求参数(如本节示例所示)。这种方法将字符限制在 2 000 个左右。
- **需要发送可选数据。**请求参数是处理客户端可能不会发送的值的一种干净的方法。服务器可能不会获得特定请求参数的值。

请求参数常用于定义搜索和过滤条件(见图 8.5)。假设应用程序在表格中显示产品细节。每个产品都有名称、价格和品牌。允许用户通过其中任何一种方式搜索产品。用户可能会根据价格、名称、品牌进行搜索。任何组合都是可能的。对于这样的场景，请求参数是实现的正确选择。应用程序以可选的请求参数发送这些值(名称、价格和品牌)。客户端只需要发送用户决定搜索的值。

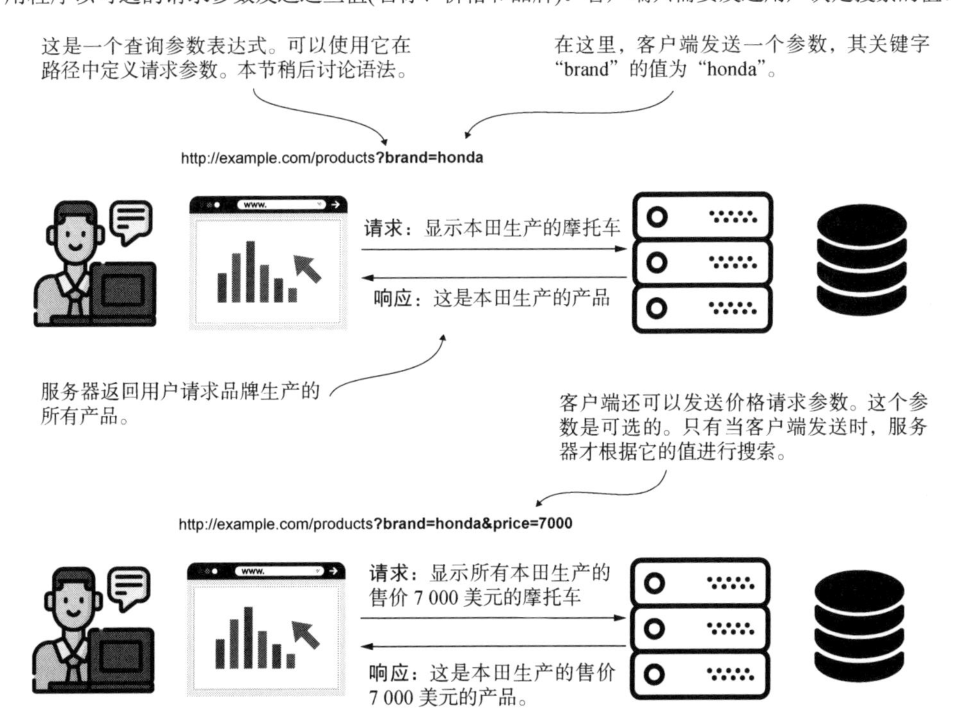

图 8.5　请求参数是可选的。请求参数的一个常见应用场景是实现搜索功能，其中搜索条件是可选的。客户端只发送一些请求参数，而服务器仅使用它接收到的值。实现服务器时，要考虑它可能无法获得某些参数的值

下面通过更改 8.1 节讨论的示例使用请求参数，以获得客户端显示用户名时使用的颜色。代码清单 8.3 展示了如何更改控制器类，以在请求参数中获取客户端的颜色值。将这个示例存放至“sq-ch8-ex2”项目中，就可以更方便分析更改。要从一个请求参数中获取值，需要向控制器的动作方法中再添加一个参数，并使用@RequestParam 注解该参数。@RequestParam 注解告诉 Spring，它需要从 HTTP 请求参数中获取与方法参数名称相同的值。

代码清单 8.3 通过请求参数获取值

```
@Controller
public class MainController {

  @RequestMapping("/home")
  public String home(
      @RequestParam String color,
      Model page) {
    page.addAttribute("username", "Katy");
    page.addAttribute("color", color);
    return "home.html";
  }
}
```

为控制器的动作方法定义一个新参数，并用@RequestParam 注解它

再添加 Model 参数，用于将数据从控制器发送到视图

控制器将客户端发送的颜色传递给视图

图 8.6 显示了颜色参数值如何从客户端传递给后端控件的动作，以便视图使用。

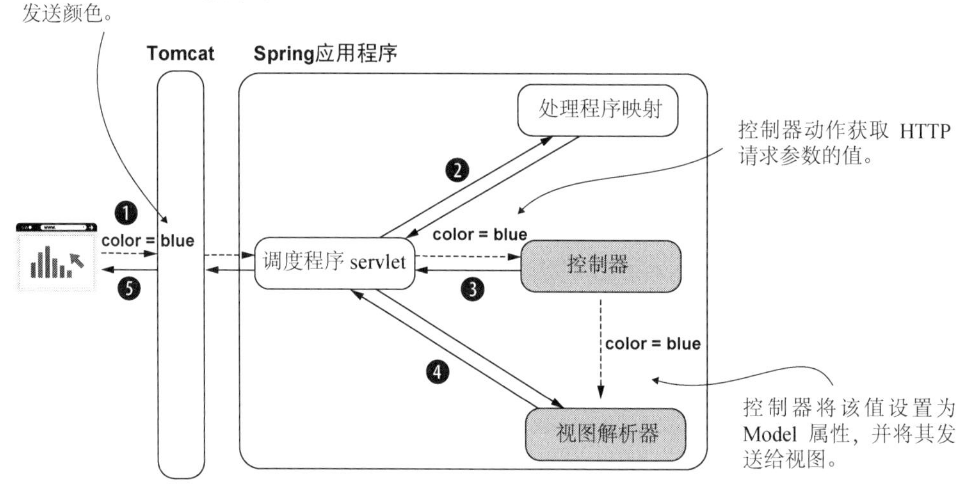

图 8.6 从 Spring MVC 视角看客户端发送的值。控制器动作获取客户端发送的请求参数并使用它们。在示例中，该值在 Model 上设置并交付给视图

运行应用程序并访问/home 路径。要设置请求参数的值，需要使用下面的代码片段的语法：

```
http://localhost:8080/home?color=blue
```

当设置 HTTP 请求参数时，可以在？符号后面使用由&符号分隔的 key=value 参数对。例如，如果还想将名称作为请求参数同时发送，可以使用如下代码。

```
http://localhost:8080/home?color=blue&name=Jane
```

也可以在控制器的动作中添加一个新参数来获取这个参数。下面的代码片段显示了这一更改。该示例位于项目“sq-ch8-ex3”中：

```
@Controller
public class MainController {

  @RequestMapping("/home")
  public String home(
      @RequestParam(required = false) String name,      ← 获取新的请求参数“name”
      @RequestParam(required = false) String color,
      Model page) {
    page.addAttribute("username", name);      ← 将“name”参数的值发送到视图
    page.addAttribute("color", color);
    return "home.html";
  }
}
```

在组 key=value(如 color=blue)中，“key”是请求参数的名称，它的值写在符号=之后。图 8.7 直观地总结了请求参数的语法。

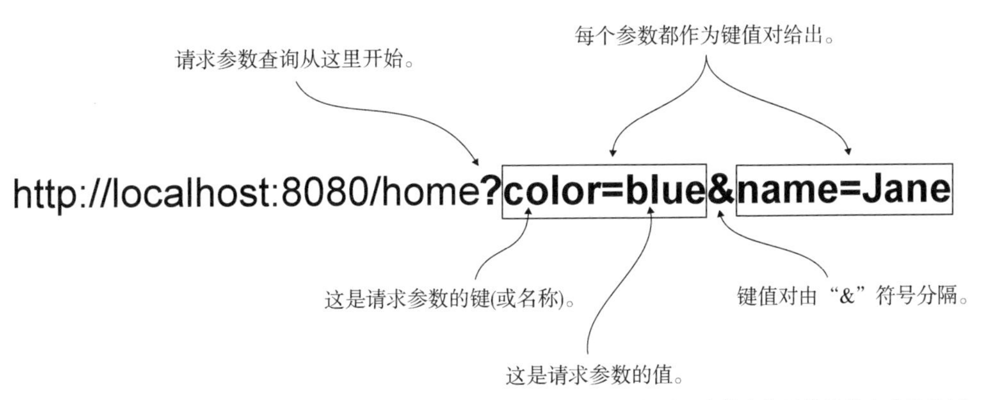

图 8.7　通过请求参数发送数据。每个请求参数都是一个键值对。以问号开头的查询提供了带有路径的请求参数。如果要设置多个请求参数，则使用“and”(&)符号分隔每个键值对

注意　请求参数默认为必选参数。如果客户端没有为它提供值，那么服务器会返回一个状态为 HTTP “400 Bad Request”的响应。如果希望该值是可选的，则需要使用可选属性@RequestParam(optional=true)在注解上显式地指定该值。

8.1.3　使用路径变量将数据从客户端发送到服务器

下面讨论路径变量的使用，并将其与 8.1.2 节学习的从客户端向服务器发送数据的方法进行比较。使用路径变量也是一种将数据从客户端发送到服务器的方法。但是不使用 HTTP 请求参数，而是直接在路径中设置变量值，如下面的代码片段所示。

使用请求参数：

```
http://localhost:8080/home?color=blue
```

使用路径变量：

```
http://localhost:8080/home/blue
```

不再用键标识值，只需要从路径的精确位置中提取这个值。在服务器端，可以从特定位置的路径中提取该值。可以将多个值作为一个路径变量提供，但通常最好避免使用多个值。如果使用两个以上的路径变量，路径就会变得更有挑战性。我更喜欢对两个以上的值使用请求参数，而非路径变量，如 8.1.2 节所述。另外，不应该使用路径变量作为可选值。建议只对强制参数使用路径变量。如果在 HTTP 请求中有可选的值要发送，那么应该使用请求参数，如 8.1.2 节所述。表 8.1 对比了请求参数和路径变量这两种方法。

表 8.1　请求参数方法和路径变量方法的快速比较

请求参数	路径变量
1. 可与可选值一起使用	1. 不得与可选值一起使用
2. 建议避免使用大量参数。如果需要使用 3 个以上的参数，建议使用请求体，如第 10 章所述。为了提高可读性，避免发送 3 个以上的查询参数	2. 避免发送 3 个以上的路径变量。最好不超过 2 个
3. 一些开发人员认为查询表达式比路径表达式更难懂	3. 比查询表达式更便于阅读。公开的网站使用路径变量更便于搜索引擎(如谷歌)索引页面。该优势可使网站更容易通过搜索引擎找到

当编写的页面只依赖作为最终结果核心的一两个值时，最好将它们直接写入路径，以使请求更容易读取。当在浏览器中添加书签时，URL 也更容易被找到，更容易被搜索引擎索引(如果这对应用程序很重要的话)。

下面编写一个示例，以演示在控件中获取路径变量值时需要使用的语法。基于 8.1.2 节实现的示例编写代码，但是将代码存放至“sq-ch8-ex4”项目中，以便更方便测试。

要在控制器的动作中引用路径变量，只需要为它命名，然后将它添加到花括号之间的路径中，如代码清单 8.4 所示。再使用@PathVariable 注解标记控制器的动作参数，以获得路径变量的值。代码清单 8.4 展示了如何更改控制器动作，以使用路径变量获得颜色值(示例的其余部分与 8.1.2 节中讨论的“sq-ch8-ex2”相同)。

代码清单 8.4　使用路径变量从客户端获取值

```
@Controller
public class MainController {

  @RequestMapping("/home/{color}")   ← 要定义路径变量，需要先给它指定一个名
                                       称，然后把它放在花括号之间的路径中
  public String home(
```

```
    @PathVariable String color,
    Model page) {
  page.addAttribute("username", "Katy");
  page.addAttribute("color", color);
  return "home.html";
 }
}
```

在希望获得路径变量值的位置使用@PathVariable 注解标记参数。参数名必须与路径中的变量名保持一致

运行应用程序并在浏览器中使用不同的颜色值访问页面。

```
http://localhost:8080/home/blue
http://localhost:8080/home/red
http://localhost:8080/home/green
```

每个请求都会使用给定的颜色为页面显示的名称着色。图 8.8 可视化地表示了代码和请求路径之间的链接。

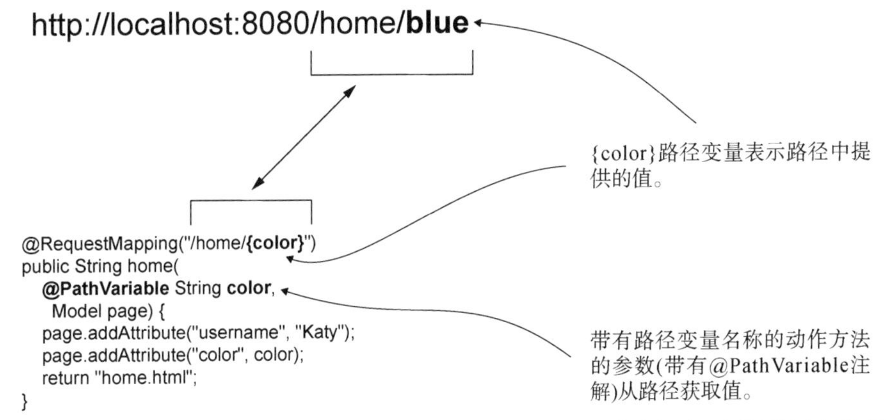

图 8.8　使用路径变量。要从路径变量获取值，需要在控制器动作上定义路径时，在花括号之间为变量指定一个名称。可以使用带有@PathVariable 注解的参数获取路径变量的值

8.2　使用 GET 和 POST 等 HTTP 方法

本节讨论 HTTP 方法，以及客户端如何使用它们表示将对请求的资源应用什么操作(创建、更改、检索、删除)。路径和谓词均可标识 HTTP 请求。前文只提及了路径，并且使用了 HTTP GET 方法。HTTP 请求目的是定义客户端请求的操作。例如，GET 表示一个仅检索数据的操作——客户端使用该方式表示它想从服务器获得一些东西，但该调用不会更改数据。接下来将学习更多的操作。应用程序还需要更改、添加或删除数据。

注意　小心！可以违背设计目的使用 HTTP 方法，但这并不正确。例如，可以使用 HTTP GET 并实现更改数据的功能。从技术上讲，这是可能的，但这却是一个非常糟糕的选择。永远不要违背设计目的使用 HTTP 方法。

前文一直使用请求路径执行控制器的特定动作，但是在更复杂的场景中，只要使用不同的HTTP方法，就可以为控制器的多个动作分配相同的路径。下面通过一个示例具体应用。

HTTP 方法由一个动词定义，可表示客户端的意图。如果客户端请求仅检索数据，则使用HTTP GET 实现。但是，如果客户端请求以某种方式更改服务器端的数据，就需要使用其他动词清楚表示客户端的意图。

表 8.2 展示了在应用程序中使用的基本 HTTP 方法，以及应该学习的方法。

表 8.2 Web 应用程序经常使用的基本 HTTP 方法

HTTP 方法	描述
GET	客户端请求仅用于检索数据
POST	客户端请求发送由服务器添加的新数据
PUT	客户端请求在服务器端更改数据记录
PATCH	客户端请求部分更改服务器端的数据记录
DELETE	客户端请求删除服务器端的数据

图 8.9 直观地展示了基本的 HTTP 方法，以帮助记忆。

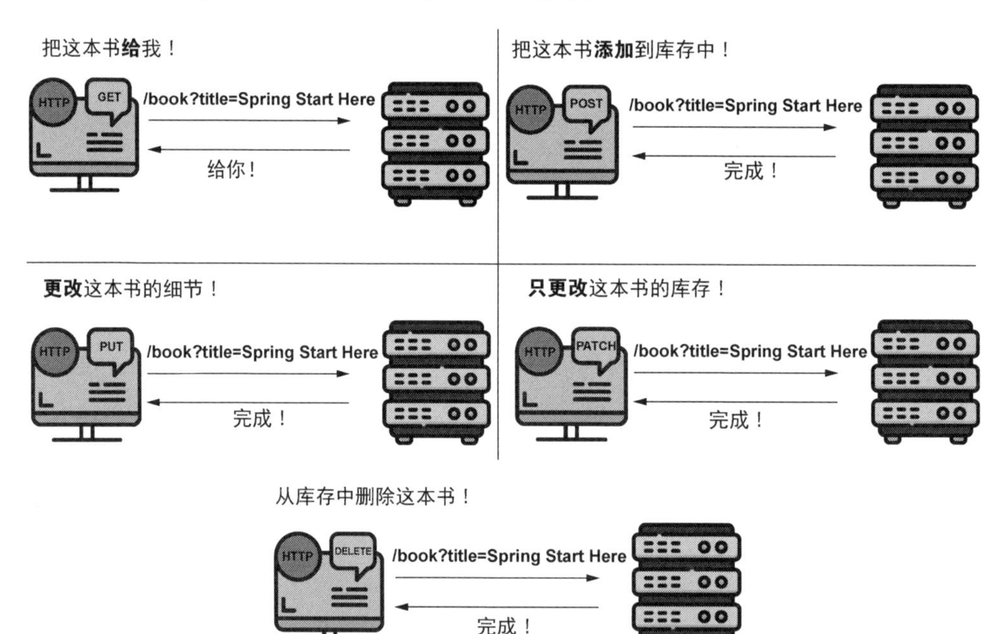

图 8.9 基本的HTTP 方法。GET 用于检索数据，POST 用于添加数据，PUT 用于更改记录，PATCH 用于更改记录的一部分，DELETE 用于删除数据。客户端必须使用适当的 HTTP 方法表达由特定请求执行的操作

注意 即使在产品应用程序中区分完全替换记录(PUT)和只更改记录的一部分(PATCH)是很好的实践，但这种区别并不总是存在。

接下来要实现的这个示例不仅仅使用 HTTP GET——我们要在这个场景中创建一个存储产品列表的应用程序。每个产品都有对应的名称和价格。该 Web 应用程序显示了所有产品的列表，并允许用户通过 HTML 表单添加产品。

观察该场景描述的两个用例。用户需要：

- 查看列表中的所有产品——继续使用 HTTP GET。
- 为列表添加产品——使用 HTTP POST。

创建一个带 Web 和 Thymeleaf 的依赖项(在 pom.xml 文件中)的项目——"sq-ch8-ex5"，如下面的代码所示。

```
<dependency>
   <groupId>org.springframework.boot</groupId>
   <artifactId>spring-boot-starter-thymeleaf</artifactId>
</dependency>
<dependency>
   <groupId>org.springframework.boot</groupId>
   <artifactId>spring-boot-starter-web</artifactId>
</dependency>
```

在这个项目中，创建了一个描述具有名称和价格属性的产品的 Product 类。如第 4 章所述，Product 类是一个模型类，因此在一个名为"model"的包中创建它。代码清单 8.5 展示了 Product 类。

代码清单 8.5　Product 类用名称和价格作为属性描述产品

```
public class Product {

  private String name;
  private double price;

  // Omitted getters and setters
}
```

现在已有了表示产品的方法，下面创建应用程序存储产品的列表。Web 应用程序在网页上显示这个列表中的产品，用户可以在这个列表中添加更多的产品。可以在服务类中将这两个用例(获取要显示的产品列表和添加新产品)实现为方法。接下来，在名为"service"的包中创建一个名为 ProductService 的新服务类。

代码清单 8.6 显示了该服务类，它实例化了一个列表并定义了两个方法，用于添加和获取新产品。

代码清单 8.6　ProductService 类实现应用程序的用例

```
@Service
public class ProductService {

  private List<Product> products = new ArrayList<>();
```

```
  public void addProduct(Product p) {
    products.add(p);
  }

  public List<Product> findAll() {
    return products;
  }

}
```

注意 为了专注 HTTP 方法的讨论，此设计已经简化。如第 5 章所述，Spring bean 的默认作用域是单例，而 Web 应用程序意味着多线程(一个请求一个线程)。更改定义为 bean 属性的列表将在实际应用程序中导致竞态条件——在实际应用程序中，多个客户端会同时添加产品。在此，暂时忽略竞态问题，保留简化，待后面的章节用数据库替换列表后，这个问题就不会再发生了。但是请记住，这个方法不合理——如第 5 章所述，不应该在产品就绪的应用程序中使用类似的方法。单例 bean 不是线程安全的！

第 12 章讨论数据源，并使用数据库存储更接近于产品应用程序外观的数据。但是现在，最好还是把重点放在讨论的主题——HTTP 方法上，并逐步构建示例。

控制器将调用由服务实现的用例。控制器从客户端获取关于新产品的数据，并通过调用服务将其添加到列表中，控制器获取产品列表并将其发送给视图。本章前面学习了如何实现这些功能。首先，在一个名为“controllers”的包中创建一个 ProductController 类，并允许这个控制器注入服务 bean。代码清单 8.7 显示了控制器的定义。

代码清单 8.7 ProductController 类使用服务调用用例

```
@Controller
public class ProductsController {

  private final ProductService productService;

  public ProductsController(
    ProductService productService) {     ← 通过控制器的构造函数参数使用 DI
    this.productService = productService;   从 Spring 上下文中获取服务 bean
  }

}
```

接下来完成第一个用例：在页面上显示产品列表。这个功能应该很简单明了。使用 Model 参数将数据从控制器发送到视图，如 8.1 节所述。代码清单 8.8 给出了控制器动作的实现。

代码清单 8.8 将产品列表发送到视图

将控制器动作映射到/products 路径。默认情况下，@RequestMapping 注解使用 HTTP GET 方法

```
@Controller
public class ProductsController {

  private final ProductService productService;

  public ProductsController(ProductService productService) {
    this.productService = productService;
  }

  @RequestMapping("/products")
  public String viewProducts(Model model) {
    var products = productService.findAll();
    model.addAttribute("products", products);

    return "products.html";
  }
}
```

定义一个 Model 参数，用于将数据发送到视图

从服务中获取产品代码清单

将产品列表发送到视图

返回由调度程序 servlet 获取和呈现的视图名

为了在视图中显示产品，可在项目的“resources/templates”文件夹中定义products.html 页面，如 8.1 节所述。代码清单 8.9 显示了“products.html”文件的内容，该文件获取控制器发送的产品列表，并将其显示在 HTML 表中。

代码清单 8.9 在页面上显示产品

```
<!DOCTYPE html>
<html lang="en" xmlns:th="http://www.thymeleaf.org">
   <head>
      <meta charset="UTF-8">
      <title>Home Page</title>
   </head>
   <body>
      <h1>Products</h1>

      <h2>View products</h2>

      <table>
         <tr>
            <th>PRODUCT NAME</th>
            <th>PRODUCT PRICE</th>
         </tr>
         <tr th:each="p: ${products}" >
            <td th:text="${p.name}"></td>
            <td th:text="${p.price}"></td>
         </tr>
      </table>
   </body>
</html>
```

定义“th”前缀，以使用 Thymeleaf 功能

为表定义一个静态头文件

将每个产品的名称和价格显示在一行上

使用 Thymeleaf 的 th:each 每个特性对集合进行迭代，并为列表中的每个产品显示一个表行

图 8.10 展示了在 Spring MVC 图中用 HTTP GET 调用/products 路径的流程。

(1) 客户端向/products 路径发送 HTTP 请求。

(2) 调度程序 servlet 使用处理程序映射找到控制器的动作以调用/products 路径。

(3) 调度程序 servlet 调用控制器的动作。

(4) 控制器向服务请求产品列表，并将产品列表发送给视图。

(5) 视图呈现为 HTTP 响应。

(6) 将 HTTP 响应返回给客户端。

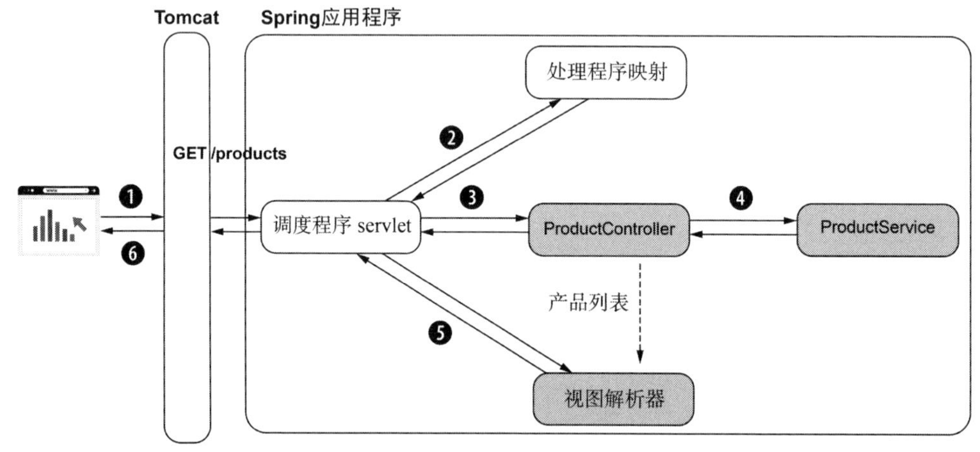

图 8.10 使用 HTTP GET 调用/products 时，控制器从服务中获取产品列表并将其发送给视图。HTTP 响应包含 HTML 表和列表中的产品

但在测试应用程序的功能之前，仍然需要实现第二个用例。如果没有向列表中添加产品的选项，将只会显示一个空表。更改控制器并添加一个动作，以允许将产品添加到产品列表中。代码清单 8.10 给出了此操作的定义。

代码清单 8.10 实现添加产品的动作方法

```
@Controller
public class ProductsController {

  // Omitted code

  @RequestMapping(path = "/products",
                  method = RequestMethod.POST)
  public String addProduct(
      @RequestParam String name,
      @RequestParam double price,
      Model model
  ) {
     Product p = new Product();
     p.setName(name);
     p.setPrice(price);
     productService.addProduct(p);
```

将控制器动作映射到/products 路径。使用@RequestMapping 注解的方法属性将 HTTP 方法更改为 POST

使用请求参数获取要添加的产品的名称和价格

构建一个新的 Product 实例，并通过调用服务用例方法将其添加到列表中

```
    var products = productService.findAll();      获取产品列表并
    model.addAttribute("products", products);     将其发送给视图

    return "products.html";  ←—— 返回要呈现的视图的名称
  }
}
```

此处使用@RequestMapping 注解的属性方法指定 HTTP 方法。如果没有设置方法，默认情况下@RequestMapping 使用 HTTP GET。但是因为路径和方法对于任何 HTTP 调用都是必要的，所以总是要确认两者。因此，开发人员通常为每个 HTTP 方法使用专用的注解，而非@RequestMapping。在应用程序中，开发人员经常使用@GetMapping 将 GET 请求映射到一个动作，使用@PostMapping 映射使用 HTTP POST 的请求，等等。参照开发人员的经验更改示例，为 HTTP 方法使用专用注解。代码清单 8.11 显示了控制器类的完整内容，其中包括对动作的映射注解的更改。

代码清单 8.11 ProductController 类

```
@Controller
public class ProductsController {

  private final ProductService productService;

  public ProductsController(ProductService productService) {
    this.productService = productService;
  }
                                     @GetMapping 用一个特定的
                                     路径将 HTTP GET 请求映射
                                     到控制器的动作
  @GetMapping("/products")  ←——
  public String viewProducts(Model model) {
    var products = productService.findAll();
    model.addAttribute("products", products);

    return "products.html";
  }
                                     @PostMapping 用一个特定的
                                     路径将 HTTP POST 请求映射
                                     到控制器的动作
  @PostMapping("/products")  ←——
  public String addProduct(
      @RequestParam String name,
      @RequestParam double price,
      Model model
  ) {
    Product p = new Product();
    p.setName(name);
    p.setPrice(price);
    productService.addProduct(p);

    var products = productService.findAll();
    model.addAttribute("products", products);

    return "products.html";
  }
}
```

还可以更改视图，以允许用户调用控制器的 HTTP POST 动作，并将产品添加到列表中。使用 HTML 表单发出这个 HTTP 请求。代码清单 8.12 展示了为了添加 HTML 表单而需要在 products.html 页面(视图)上进行的更改。使用代码清单 8.12 设计的页面结果如图 8.11 所示。

代码清单 8.12 将一个 HTML 表单添加到视图中，以将产品添加至列表

```
x
<!DOCTYPE html>
<html lang="en" xmlns:th="http://www.thymeleaf.org">
  <head>
    <meta charset="UTF-8">
    <title>Home Page</title>
  </head>
  <body>

    <!-- Omitted code -->

    <h2>Add a product</h2>
    <form action="/products" method="post">
      Name: <input
              type="text"
              name="name"><br />
      Price: <input
              type="number"
              step="any"
              name="price"><br />
    <button type="submit">Add product</button>
    </form>
  </body>
</html>
```

提交时，HTML 表单对路径 /products 发出 POST 请求

输入组件允许用户设置产品的名称。组件中的值作为一个请求参数发送，其关键字为“name”

输入组件允许用户设置产品的价格。组件中的值作为一个请求参数发送，其关键字是“price”

用户使用提交按钮来提交表单

运行并测试该应用程序。在浏览器中输入 http://localhost:8080/products 访问该页面，此时可以添加新产品并显示已经添加的产品。图 8.11 显示了结果。

Home Page
localhost:8080/products
Products
View products
PRODUCT NAME PRODUCT PRICE
beer 5.0
chocolate 4.0
Add a product
Name: candy
Price: 2
Add product
可以在 HTML 表中找到所有现有产品。
可以在这里使用HTML表单添加新产品。在输入组件中键入内容并单击“Add product”提交按钮，请求添加新产品。

图 8.11 最终结果。用户可以在页面的 HTML 表中查看产品，并通过 HTML 表单添加新产品

本示例使用了 8.1.2 节介绍的@RequestParam 注解。这个注解用于明确客户端如何发送数

据。但有时 Spring 允许省略代码。例如，可以直接使用 Product 作为控制器动作的参数，如代码清单 8.13 所示。因为请求参数的名称与 Product 类属性的名称相同，所以 Spring 知道匹配它们并自动创建对象。对于已经了解 Spring 的人来说，这非常棒，因为不必编写代码行。但是初学者可能会被这些细节弄糊涂，例如在一篇文章中找到了使用此语法的示例，但却不清楚 Product 实例的来源。如果你刚刚开始学习 Spring，也有此类的疑惑，则需注意 Spring 倾向于使用大量语法来隐藏尽可能多的代码。当在示例或文章中发现理解不清楚的语法时，应尝试查找框架规范的细节。

如果想测试并将其与项目“sq-ch8-ex5”进行比较，那么可以直接查看“sq-ch8-ex6”项目，其已略做修改。

代码清单 8.13 直接使用模型作为控制器动作的参数

```
@Controller
public class ProductsController {

  // Omitted code

  @PostMapping("/products")
  public String addProduct(
      Product p,     ← 可以直接使用模型类作为控制器动作的参数。Spring 知道要基于请求属性创建实例。模型类需要有一个默认构造函数，以允许 Spring 在调用该动作方法之前创建实例
      Model model
    ) {
    productService.addProduct(p);

    var products = productService.findAll();
    model.addAttribute("products", products);

    return "products.html";
  }
}
```

8.3 本章小结

- 现在的 Web 应用程序都有动态页面(也称为动态视图)。对于不同的请求，动态页面可能显示不同的内容。
- 为了知道要显示什么，动态视图需要从控制器获取变量数据。
- 在 Spring 应用程序中实现动态页面的一个简单方法是使用模板引擎，如 Thymeleaf。也可以使用 Mustache、FreeMarker 和 Java Server Pages (JSP)。
- 模板引擎是一种依赖项，它为应用程序提供了一种能力，可以轻松地获取控制器发送的数据并在视图中显示它。
- 客户端可以通过请求参数或路径变量向服务器发送数据。控制器的动作可获取客户端发送的、用@RequestParam 或@PathVariable 注解的参数的详细信息。

- 请求参数可以是可选的。
- 应该只对客户端发送的强制数据使用路径变量。
- 路径和 HTTP 方法标识 HTTP 请求。HTTP 方法由一个谓词表示，该谓词标识客户端的意图。产品应用程序中常见的基本 HTTP 方法有 GET、POST、PUT、PATCH 和 DELETE。
  - GET 表示客户端在不改变后端数据的情况下检索数据的意图。
  - POST 表示客户端在服务器端添加新数据的意图。
  - PUT 表示客户端想在后台完全修改一条数据记录的意图。
  - PATCH 表示客户端修改部分后端数据记录的意图。
  - DELETE 表示客户端删除后端数据的意图。
- 若要直接通过浏览器的 HTML 表单处理，只能使用 HTTP GET 和 HTTP POST。要使用其他 HTTP 方法(如 DELETE 或 PUT)，则需要使用客户端语言(如 JavaScript)实现调用。

第 9 章

使用Spring Web作用域

本章内容

- 使用 Spring Web 作用域
- 为 Web 应用程序实现简单的登录功能
- 在 Web 应用程序中从一个页面重定向到另一个页面

第 5 章讨论了 Spring bean 作用域，并介绍了 Spring 管理 bean 生命周期的方式取决于在 Spring 上下文中声明 bean 的方式。本章将补充讲解一些 Spring 在上下文中管理 bean 的新方法，并教授 Spring 通过使用 HTTP 请求作为参考点来定制管理 Web 应用程序实例的方法。Spring 很棒，不是吗？

在任何 Spring 应用程序中，都可以选择如下方式声明 bean。

- 单例(singleton)——Spring 中默认的 bean 作用域，框架用上下文中的名称唯一地标识每个实例。
- 原型(prototype)——Spring 中的 bean 作用域，框架仅管理该类型，并在每次有人请求时(直接从上下文或通过连线或自动连线)创建该类的新实例。

在本章中，你将学会在 Web 应用程序中使用其他一些仅与 Web 应用程序相关的 bean 作用域。我们称之为 Web 作用域。

- 请求作用域——Spring 为每个 HTTP 请求都创建了一个 bean 类的实例。该实例仅针对特定的 HTTP 请求而存在。
- 会话作用域——Spring 创建一个实例，并将该实例保存在服务器的内存中以用于完整的 HTTP 会话。Spring 将上下文中的实例与客户端的会话链接起来。
- 应用程序作用域——该实例在应用程序的上下文中是唯一的，并且在应用程序运行时可用。

为了说明如何在 Spring 应用程序中使用这些 Web 作用域，下面一起来创建一个实现登录功能的示例。如今，大多数 Web 应用程序都为用户提供了登录和访问账户的功能，这个示例也不例外。

9.1 节使用一个请求作用域的 bean 来获取用户的登录凭证，并确保应用程序只将它们用于登录请求。9.2 节使用一个会话作用域的 bean 来存储登录状态下需要为登录用户保存的所有相关详情。9.3 节使用应用程序作用域的 bean 来添加登录计次功能。图 9.1 展示了实现这个应用程序的步骤。

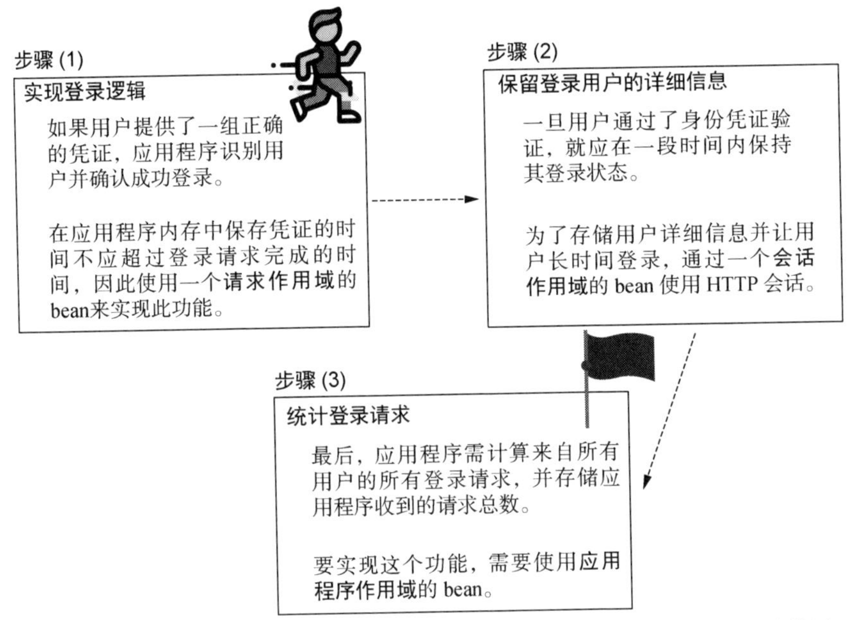

图 9.1 分 3 步实现登录功能。对于实现的每一步，都需要使用不同的 bean 作用域。9.1 节先使用一个请求作用域的 bean 来实现登录逻辑，从而避免凭证存储时间超过登录请求的风险。然后再决定需要在会话作用域的 bean 中为经过身份验证的用户存储哪些详细信息。最后实现一个特性——计算所有登录请求的次数，并且使用一个应用程序作用域的 bean 保存这个数字

9.1 在 Spring Web 应用程序中使用请求作用域

本节学习如何在 Spring Web 应用程序中使用请求作用域的 bean。如第 7 章和第 8 章所述，Web 应用程序主要关注 HTTP 请求和响应。因此通常在 Web 应用程序中，如果 Spring 提供了一种方法来管理与 HTTP 请求相关的 bean 生命周期，那么某些功能将更容易管理。

请求作用域的 bean 是 Spring 管理的对象，框架为每个 HTTP 请求都创建一个新实例。应用程序只能为创建实例的请求使用实例。任何新的 HTTP 请求(来自相同或其他客户端)都会创建并使用同一个类的不同实例(见图 9.2)。

下面将在一个示例中演示请求作用域 bean 的使用。实现 Web 应用程序的登录功能，并且

使用请求作用域的 bean 管理登录逻辑的用户凭证。

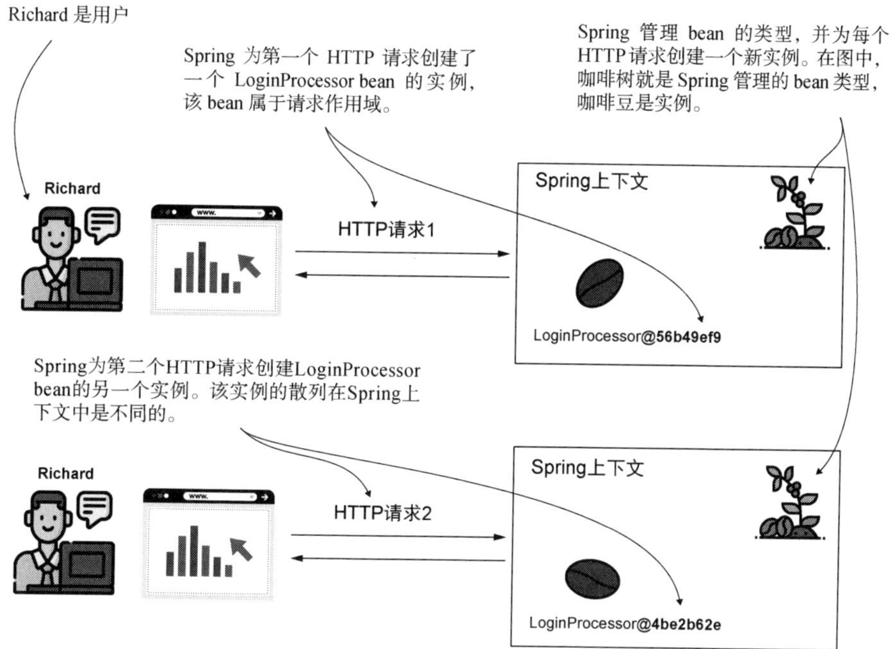

图 9.2　对于每个 HTTP 请求，Spring 都为请求作用域的 bean 提供了一个新的实例。在使用请求作用域的 bean 时，可以确保在 bean 上添加的数据仅在创建该 bean 的 HTTP 请求上可用。Spring 管理 bean 类型(咖啡树)，并使用它为每个新请求获取实例(咖啡豆)

请求作用域 bean 的关键知识点

在深入分析如何实现使用请求作用域 bean 的 Spring 应用程序之前，先列举一下使用这个 bean 作用域的关键知识点。这些知识点将帮助分析请求作用域的 bean 是否是实际场景中的正确方法。请牢记请求作用域 bean 的非常相关的知识点，表 9.1 详述了这些知识点。

表 9.1　请求作用域 bean 的相关知识点

事实	结果	考虑事项	避免事项
Spring 为每个客户端的每个 HTTP 请求都创建一个新实例	在应用程序执行期间，Spring 在应用程序的内存中创建了此 bean 的许多实例	实例的数量通常不是个大问题，因为这些实例的寿命都很短。应用程序不需要它们的寿命超过 HTTP 请求完成的时间。一旦 HTTP 请求完成，应用程序就会释放实例，并对它们进行回收	但是，请确保不要实现 Spring 创建实例时需要执行的耗时逻辑(例如从数据库获取数据或实现网络调用)。避免在构造函数或请求作用域 bean 的 @PostConstruct 方法中编写逻辑

(续表)

事实	结果	考虑事项	避免事项
只有一个请求可以使用请求作用域 bean 的实例	请求作用域 bean 的实例不容易出现与多线程相关的问题，因为只有一个线程(请求中的一个)可以访问它们	可以使用实例的属性存储请求使用的数据	不要对这些 bean 的属性使用同步技术。这些技术是多余的，它们只会影响应用程序的性能

注意 这个登录的示例就非常适合教学。但是，在产品应用程序中，最好避免自己实现身份验证和授权机制。在真实的 Spring 应用程序中，可以使用 Spring Security 实现任何与身份验证和授权相关的内容。使用 Spring Security(它也是 Spring 生态系统的一部分)可以简化实现，并确保在编写应用程序级别的安全逻辑时不会(错误地)引入漏洞。建议阅读《Spring Security 实战》(清华大学出版社引进并出版)，这是我编著的另一本书，其中详细描述了如何使用 Spring Security 保护 Spring 应用程序。

为了简单起见，可先行考虑一组嵌入到应用程序中的凭证。在现实世界的应用程序中，应用程序将用户存储在数据库中，并对密码进行加密以保护它们。现在，我们只关注本章的目的：讨论 Spring Web bean 作用域。稍后，第 11 章和第 12 章将介绍更多关于在数据库中存储数据的知识。

下面创建一个 Spring Boot 项目，并添加所需要的依赖项。此示例位于项目“sq-ch9-ex1”中。可以在创建项目时直接添加依赖项(例如，使用 start.spring.io)，或者稍后在 pom.xml 中添加依赖项。在这个示例中，使用 Web 依赖项和 Thymeleaf 作为模板引擎(如第 8 章所述)。下面的代码片段显示了需要在 pom.xml 文件中拥有的依赖项：

```
<dependency>
   <groupId>org.springframework.boot</groupId>
   <artifactId>spring-boot-starter-thymeleaf</artifactId>
</dependency>
<dependency>
   <groupId>org.springframework.boot</groupId>
   <artifactId>spring-boot-starter-web</artifactId>
</dependency>
```

我们将创建一个页面，其中包含一个要求输入用户名和密码的登录表单。该应用程序将用户名和密码与一组它知道的凭证进行比较(在示例中，用户“natalie”的密码是“password”)。如果提供了正确的凭证(它们与应用程序知道的凭证相匹配)，那么页面就会在登录表单下方显示一条已登录的消息——“You are now logged in”。如果提供的凭证不正确，那么应用程序就会显示一条登录失败的消息——“Login failed”。

如第 7 章和第 8 章所述，该示例需要实现一个页面(代表视图)和一个控制器类。控制器根据登录的结果向视图发送需要显示的消息(见图 9.3)。

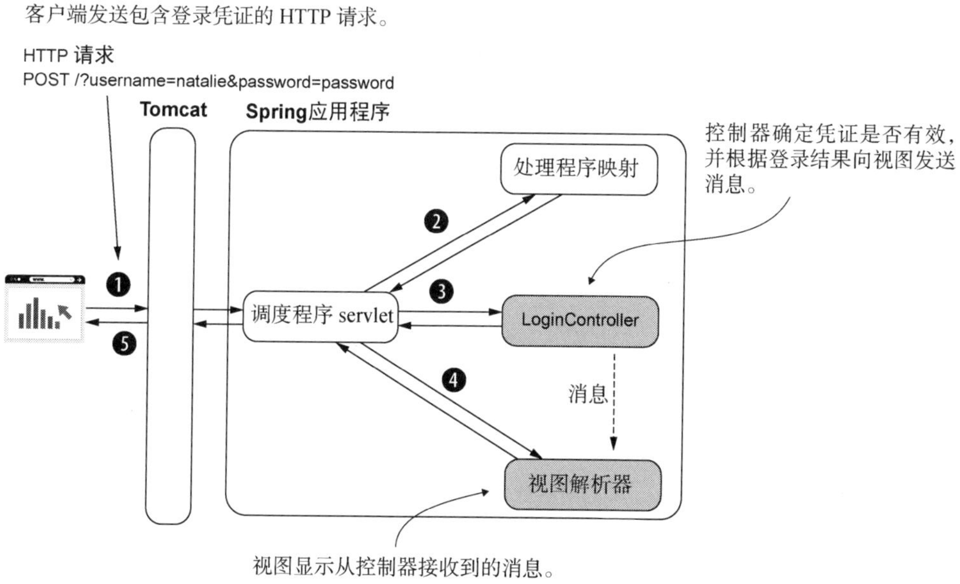

客户端发送包含登录凭证的 HTTP 请求。

HTTP 请求
POST /?username=natalie&password=password

Tomcat

Spring应用程序

控制器确定凭证是否有效，并根据登录结果向视图发送消息。

处理程序映射

调度程序 servlet

LoginController

消息

视图解析器

视图显示从控制器接收到的消息。

图 9.3　需要实现控制器和视图。在控制器中，实现了一个用于检查登录请求中发送的凭证是否有效的操作。控制器向视图发送消息，视图显示此消息

代码清单 9.1 显示了在应用程序中定义视图的 HTML 登录页面。如第 8 章所述，必须将该页面存储在 Spring Boot 项目的 resources/templates 文件夹中。将页面命名为“login.html”。为了显示带有逻辑结果的消息，需要从控制器向视图发送一个参数。将这个参数命名为“message”，如代码清单 9.1 所示，其中使用${message}语法将其显示在登录表单下方的一个段落中。

代码清单 9.1　登录页面 login.html 的定义

```
<!DOCTYPE html>
<html lang="en" xmlns:th="http://www.thymeleaf.org">
<head>
  <meta charset="UTF-8">
  <title>Login</title>
</head>
<body>
  <form action="/" method="post">
    Username: <input type="text" name="username" /><br />
    Password: <input type="password" name="password" /><br />
    <button type="submit">Log in</button>
  </form>

  <p th:text="${message}"></p>
</body>
</html>
```

定义“th”Thymeleaf 前缀以使用模板引擎的功能

定义一个 HTML 表单，将凭证发送到服务器

输入字段用于编写凭证、用户名和密码

当用户单击提交按钮时，客户端使用凭证发出 HTTP POST 请求

将登录请求结果以消息的形式显示在 HTML 表单的下方

控制器动作需要(从调度程序 servlet 中——如第 7 章和第 8 章所述)获取 HTTP 请求，因此可先行定义控制器和为代码清单 9.1 创建的页面接收 HTTP 请求的操作。代码清单 9.2 包含控制器类的定义，并将控制器的动作映射到 Web 应用程序的根路径("/")。此处将控制器命名为 LoginController。

代码清单 9.2　映射到根路径的控制器动作

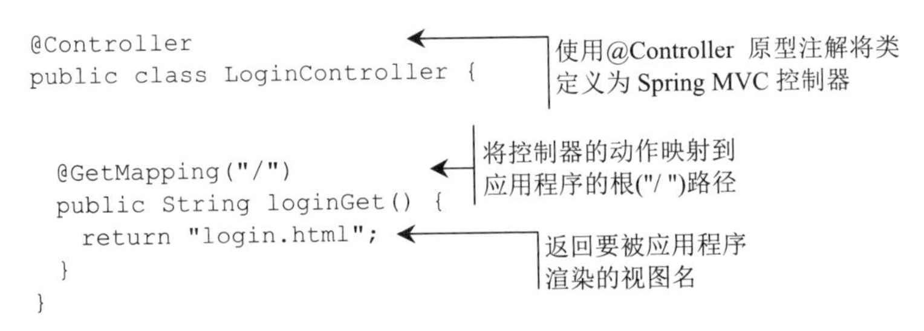

现在已有了一个登录页面，还要实现登录逻辑。当用户单击 Submit 按钮时，页面将在登录表单下显示一条适当的消息。如果用户提交了正确的凭证集，则显示“You are now logged in”消息；否则，显示“Login failed”消息(见图 9.4)。

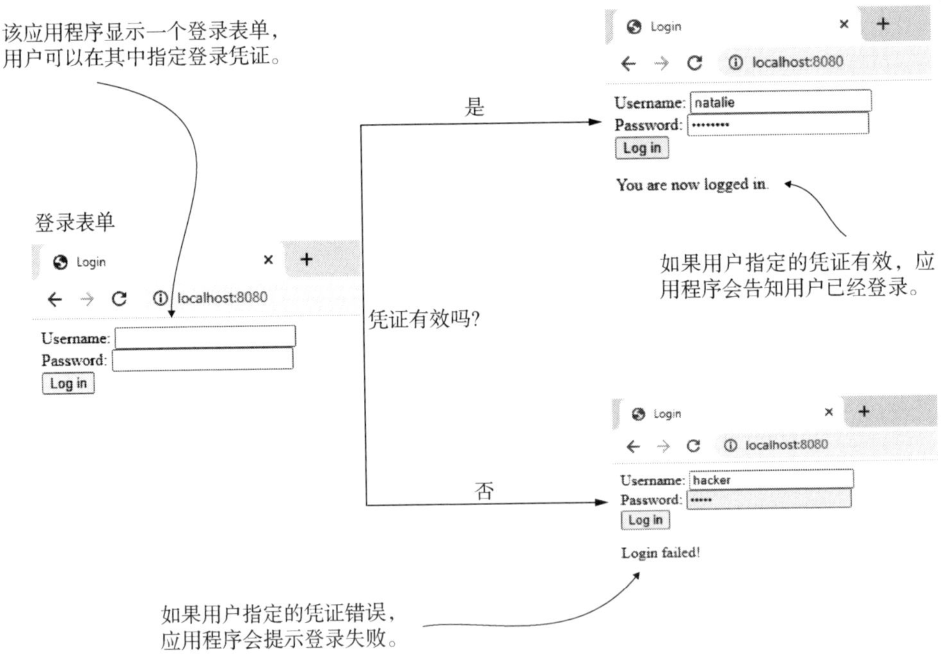

图 9.4　本节实现的功能。该页面为用户显示一个登录表单。若用户提供有效的凭证，应用程序会显示一条成功登录的消息。若用户提供了不正确的凭证，应用程序则会告知用户登录失败

要处理用户单击 Submit 按钮时 HTML 表单创建的 HTTP POST 请求，需要在 LoginController 中再添加一个操作。这个操作获取客户端的请求参数(用户名和密码)，并根据登录结果向视图

发送消息。代码清单 9.3 显示了控制器动作的定义，并把它映射到 HTTP POST 登录请求。

注意，目前还没有实现登录逻辑。在代码清单 9.3 中，将接受请求并根据表示请求结果的变量发送响应消息。但是这个变量(代码清单 9.3 中的 loggedIn)总是“false”。代码清单 9.3 将通过向登录逻辑添加一个调用来完成此操作。这个登录逻辑将根据客户端在请求中发送的凭证返回登录结果。

代码清单 9.3　控制器的登录动作

```
@Controller
public class LoginController {

  @GetMapping("/")
  public String loginGet() {
    return "login.html";
  }

  @PostMapping("/")                                   ← 将控制器的动作映射到登录页面的 HTTP POST 请求
  public String loginPost(
      @RequestParam String username,                  ← 从 HTTP 请求参数获取凭证
      @RequestParam String password,
      Model model                                     ← 声明一个 Model 参数以将消息值发送给视图
  ) {
    boolean loggedIn = false;                         ← 稍后实现登录逻辑时，这个变量将存储登录请求结果

    if (loggedIn) {
      model.addAttribute("message", "You are now logged in.");
    } else {
      model.addAttribute("message", "Login failed!");
    }                                                 ← 根据登录结果，发送一条特定的消息

    return "login.html";                              ← 返回的视图名仍然是 login.html，因此一直位于同一个页面上
  }
}
```

图 9.5 直观地描述了控制器类和实现的视图之间的链接。

现在已有一个控制器和一个视图，但是请求作用域在哪里呢？我们编写的唯一类是 LoginController，将它保留为单例，这是默认的 Spring 作用域。只要 LoginController 的属性中不存储任何细节，就不需要更改它的作用域。但是记住，需要实现登录逻辑。登录逻辑依赖于用户的凭证，关于这些凭证，必须考虑如下两点。

(1) 凭证是敏感的细节，其在应用程序的内存中存储的时间不应超过登录请求的时长。

(2) 可能会有更多拥有不同凭证的用户同时登录。

考虑到这两点，我们需要确保如果使用 bean 来实现登录逻辑，每个实例对于每个 HTTP 请求都是唯一的。此时需要使用请求作用域的 bean。我们将扩展该应用程序，如图 9.5 所示。添加一个请求作用域的 bean——LoginProcessor，它会获取请求的凭证并对其进行验证(见图 9.6)。

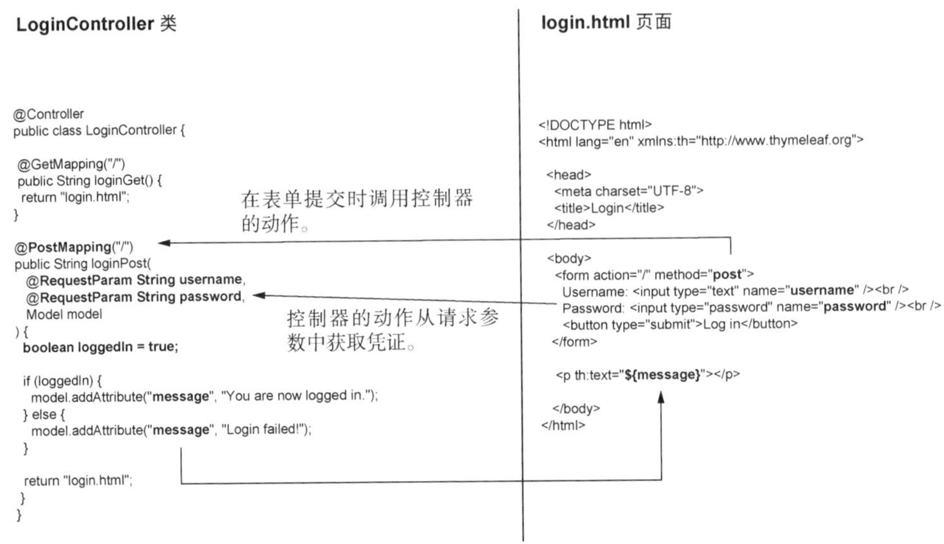

图 9.5 当有人提交 HTML 登录表单时，调度程序 servlet 调用控制器的动作。控制器的动作从 HTTP 请求参数获取凭证。根据登录结果，控制器向视图发送消息，视图在 HTML 表单下方显示该消息

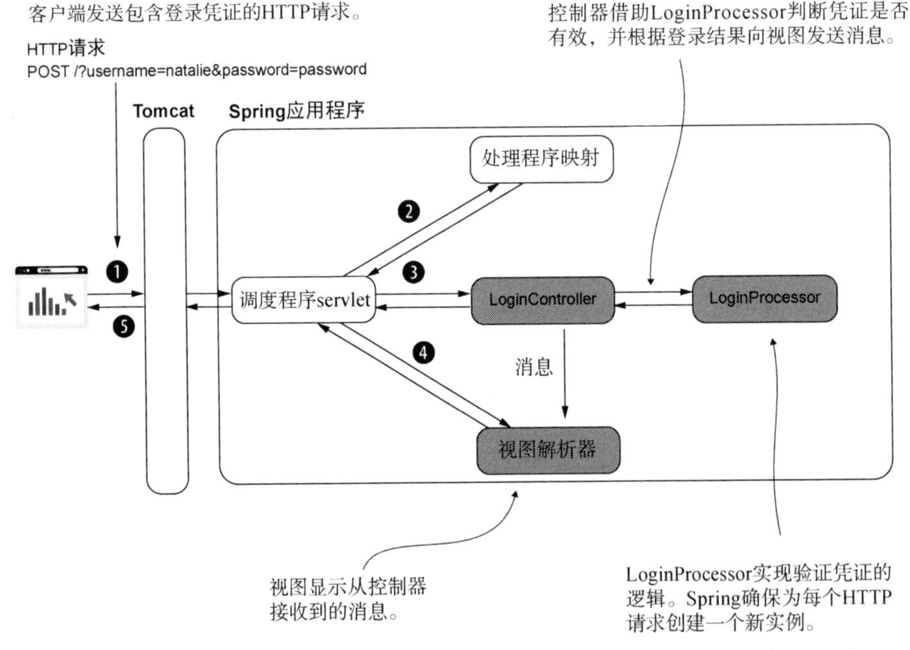

图 9.6 LoginProcessor bean 是请求作用域的 bean。Spring 确保为每个 HTTP 请求创建一个新实例。bean 实现登录逻辑。控制器调用它实现的方法。如果凭证有效，该方法返回 true，否则返回 false。根据 LoginProcessor 返回的值，LoginController 向视图发送正确的消息

代码清单 9.4 是 LoginProcessor 类的实现。要更改 bean 的作用域，可使用@RequestScoped 注解。当然，仍然需要在 Spring 上下文中通过在配置类或原型注解中使用@Bean 注解来创建该类类型的 bean。这里选择用@Component 原型注解标注这个类。

代码清单 9.4　实现登录逻辑的请求作用域的 LoginProcessor bean

```
@Component            // 使用一个原型注解标注该类，告知 Spring 这是一个 bean
@RequestScope         // 使用@RequestScope 注解把 bean 的作用域更改为请求作用域。通过这种方式，Spring 为每个 HTTP 请求创建一个类的新实例
public class LoginProcessor {

  private String username;    // bean 将凭证存储为属性
  private String password;

  public boolean login() {    // bean 定义了一个实现登录逻辑的方法
    String username = this.getUsername();
    String password = this.getPassword();

    if ("natalie".equals(username) && "password".equals(password)) {
      return true;
    } else {
      return false;
    }
  }

  // omitted getters and setters
}
```

可以运行该应用程序并在浏览器地址栏使用 localhost:8080 地址访问登录页面。图 9.7 分别显示了在使用有效凭证和不正确的凭证时，应用程序访问页面后的行为。

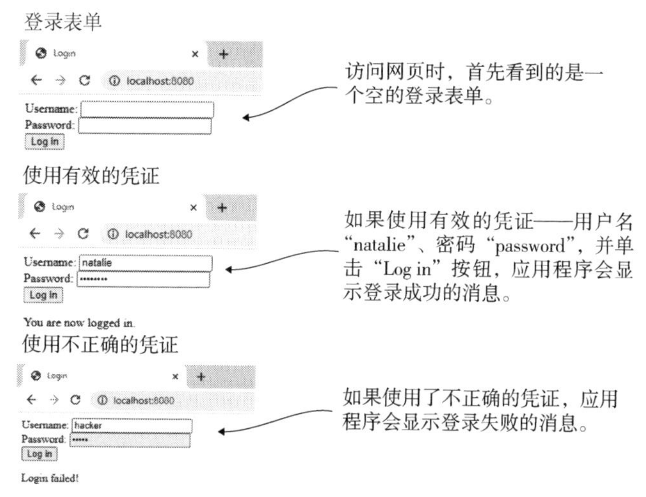

图 9.7　在浏览器中访问页面时，应用程序会显示一个登录表单。如果使用了有效的凭证，应用程序会显示一条成功登录的消息。如果使用了不正确的凭证，应用程序会显示登录失败的消息

9.2 在 Spring Web 应用程序中使用会话作用域

本节讨论会话作用域的 bean。进入 Web 应用程序并登录后，即可浏览该应用程序的页面，该应用程序将保持用户登录状态。会话作用域的 bean 是 Spring 管理的对象，Spring 为此创建了一个实例并将其链接到 HTTP 会话。一旦客户端向服务器发送请求，服务器就会在内存中为这个请求保留一个位置，在整个会话期间都是如此。当为特定客户端创建 HTTP 会话时，Spring 会创建会话作用域 bean 的实例。当客户端 HTTP 会话处于活动状态时，该实例可以为相同的客户端重用。存储在会话作用域 bean 属性中的数据可用于整个 HTTP 会话中的所有客户端请求。这种存储数据的方法允许存储用户在浏览应用程序页面时所有操作的信息。

比较图 9.8 和图 9.2，图 9.8 描述的是会话作用域的 bean，图 9.2 描述的是请求作用域的 bean。图 9.9 对比这两种方法。对于请求作用域的 bean，Spring 会为每个 HTTP 请求创建一个新实例；对于会话作用域的 bean，Spring 仅为每个 HTTP 会话创建一个实例。会话作用域的 bean 允许存储由同一客户端的多个请求共享的数据。

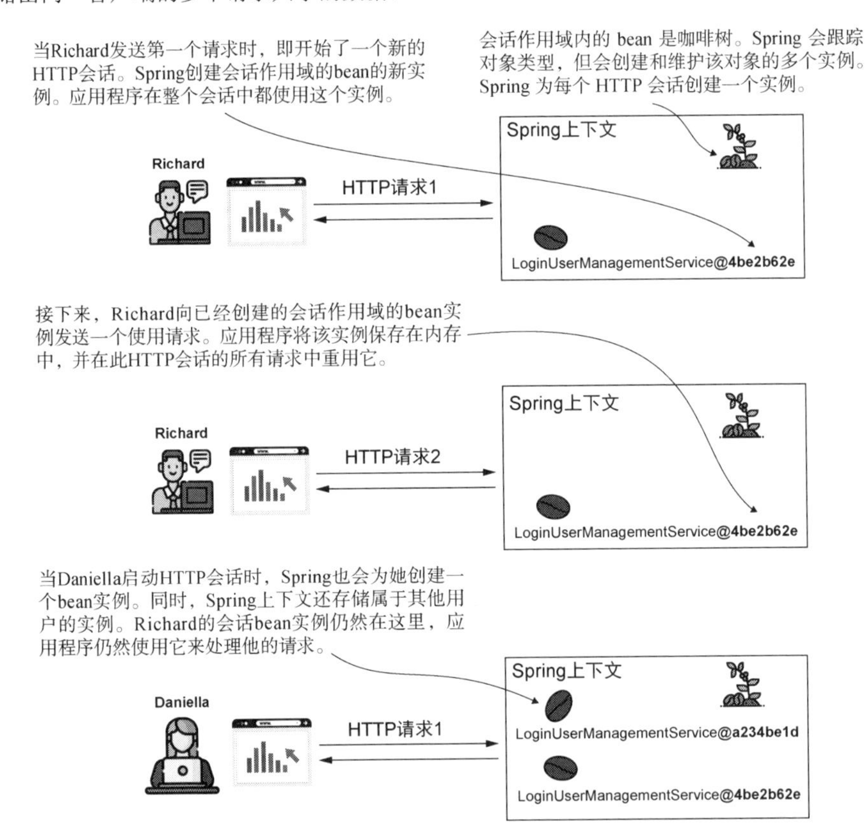

图 9.8 会话作用域的 bean 用于在客户端整个 HTTP 会话的上下文中保持一个 bean。Spring 为客户端开启的每个 HTTP 会话创建一个会话作用域的 bean 实例。对于通过相同 HTTP 会话发送的所有请求，客户端都会访问相同的实例。每个用户都有自己的会话，并访问会话作用域 bean 的不同实例

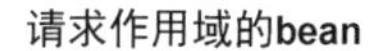

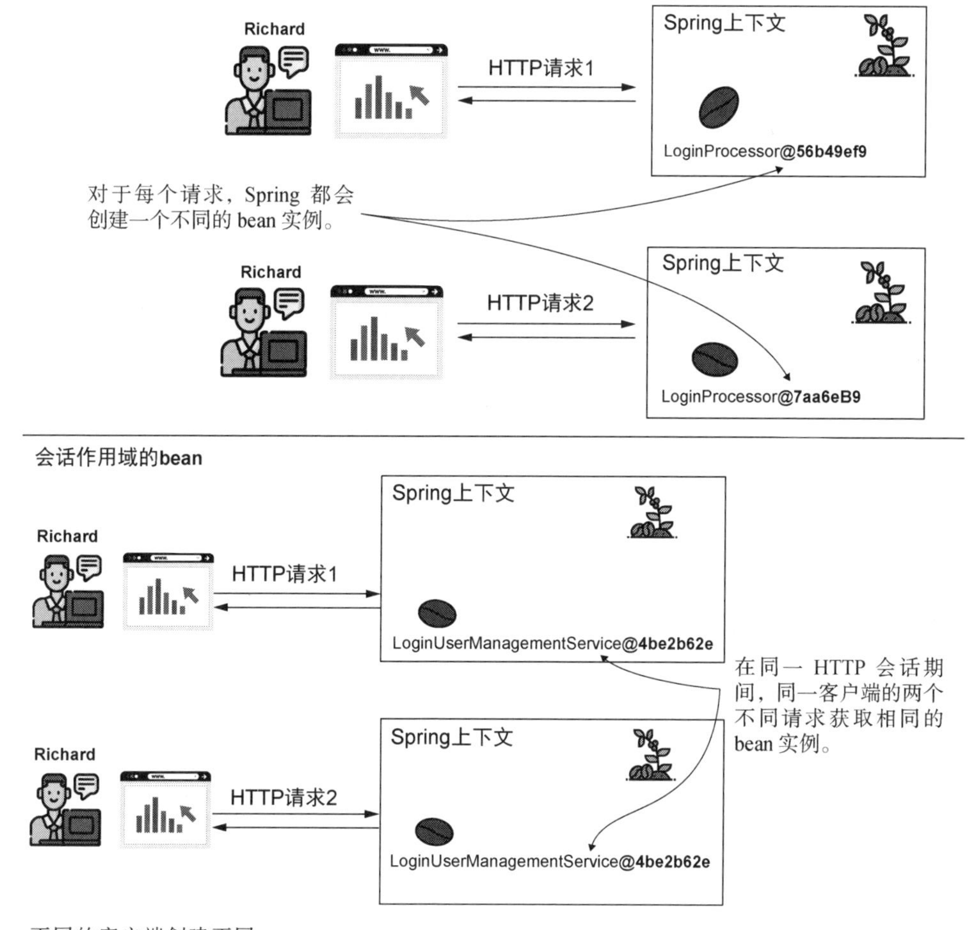

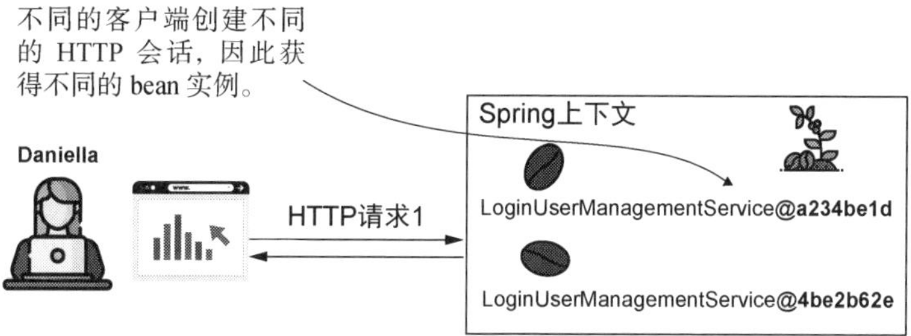

图 9.9　请求作用域 bean 和会话作用域 bean 的比较图，从中可以直观地看到这两个 Web bean 作用域的区别。当希望 Spring 为每个请求创建一个新实例时，可以使用请求作用域的 bean。当希望在整个客户端的 HTTP 会话中保持 bean(以及它所包含的任何细节)时，可以使用会话作用域的 bean

使用会话作用域的 bean，可以实现以下几个特性。

- 登录——当用户访问应用程序的不同部分，并发送多个请求时，保存认证用户的详细信息。

- 在线购物车——用户访问应用程序中的多个地方，搜索要添加到购物车中的产品。购物车记住客户添加的所有产品。

会话作用域 bean 的关键知识点

表 9.2 分析计划在产品应用程序中使用会话作用域 bean 时需要考虑的关键知识点。

表 9.2 使用会话作用域 bean 时需要考虑的知识点

事实	结果	考虑事项	避免事项
会话作用域的 bean 实例在整个HTTP会话期间被保存	它们的寿命较长，而且与请求作用域内的 bean 相比，它们被回收的频率较低	应用程序将存储在会话作用域 bean 中的数据保存更长时间	避免在会话中保留太多的数据。它可能会潜在地成为性能问题。此外，不要在会话 bean 属性中存储敏感的细节(如密码、私钥或任何其他秘密细节)
多个请求可以共享会话作用域的 bean 实例	如果同一客户端发出多个更改实例数据的并发请求，可能会遇到多线程相关的问题，如竞态条件	在可能出现这样的场景时，可能需要使用同步技术避免并发。然而，通常建议先查看该场景是否可以避免，并只在无法避免时，才将同步作为最后的手段	
会话作用域 bean 是一种通过将数据保存在服务器端来在请求之间共享数据的方法	实现的逻辑可能意味着请求变得相互依赖	当在应用程序的内存中保存有状态的细节时，客户端便会依赖特定的应用程序实例。在决定使用会话作用域的 bean 实现某些特性之前，可先考虑替代方法，例如将希望共享的数据存储在数据库中而不是会话中。这样，就可以让HTTP请求彼此独立	

接下来，继续使用会话作用域的 bean，让应用程序在用户访问应用程序的不同页面时，意识到用户已登录，并承认他们是登录的用户。这样，这个示例就完整地说明了在处理产品应用

程序时需要知道的所有相关的详情。

更改 9.1 节实现的应用程序，以显示只有登录用户才能访问的页面。更改后的应用程序会在用户登录后重定向到这个页面，显示一条包含登录用户名的欢迎信息，并为用户提供单击链接以注销的选项。

下面是实现这个改变需要采取的步骤(见图 9.10)：

(1) 创建一个会话作用域的 bean 保存登录用户的详细信息。

(2) 创建用户登录后才能访问的页面。

(3) 确保用户在登录之前不能访问步骤(1)创建的页面。

(4) 认证成功后，将登录用户重定向到主页面。

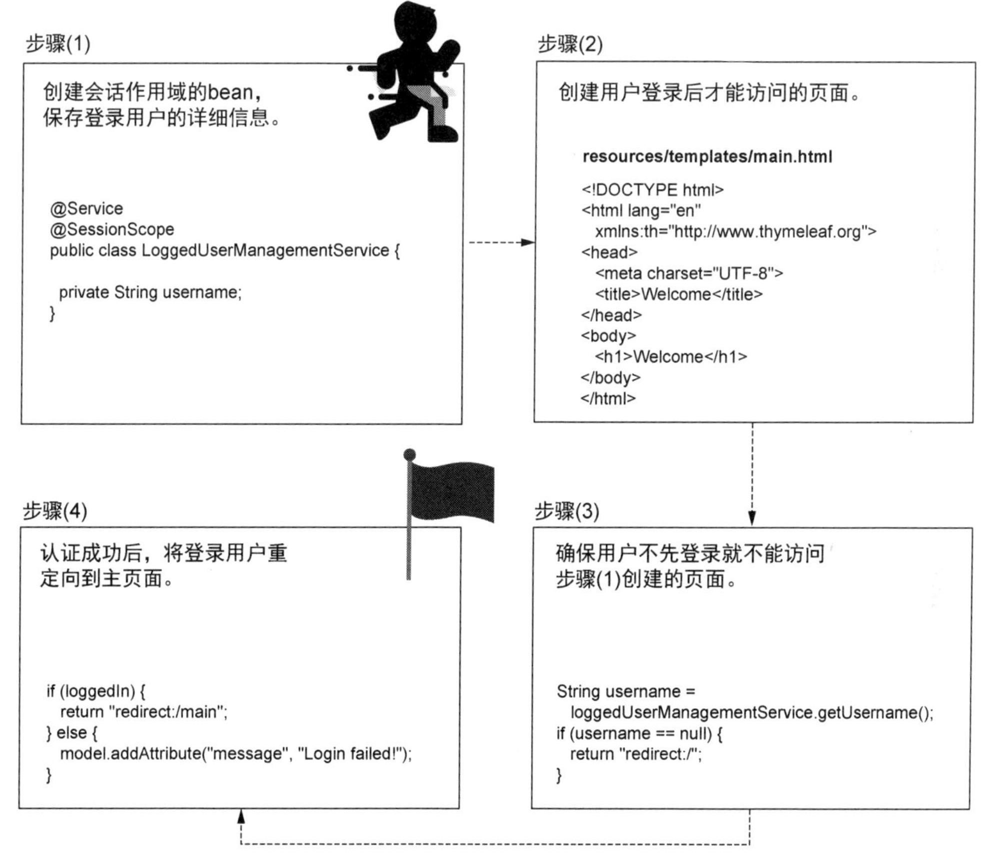

步骤(1)
创建会话作用域的bean，
保存登录用户的详细信息。
@Service
@SessionScope
public class LoggedUserManagementService {
private String username;
}
步骤(2)
创建用户登录后才能访问的页面。
resources/templates/main.html
<!DOCTYPE html>
<html lang="en"
xmlns:th="http://www.thymeleaf.org">
<head>
<meta charset="UTF-8">
<title>Welcome</title>
</head>
<body>
<h1>Welcome</h1>
</body>
</html>
步骤(4)
认证成功后，将登录用户重
定向到主页面。
if (loggedIn) {
return "redirect:/main";
} else {
model.addAttribute("message", "Login failed!");
}
步骤(3)
确保用户不先登录就不能访问
步骤(1)创建的页面。
String username =
loggedUserManagementService.getUsername();
if (username == null) {
return "redirect:/";
}

图 9.10 使用会话 bean 实现应用程序中只有登录用户才能访问的部分。一旦用户通过身份验证，应用程序就会将他们重定向到一个只能在通过身份验证后才可以访问的页面。如果用户试图在认证前访问该页面，应用程序则会将他们重定向到登录表单

项目“sq-ch9-ex2”中存放了这个更改的示例。

幸运的是，在 Spring 中创建会话作用域的 bean 与对 bean 类使用@SessionScope 注解一样

简单。创建一个新类 LoggedUserManagementService，并将其设置为会话作用域，如代码清单 9.5 所示。

代码清单 9.5 定义会话作用域的 bean 以保存登录用户的详细信息

添加@Service 原型注解以指示 Spring 在其上下文中将该类作为一个 bean 管理

使用@SessionScope 注解，把 bean 的作用域更改为会话

```
@Service
@SessionScope
public class LoggedUserManagementService {

  private String username;

  // Omitted getters and setters
}
```

每次用户成功登录时，其名称都会存储在该 bean 的 username 属性中。9.1 节已实现了自动将 LoggedUserManagementService bean 连线 LoginProcessor 类，以处理身份验证逻辑，如代码清单 9.6 所示。

代码清单 9.6 在登录逻辑中使用 LoggedUserManagementService bean

```
@Component
@RequestScope
public class LoginProcessor {

  private final LoggedUserManagementService loggedUserManagementService;

  private String username;
  private String password;

  public LoginProcessor(
    LoggedUserManagementService loggedUserManagementService) {
    this.loggedUserManagementService = loggedUserManagementService;
  }

  public boolean login() {
    String username = this.getUsername();
    String password = this.getPassword();

    boolean loginResult = false;
    if ("natalie".equals(username) && "password".equals(password)) {
      loginResult = true;
      loggedUserManagementService.setUsername(username);
    }

    return loginResult;
  }

  // Omitted getters and setters
}
```

自动连线 LoggedUserManagementService bean

将用户名存储在 LoggedUserManagementService bean 中

注意，LoginProcessor bean 仍然是请求作用域的 bean。我们仍然使用 Spring 为每个登录请求创建这个实例。在执行身份验证逻辑的请求期间，我们只需要用户名和密码属性的值。

因为 LoggedUserManagementService bean 是会话作用域的 bean，所以现在在整个 HTTP 会话中都可以访问用户名值。可以使用这个值来获知是否有人登录以及谁登录了。不需要担心多个用户登录的情况；应用程序框架可以确保每个 HTTP 请求链接到正确的会话。登录流程如图 9.11 所示。

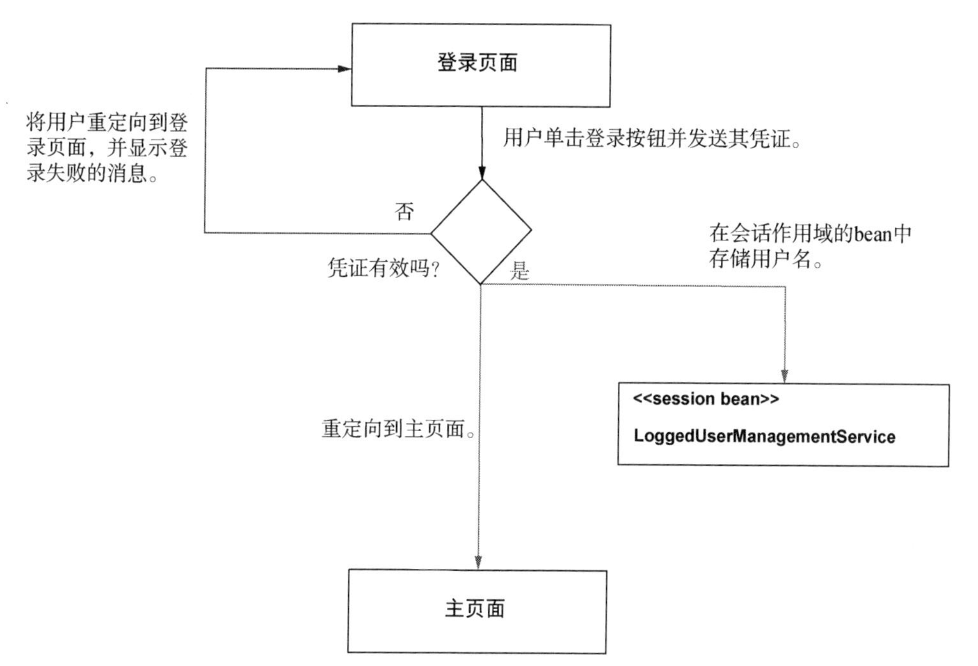

图 9.11　示例中实现的登录流程。当用户提交凭证时，登录过程就开始了。如果用户的凭证是正确的，那么用户名将存储在会话作用域的 bean 中，并且应用程序会将用户重定向到主页面。如果凭证无效，应用程序则会将用户重定向到登录页面，并显示一条登录失败的消息

现在，创建一个新页面，并确保用户只有在已经登录的情况下才能访问该页面。为新页面定义一个新控制器(称为 MainController)。定义一个动作并将其映射到/main 路径。为了确保用户只有在登录后才能访问这个路径，可先行检查 LoggedUserManagementService bean 是否存储了任何用户名。如果没有，将用户重定向到登录页面。为了将用户重定向到另一个页面，控制器动作需要返回字符串“redirect:”，后面跟着动作想要将用户重定向到的路径。图 9.12 直观地展示了主页面的逻辑。

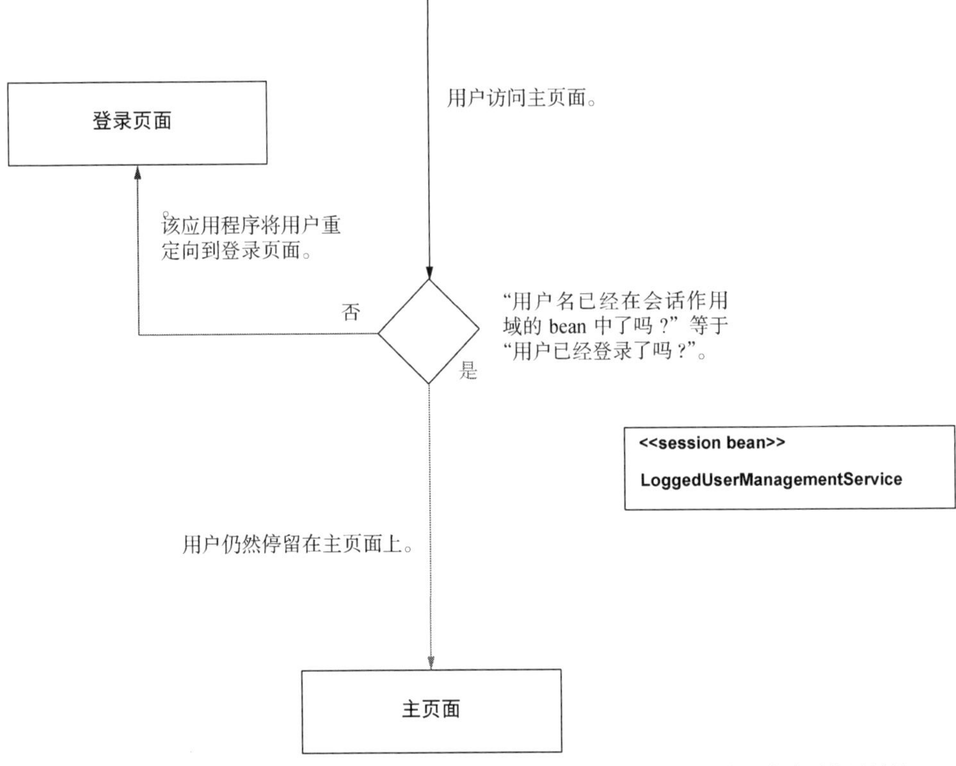

图 9.12 认证通过后才能访问主页面。当应用程序验证用户时，它会将用户名存储在会话作用域的 bean 中。这样，应用程序就知道用户已经登录了。当某人访问主页面时，若用户名不在会话作用域的 bean 中(他们没有进行身份验证)，应用程序则将他们重定向到登录页面

代码清单 9.7 显示了 MainController 类。

代码清单 9.7 MainController 类

```
@Controller
public class MainController {

  private final LoggedUserManagementService loggedUserManagementService;

  public MainController(
    LoggedUserManagementService loggedUserManagementService) {
    this.loggedUserManagementService = loggedUserManagementService;
  }

  @GetMapping("/main")
  public String home() {
    String username =
    loggedUserManagementService.getUsername();

  if (username == null) {
    return "redirect:/";
```

自动连线 LoggedUserManagementService bean，以查明用户是否已经登录

获取用户名值，如果有人登录，该值应该不是 null

如果用户没有登录，则将用户重定向到登录页面

```
    }

      return "main.html";   ← 如果用户已登录，则返回主页面的视图
    }
}
```

我们需要在 Spring Boot 项目的“resources/templates”文件夹中添加定义视图的 main.html。代码清单 9.8 显示了 main.html 页面的内容。

代码清单 9.8 main.html 页面的内容

```
<!DOCTYPE html>
<html lang="en" xmlns:th="http://www.thymeleaf.org">
<head>
    <meta charset="UTF-8">
    <title>Welcome</title>
</head>
<body>
    <h1>Welcome</h1>
</body>
</html>
```

允许用户注销也很容易。只需要将 LoggedUserManagementService 会话 bean 中的用户名设置为空即可。下面在页面上创建一个注销链接，并在欢迎消息中添加登录的用户名。代码清单 9.9 显示了对定义视图的 main.html 页面的更改。

代码清单 9.9 向 main.html 页面添加注销链接

```
<!DOCTYPE html>
<html lang="en" xmlns:th="http://www.thymeleaf.org">
<head>
    <meta charset="UTF-8">
    <title>Login</title>
</head>
<body>
    <h1>Welcome, <span th:text="${username}"></span></h1>   ← 从控制器获取用户名，并将其显示在页面的欢迎消息中
    <a href="/main?logout">Log out</a>   ← 在页面上添加一个链接“logout”来设置 HTTP 请求参数。当控制器获得这个参数时，它将从会话中删除用户名的值
</body>
</html>
```

这些对 main.html 页面的更改还假定在控制器中也进行了一些更改，以便完成功能。代码清单 9.10 显示了在控制器的动作中如何获取注销请求参数，并将用户名发送到显示用户名的页面。

代码清单 9.10 根据注销请求参数注销用户

```
如果存在，将获得注销请求参数

@Controller
public class MainController {

  // Omitted code

  @GetMapping("/main")
  public String home(
      @RequestParam(required = false) String logout,
      Model model                          添加一个 Model 参数，将用户名发送到视图
  ) {
    if (logout != null) {                  如果注销参数存在，则从
      loggedUserManagementService.setUsername(null);   LoggedUserManagementService bean 中删除用户名
    }

    String username = loggedUserManagementService.getUsername();

    if (username == null) {
      return "redirect:/";
    }

    model.addAttribute("username" , username);    将用户名发送给视图
    return "main.html";
  }
}
```

若要完成该应用程序，还需要更改 LoginController，使用户通过身份验证后重定向到主页面。要实现这个结果，可参照代码清单 9.11 更改 LoginController 的动作。

代码清单 9.11 登录后将用户重定向到主页面

```
@Controller
public class LoginController {

  // Omitted code

  @PostMapping("/")
  public String loginPost(
      @RequestParam String username,
      @RequestParam String password,
      Model model
  ) {
    loginProcessor.setUsername(username);
    loginProcessor.setPassword(password);
    boolean loggedIn = loginProcessor.login();
    if (loggedIn) {                     当用户成功认证后，应用程序会将他们
      return "redirect:/main";          重定向到主页面
    }

    model.addAttribute("message", "Login failed!");
    return "login.html";
```

```
    }
}
```

现在可以启动应用程序并测试登录。当提供了正确的凭证时，应用程序会重定向到主页面(见图 9.13)。单击 Logout 链接，应用程序会重定向回登录页面。如果试图在没有身份验证的情况下访问主页面，应用程序也会重定向到登录页面。

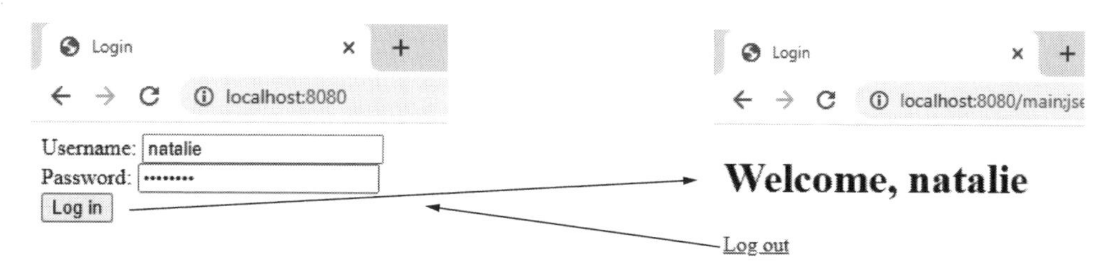

图 9.13 两个页面之间的流程。当用户登录时，应用程序会将他们重定向到主页面。用户可以单击注销链接，之后，应用程序会将他们重定向回登录表单

9.3 在 Spring Web 应用程序中使用应用程序作用域

本节讨论应用程序作用域。我们应了解它的工作方式，并知晓最好不要在产品应用程序中使用它。所有的客户端请求都共享一个应用程序作用域的 bean(见图 9.14)。

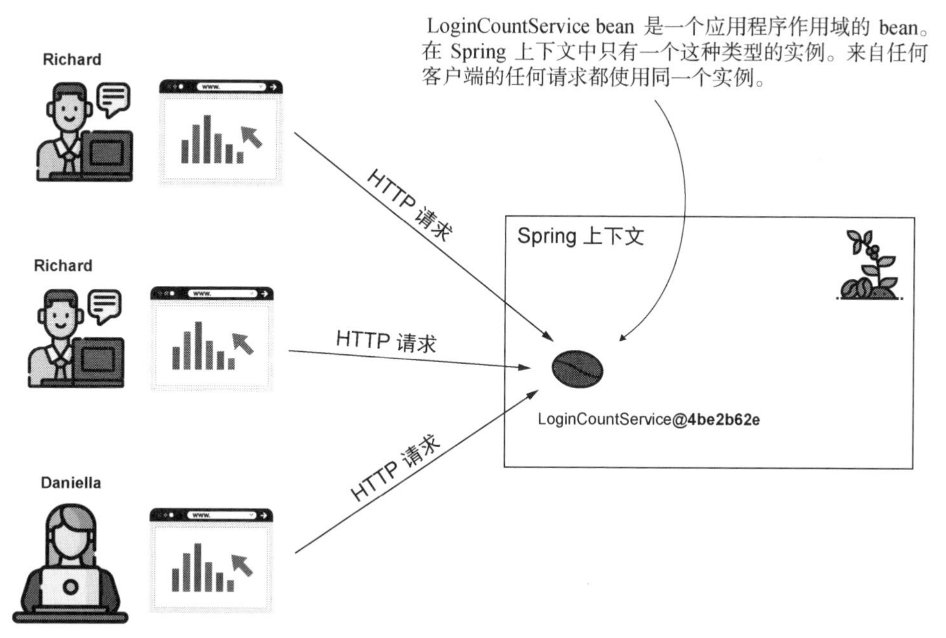

图 9.14 Spring Web 应用程序中的应用程序作用域。应用程序作用域 bean 的实例被所有客户端的 HTTP 请求共享。Spring 上下文只提供 bean 类型的一个实例，供任何需要它的人使用

应用程序的作用域接近于单例的工作方式。不同的是，不能在上下文中有更多的相同类型的实例，当讨论 Web 作用域(包括应用程序作用域)的生命周期时，总是使用 HTTP 请求作为参考点。对于应用程序作用域的 bean，同样要面对第 5 章讨论的单例 bean 的并发问题：最好为单例 bean 设置不可变的属性。同样的建议也适用于应用程序作用域的 bean。但是如果其属性不可变，则可以直接使用单例 bean 代替之。

通常，建议开发人员避免使用应用程序作用域的 bean。最好直接使用持久层，如数据库(参见第 12 章)。

最好通过一个示例来理解这种情况——修改本章使用的应用程序，并添加一个统计登录尝试次数的特性。这个示例位于项目“sq-ch9-ex3”中。

因为必须对所有用户的登录尝试次数进行计数，所以可以把计数存储在一个应用程序作用域的 bean 中。创建一个 LoginCountService 应用程序作用域的 bean，它将计数存储在一个属性中。代码清单 9.12 显示了这个类的定义。

代码清单 9.12 LoginCountService 类统计登录尝试次数

```
@Service
@ApplicationScope          // @ApplicationScope注解将此bean的作用域更改为应用程序作用域
public class LoginCountService {

  private int count;

  public void increment() {
    count++;
  }

  public int getCount() {
    return count;
  }
}
```

然后 LoginProcessor 可以自动连线这个 bean，并为任何新的登录尝试调用 increment()方法，如代码清单 9.13 所示。

代码清单 9.13 增加每次登录请求的登录计数

```
@Component
@RequestScope
public class LoginProcessor {

  private final LoggedUserManagementService loggedUserManagementService;
  private final LoginCountService loginCountService;

  private String username;
  private String password;

  public LoginProcessor(          // 通过构造函数的参数注入LoginCountService bean
    LoggedUserManagementService loggedUserManagementService,
```

```
        LoginCountService loginCountService) {
        this.loggedUserManagementService = loggedUserManagementService;
        this.loginCountService = loginCountService;
    }

    public boolean login() {
        loginCountService.increment();    ←——递增每次登录尝试的计数

        String username = this.getUsername();
        String password = this.getPassword();

        boolean loginResult = false;
        if ("natalie".equals(username) && "password".equals(password)) {
            loginResult = true;
            loggedUserManagementService.setUsername(username);
        }

        return loginResult;
    }

    // Omitted code
}
```

最后需要显示这个值。如示例所示，从第 7 章开始，可以在控制器的动作中使用一个 Model 参数将计数值发送到视图。然后可以使用 Thymeleaf 在视图中显示值。代码清单 9.14 显示了如何将值从控制器发送到视图。

代码清单 9.14　将计数器值从控制器发送到主页面上显示

```
@Controller
public class MainController {

    // Omitted code
    @GetMapping("/main")
    public String home(
        @RequestParam(required = false) String logout,
        Model model
    ) {
        if (logout != null) {
            loggedUserManagementService.setUsername(null);
        }

        String username = loggedUserManagementService.getUsername();
        int count = loginCountService.getCount();    ←——从应用程序作用域的
                                                         bean 中获取计数
        if (username == null) {
            return "redirect:/";
        }

        model.addAttribute("username" , username);
        model.addAttribute("loginCount", count);    ←——将计数值发
                                                        送到视图
        return "main.html";
    }
}
```

代码清单 9.15 显示了如何在页面上显示计数值。

代码清单 9.15 在主页面上显示计数值

```
<!DOCTYPE html>
<html lang="en" xmlns:th="http://www.thymeleaf.org">
<head>
    <meta charset="UTF-8">
    <title>Login</title>
</head>
<body>
    <h1>Welcome, <span th:text="${username}"></span>!</h1>
    <h2>
        Your login number is
        <span th:text="${loginCount}"></span>    ← 在页面上显示计数
    </h2>
    <a href="/main?logout">Log out</a>
</body>
</html>
```

当运行这个应用程序时，主页面上会显示总的登录尝试次数，如图 9.15 所示。

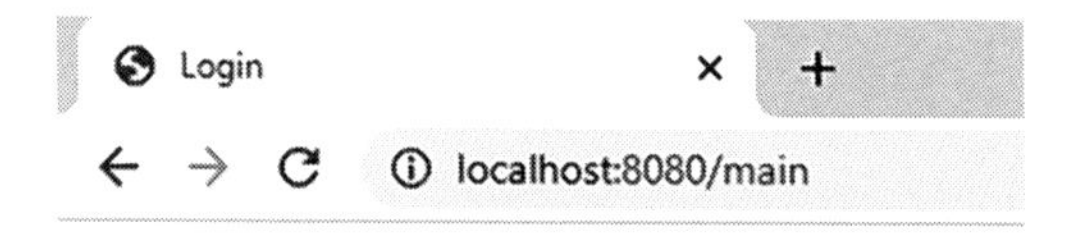

图 9.15 应用程序的运行结果是一个显示了所有用户总登录次数的 Web 页面。该主页显示了总的登录尝试次数

9.4 本章小结

- 除了单例 bean 作用域和原型 bean 作用域(参见第 2～5 章)外，还可以在 Spring Web 应用程序中使用另外 3 个 bean 作用域。这些作用域只有在 Web 应用程序中才有意义，这就是为什么称它们为 Web 作用域。
  - 请求作用域——Spring 为每个 HTTP 请求创建一个 bean 实例。
  - 会话作用域——Spring 为客户端的每个 HTTP 会话创建一个 bean 实例。来自同一客户端的多个请求可以共享同一个实例。
  - 应用程序作用域——对于特定的 bean，整个应用程序只有一个实例。来自任何客户端的每个请求都可以访问这个实例。

- Spring 保证一个请求作用域的 bean 实例只能被一个 HTTP 请求访问。因此，可以使用实例的属性，而不必担心与并发相关的问题。此外，也不必担心它们会填满应用程序的内存。由于实例的存在时间很短，因此可以在 HTTP 请求结束时对其进行回收。
- Spring 为每个 HTTP 请求创建请求作用域的 bean 实例。这是很常见的。最好不要在构造函数或@PostConstruct 方法中实现逻辑，这会使创建实例变得困难。
- Spring 将会话作用域的 bean 实例链接到客户端的 HTTP 会话。这样，一个会话作用域的 bean 实例可以用来在来自同一客户端的多个 HTTP 请求之间共享数据。
- 即使来自同一个客户端，客户端也可以同时发送 HTTP 请求。如果这些请求需要更改会话作用域的实例中的数据，它们就可能会进入竞态条件场景。需重视这种情况，要么避免这种情况，要么同步代码以支持并发性。
- 建议避免使用应用程序作用域的 bean 实例。当应用程序作用域的 bean 实例被所有的 Web 应用程序请求共享时，任何写操作通常都需要同步，这就会造成瓶颈，大大影响应用程序的性能。此外，在应用程序运行时，这些 bean 就会一直存在于应用程序的内存中，不能被回收。更好的方法是直接将数据存储在数据库中，参见第 12 章。
- 会话作用域和应用程序作用域的 bean 都意味着减少请求的独立性。应用程序管理请求所需要的状态(即，应用程序是有状态的)。有状态的应用程序意味着最好避免不同的架构问题。当然，描述这些问题已超出了本书的范畴，但是提前了解总是有备无患。

第 10 章

实现REST服务

本章内容

- 了解 REST 服务
- 实现 REST 端点
- 管理服务器在 HTTP 响应中发送给客户端的数据
- 从 HTTP 请求体中获取客户端数据
- 在端点级别管理异常

第 7~9 章多次提到了 Web 应用程序的 REST 服务。本章将深入探讨 REST 服务，你将了解它们不仅仅与 Web 应用程序相关。

REST 服务是实现两个应用程序之间通信的最常用方法之一。REST 提供了对“由服务器通过客户端可调用的端点公开的功能”的访问。

在 Web 应用程序中，可以使用 REST 服务建立客户端和服务器之间的通信。也可以使用 REST 服务开发移动应用程序和后端甚至两个后端服务之间的通信(见图10.1)。因为在今天的许多 Spring 应用程序中，都有机会接触和使用 REST 服务，所以这是每个 Spring 开发人员必须学习的主题。

10.1 节讨论到底什么是 REST 服务。Spring 使用第 7~9 章讨论的 Spring MVC 机制来支持 REST 服务。10.2 节讨论使用 REST 端点时需要掌握的基本语法。本章通过几个示例详细说明 Spring 开发人员在使用 REST 服务实现两个应用程序之间的通信时需要了解的关键知识点。

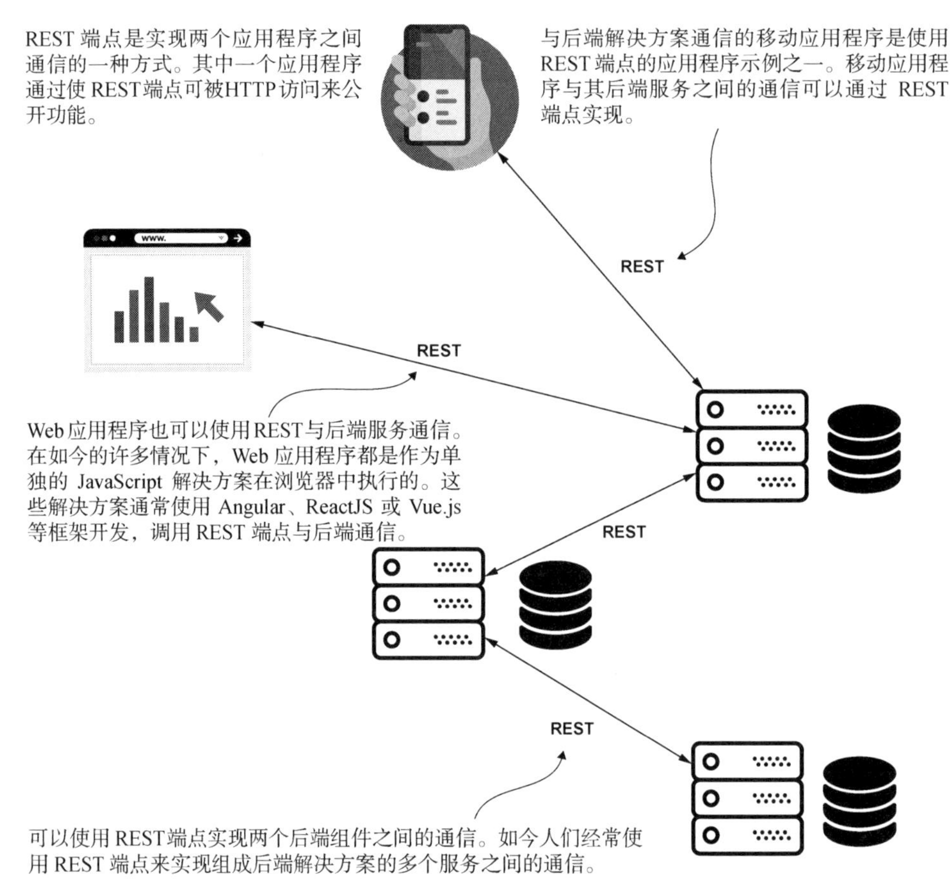

REST 端点是实现两个应用程序之间通信的一种方式。其中一个应用程序通过使 REST端点可被HTTP访问来公开功能。
与后端解决方案通信的移动应用程序是使用 REST 端点的应用程序示例之一。移动应用程序与其后端服务之间的通信可以通过 REST 端点实现。
REST
www.
REST
Web应用程序也可以使用REST与后端服务通信。在如今的许多情况下，Web 应用程序都是作为单独的 JavaScript 解决方案在浏览器中执行的。这些解决方案通常使用 Angular、ReactJS 或 Vue.js 等框架开发，调用 REST 端点与后端通信。
REST
REST
可以使用 REST端点实现两个后端组件之间的通信。如今人们经常使用 REST 端点来实现组成后端解决方案的多个服务之间的通信。

图 10.1 REST 服务是两个应用程序之间的通信方式。今天，可以在许多地方找到 REST 服务。Web 客户端应用程序或移动应用程序可能通过 REST 端点调用其后端解决方案，但即使是后端服务也可能使用 REST Web 服务调用进行通信

10.1 应用程序之间通过 REST 服务交换数据

本节讨论 REST 服务以及 Spring 通过 Spring MVC 支持实现 REST 服务的方式。REST 端点只是实现两个应用程序之间通信的一种方法。REST 端点与实现一个映射到 HTTP 方法和路径的控制器动作一样简单。应用程序通过 HTTP 调用这个控制器动作。因为它是应用程序通过 Web 协议公开服务的方式，所以我们称这个端点为 Web 服务。

最后，在 Spring 中，REST 端点仍然是映射到 HTTP 方法和路径的控制器动作。Spring 使用与 Web 应用程序相同的机制公开 REST 端点。唯一的区别是，对于 REST 服务，我们将告诉 Spring MVC 调度程序 servlet 不要查找视图。在第 7 章的 Spring MVC 图中，视图解析器消失了。服务器在向客户端发送的 HTTP 响应中直接返回控制器的动作返回的内容。图 10.2 展示了 Spring MVC 流中的更改。

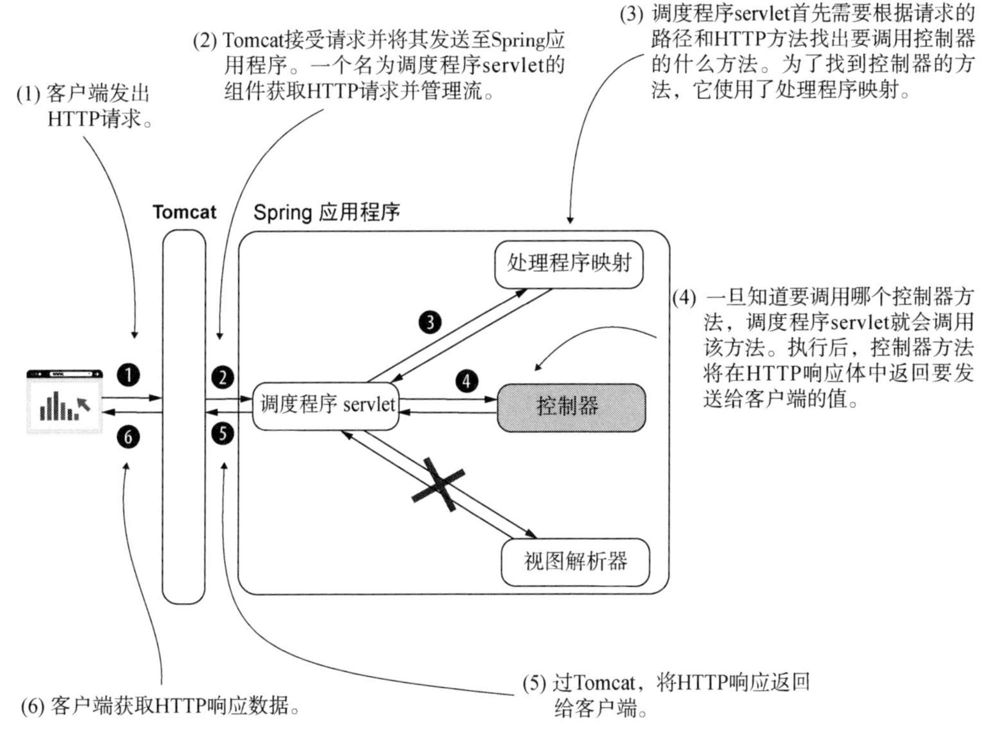
(1) 客户端发出
HTTP请求。
(2) Tomcat接受请求并将其发送至Spring应
用程序。一个名为调度程序servlet的
组件获取HTTP请求并管理流。
(3) 调度程序servlet首先需要根据请求的
路径和HTTP方法找出要调用控制器
的什么方法。为了找到控制器的方
法，它使用了处理程序映射。
Tomcat
Spring 应用程序
处理程序映射
(4) 一旦知道要调用哪个控制器方
法，调度程序servlet就会调用
该方法。执行后，控制器方法
将在HTTP响应体中返回要发
送给客户端的值。
调度程序 servlet
控制器
视图解析器
(5) 过Tomcat，将HTTP响应返回
给客户端。
(6) 客户端获取HTTP响应数据。

图 10.2　实现 REST 端点时，Spring MVC 流发生了变化。应用程序不再需要视图解析器，因为客户端需要控制器的动作直接返回的数据。一旦控制器的动作完成，调度程序 servlet 便返回 HTTP 响应，而不呈现任何视图

REST 服务使用起来很舒服。其简单性是如今人们频繁使用它们的原因之一， Spring 使它们的实现变得更简单明了。但在开始第一个示例之前，REST 端点可能会带来一些通信问题。

- 如果控制器的动作需要很长时间才能完成，那么对端点的 HTTP 调用可能会超时并中断通信。
- 在一次(通过 HTTP 请求的)调用中发送大量数据可能会导致调用超时并中断通信。通过 REST 调用发送超过几兆字节的数据通常不是正确的选择。
- 对一个后端组件公开的端点进行太多的并发调用可能会给应用程序带来过多的压力，并导致它失败。
- 网络支持 HTTP 调用，但网络不是 100%可靠的。因为网络原因，REST 端点调用也可能失败。

当使用 REST 实现两个应用程序之间的通信时，总是需要考虑如果调用失败将会发生什么，以及它将如何影响应用程序。问问自己数据是否会受任何方式的影响。如果端点调用失败，应用程序的设计方式会导致数据不一致吗？如果应用程序需要向用户显示错误，要怎么做？这些都是复杂的问题，并已超出本书架构知识的范畴，我推荐阅读 J. J. Geewax 编著的 *API Design Patterns* (Manning，2021)，这是一本讨论 API 设计最佳实践的优秀指南。

10.2 实现 REST 端点

本节学习如何使用 Spring 实现 REST 端点。好消息是，Spring 对 REST 端点使用了相同的 Spring MVC 机制，因此第 7 章和第 8 章介绍了它们的大部分工作原理。下面从一个示例(项目“sq-ch10-ex1”)开始学习。该示例将在第 7 章和第 8 章讨论的基础上构建，从中可学习如何将一个简单的 Web 控制器转换为 REST 控制器来实现 REST Web 服务。

代码清单 10.1 显示了一个实现简单动作的控制器类。如第 7 章所述，此处使用@Controller 原型注解来注解控制器类。这样，类的实例就变成了 Spring 上下文中的 bean，Spring MVC 因此知晓这是一个将其方法映射到特定 HTTP 路径的控制器。另外，代码清单中还使用@GetMapping 注解指定操作路径和 HTTP 方法。在这个代码清单中唯一的新内容是@ResponseBody 注解的使用。@ResponseBody 注解可告知调度程序 servlet，控制器的动作不返回视图名，直接返回 HTTP 响应中发送的数据。

代码清单 10.1 在控制器类中实现 REST 端点动作

```
@Controller
public class HelloController {

  @GetMapping("/hello")
  @ResponseBody
  public String hello() {
    return "Hello!";
  }
}
```

使用@Controller 注解将类标记为 Spring MVC 控制器

使用@GetMapping 注解将 GET HTTP 方法和路径与控制器的动作关联起来

使用@ResponseBody 注解通知调度程序 servlet，该方法不返回视图名，直接返回 HTTP 响应

如代码清单10.2 所示，如果向控制器添加更多的方法，又会发生什么呢？在每个方法上重复@ResponseBody 注解很烦人。

代码清单 10.2 @ResponseBody 注解变成了重复的代码

```
@Controller
public class HelloController {

  @GetMapping("/hello")
  @ResponseBody
  public String hello() {
    return "Hello!";
  }

  @GetMapping("/ciao")
  @ResponseBody
  public String ciao() {
    return "Ciao!";
  }
}
```

最佳实践是避免代码重复。应该避免重复每个方法的@ResponseBody 注解。为了帮助实现这个功能，Spring 提供了@RestController 注解，它是@Controller 和@ResponseBody 的组合。可以使用@RestController 告知 Spring，控制器的所有动作都是 REST 端点。通过这种方式，即可避免重复@ResponseBody 注解。代码清单 10.3 显示了需要在控制器中更改什么，以便为类使用一次@RestController，而不是为每个方法使用@ResponseBody。为了测试和比较这两种方法，已将这段代码单独存放在示例“sq-ch10-ex2”中。

代码清单 10.3　使用@RestController 注解避免代码重复

```
@RestController
public class HelloController {

  @GetMapping("/hello")
  public String hello() {
    return "Hello!";
  }

  @GetMapping("/ciao")
  public String ciao() {
    return "Ciao!";
  }
}
```

不为每个方法重复@ResponseBody 注解，而是用@RestController 替换@ Controller

实现两个端点确实很容易。但是如何验证它们是否正常工作呢？本节将学习如何使用在现实世界中经常遇到的两种工具调用端点。

- Postman——提供了一个很好的、使用起来很舒服的 GUI。
- cURL——一个命令行工具，在没有 GUI 的情况下很有用(例如，当通过 SSH 连接到虚拟机或当编写批处理脚本时)。

这两种工具对任何开发人员来说都是必须学习的。第 15 章还将学习第三种方法，通过编写集成测试验证端点的行为是否符合预期。

首先，启动应用程序。可以使用项目“sq-ch10-ex1”或“sq-ch10-ex2”。它们有相同的行为。唯一的区别是语法，如前所述。如第 7 章所述，默认情况下，Spring Boot 应用程序会配置一个 Tomcat servlet 容器，使其可以在端口 8080 上访问。

下面先讨论 Postman。你需要在系统上安装该工具，如其官方网站 https://www.postman.com/所示。安装 Postman 后，其启动界面如图 10.3 所示。

单击 Send 按钮后，Postman 就会发送 HTTP 请求。当请求完成时，Postman 会显示 HTTP 响应的详细信息，如图 10.4 所示。

如果没有 GUI，则可以使用命令行工具调用端点。一些文章和书籍经常使用命令行工具而非 GUI 工具进行演示，是因为前者是表示命令的更简短的方式。

如果选择像在 Postman 的示例中那样使用 cURL 作为命令行工具，则首先需要确保安装了 cURL。可以根据操作系统安装 cURL，如工具的官方网页 https://curl.se/所述。

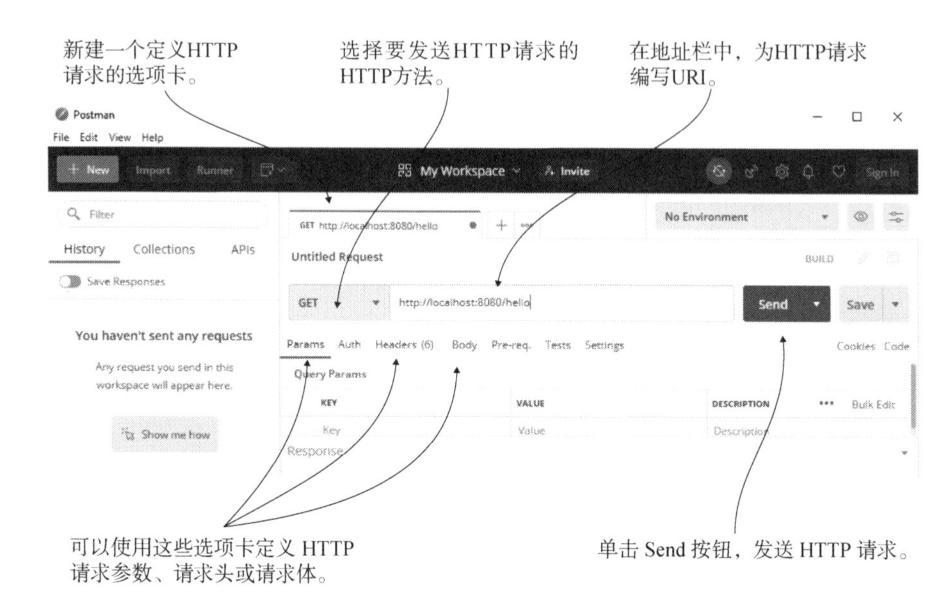

图 10.3 Postman 有一个友好的用于配置和发送 HTTP 请求的界面。选择 HTTP 方法，设置 HTTP 请求 URI，然后单击 Send 按钮发送 HTTP 请求。如果需要，还可以定义其他配置，如请求参数、请求头或请求体

图 10.4 HTTP 请求完成后，Postman 会显示 HTTP 响应的详细信息。在此可以看到响应状态、完成请求所需要的时间、传输的数据量(以字节为单位)以及响应体和头部信息

安装并配置 cURL 之后，就可以使用 cURL 命令发送 HTTP 请求。下面的代码片段展示了可以用来发送 HTTP 请求以测试应用程序公开的/hello 端点的命令：

```
curl http://localhost:8080/hello
```

在完成 HTTP 请求后，控制台将只显示下面的代码片段中显示的 HTTP 响应体。

```
Hello!
```

如果 HTTP 方法是 HTTP GET，则不需要显式指定它。当该方法不是 HTTP GET 时，或者如果想显式地指定它，可以使用-X 标志，如下面的代码片段所示。

```
curl -X GET http://localhost:8080/hello
```

如果想要获取 HTTP 请求的更多细节，可以在命令中添加-v 选项，如下面的代码片段所示。

```
curl - v http://localhost: 8080 / hello
```

下面的代码片段展示了这个命令的结果，它有点复杂。此外，还可以通过冗长的响应找到状态、传输的数据量和头部等详细信息。

```
  Trying ::1:8080...
* Connected to localhost (::1) port 8080 (#0)
> GET /hello HTTP/1.1
> Host: localhost:8080
> User-Agent: curl/7.73.0
> Accept: */*
>
* Mark bundle as not supporting multiuse
< HTTP/1.1 200                    ← HTTP 响应状态
< Content-Type: text/plain;charset=UTF-8
< Content-Length: 6
< Date: Fri, 25 Dec 2020 23:11:02 GMT
<
{ [6 bytes data]
100    6  100    6    0    0   857    0 --:--:-- --:--:-- --:--:--
1000
Hello!       ← HTTP 响应体
* Connection #0 to host localhost left intact
```

10.3　管理 HTTP 响应

本节讨论如何在控制器的动作中管理 HTTP 响应。HTTP 响应是后端应用程序基于客户端的请求，向客户端发送回数据。HTTP 响应保存如下数据。

- 响应头——响应中的短数据(通常不超过几个单词)
- 响应体——后端需要在响应中发送的大量数据
- 响应状态——请求结果的简短表示

在进一步讨论之前，可花几分钟了解一下附录C中关于HTTP的细节。10.3.1节讨论了可以在响应体中发送数据的选项。10.3.2节学习如何在需要时设置HTTP响应状态和响应头。10.3.3节讲解如何在端点管理异常。

10.3.1 将对象作为响应体发送

本节讨论如何在响应体中发送对象实例。要在响应中向客户端发送对象，只需要让控制器的动作返回该对象。在示例“sq-ch10-ex3”中，定义了一个名为Country的模型对象，该对象具有属性name(表示国家名称)和population(表示位于该国家的数百万人口数量)。该示例实现了一个返回Country类型实例的控制器动作。

代码清单10.4显示了定义Country对象的类。当使用对象(如Country)为两个应用程序之间传输的数据建模时，将此对象命名为数据传输对象(DTO)。可以说Country是DTO，它的实例由在HTTP响应体中实现的REST端点返回。

代码清单 10.4 服务器在 HTTP 响应体中返回的数据的模型

```
public class Country {

  private String name;
  private int population;


  public static Country of(
    String name,
    int population) {
      Country country = new Country();
      country.setName(name);
      country.setPopulation(population);
      return country;
  }

  // Omitted getters and setters
}
```

为了使Country实例更简捷，可定义一个静态工厂方法接收name和population。此方法返回一个Country实例，该实例设置了提供的值

代码清单10.5显示了一个返回Country类型实例的控制器动作的实现。

代码清单 10.5 从控制器的动作返回一个对象实例

```
@RestController
public class CountryController {

  @GetMapping("/france")
  public Country france() {
    Country c = Country.of("France", 67);
    return c;
  }
}
```

将该类标记为REST控制器，以便在Spring上下文中添加bean，并通知调度程序Servlet，当这个方法返回时，不去寻找视图

将控制器的动作映射到HTTP GET方法和/france路径

返回Country类型的实例

调用这个端点会发生什么？对象在HTTP响应体中的样子如何？默认情况下，Spring会创建

对象的字符串表示，并将其格式化为 JSON。JavaScript 对象表示法(JSON)是一种将字符串格式化为属性-值对的简单方法。你很有可能见过 JSON，如果你以前没有使用过它，推荐阅读附录 D。

当调用/france 端点时，响应体如下面的代码片段所示。

```
{
   "name": "France",
   "population": 67
}
```

图 10.5 提示了，当使用 Postman 调用端点时，在哪里可以找到 HTTP 响应体。

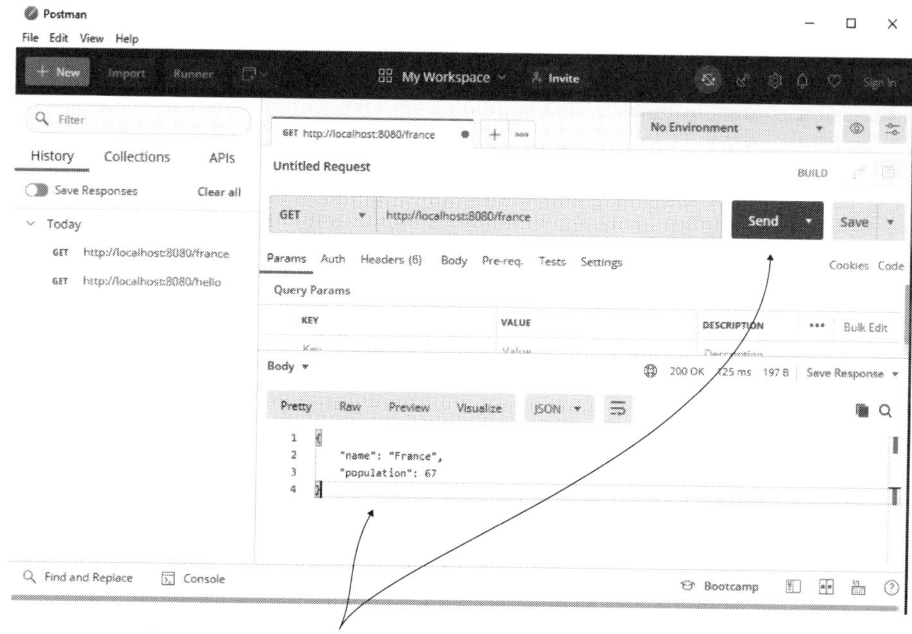

图 10.5　一旦单击 Send 按钮，Postman 就会发送请求。当请求完成时，Postman 将显示响应的详细信息，包括响应体

还可以在响应体中发送对象集合实例。代码清单 10.6 中添加了一个返回 List of Country 对象的方法。

代码清单 10.6　在响应体中返回一个集合

```
@RestController
public class CountryController {

  // Omitted code

  @GetMapping("/all")
  public List<Country> countries() {
```

```
    Country c1 = Country.of("France", 67);
    Country c2 = Country.of("Spain", 47);

    return List.of(c1,c2);          ← 在 HTTP 响应体中
  }                                    返回一个集合

}
```

当调用这个端点时，响应体如下所示：

```
[         ← 在 JSON 中，列表是用括号定义的
    {
      "name": "France",         每个对象都位于花括号
      "population": 67          内，对象间使用逗号分隔
    },
    {
      "name": "Spain",
      "population": 47
    }
]
```

在使用 REST 端点时，使用 JSON 是表示对象的最常用方法。虽然没有强制使用 JSON 表示对象，但几乎没有人使用其他方式。如果愿意，Spring 提供了使用其他方式格式化响应体(如 XML 或 YAML)的可能性，方法是为对象插入定制的转换器。然而，在实际场景中，需要这些内容的可能性非常小，因此可跳过此内容，直接进入下一个相关主题。

10.3.2 设置响应状态和响应头

本节讨论如何设置响应状态和响应头。有时，在响应头中发送部分数据更合适。响应状态也是 HTTP 响应中用来通知请求结果的一个重要标志。默认情况下，Spring 设置了一些常见的 HTTP 状态。

- 200 OK——服务器端处理请求时没有抛出异常。
- 404 Not Found——请求的资源不存在。
- 400 Bad Request——部分请求不能与服务器期望的数据匹配。
- 500 Error on server——当处理请求时，服务器端出于任何原因抛出异常，即服务器上的错误。

通常，对于这种异常，客户端不能做任何事情，并且希望有人在后台解决这个问题。

然而，在某些情况下，需求要求配置自定义状态。这是如何实现的呢？定制 HTTP 响应最简单和最常见的方法是使用 ResponseEntity 类。Spring 提供的这个类允许指定 HTTP 响应的响应体、状态和响应头。示例“sq-ch10-ex4”演示了 ResponseEntity 类的用法。在代码清单 10.7 中，控制器动作返回一个 ResponseEntity 实例，而不是你希望直接在响应体上设置的对象。ResponseEntity 类允许设置响应体的值、响应状态和响应头。这里我们设置了 3 个响应头，并将响应状态更改为“202 Accepted”。

代码清单 10.7　添加自定义响应头并设置响应状态

```
@RestController
public class CountryController {

  @GetMapping("/france")
  public ResponseEntity<Country> france() {
    Country c = Country.of("France", 67);
    return ResponseEntity
          .status(HttpStatus.ACCEPTED)        ← 将 HTTP 响应状态改为 202 Accepted
          .header("continent", "Europe")
          .header("capital", "Paris")
          .header("favorite_food", "cheese and wine")   为响应添加 3 个自定义响应头
          .body(c);   ← 设置响应体
  }
}
```

使用 Postman 发送请求后，就可以验证 HTTP 响应状态是否已改为“202 Accepted”(见图 10.6)。

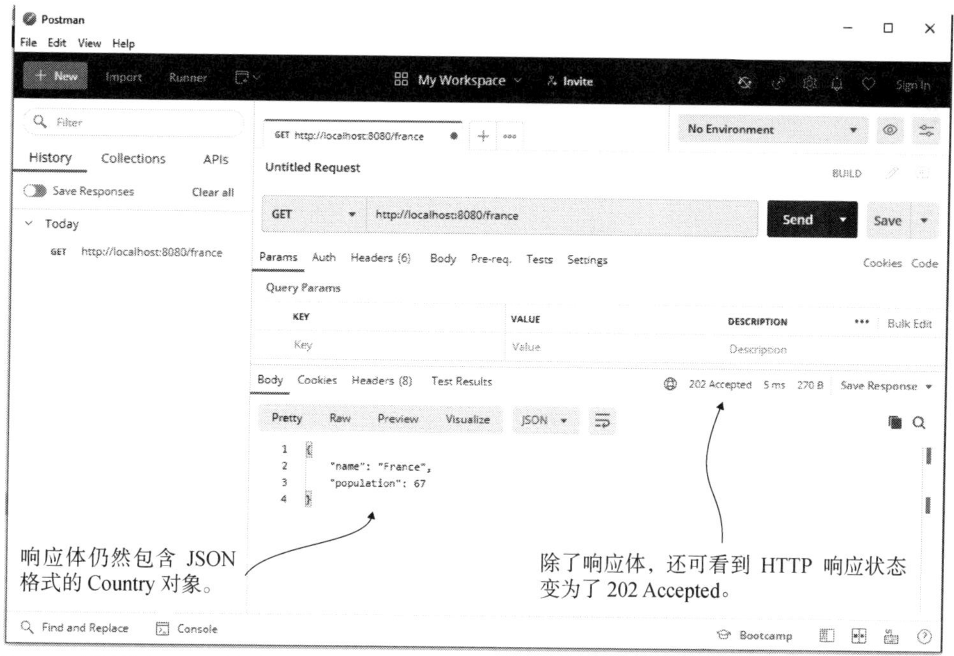

图 10.6　通过单击 Send 按钮发送 HTTP 请求并获取 HTTP 响应后，HTTP 响应状态变成 202 Accepted。响应体是 JSON 格式的字符串

在 Postman 的 HTTP 响应的 Headers 选项卡中，也可以看到，我们添加的 3 个自定义响应头(见图 10.7)。

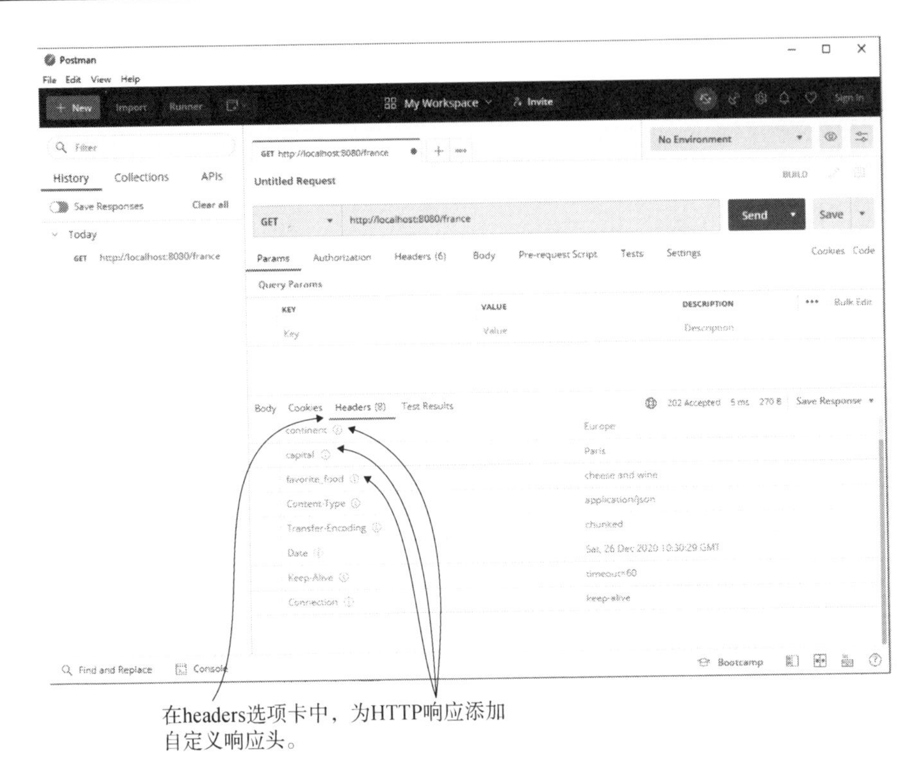

图 10.7 要在 Postman 中看到客户的响应头，必须导航到 HTTP 响应的 Headers 选项卡

10.3.3 在端点级别管理异常

考虑控制器的动作抛出异常时会发生什么非常有必要。在许多情况下，人们使用异常指示特定的情况，其中一些情况与业务逻辑相关。假设创建了一个端点，客户端调用该端点进行支付。如果用户的账户里没有足够的钱，那么应用程序可能会抛出一个异常来表示这种情况。在本例中，可能需要设置 HTTP 响应的一些详细信息，以通知客户端发生的特定情况。

管理异常的方法之一是在控制器的动作中捕获异常，并使用 ResponseEntity 类(如 10.3.2 节所述)在异常发生时发送响应的不同配置。

下面通过一个示例演示这种方法。然后，再通过使用 REST 控制器通知类——在端点调用抛出异常时拦截它的切面——展示另一种方法，并且可以为该特定异常指定要执行的自定义逻辑。

创建一个名为“sq-ch10-ex5”的新项目。并定义一个名为 NotEnoughMoney Exception 的异常，当客户端账户中没有足够的钱而无法完成支付时，应用程序将抛出这个异常。下面的代码片段显示了定义异常的类：

```
public class NotEnoughMoneyException extends RuntimeException {
}
```

我们还实现了一个定义用例的服务类，针对此处的测试，直接抛出这个异常。在真实的场景中，服务将实现支付的复杂逻辑。下面的代码片段展示了用于测试的服务类：

```
@Service
public class PaymentService {

  public PaymentDetails processPayment() {
    throw new NotEnoughMoneyException();
  }
}
```

PaymentDetails 是 processPayment()方法的返回类型，它只是一个模型类，描述了期望控制器的动作为成功支付返回的响应体。下面的代码片段展示了 PaymentDetails 类：

```
public class PaymentDetails {

  private double amount;

  // Omitted getters and setters
}
```

当应用程序遇到异常时，它使用另一个名为 ErrorDetails 的模型类通知客户端。ErrorDetails 类也很简单，并且仅将错误的 message 定义为属性。下面的代码片段显示的是 ErrorDetails 模型类：

```
public class ErrorDetails {

  private String message;

  // Omitted getters and setters
}
```

控制器如何根据流的执行方式决定发送回的对象？当没有异常(应用程序成功完成支付)时，就返回一个状态为“Accepted”的 HTTP 响应，类型为 PaymentDetails。假设应用程序在执行过程中遇到了异常，控制器的动作返回一个 HTTP 响应，状态为“400 Bad Request”，并返回一个 ErrorDetails 实例，该实例包含一个描述该问题的消息。图 10.8 直观地展示了该组件及其任务之间的关系。

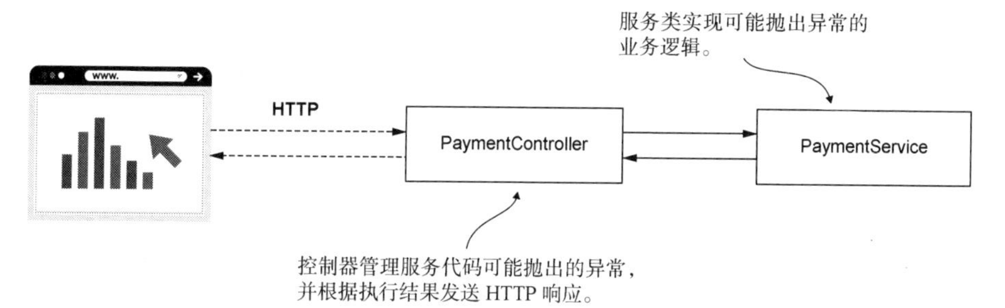

图 10.8 PaymentService 类实现了可能抛出异常的业务逻辑。PaymentController 类管理异常，并根据执行结果向客户端发送 HTTP 响应

代码清单 10.8 显示了由控制器的方法实现的逻辑。

代码清单 10.8 在控制器动作中为异常管理 HTTP 响应

```
@RestController
public class PaymentController {

  private final PaymentService paymentService;

  public PaymentController(PaymentService paymentService) {
    this.paymentService = paymentService;
  }

  @PostMapping("/payment")
  public ResponseEntity<?> makePayment() {
    try {
      PaymentDetails paymentDetails =
        paymentService.processPayment();

      return ResponseEntity
              .status(HttpStatus.ACCEPTED)
              .body(paymentDetails);
    } catch (NotEnoughMoneyException e) {
      ErrorDetails errorDetails = new ErrorDetails();
      errorDetails.setMessage("Not enough money to make the payment.");
      return ResponseEntity
              .badRequest()
              .body(errorDetails);
    }
  }
}
```

如果调用服务方法成功，就返回一个状态为 Accepted 的 HTTP 响应，并将 PaymentDetails 实例作为响应体

如果抛出了 NotEnoughMoneyException 类型的异常，就返回一个状态为 Bad Request 的 HTTP 响应和一个 ErrorDetails 实例作为响应体

尝试调用服务的 processPayment ()方法

启动应用程序并使用 Postman 或 cURL 调用端点。以上服务方法总是抛出 NotEnoughMoneyException，因此可以看到“400 Bad Request”响应状态消息，并且响应体中包含错误消息。图 10.9 显示了在 Postman 中向/payment 端点发送请求的结果。

这种方法很好，开发人员常使用它管理异常情况。然而，在更复杂的应用程序中，将管理异常的任务分离出来会更好。首先，有时需要为多个端点管理相同的异常，因为不想引入重复的代码。其次，当需要理解一个特定的用例是如何工作时，知道在一个地方找到所有的异常逻辑会更轻松。出于这些原因，我更喜欢使用 REST 控制器通知，这是一个拦截控制器动作抛出的异常并根据拦截的异常应用自定义逻辑的切面。

图 10.10 展示了想要在类设计中做的更改。花点时间将这个新类设计与图 10.8 中的类设计进行比较。

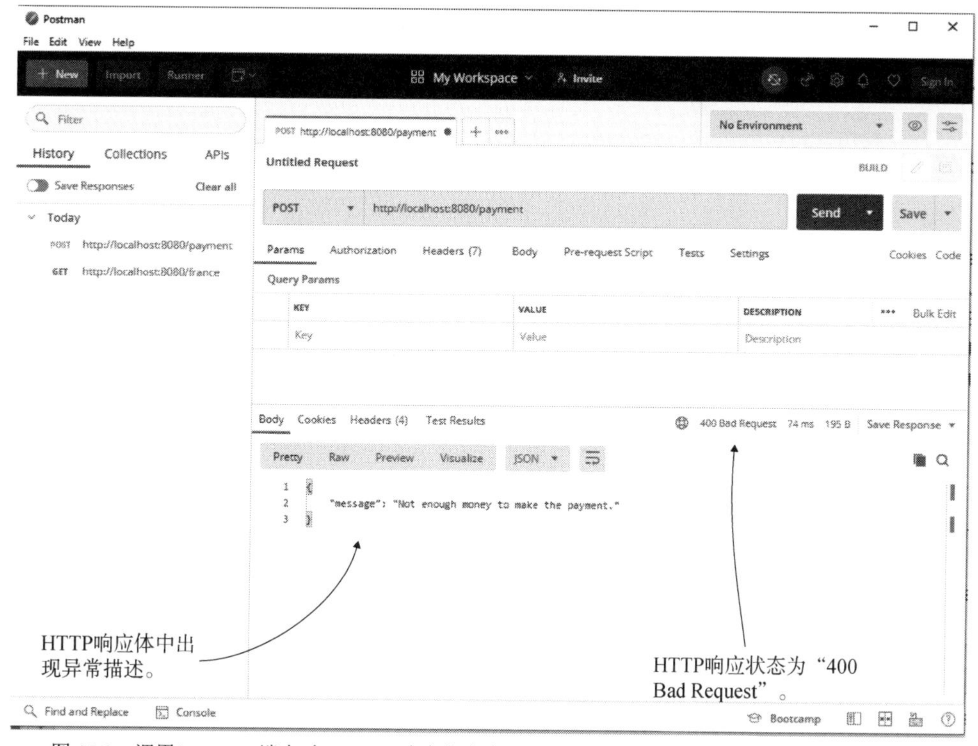

图 10.9 调用/payment 端点时，HTTP 响应状态为“400 Bad Request”，响应体中出现了异常消息

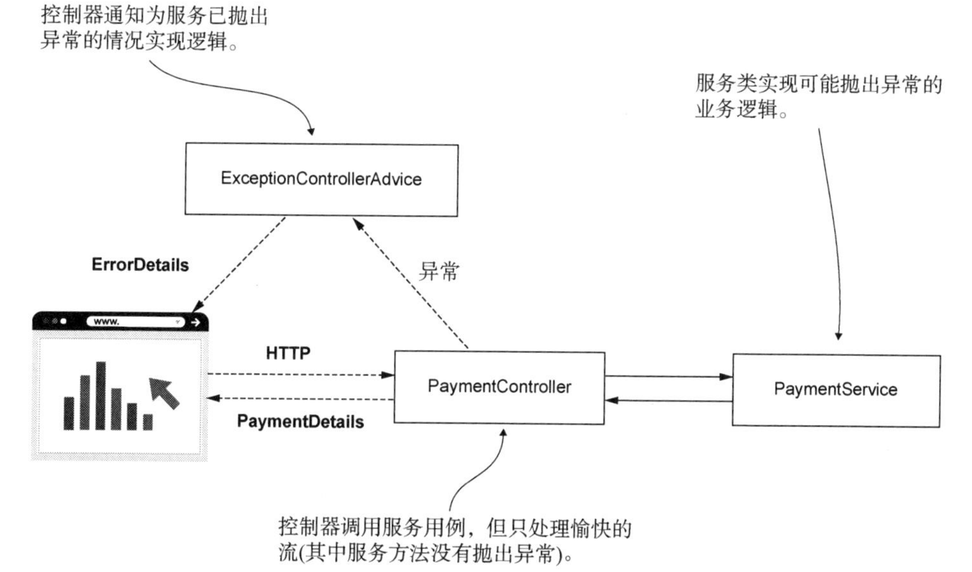

图 10.10 不再管理异常情况，控制器现在只关心愉快的流。添加一个名为 ExceptionControllerAdvice 的控制器通知，用于在控制器的动作抛出异常时处理将要实现的逻辑

项目“sq-ch10-ex6”中已实现此更改。控制器动作被大大简化了，因为它不再处理异常情

况，如代码清单 10.9 所示。

代码清单 10.9 控制器的动作不再处理异常情况

```
@RestController
public class PaymentController {

  private final PaymentService paymentService;

  public PaymentController(PaymentService paymentService) {
    this.paymentService = paymentService;
  }

  @PostMapping("/payment")
  public ResponseEntity<PaymentDetails> makePayment() {
      PaymentDetails paymentDetails = paymentService.processPayment();
      return ResponseEntity
              .status(HttpStatus.ACCEPTED)
              .body(paymentDetails);
  }
}
```

相反，项目中创建了一个名为 ExceptionControllerAdvice 的单独的类，它负责实现在控制器的动作抛出 NotEnoughMoneyException 时的情形。ExceptionControllerAdvice 类是一个 REST 控制器通知。为了将其标记为 REST 控制器通知，此处使用了@RestControllerAdvice 注解。类定义的方法也称为异常处理程序。可以使用该方法上的@ExceptionHandler 注解指定触发控制器通知方法的异常。代码清单 10.10 显示了 REST 控制器通知类的定义，以及实现与 NotEnoughMoneyException 异常关联的逻辑的异常处理程序方法。

代码清单 10.10 用 REST 控制器通知分离异常逻辑

```
@RestControllerAdvice                          ← 使用@RestControllerAdvice 注解将
public class ExceptionControllerAdvice {         该类标记为 REST 控制器通知

  @ExceptionHandler(NotEnoughMoneyException.class)
  public ResponseEntity<ErrorDetails> exceptionNotEnoughMoneyHandler() {
    ErrorDetails errorDetails = new ErrorDetails();
    errorDetails.setMessage("Not enough money to make the payment.");
    return ResponseEntity
        .badRequest()                          使用@ExceptionHandler 方法把
        .body(errorDetails);                   异常与方法实现的逻辑关联起来
  }
}
```

注意 在产品应用程序中，从控制器的动作到通知，有时需要发送有关所发生异常的信息。在这种情况下，可以向通知的、类型为处理异常的异常处理程序方法添加一个参数。Spring便可以智能地将异常引用从控制器传递给通知的异常处理程序方法。之后，便可以在通知的逻辑中使用异常实例的任何细节。

10.4 使用请求体从客户端获取数据

本节讨论如何使用 HTTP 请求体从客户端获取数据。如第 8 章所述，可以使用请求参数和路径变量在 HTTP 请求中发送数据。因为 REST 端点依赖于相同的 Spring MVC 机制，所以第 8 章的语法对于在请求参数和路径变量中发送数据没有任何改变。可以使用相同的注解，实现 REST 端点，就像为网页实现控制器动作一样。

但是，前面没有讨论这一件重要的事情——HTTP 请求有一个请求体，可以使用它将数据从客户端发送到服务器。HTTP 请求体通常与 REST 端点一起使用。如附录 C 所述，当需要发送更大数量的数据(超过 50~100 个字符的数据)时，可以使用请求体。

要使用请求体，只需要用@RequestBody 来注解控制器动作的一个参数。默认情况下，Spring 假定使用 JSON 来表示注解的参数，并尝试将 JSON 字符串解码为参数类型的实例。在这种情况下，Spring 不能将 JSON 格式的字符串解码为该类型，应用程序返回一个状态为“400 Bad Request”的响应。在项目“sq-ch10-ex7”中，实现了一个使用请求体的简单示例。控制器用 HTTP POST 定义一个映射到/ payment 路径的操作，并期望获得一个 PaymentDetails 类型的请求体。控制器在服务器的控制台中输出 PaymentDetails 对象的数量，并在响应体中将相同的对象发送回客户端。

代码清单 10.11 显示了项目“sq-ch10-ex7”中控制器的定义。

代码清单 10.11 使用请求体从客户端获取数据

```
@RestController
public class PaymentController {

  private static Logger logger =
    Logger.getLogger(PaymentController.class.getName());

  @PostMapping("/payment")
  public ResponseEntity<PaymentDetails> makePayment(
      @RequestBody PaymentDetails paymentDetails) {     // 从 HTTP 请求体获得支付细节

      logger.info("Received payment " +
      paymentDetails.getAmount());     // 在服务器的控制台中记录支付金额

      return ResponseEntity     // 在 HTTP 响应体中返回支付详情对象，并将 HTTP 响应状态设置为 202 ACCEPTED
              .status(HttpStatus.ACCEPTED)
              .body(paymentDetails);
}}
```

图 10.11 展示了如何使用 Postman 在请求体中调用/ payment 端点。

要设置请求体，需要选择HTTP请求配置上的Body选项卡。然后通过单击选择“raw”单选按钮，并选择JSON作为格式样式。

在文本区域中，编写JSON格式的请求体，表示PaymentDetails对象。然后单击Send按钮发送HTTP请求。

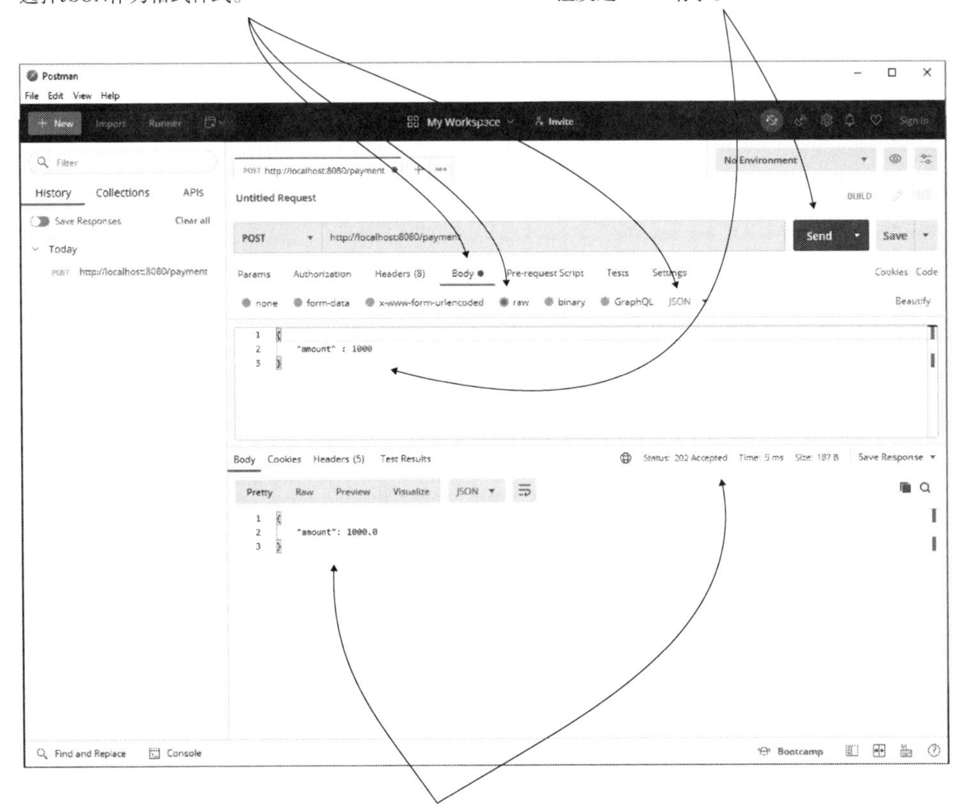

完成请求后，Postman 会显示响应细节。

图 10.11　使用 Postman 调用端点并指定请求体。需要在请求体文本区域填充 JSON 格式的请求体，并选择将数据编码为 JSON。完成请求后，Postman 将显示响应细节

如果喜欢使用 cURL，可以使用如下代码片段中的命令。

```
curl -v -X POST http://127.0.0.1:8080/payment -d '{"amount": 1000}' -H
➥ "Content-Type: application/json"
```

HTTP GET 端点可以使用请求体吗?

我经常听到学生问这个问题。为什么使用带有请求体的 HTTP GET 会引起混淆？在 2014 年之前，HTTP 协议规范不支持带有 HTTP GET 调用的请求体。客户端或服务器端的任何实现都不允许使用带有 HTTP GET 调用的请求体。

HTTP 规范已在 2014 年发生了改变，此后其已允许使用带有 HTTP GET 调用的请求体。但有时学生在网上找到的是旧文章或阅读的是没有更新的版本，就仍会造成困扰。

可以在 HTTP 规范 RFC 7231(https://tools.ietf.org/html/rfc7231#page-24)的 4.3.1 节中阅读更多关于 HTTP GET 方法的详细信息。

10.5　本章小结

- REST Web 服务是在两个应用程序之间建立通信的一种简单方法。
- 在 Spring 应用程序中，Spring MVC 机制支持 REST 端点的实现。要么使用@ResponseBody 注解指定方法直接返回响应体，要么用@RestController 替换@Controller 注解实现 REST 端点。如果不使用上述两种方法，调度程序 servlet 则会假定控制器的方法将返回一个视图名，并尝试寻找该视图。
- 可以让控制器的动作直接返回 HTTP 响应体，并依赖 Spring 默认的 HTTP 状态行为。
- 可以通过让控制器的动作返回 ResponseEntity 实例来管理 HTTP 状态和头信息。
- 管理异常的一种方法是直接在控制器的动作级别处理它们。这种方法将用于处理异常的逻辑与特定控制器动作耦合在一起。有时使用这种方法可能会导致代码重复，最好避免。
- 可以直接在控制器的动作中管理异常，或者在控制器的动作抛出异常时使用 REST 控制器通知类分离执行的逻辑。
- 端点可以通过请求参数、路径变量或 HTTP 请求体中的 HTTP 请求从客户端获取数据。

第11章

调用REST端点

本章内容

- 使用 Spring Cloud OpenFeign 调用 REST 端点
- 使用 RestTemplate 调用 REST 端点
- 使用 WebClient 调用 REST 端点

第 10 章讨论了 REST 端点的实现。REST 服务是实现两个系统组件之间通信的常用方法。Web 应用程序的客户端可以调用后端，另一个后端组件也可以调用。在一个由多个服务组成的后端解决方案中(见附录 A)，这些组件需要通过“说话”来交换数据，因此当使用 Spring 实现这样一个服务时，需要知道如何调用由另一个服务公开的 REST 端点(见图 11.1)。

本章学习 3 种从 Spring 应用程序调用 REST 端点的方法。

(1) OpenFeign——Spring Cloud 项目提供的一个工具。建议开发人员在新的应用程序中应用这个特性来使用 REST 端点。

(2) RestTemplate——一个自 Spring 3 以来便被开发人员用来调用 REST 端点的知名工具。RestTemplate 现在常用于 Spring 应用程序中。但如本章所述，OpenFeign 是 RestTemplate 的一个更好的替代方法，因此在新的应用程序上工作，可能会避免使用 RestTemplate 而使用 OpenFeign。

(3) WebClient——一个作为 RestTemplate 替代品的 Spring 特性。这个特性使用了一种不同的称为反应式编程(reactive programming)的编程方法，参见本章的后部内容。

11.1 节讨论的第一个 Spring 功能是 OpenFeign，它是 Spring Cloud 家族的成员，也是推荐给所有新实现的一个特性。OpenFeign 提供了一个简单的语法，并使从 Spring 应用程序调用 REST 端点变得简单。

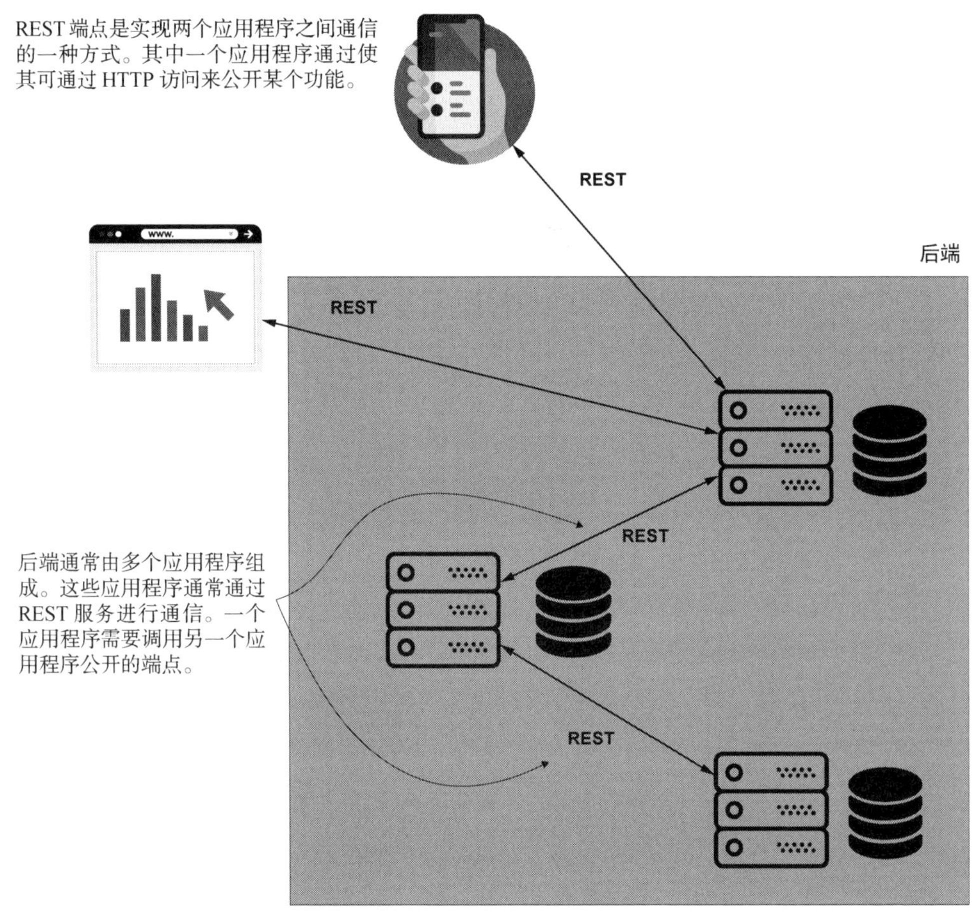

REST 端点是实现两个应用程序之间通信的一种方式。其中一个应用程序通过使其可通过 HTTP 访问来公开某个功能。
REST
www.
后端
REST
REST
后端通常由多个应用程序组成。这些应用程序通常通过 REST 服务进行通信。一个应用程序需要调用另一个应用程序公开的端点。
REST

图 11.1　通常，后端应用程序需要作为另一个后端应用程序的客户端，并通过调用公开的 REST 端点处理特定的数据

11.2 节中将使用 RestTemplate。但是要小心！RestTemplate 从 Spring 5 开始就处于维护模式，最终将被弃用。那为什么还要介绍呢？今天的大多数 Spring 项目都使用 RestTemplate 调用 REST 端点，因为最初这是实现此类功能的唯一或最佳解决方案。对于其中一些应用程序来说，RestTemplate 的功能已经足够了，而且运行良好，因此替换它们没有任何意义。有时，用一个新的解决方案替换 RestTemplate 需要的时间可能太长，因此学习 Rest Template 对 Spring 开发人员来说仍然是有必要的。

这里有一个有趣的事实，通常会给大家带来困惑。在 RestTemplate 文档(http://mng.bz/7lWe)中，建议用 WebClient 替换 RestTemplate。11.3 节将解释为什么 WebClient 并不总是 RestTemplate 的最佳替代选择。本节将讨论 WebClient 并阐明什么时候使用这个功能最佳。

为了阐明这 3 种基本方法，后面为每一种方法都编写了一个示例。首先实现一个公开端点的项目。目的是为本章讨论的以下每一种方法分别调用端点：OpenFeign、RestTemplate 和 WebClient。

假设实现了一个允许用户支付的应用程序。为了进行支付，需要调用另一个系统的端点。图 11.2 直观地展示了这个场景。图 11.3 详细说明了显示请求和响应细节的场景。

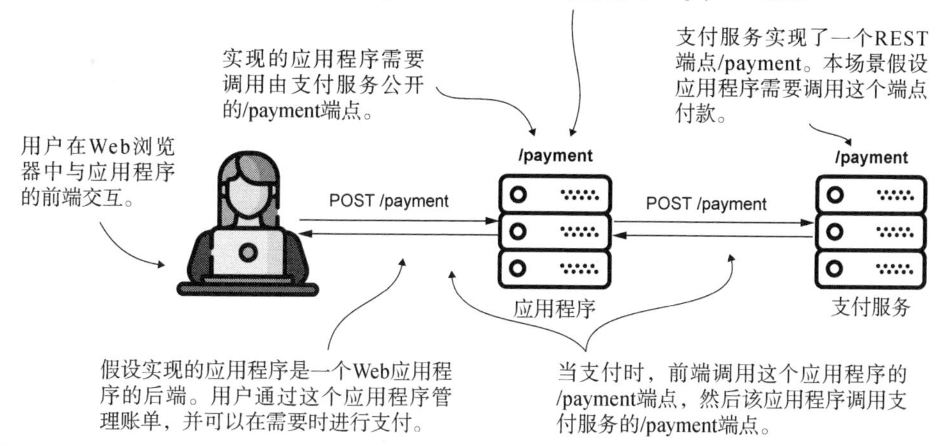

图 11.2　为了正确地说明如何调用 REST 端点，这里实现几个示例。并对于每个示例实现两个项目。其中一个公开了一个 REST 端点。另一个演示了使用 OpenFeign、RestTemplate 和 WebClient 调用 REST 端点的实现

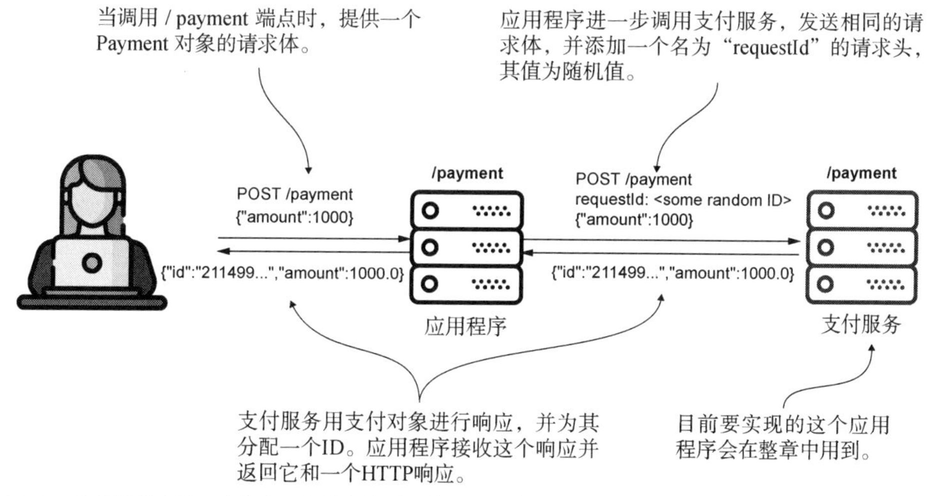

图 11.3　支付服务公开一个端点，该端点需要一个 HTTP 请求体。应用程序使用 OpenFeign、RestTemplate 或 WebClient 为支付服务公开的端点发送请求

在第一个项目中，实现了支付服务应用程序。接下来的所有示例都使用这个应用程序。

创建项目“sq-ch11-payments”，它表示支付服务。它是一个 Web 应用程序，因此，像第 7~10 章中的所有项目一样，我们需要将 Web 依赖项添加到 pom.xml 文件中，如下面的代码片段所示。

```
<dependency>
   <groupId>org.springframework.boot</groupId>
   <artifactId>spring-boot-starter-web</artifactId>
</dependency>
```

使用 Payment 类对支付进行建模，如下面的代码片段所示。

```
public class Payment {
  private String id;
  private double amount;

  // Omitted getters and setters
}
```

代码清单 11.1 显示了控制器类中端点的实现。从技术上讲，它做不了什么。该方法接收一个 Payment 实例，并在返回它之前为付款设置一个随机 ID。该端点很简单，但对演示来说已经足够好了。使用 HTTP POST 需要指定请求头和请求体。当调用时，端点将在 HTTP 响应中返回响应头，并在响应体中返回 Payment 对象。

代码清单 11.1 /payment 端点在控制器类中的实现

应用程序在路径/payment 处用 HTTP POST 公开端点

使用记录器证明当调用端点时，正确的控制器方法获得了正确的数据

端点需要获得来自调用者的请求头和请求体。控制器方法将这两个详情作为参数

该方法设置支付 ID 的随机值

控制器动作返回 HTTP 响应。响应有响应头和响应体，其中包含设置了随机 ID 值的支付

```
@RestController
public class PaymentsController {

  private static Logger logger =
    Logger.getLogger(PaymentsController.class.getName());

  @PostMapping("/payment")
  public ResponseEntity<Payment> createPayment(
      @RequestHeader String requestId,
      @RequestBody Payment payment
  ) {
    logger.info("Received request with ID " + requestId +
        " ;Payment Amount: " + payment.getAmount());

    payment.setId(UUID.randomUUID().toString());

    return ResponseEntity
        .status(HttpStatus.OK)
        .header("requestId", requestId)
        .body(payment);
  }

}
```

现在可以运行这个应用程序，它将在 8080 端口上启动 Tomcat，这是 Spring Boot 的默认端口，如第 7 章所述。端点是可访问的，可以用 cURL 或 Postman 调用它。但本章的目的是学习如何实现一个调用端点的应用程序，参见 11.1～11.3 节。

11.1 使用 Spring Cloud OpenFeign 调用 REST 端点

本节讨论一种从 Spring 应用程序中调用 REST 端点的新方法。在大多数应用程序中，开发人员都已使用了 RestTemplate(参见 11.2 节)。如前所述，RestTemplate 从 Spring 5 开始就处于维护模式，很快就会被弃用，因此本章开始讨论推荐的 RestTemplate 的替代方案——OpenFeign。

如本节的示例所示，OpenFeign 只需要编写接口，该工具提供了实现。

为了说明 OpenFeign 如何工作，可先创建项目“sq-ch11-ex1”，并实现一个应用程序，使用 OpenFeign 调用“sq-ch11-payments”公开的端点应用程序(见图 11.4)。

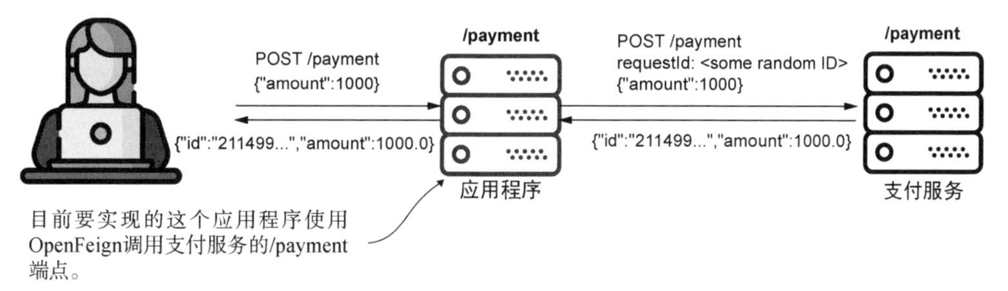

图 11.4　目前要实现的这个应用程序将使用支付服务公开的/payment 端点。在此，使用 OpenFeign 实现使用 REST 端点的功能

我们将定义一个接口，并在该接口中声明使用 REST 端点的方法。在此，只需要对这些方法进行注解，以定义路径、HTTP 方法以及最终的参数、请求头和请求体。有趣的是，不需要自行实现这些方法。可以基于注解定义接口方法，Spring 知道如何实现它们。我们将再次依靠 Spring 的神奇功能。

图 11.5 显示了构建调用 REST 端点的应用程序的类设计。

pom.xml 文件需要定义依赖项，如下面的代码片段所示。

```
<dependency>
   <groupId>org.springframework.cloud</groupId>
   <artifactId>spring-cloud-starter-openfeign</artifactId>
</dependency>
```

一旦有了依赖项，就可以创建代理接口(见图 11.5)。在 OpenFeign 术语中，也将这个接口命名为 OpenFeign 客户端。OpenFeign 实现了这个接口，因此不必编写调用端点的代码。只需要使用一些注解告知 OpenFeign 如何发送请求。代码清单 11.2 展示了使用 OpenFeign 定义请求是多么简单。

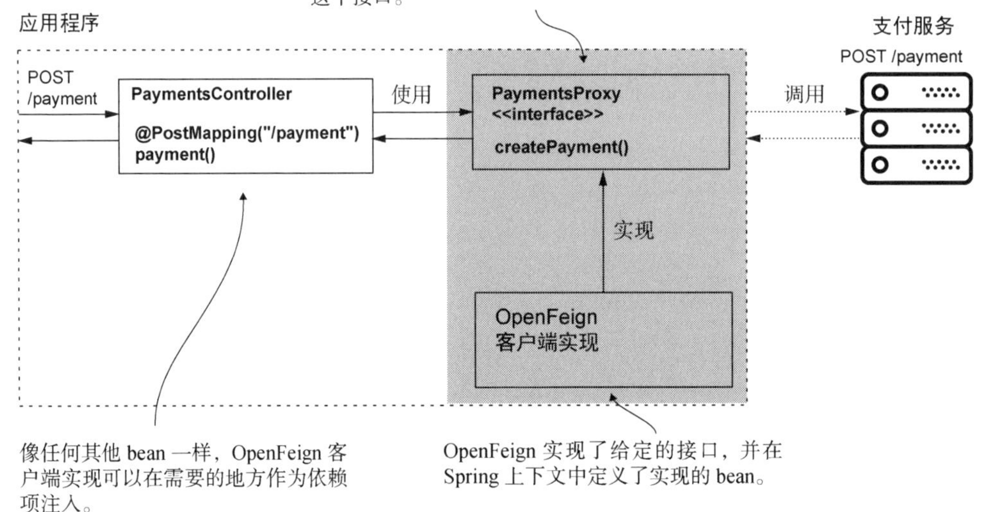

图 11.5 使用 OpenFeign，只需要定义一个接口(契约)并告知 OpenFeign 在哪里可以找到这个契约以实现它。OpenFeign 实现了这个接口，并在 Spring 上下文中以 bean 的形式提供了这个实现，这个实现基于用注解定义的配置。可以从 Spring 上下文中将 bean 注入到应用程序中任何需要它的地方

代码清单 11.2 声明 OpenFeign 客户端接口

```
@FeignClient(name = "payments",
             url = "${name.service.url}")
public interface PaymentsProxy {

  @PostMapping("/payment")
  Payment createPayment(
     @RequestHeader String requestId,
     @RequestBody Payment payment);

}
```

使用@FeignClient 注解配置REST 客户端。最小配置定义了名称和端点基 URI

指定端点的路径和 HTTP 方法

定义了请求头和请求体

首先用@FeignClient 注解接口，告知 OpenFeign 它必须为这个契约提供一个实现。必须使用 OpenFeign 内部使用的@FeignClient 注解的 name 属性为代理分配一个名称。该名称将唯一地标识应用程序中的客户端。@FeignClient 注解也是指定请求基 URI 的地方。可以使用@FeignClient 的 url 属性将基 URI 定义为字符串。

注意 确保总是在属性文件中存储 URI 和其他可能因环境不同而不同的详细信息，永远不要在应用程序中硬编码它们。

可以在项目的“application.properties”文件中定义一个属性，并使用以下语法从源代码中引用它：${property_name}。使用这种方法，当想在不同的环境中运行应用程序时，不需要

重新编译代码。

在接口中声明的每个方法都可表示一个 REST 端点调用。可以使用第 10 章介绍的注解公开控制器的 REST 端点。

- 指定路径和 HTTP 方法：@GetMapping、@PostMapping、@PutMapping 等。
- 指定请求头：@RequestHeader。
- 指定请求体：@RequestBody。

重用注解的这个切面是有益的。在这里，“重用注解”的意思是 OpenFeign 使用了在定义端点时使用的注解。你不需要学习一些特定的 OpenFeign。只需要使用与在 Spring MVC 控制器类中公开 REST 端点相同的注解。

OpenFeign 需要知道在哪里可以找到定义客户端契约的接口。配置类使用@EnableFeignClients 注解启用 OpenFeign 功能，并告知 OpenFeign 在哪里搜索客户端契约。在代码清单 11.3 中，可以找到项目的配置类，其中启用了 OpenFeign 客户端。

代码清单 11.3　在配置类中启用 OpenFeign 客户端

```
@Configuration
@EnableFeignClients(
  basePackages = "com.example.proxy")
public class ProjectConfig {
}
```

启用 OpenFeign 客户端，并告知 OpenFeign 依赖项在哪里搜索代理契约

现在可以通过代码清单 11.2 中定义的接口注入 OpenFeign 客户端。一旦启用了 OpenFeign，它就知道要实现带有@FeignClient 注解的接口。如第 5 章所述，Spring 足够聪明，当使用抽象时，Spring 可以从它的上下文中提供 bean 实例，这里正是这样做的。代码清单 11.4 显示了注入 FeignClient 的控制器类。

代码清单 11.4　注入和使用 OpenFeign 客户端

```
@RestController
public class PaymentsController {

  private final PaymentsProxy paymentsProxy;

  public PaymentsController(PaymentsProxy paymentsProxy) {
    this.paymentsProxy = paymentsProxy;
  }

  @PostMapping("/payment")
  public Payment createPayment(
      @RequestBody Payment payment
      ) {
    String requestId = UUID.randomUUID().toString();
    return paymentsProxy.createPayment(requestId, payment);
  }
}
```

现在启动这两个项目(支付服务和本节的应用程序)，并使用 cURL 或 Postman 调用应用程序的/payment 端点。使用 cURL，请求命令如下所示。

```
curl -X POST -H 'content-type:application/json' -d '{"amount":1000}'
➥ http://localhost:9090/payment
```

在执行 cURL 命令的控制台中，有一个响应，如下面的代码片段所示。

```
{"id":"1c518ead-2477-410f-82f3-54533b4058ff","amount":1000.0}
```

在支付服务的控制台中，日志证明应用程序正确地向支付服务发送了请求。

```
Received request with ID 1c518ead-2477-410f-82f3-54533b4058ff ;Payment
➥ Amount: 1000.0
```

11.2 使用 RestTemplate 调用 REST 端点

本节将再次实现调用支付服务/payment 端点的应用程序，但这一次使用不同的方法：RestTemplate。

这并不是说 RestTemplate 有任何问题。它被闲置不是因为它工作不正常，也不是因为它不是个好工具。而是随着应用程序的发展，开始需要更多的功能。开发人员希望能够从不同的东西中获益，这些东西不容易用 RestTemplate 实现。例如：

- 以同步和异步方式调用端点。
- 编写更少的代码，处理更少的异常(消除样板代码)。
- 重新执行调用和执行回退操作(当应用程序出于任何原因不能执行特定的 REST 调用时执行的逻辑)。

换句话说，开发人员更喜欢开箱即用的功能，而不是在任何可能的地方实现它们。记住，重用代码和避免样板代码是框架的主要目的之一，如第 1 章所述。比较 11.1 节和 11.2 节中实现的示例，不难发现使用 OpenFeign 比使用 RestTemplate 要容易得多。

注意 这是我从个人经历中得到的一个很好的教训：当某些东西被“弃用”或“过时”时，并不一定意味着不应该学习它。有时，已弃用的技术在声明已弃用多年后仍在项目中使用，包括 RestTemplate 和 Spring Security OAuth 项目。

定义该调用的步骤如下(见图 11.6)：

(1) 通过创建和配置 HttpHeaders 实例定义 HTTP 头信息。

(2) 创建一个 HttpEntity 实例表示请求数据(头和体)。

(3) 使用 exchange()方法发送 HTTP 调用，并获取 HTTP 响应。

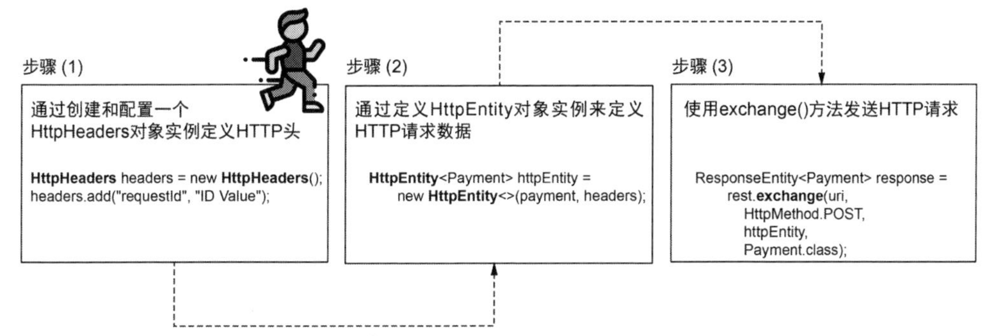

图 11.6　要定义更复杂的 HTTP 请求，必须使用 HttpHeaders 类定义请求头，使用 HttpEntity 类表示完整的请求数据。在请求中定义数据后，就可以调用 exchange()方法发送数据

接下来，在项目“sq-ch11-ex2”中实现这个示例。在代码清单 11.5 中，包含了代理类的定义。通过创建 HttpHeaders 实例并使用 add()方法将需要的头文件“requestId”添加到该实例，观察 createPayment()方法是如何定义头文件的。然后，它会根据请求头和请求体(作为参数被该方法接收)创建一个 HttpEntity 实例。接着，该方法使用 RestTemplate 的 exchange()方法发送 HTTP 请求。exchange()方法的参数是 URI 和 HTTP 方法，以及 HttpEntity 实例(保存请求数据)和响应体期望的类型。

代码清单 11.5　应用程序的 PaymentsProxy 调用/payment 端点

```
@Component
public class PaymentsProxy {

  private final RestTemplate rest;

  @Value("${name.service.url}")
  private String paymentsServiceUrl;     ← 从属性文件获取支付服务的 URL

  public PaymentsProxy(RestTemplate rest) {     ← 使用构造函数 DI 从 Spring 上下文注入 RestTemplate
    this.rest = rest;
  }

  public Payment createPayment(Payment payment) {
  String uri = paymentsServiceUrl + "/payment";

  HttpHeaders headers = new HttpHeaders();     构建 HttpHeaders 对象定义 HTTP 请求头
  headers.add("requestId",
              UUID.randomUUID().toString());

  HttpEntity<Payment> httpEntity =     ← 构建 HttpEntity 对象定义请求数据
    new HttpEntity<>(payment, headers);

  ResponseEntity<Payment> response =
      rest.exchange(uri,     发送 HTTP 请求并检索 HTTP 响应上的数据
              HttpMethod.POST,
              httpEntity,
              Payment.class);
```

```
    return response.getBody();     ←— 返回 HTTP 响应体
  }
}
```

可定义一个简单的端点调用该实现，就像 11.1 节中对小端点所做的那样。代码清单 11.6 显示了如何定义控制器类。

代码清单 11.6 定义一个控制器类测试实现

```
@RestController
public class PaymentsController {

  private final PaymentsProxy paymentsProxy;

  public PaymentsController(PaymentsProxy paymentsProxy) {
    this.paymentsProxy = paymentsProxy;
  }
                                          定义一个控制器动作，将
                                          其映射到/payment 路径
  @PostMapping("/payment")  ←—
  public Payment createPayment(
      @RequestBody Payment payment  ←— 将支付数据作为请求体
      ) {
    return paymentsProxy.createPayment(payment);  ←—
  }
}
                                  调用代理方法，该方法再调用支付
                                  服务的端点。获得响应体并将响应
                                  体返回给客户端
```

在不同的端口上运行这两个应用程序：支付服务(“sq-ch11-payments”)和本节的应用程序(“sq-ch11-ex2”)，以验证实现是否符合预期。本例保留了与 11.1 节相同的配置：支付服务使用端口 8080、本节的应用程序使用端口 9090。

使用 cURL，可以调用应用程序的端点，如下所示。

```
curl -X POST -H 'content-type:application/json' -d '{"amount":1000}'
➥ http://localhost:9090/payment
```

在执行 cURL 命令的控制台中，你会发现一个如下所示的响应。

```
{
  "id":"21149959-d93d-41a4-a0a3-426c6fd8f9e9",
  "amount":1000.0
}
```

在支付服务的控制台中，可看到日志证明了应用程序正确地发送了支付服务请求。

```
Received request with ID e02b5c7a-c683-4a77-bd0e-38fe76c145cf ;Payment
➥ Amount: 1000.0
```

11.3　使用 WebClient 调用 REST 端点

本节讨论如何使用 WebClient 调用 REST 端点。WebClient 是一种用于不同应用程序的工具，它建立在一种称之为反应式方法的方法论之上。反应式方法是一种先进的方法，强烈推荐你在掌握了基础知识之后研究它。一个好的开始是阅读 Craig Walls 编著的 *Spring in Action*，6th ed. (Manning，2021)的第 12 章和第 13 章。

Spring 的文档建议使用 WebClient，但这只是对反应式应用程序的有效建议。如果不编写反应式应用程序，就使用 OpenFeign 代替。就像软件中的其他东西一样，它适合某些情况，但可能会使其他情况复杂化。选择 WebClient 实现 REST 端点调用具有强耦合性，可以使应用程序处于反应状态。

注意　如果不用实现反应式应用程序，就使用 OpenFeign 实现 REST 客户端功能。如果实现了反应式应用程序，就应该使用适当的反应式工具：WebClient。

尽管反应式应用程序有点超出基础，但我想让你了解使用 WebClient 能干什么，这个工具与我们讨论过的其他工具有什么不同，以便你可以比较这些方法。下面讨论反应式应用程序，然后使用 WebClient 调用 11.1 节和 11.2 节示例中的/payment 端点。

在非反应式应用程序中，一个线程执行一个业务流程。多个任务组成一个业务流程，但这些任务不是独立的。同一个线程执行构成一个流的所有任务。下面举例说明这种方法可能会在哪里遇到问题，以及如何增强它。

假设实现了一个银行应用程序，其中银行的客户有一个或多个信用账户。实现的系统组件用于计算银行客户端的总负债。其他系统组件使用此功能时都会进行 REST 调用，向用户发送唯一的 ID。为了计算这个值，实现的流应包括以下步骤(见图 11.7)。

(1) 应用程序接收到用户 ID。

(2) 调用系统的另一项服务，以查明用户是否在其他机构有信用。

(3) 调用系统的另一个服务以获取内部信用的债务。

(4) 如果用户有外债，则调用一个外部服务查找外债。

(5) 应用程序计算债务并在 HTTP 响应中返回该值。

这些只是实现功能的假想步骤，设计它们只是为了证明使用反应式应用程序可能会有帮助。下面将更深入地分析这些步骤。图 11.8 从线程的角度展示了这个场景的执行。该应用程序会为每个请求新建一个逐步执行以上步骤的线程。线程必须等待一个步骤完成后才能继续下一个步骤，并且在每次等待应用程序执行 I/O 调用时都被阻塞。

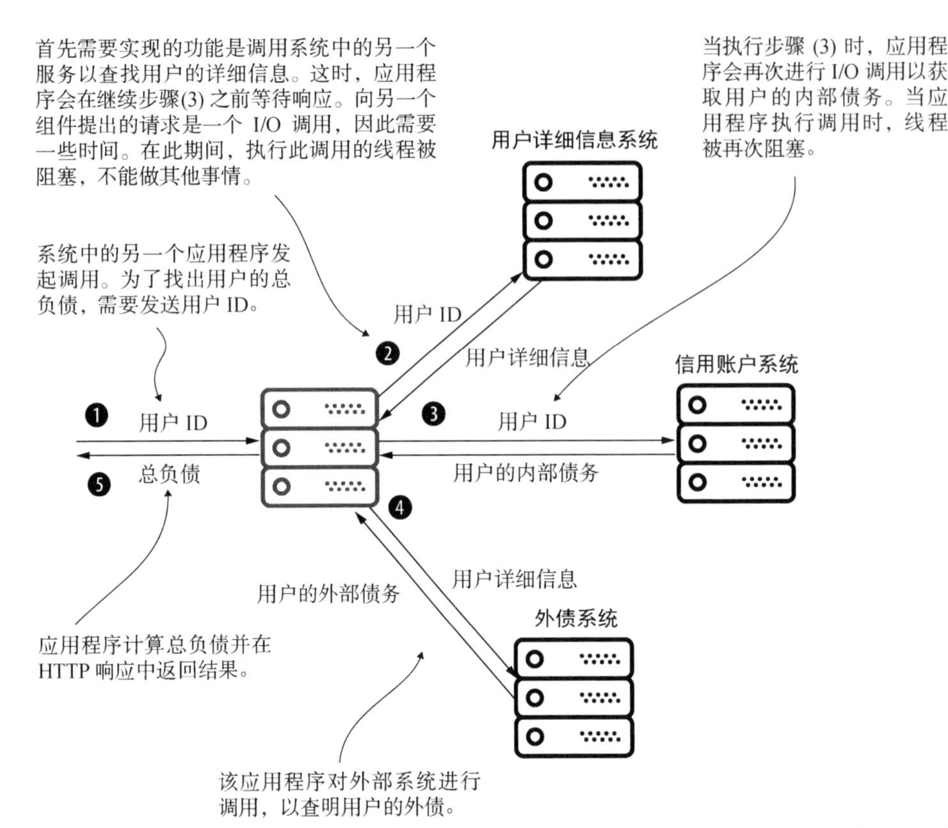

首先需要实现的功能是调用系统中的另一个服务以查找用户的详细信息。这时，应用程序会在继续步骤(3) 之前等待响应。向另一个组件提出的请求是一个 I/O 调用，因此需要一些时间。在此期间，执行此调用的线程被阻塞，不能做其他事情。
当执行步骤 (3) 时，应用程序会再次进行 I/O 调用以获取用户的内部债务。当应用程序执行调用时，线程被再次阻塞。

信用账户系统

用户的内部债务
用户的外部债务

该应用程序对外部系统进行调用，以查明用户的外债。

图 11.7 演示反应式方法有效性的功能场景。银行应用程序需要调用其他几个应用程序以计算用户的总负债。因为这些调用，执行请求的线程在等待 I/O 操作完成时被阻塞了几次

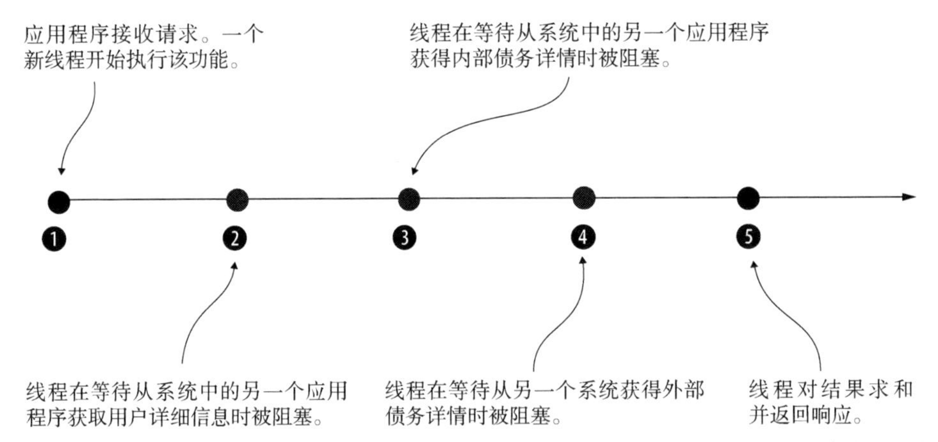

应用程序接收请求。一个新线程开始执行该功能。
线程在等待从系统中的另一个应用程序获得内部债务详情时被阻塞。
线程在等待从系统中的另一个应用程序获取用户详细信息时被阻塞。
线程在等待从另一个系统获得外部债务详情时被阻塞。
线程对结果求和并返回响应。

图 11.8 从线程的角度看场景功能的执行。箭头表示线程的时间线。有些步骤会导致详情阻塞线程，需要等待任务完成后才能继续

在此，我们观察到如下两个重要问题。

(1) 当 I/O 调用阻塞线程时，线程是空闲的。我们并不使用线程，而是允许它停留并占用

应用程序的内存。这样消耗了资源，却得不到任何好处。使用这种方法，可能会遇到这样的情况：应用程序同时收到 10 个请求，但所有线程在等待其他系统的详细信息的同时处于空闲状态。

(2) 有些任务互不依赖。例如，应用程序可以同时执行步骤(2)和步骤(3)。没有理由让应用程序等待步骤(2)结束后再执行步骤(3)。最后，该应用程序只需要两者的结果计算总负债。

原本，在一个原子流中，一个线程会从开始到结束完成所有的任务，然而，反应式应用程序改变了这一切。在反应式应用程序中，可将任务视为是相互独立的，多个线程可以协作完成由多个任务组成的流。

与其把这个功能想象成时间轴上的步骤，不如把它想象成任务的积压，然后由开发人员团队解决它们。通过这个类比，有助于想象反应式应用程序是如何工作的：开发人员是线程，而积压的任务是功能的步骤。

两个不相互依赖的开发人员可以同时实现两个不同的任务。如果一个开发人员因为外部依赖因素而被困在任务中，那么他们可以暂时离开它，去做其他事情。一旦任务不再被阻塞，同一个开发人员就可以回到任务中，或者另一个开发人员可以完成该任务(见图 11.9)。

加油各位！
同时有三个请求！
嘿，Ginny，我来做第一个请求的第二步。
线程 1

需要执行的任务

好，George! 我将执行第一个请求的第三步：
我发现它不取决于你！
线程 2

伙计们，我在第二个请求的第四步等待外部信用名单。我将把它留到后面，接下来先开始第三个请求的第一步。
线程 3

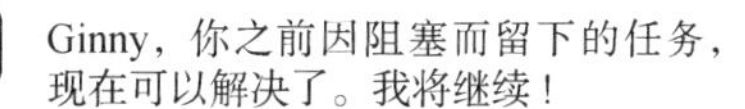

</>
Ginny，你之前因阻塞而留下的任务，
现在可以解决了。我将继续！
线程 4

图 11.9　反应式应用程序的类比图。线程不会按顺序接受请求的任务，并在被阻塞时等待。相反，来自所有请求的所有任务都处于积压状态。任何可用的线程都可以处理来自任何请求的任务。通过这种方式，可以并行地解决独立的任务，线程不会处于空闲状态

使用这种方法，不需要为每个任务请求一个线程。可以用更少的线程解决多个请求，因为线程不必保持空闲。当某个任务被阻塞时，线程会离开该任务，处理其他未被阻塞的任务。

从技术上讲，反应式应用程序通过定义任务和它们之间的依赖关系实现流。反应式应用程序规范提供了两个组件：生产者和订阅者，以实现任务之间的依赖关系。

任务返回一个生产者，以允许其他任务订阅它，并标记它们对任务的依赖关系。任务使用订阅者关联另一个任务的生产者，并在任务结束时使用该任务的结果。

图 11.10 显示了用反应式方法实现的讨论场景。请花几分钟时间将此可视化图与图 11.8 进行比较。在此，任务独立于任何线程并声明它们的依赖关系，而非沿着时间轴执行各个步骤。多个线程可以执行这些任务，当 I/O 通信阻塞时，没有线程需要等待任务。线程可以开始执行另一个任务。

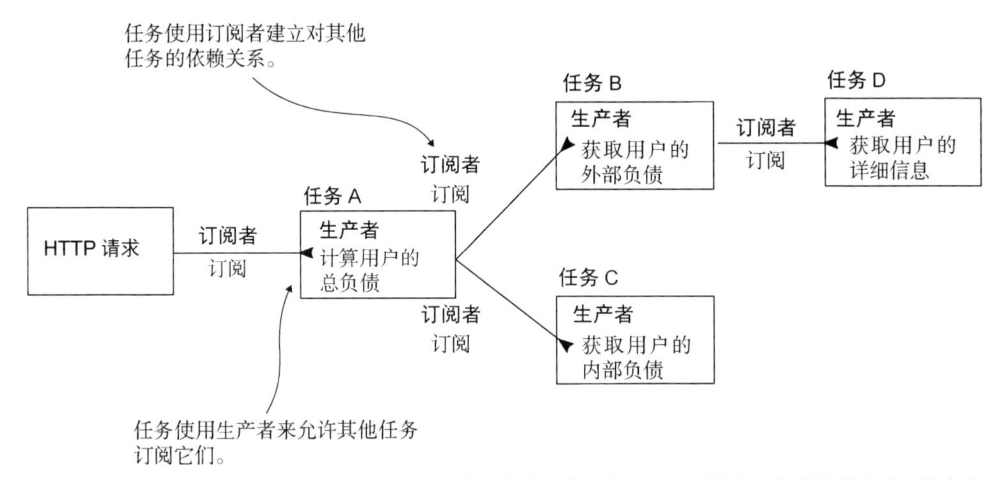

图 11.10 在反应式应用程序中，步骤变成了任务。每个任务都标记了它对其他任务的依赖关系，并允许其他任务依赖自己。线程可以自由执行任何任务

此外，不相互依赖的任务可以同时执行。在图 11.10 中，任务 C 和 D，在非反应式设计中是最初的步骤(2)和步骤(3)，现在可以同时执行，这有助于使应用程序更高效。

在此演示中，使用了项目"sq-ch11-payments"(支付服务)和"sq-ch11-ex3"(应用程序)。11.1 节和 11.2 节都使用了支付服务，它公开了使用 HTTP POST 方法可访问的/payment 端点。本节的应用程序将使用 WebClient 向支付服务公开的端点发送请求。

因为 WebClient 强加了一个反应式的方法，所以需要添加一个名为 WebFlux 的依赖项，而不是标准的 Web 依赖项。下面的这个代码片段显示了 WebFlux 依赖项，可以把它添加到 pom.xml 文件中，或者选择使用 start.spring.io 构建项目的位置。

```
<dependency>
   <groupId>org.springframework.boot</groupId>
   <artifactId>spring-boot-starter-webflux</artifactId>
</dependency>
```

要调用 REST 端点，需要使用一个 WebClient 实例。创建方便访问的最佳方法是使用带有配置类方法的@Bean 注解，将其放在 Spring 上下文中，如第 2 章所述。代码清单 11.7 显示了

应用程序的配置类。

代码清单 11.7 在配置类中将 WebClient bean 添加到 Spring 上下文中

```
@Configuration
public class ProjectConfig {

  @Bean
  public WebClient webClient() {
    return WebClient
           .builder()          ←— 创建一个 WebClient bean 并将
           .build();               其添加到 Spring 上下文中
  }
}
```

代码清单 11.8 显示了代理类的实现，它使用 WebClient 调用应用程序公开的端点。其逻辑类似于 RestTemplate：从属性文件中获取基本 URL；指定 HTTP 方法、HTTP 头和 HTTP 体；最后执行调用。WebClient 的方法名称各异，顾名思义，从它们的名称可以很容易地理解它们各自的作用。

代码清单 11.8 用 WebClient 实现代理类

```
@Component
public class PaymentsProxy {

  private final WebClient webClient;          从属性文件中
                                              获取基本 URL
  @Value("${name.service.url}")         ←—
  private String url;

  public PaymentsProxy(WebClient webClient) {
    this.webClient = webClient;
  }

  public Mono<Payment> createPayment(      指定调用时使用的HTTP 方法
    String requestId,
    Payment payment) {                        为调用指定 URI
    return webClient.post()          ←—
         .uri(url + "/payment")          ←—
提供 HTTP  .header("requestId", requestId)          ←— 为请求添加 HTTP 请求头值。
请求体  →  .body(Mono.just(payment), Payment.class)     如果想添加更多的头文件，
        →  .retrieve()                                   可以多次调用 header()方法
           .bodyToMono(Payment.class);       ←— 获取 HTTP 响应体
  }
}       发送 HTTP 请求，
        获取 HTTP 响应
```

这里的演示中使用了一个名为 Mono 的类。这个类定义了一个生产者。在代码清单 11.8 中，执行调用的方法不会直接获取输入，而是会发送一个 Mono。通过这种方式，可以创建一个提供请求体值的独立任务。订阅此任务的 WebClient 将依赖此任务。

该方法也不直接返回值，而是返回一个 Mono，允许其他功能订阅它。通过这种方式，应

用程序构建了流，并通过生产者和消费者连接任务之间的依赖关系，而非将它们链在一个线程上(见图 11.11)。

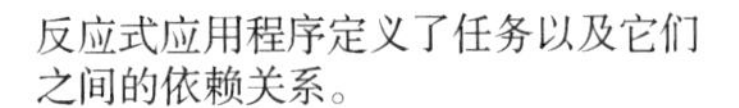

图 11.11 反应式应用程序中的任务链。当构建反应式 Web 应用程序时，定义了任务以及它们之间的依赖关系。发起 HTTP 请求的 WebFlux 功能订阅了通过(控制器的动作返回的)生产者创建的任务。在示例中，这个生产者是通过 WebClient 发送 HTTP 请求得到的。为了让 WebClient 发出请求，它会订阅另一个提供请求体的任务

代码清单 11.8 还显示了使用 Mono 生成 HTTP 请求体的代理方法，并将其返回给 WebFlux 功能订阅的对象。

为了证明调用是正确的，可参照本章前面的示例实现一个控制器类，该控制器类使用代理公开一个端点，而我们调用这个端点测试实现的行为。代码清单 11.9 显示了该控制器类的实现。

代码清单 11.9 控制器类公开一个端点并调用代理

```
@RestController
public class PaymentsController {

  private final PaymentsProxy paymentsProxy;

  public PaymentsController(PaymentsProxy paymentsProxy) {
    this.paymentsProxy = paymentsProxy;
  }

  @PostMapping("/payment")
  public Mono<Payment> createPayment(
      @RequestBody Payment payment
      ) {
    String requestId = UUID.randomUUID().toString();
    return paymentsProxy.createPayment(requestId, payment);
  }
}
```

通过使用 cURL 或 Postman 调用/payment 端点，可以测试这两个应用程序的功能：“sq-ch11-payments”(支付服务)和“sq-ch11-ex3”。使用 cURL，请求命令如下所示。

```
curl -X POST -H 'content-type:application/json' -d '{"amount":1000}'
➥ http://localhost:9090/payment
```

在执行 cURL 命令的控制台中，会发现下面的响应片段。

```
{
  "id":"e1e63bc1-ce9c-448e-b7b6-268940ea0fcc",
  "amount":1000.0

}
```

在支付服务控制台中，可看到日志证明了本节的应用程序正确地向支付服务发送了请求。

```
Received request with ID e1e63bc1-ce9c-448e-b7b6-268940ea0fcc ;Payment
➥ Amount: 1000.0
```

11.4　本章小结

- 在真实的后端解决方案中，一个后端应用程序经常需要调用另一个后端应用程序公开的端点。
- Spring 为实现 REST 服务的客户端提供了多种解决方案。最相关的 3 个解决方案如下：
  - OpenFeign——Spring Cloud 项目提供的解决方案，它成功地简化了调用 REST 端点所需要的代码，并增加了一些与目前如何实现服务相关的特性。
  - RestTemplate——一个用于在 Spring 应用程序中调用 REST 端点的简单工具。
  - WebClient——一个在 Spring 应用程序中调用 REST 端点的反应式解决方案。
- 不应该在新的实现中使用 RestTemplate。要调用 REST 端点，可以在 OpenFeign 和 WebClient 之间进行选择。
- 对于一个遵循标准(非反应式)方法的应用程序，最佳选择是使用 OpenFeign。
- WebClient 是一个基于反应式方法设计应用程序的优秀工具。但是在使用它之前，应该深入了解反应式方法以及如何用 Spring 实现反应式应用程序。

第 12 章

在Spring应用程序中使用数据源

本章内容

- 什么是数据源
- 在 Spring 应用程序中配置数据源
- 使用 JdbcTemplate 处理数据库

如今，几乎所有应用程序都需要存储与之相关的数据，而且应用程序通常使用数据库管理保存的数据。多年来，关系数据库为应用程序提供了一种存储数据的简单而优雅的方式，人们可以在许多场景中成功地应用这些数据。与其他应用程序一样，Spring 应用程序通常使用数据库持久化数据，因此，需要学习如何为 Spring 应用程序实现这样的功能。

本章讨论数据源是什么，以及让 Spring 应用程序与数据库一起工作的最直接的方法。这种直接的方式就是 Spring 提供的 JdbcTemplate 工具。

图 12.1 显示的是前几章为实现系统中的各种基本功能而学习使用 Spring 的进度。完成了这些学习后，即可使用 Spring 在系统的各个部分实现各种功能。

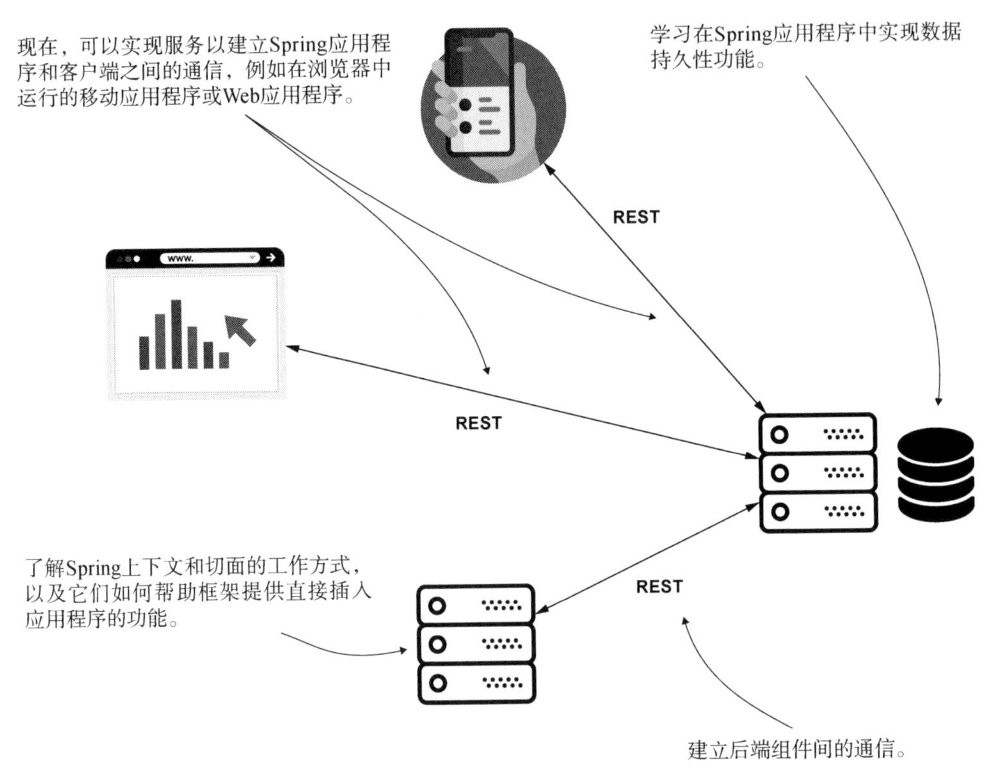

现在，可以实现服务以建立Spring应用程序和客户端之间的通信，例如在浏览器中运行的移动应用程序或Web应用程序。
学习在Spring应用程序中实现数据持久性功能。
REST
www.
REST
了解Spring上下文和切面的工作方式，以及它们如何帮助框架提供直接插入应用程序的功能。
REST
建立后端组件间的通信。

图 12.1　理解在系统中使用 Spring 实现的基础知识。在第 1～6 章中，学习了基础知识以及是什么使 Spring 能够提供在应用程序中使用的功能。在第 7～11 章中，学习了如何实现 Web 应用程序和 REST 端点以建立系统组件之间的通信。现在，开始学习让 Spring 应用程序使用持久化的数据的宝贵技能

12.1　什么是数据源

本节讨论 Spring 应用程序访问数据库所需要的一个基本组件：数据源。数据源(见图 12.2)是一个组件，它管理与处理数据库的服务器(数据库管理系统，DBMS)的连接。

注意　DBMS 是一种软件，它的任务是在保证数据安全的同时有效地管理持久化的数据(添加、更改、检索)。DBMS 管理数据库中的数据。数据库是数据的持久集合。

如果没有对象承担数据源的任务，那么应用程序就会为使用数据的每个操作请求一个新连接。这种方法在生产场景中是不现实的，因为通过网络通信为每个操作建立新的连接会显著降低应用程序的速度，并导致性能问题。数据源可确保应用程序只在它真正需要时请求一个新的连接，从而提高应用程序的性能。

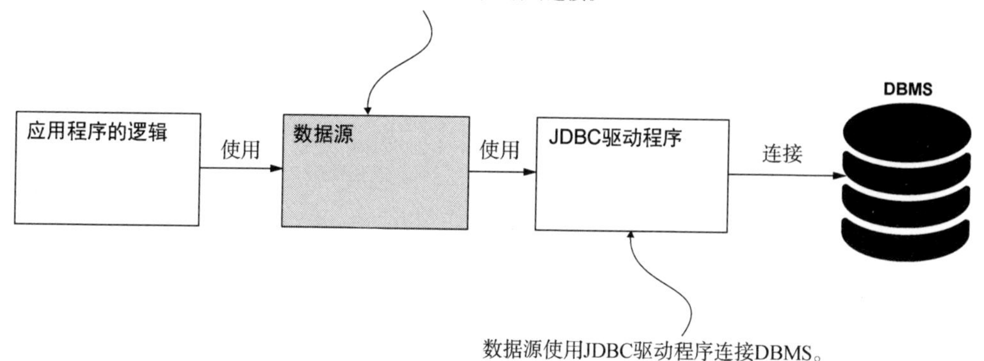

图 12.2 数据源是管理与数据库管理系统(DBMS)连接的组件。数据源使用 JDBC 驱动程序获取管理的连接。数据源的目标是通过允许应用程序的逻辑重用与 DBMS 的连接，并仅在需要时才请求新的连接，从而提高应用程序的性能。数据源还确保在释放连接时关闭连接

在使用任何与关系数据库中的数据持久化相关的工具时，Spring 都希望定义一个数据源。因此，首先讨论数据源在应用程序的持久化层中的位置，然后在示例中演示如何实现数据持久化层，这一点很重要。

在 Java 应用程序中，Java 语言连接到关系数据库的功能称为 Java 数据库连接(Java Database Connectivity，JDBC)。JDBC 提供了一种连接 DBMS 以处理数据库的方法。但是，JDK 没有为使用特定技术(如 MySQL、Postgres 或 Oracle)提供特定的实现。JDK 只提供应用程序在使用关系数据库时所需要的对象的抽象。为了实现这个抽象并使应用程序能够连接某种 DBMS 技术，需要添加一个名为 JDBC 驱动程序的运行时依赖项(见图 12.3)。每个技术供应商都提供了需要添加到应用程序的 JDBC 驱动程序，以使应用程序能够连接到特定的技术。JDBC 驱动程序既不来自 JDK，也不来自 Spring 之类的框架。

JDBC 驱动程序提供了一种获取与 DBMS 连接的方法。第一种选择是直接使用 JDBC 驱动程序，并实现应用程序。在每次需要对持久化数据执行新操作时，都需要连接。在 Java 基础教程中经常会看到这种方法。当在 Java 基础教程中学习 JDBC 时，示例通常使用一个名为 DriverManager 的类来获取连接，如下面的代码片段所示。

```
Connection con = DriverManager.getConnection(url, username, password);
```

getConnection()方法使用提供的 URL 作为第一个参数的值来识别应用程序需要访问的数据库，以验证访问数据库的用户名和密码(见图 12.4)。但是，请求一个新的连接并一次又一次地对每个操作进行身份验证，对客户端和数据库服务器来说都是浪费资源和时间。想象一下，你走进一家酒吧，要了一杯啤酒；因为你看起来很年轻，所以酒吧招待要求你出示身份证。这很正常，但如果在点第二杯和第三杯啤酒时(当然是假设的)，服务员又要求你出示身份证，那就有些让人反感了。

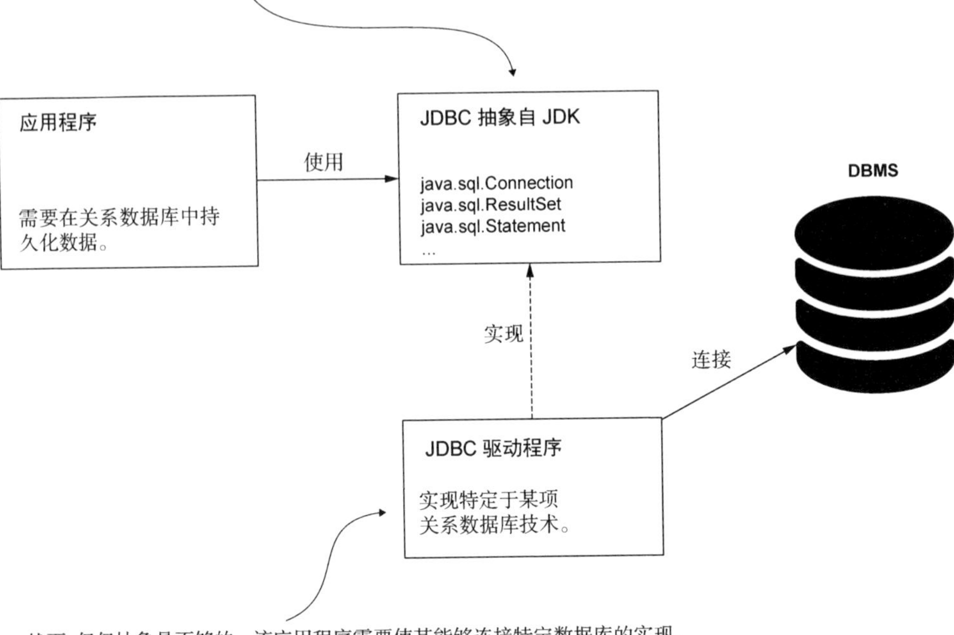
该应用程序使用JDK提供的JDBC抽象。JDK提供的接口，如java.sql包中的Connection、Statement、ResultSet，在使用纯JDBC连接数据库的应用程序中很常见。
应用程序
需要在关系数据库中持久化数据。
使用
JDBC 抽象自 JDK
java.sql.Connection
java.sql.ResultSet
java.sql.Statement
...
DBMS
实现
连接
JDBC 驱动程序
实现特定于某项关系数据库技术。
然而,仅仅抽象是不够的。该应用程序需要使其能够连接特定数据库的实现。JDBC 驱动程序提供了特定DBMS 的实现。例如，如果应用程序需要连接MySQL数据库服务器，就需要添加 MySQL JDBC 驱动程序，它实现了 JDK 提供的 JDBC 抽象，并定义了一种连接 MySQL 服务器的方式。

图 12.3 Java 应用程序连接数据库时使用 JDBC。JDK 提供了一组抽象，但应用程序需要某种依赖应用程序连接的关系数据库技术的特定实现。名为 JDBC 驱动程序的运行时依赖项提供了这些实现。对于每一种特定的技术，都存在这样的驱动程序，并且应用程序需要该精确的驱动程序，以提供它需要连接的服务器技术的实现

数据源对象可以有效地管理连接，减少不必要的操作。若不想直接使用 JDBC 驱动程序管理器，还可以使用数据源检索和管理连接(见图 12.5)。

注意 数据源是一个对象，它的任务是管理应用程序与数据库服务器的连接。它确保用程序有效地从数据库请求连接，提高持久层的操作性能。

Connection con = DriverManager.getConnection(url, username, password);
数据库
应用程序的逻辑
使用
JDBC DriverManager
连接
当应用程序直接使用 DriverManager 时，会在每次需要连接时获得一个新的连接。
获取连接通常会导致更多的网络流量和对数据库服务器进行不必要的身份验证。

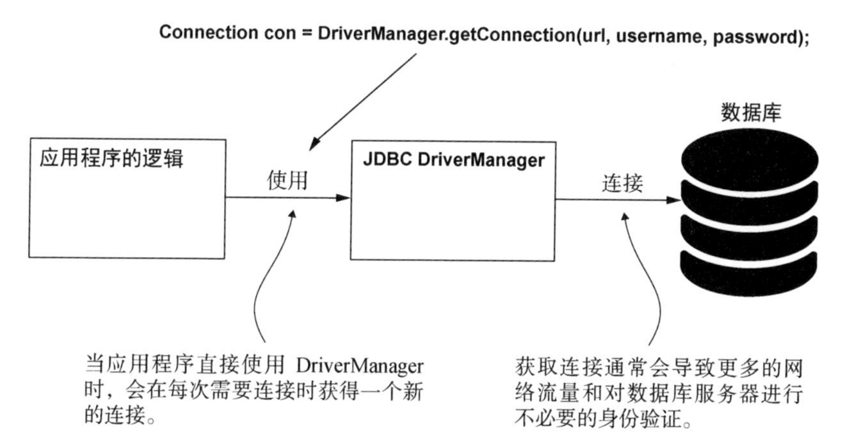

图 12.4　应用程序可以重用与数据库服务器的连接。如果它不请求新的连接，那么应用程序就会执行不必要的操作，从而降低性能。要实现此行为，应用程序需要一个负责管理连接的对象——数据源

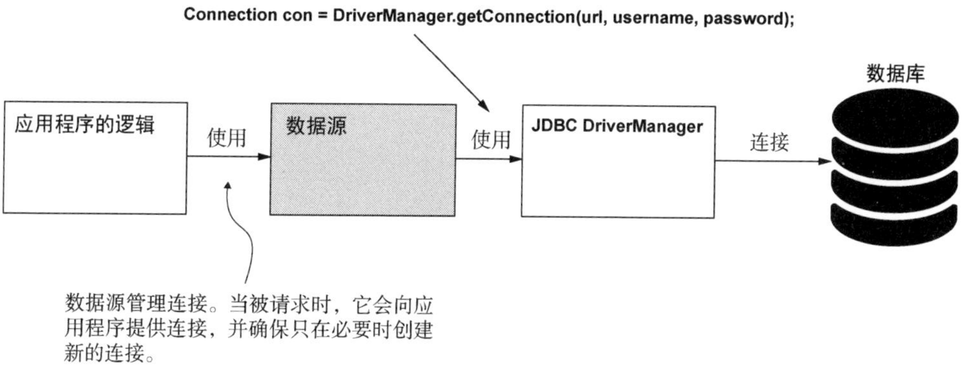

Connection con = DriverManager.getConnection(url, username, password);
数据库
应用程序的逻辑
使用
数据源
使用
JDBC DriverManager
连接
数据源管理连接。当被请求时，它会向应用程序提供连接，并确保只在必要时创建新的连接。

图 12.5　在类设计中添加数据源可以帮助应用程序节省进行不必要操作的时间。数据源管理连接，在请求时为应用程序提供连接，并仅在需要时创建新的连接

对于 Java 应用程序，数据源实现有多种选择，但目前最常用的是 HikariCP (Hikari 连接池) 数据源。Spring Boot 的约定配置将 HikariCP 作为默认的数据源实现，本章的示例也将使用它。关于这个数据源的更多信息可访问：https://github.com/brettwooldridge/HikariCP。HikariCP 是开源的，你可以为它的开发作出贡献。

12.2　使用 JdbcTemplate 处理持久化数据

本节将实现第一个使用数据库的 Spring 应用程序，并讨论 Spring 为实现持久层提供的优势。应用程序可以使用数据源有效地获取与数据库服务器的连接。但是，编写处理数据的代码有多容易呢？使用 JDK 提供的 JDBC 类并不是处理持久化数据的好方法。即使是最简单的操作，也必须编写冗长的代码块。在 Java 基础的示例中，有如下代码：

```
String sql = "INSERT INTO purchase VALUES (?,?)";
try (PreparedStatement stmt = con.prepareStatement(sql)) {
  stmt.setString(1, name);
  stmt.setDouble(2, price);
  stmt.executeUpdate();
} catch (SQLException e) {
  // do something when an exception occurs
}
```

对于向表中添加一条新记录的简单操作来说，上述代码太长了！而且还跳过了 catch 块中的逻辑。但是 Spring 可以帮助我们最小化为这些操作编写的代码。在 Spring 应用程序中，可以使用各种替代方案实现持久层，最重要的替代方案参见本章、第 13 章和第 14 章。本节使用一个名为 JdbcTemplate 的工具，该工具允许以简化的方式使用 JDBC 处理数据库。

JdbcTemplate 是 Spring 提供的、用于关系数据库的、最简单的工具。但是对于小型应用程序来说，它是一个很好的选择，因为它不会强迫使用任何其他特定的持久化框架。当不想让应用程序有任何其他依赖时，JdbcTemplate 是 Spring 实现持久层的最佳选择。这是开始学习如何实现 Spring 应用程序的持久层的一种好方式。

为了演示如何使用 JdbcTemplate，下面实现一个示例。执行以下步骤：

(1) 创建一个与 DBMS 的连接。

(2) 编写存储库逻辑。

(3) 调用实现 REST 端点动作的方法中的存储库方法。

可以在项目“sq-ch12-ex1”中找到这个示例。

这个应用程序在数据库中有一个表“purchase”。这个表存储了从线上商店购买的产品和购买价格等详细信息。该表各列内容如下(见图 12.6)：

- id——一个自动递增的唯一值，它也是表的主键。
- product——购买的产品的名称。
- price——购买价格。

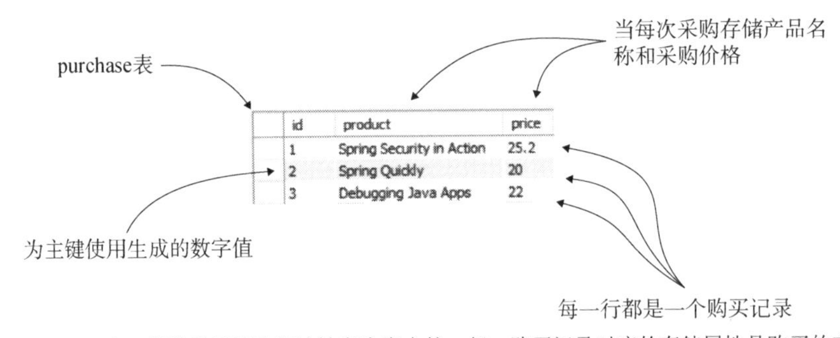

图 12.6 purchase 表。每次购买记录都被转存为表中的一行。购买记录对应的存储属性是购买的产品和购买价格。表的主键(ID)是一个生成的数值

本书的示例并不依赖选择的关系数据库技术。可以使用相同的代码与选择的技术。然而，必须为示例选择特定的技术。本书使用 H2(内存中的数据库，很适合示例，并且如第 15 章所述，

它用于实现集成测试)和 MySQL(一种免费的、轻量级的技术，可以轻松地在本地安装，以证明这些示例与内存中的数据库之外的其他东西是兼容的)。你也可以选择使用其他的关系数据库技术(如 Postgres、Oracle 或 MS SQL)实现示例。在这种情况下，必须为运行时使用适当的 JDBC 驱动程序(如本章前面所述，以及如 Java 基础教程所述)。此外，两种不同的关系数据库技术之间的 SQL 语法也可能不同。如果选择使用其他数据库，就必须让它们适应选择的技术。

> **注意** 应用程序也为 H2 数据库使用 JDBC 驱动程序。但是对于 H2，不需要单独添加它，因为它附带了在 pom.xml 文件中添加的 H2 数据库依赖项。

本书的示例均在假设你已经了解 SQL 基础知识并理解简单的 SQL 查询语法的基础上展开。此外，还假设你至少在实际示例中使用过 JDBC，因为它是在 Java 基础知识中学习的——这是学习 Spring 的必备条件。但在进一步深入之前，可能需要复习这一领域的相关知识。推荐阅读由 Jeanne Boyarsky 和 Suott Selikoff 编著的 *OCP Oracle Certified Professional Java SE 11 Developer Complete Study Guide*(Sybex，2020)第 21 章，复习 JDBC 的相关知识。推荐阅读 Alan Beaulie 编著的 *Learning SQL*，3rd ed. (O'Reilly Media，2020)复习 SQL。

实现应用程序的要求很简单。首先开发一个公开两个端点的后端服务。然后，客户端调用一个端点在 purchase 表中添加一条新记录，调用第二个端点从 purchase 表中获取所有记录。

在处理数据库时，我们在名为 repository 的类中实现了与持久层相关的所有功能。图 12.7 显示了想要实现的应用程序的类设计。

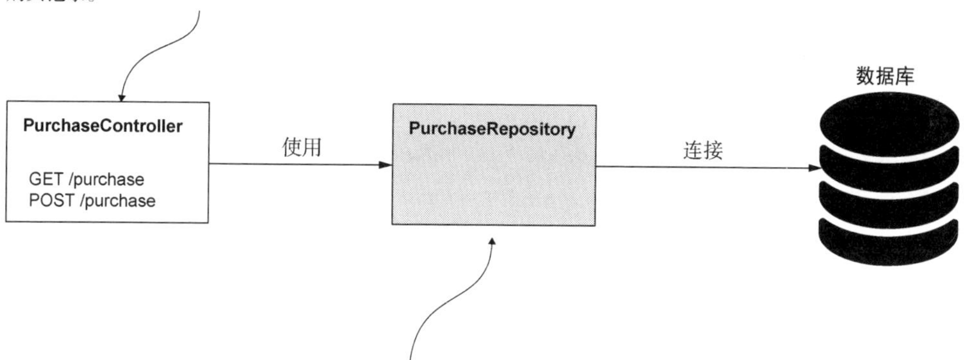

PurchaseController 是一个 REST 控制器。它公开两个端点。客户端调用POST /purchase端点添加新的购买记录，并调用 GET /purchase 端点从数据库中获取所有现有的购买记录。
PurchaseController
GET /purchase
POST /purchase
使用
PurchaseRepository
连接
数据库
PurchaseRepository使用Spring提供的JdbcTemplate工具。JdbcTemplate使用数据源，通过JDBC连接数据库服务器。

图 12.7 REST 控制器实现两个端点。当客户端调用端点时，控制器委托存储库对象使用数据库

> **注意** repository 是负责处理数据库的类。

可以像往常一样从添加必要的依赖项开始实现。当依赖项位于项目的 pom.xml 文件中时，

可参照下面的代码片段添加依赖项。

```
<dependency>
   <groupId>org.springframework.boot</groupId>
   <artifactId>spring-boot-starter-web</artifactId>
</dependency>
<dependency>
   <groupId>org.springframework.boot</groupId>
   <artifactId>spring-boot-starter-jdbc</artifactId>
</dependency>
<dependency>
   <groupId>com.h2database</groupId>
   <artifactId>h2</artifactId>
   <scope>runtime</scope>
</dependency>
```

使用与前几章相同的 Web 依赖项实现 REST 端点

添加 JDBC 启动器以获得使用 JDBC 处理数据库所需要的所有功能

添加 H2 依赖项，以获得用于本例内存中的数据库和用于使用它的 JDBC 驱动程序

应用程序只在运行时需要数据库和 JDBC 驱动程序，在编译时不需要它们。告知 Maven，只在运行时需要这些依赖项，使用“runtime”值添加作用域标签

即使本例中没有数据库服务器，H2 依赖项也会模拟数据库。H2 是一个很好的工具，当想测试应用程序的功能，但又想排除它对数据库的依赖时，可以使用它测试示例和应用程序(应用程序测试参见第 15 章)。

在此，需要添加一个存储购买记录的表。在理论示例中，很容易通过在 Maven 项目的资源文件夹中添加名为 schema.sql 的文件来创建数据库结构(见图 12.8)。

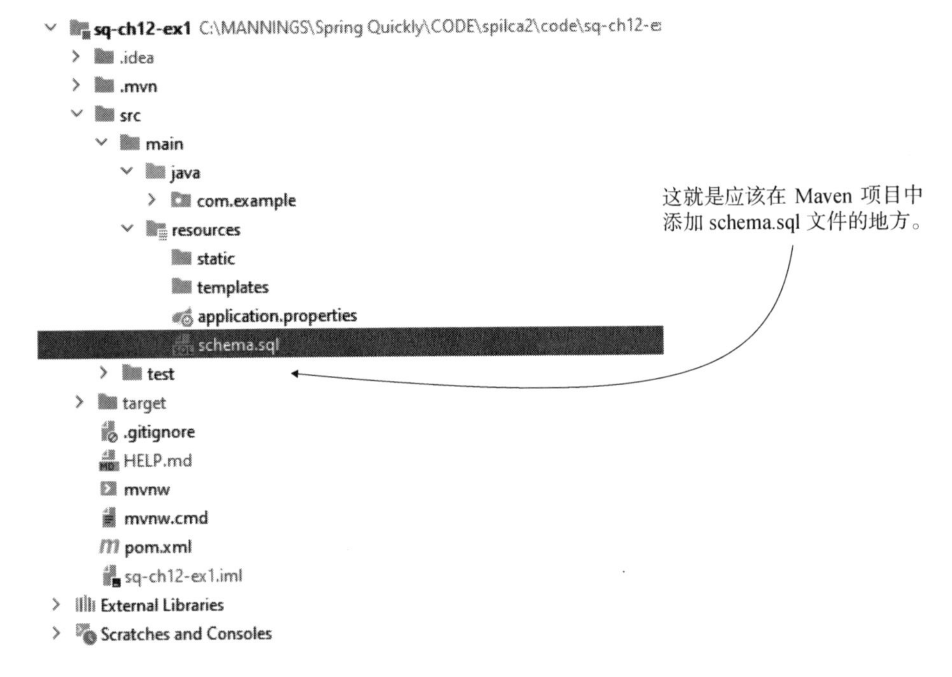

图 12.8 Maven 项目的 resources 文件夹中创建了 schema.sql 文件，可以在其中编写定义数据库结构的查询。当应用程序启动时，Spring 将执行这些查询

在这个文件中，可以编写定义数据库结构所需要的所有结构化 SQL 查询。开发人员将这

些查询命名为“数据描述语言”(data description language，DDL)。此外，还要在项目中添加这样一个文件，并添加查询创建purchase表，如下面的代码片段所示。

```
CREATE TABLE IF NOT EXISTS purchase (
   id INT AUTO_INCREMENT PRIMARY KEY,
   product varchar(50) NOT NULL,
   price double NOT NULL
);
```

注意 使用“schema.sql”文件定义数据库结构只适用于理论示例。这种方法很简单，因为它快速，并且允许你只专注学习的内容，而不用在教程中定义数据库结构。若在实际的示例中，则需要使用一个依赖项，以允许对数据库脚本进行版本控制。建议查看Flyway (https://flywaydb.org/)和Liquibase (https:// www.liquibase.org/)。这是数据库模式版本控制的两个受到高度重视的依赖项。它们超出了Spring的基础知识范畴，因此不会在本书的示例中使用。但建议你在学完基础知识后立即学习它们。

此处需要一个定义应用程序购买数据的模型类。这个类的实例映射了数据库中purchase表的行，因此每个实例都需要把ID、产品和价格作为属性。下面的代码片段显示了Purchase模型类：

```
public class Purchase {

  private int id;
  private String product;
  private BigDecimal price;
  // Omitted getters and setters
}
```

Purchase模型类中price属性的类型是BigDecimal，这很有趣。不能把它定义为double吗？重要的是：在理论示例中，double经常用于十进制值，但在许多实际的示例中，使用double或float表示十进制数并不是正确的做法。当使用double和float值进行操作时，即使是简单的算术运算(如加法或减法)也可能会丢失精度。这种影响是由Java在内存中存储这些值的方式造成的。当处理诸如价格之类的敏感信息时，应该使用BigDecimal类型。不要担心转换。Spring提供的所有基本功能都知道如何使用BigDecimal。

注意 当想要精确存储浮点值，并确保在使用这些值执行各种操作不会丢失十进制值精度时，应使用BigDecimal而非double或float。

当控制器中需要PurchaseRepository实例时，为了方便地获得它，还要使这个对象在Spring上下文中成为bean。最简单的方法是使用原型注解(如@Component或@Service)，如第3章所述。但是Spring没有使用@Component，而是为可以使用的存储库提供了一个重点注解：@Repository。如第3章所述，服务类可使用@Service，存储库则应该使用@Repository原型注解来指示Spring将bean添加到它的上下文中。代码清单12.1显示了存储库类定义。

代码清单 12.1 定义 PurchaseRepository bean

```
@Repository

public class PurchaseRepository {
}
```

使用@Repository 原型注解将该类(class)类型的 bean 添加到 Spring 上下文中

现在，PurchaseRepository 已是应用程序上下文中的一个 bean，接下来注入一个用于处理数据库的 JdbcTemplate 实例。这个 JdbcTemplate 实例是从哪里来的？是谁创建了这个实例？这样就可以把它注入存储库中了？在这个示例中，就像在许多生产场景中一样，我们将再次受益于 Spring Boot 的能力。当 Spring Boot 看到在 pom.xml 中添加了 H2 依赖项时，它会自动配置数据源和 JdbcTemplate 实例。本例将直接使用它们。

如果使用 Spring 而非 Spring Boot，则需要定义 DataSource bean 和 JdbcTemplate bean(可以使用配置类中的@Bean 注解将它们添加到 Spring 上下文中，如第 2 章所述)。12.3 节将展示如何定制它们，以及需要为哪些场景定义自己的数据源和 JdbcTemplate 实例。代码清单 12.2 展示了如何注入 Spring Boot 为应用程序配置的 JdbcTemplate 实例。

代码清单 12.2 注入一个 JdbcTemplate bean 以处理持久化数据

```
@Repository
public class PurchaseRepository {

  private final JdbcTemplate jdbc;

  public PurchaseRepository(
    JdbcTemplate jdbc) {

    this.jdbc = jdbc;
  }

}
```

使用“构造函数注入”从应用程序上下文中获取 JdbcTemplate 实例

到此已经有了一个 JdbcTemplate 实例，因此可以实现应用程序的需求。JdbcTemplate 有一个 update()方法，可以使用其执行任何数据变异的查询：INSERT、UPDATE 或 DELETE。传递 SQL 和它需要的参数，让 JdbcTemplate 处理其余的工作(获取连接、创建语句、处理 SQLException 等)。代码清单 12.3 向 PurchaseRepository 类添加了 storePurchase()方法。storePurchase()方法使用 JdbcTemplate 在 purchase 表中添加一条新记录。

代码清单 12.3 使用 JdbcTemplate 向表中添加新记录

```
@Repository
public class PurchaseRepository {
  private final JdbcTemplate jdbc;

  public PurchaseRepository(JdbcTemplate jdbc) {
    this.jdbc = jdbc;
```

```
    }

    public void storePurchase(Purchase purchase) {
      String sql =
        "INSERT INTO purchase VALUES (NULL, ?, ?)";

      jdbc.update(sql,
           purchase.getProduct(),
           purchase.getPrice());
    }

}
```

该方法接受一个表示将被存储的数据的参数

查询被写成字符串，问号(?)替换了查询的参数值。ID 使用 NULL，是因为配置了 DBMS 来生成该列的值

JdbcTemplate update()方法将查询发送到数据库服务器。该方法获取的第一个参数是查询，接下来的参数是这些参数的值。这些值以相同的顺序替换查询中的每个问号

只需几行代码，就可以插入、更新或删除表中的记录。检索数据也同样容易。插入记录时应该编写并发送一个查询。检索数据时应编写一个 SELECT 查询，告知 JdbcTemplate 如何将数据转换为 Purchase 对象(模型类)，并实现一个 RowMapper——负责将 ResultSet 中的一行记录转换为特定对象的对象。例如，如果想从建模为 Purchase 对象的数据库中获取数据，需要实现一个 RowMapper，以定义将一行记录映射到 Purchase 实例的方式(见图 12.9)。

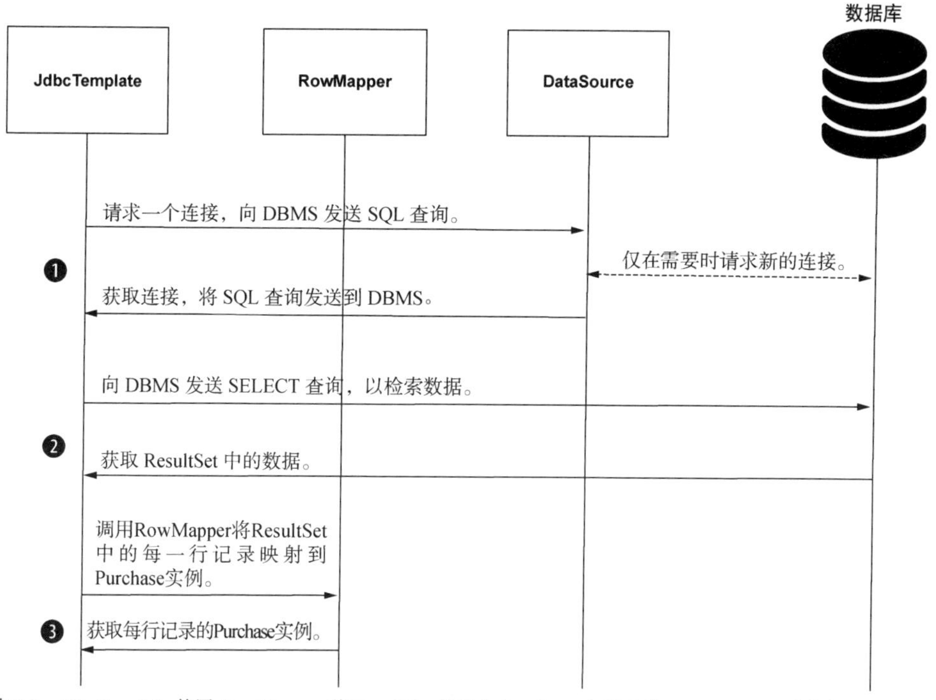

图12.9　JdbcTemplate 使用 RowMapper 将 ResultSet 修改为 Purchase 实例列表。JdbcTemplate 调用 RowMapper 将 ResultSet 中的每一行映射到 Purchase 实例。图中显示了 JdbcTemplate 发送 SELECT 查询的 3 个步骤：(1)获取 DBMS 连接；(2)发送查询并检索结果；(3)将结果映射到 Purchase 实例

代码清单 12.4 展示了如何实现一个获取 purchase 表中所有记录的存储库方法。

代码清单 12.4　使用 JdbcTemplate 从数据库中选择记录

该方法返回它从数据库的 Purchase 对象列表中检索的记录

实现一个 RowMapper 对象，告知 JdbcTemplate 如何将结果集中的一行映射到 Purchase 对象。在 lambda 表达式中，参数“r”是 ResultSet(从数据库中获取的数据)，而参数“i”是表示行号的整数

```
@Repository
public class PurchaseRepository {

  // Omitted code

  public List<Purchase> findAllPurchases() {
    String sql = "SELECT * FROM purchase";

    RowMapper<Purchase> purchaseRowMapper = (r, i) -> {
      Purchase rowObject = new Purchase();
      rowObject.setId(r.getInt("id"));
      rowObject.setProduct(r.getString("product"));
      rowObject.setPrice(r.getBigDecimal("price"));
      return rowObject;
    };

    return jdbc.query(sql, purchaseRowMapper);
  }
}
```

将数据设置为 Purchase 实例。JdbcTemplate 对结果集中的每一行都使用此逻辑

使用查询方法发送 SELECT 查询，并为 JdbcTemplate 提供行映射器对象，以了解如何转换它在 Purchase 对象中获得的数据

定义 SELECT 查询以获取 purchase 表中的所有记录

有了存储库方法，并且可以在数据库中存储和检索记录之后，就可以通过端点公开这些方法了。代码清单 12.5 显示了控制器实现。

代码清单 12.5　在控制器类中使用存储库对象

使用“构造函数依赖注入”从 Spring 上下文中获取存储库对象

实现客户端调用的端点，将购买记录存储在数据库中。使用存储库storePurchase()方法持久化“控制器动作从 HTTP 请求体中获得的数据”

```
@RestController
@RequestMapping("/purchase")
public class PurchaseController {

  private final PurchaseRepository purchaseRepository;

  public PurchaseController(
    PurchaseRepository purchaseRepository) {
    this.purchaseRepository = purchaseRepository;
  }

  @PostMapping
  public void storePurchase(@RequestBody Purchase purchase) {
    purchaseRepository.storePurchase(purchase);
  }
```

```
  @GetMapping
  public List<Purchase> findPurchases() {
    return purchaseRepository.findAllPurchases();
  }
}
```

实现客户端调用的端点，以从 purchase 表中获取所有记录。控制器的动作使用存储库的方法从数据库中获取数据，并在 HTTP 响应体中将数据返回给客户端

如果现在运行应用程序，则可以使用 Postman 或 cURL 测试这两个端点。

要在 purchase 表中添加一条新记录，可使用 HTTP POST 调用/purchase 路径，如下所示。

```
curl -XPOST 'http://localhost:8080/purchase' \
-H 'Content-Type: application/json' \
-d '{
    "product" : "Spring Security in Action",
    "price" : 25.2
}'
```

然后可以调用 HTTP GET /purchase 端点证明应用程序正确存储了购买记录。下面的代码片段展示了这个请求的 cURL 命令：

```
curl 'http://localhost:8080/purchase'
```

请求的 HTTP 响应体是数据库中所有购买记录的列表，如下所示。

```
[
   {
      "id": 1,
      "product": "Spring Security in Action",
      "price": 25.2
   }
]
```

12.3　定制数据源配置

本节学习如何定制 JdbcTemplate 用于处理数据库的数据源。12.2 节使用的 H2 数据库非常适合示例和教程，以及用于实现应用程序的持久层。然而，在产品应用程序中，需要的不仅仅是内存中的数据库，还常常需要配置数据源。

接下来讨论如何在真实的场景中使用 DBMS，首先更改 12.2 节实现的示例，以使用 MySQL 服务器。示例中的逻辑并没有改变，只需要简单地将数据源更改为指向不同的数据库。以下是执行的步骤：

(1) 12.3.1 节添加 MySQL JDBC 驱动程序，并使用 application.properties 文件指向 MySQL 数据库，来配置数据源。仍旧让 Spring Boot 根据定义的属性在 Spring 上下文中定义 DataSource bean。

(2) 在 12.3.2 节中更改项目，定义一个定制的 DataSource bean，并讨论在实际场景中何时需要类似的定制。

12.3.1 在应用程序属性文件中定义数据源

本节把应用程序连接到 MySQL DBMS。产品就绪的应用程序使用外部数据库服务器，因此掌握此技能将有所帮助。

本节演示的项目是“sq-ch12-ex2”。如果想自行运行这个示例(推荐)，则需要安装一个 MySQL 服务器并创建一个连接的数据库。如果愿意，还可以调整示例，使用另一种数据库技术(如 Postgres 或 Oracle)。

可以按照如下两个简单的步骤执行这个转换。

(1) 修改项目依赖项，排除 H2，并添加合适的 JDBC 驱动程序。

(2) 在“application.properties”文件中添加新数据库的连接属性。

执行步骤(1)时，需要在 pom.xml 文件中排除 H2 依赖项。如果使用 MySQL，则需要添加 MySQL JDBC 驱动程序。项目现在需要有依赖项，如下面的代码片段所示。

```
<dependency>
   <groupId>org.springframework.boot</groupId>
   <artifactId>spring-boot-starter-jdbc</artifactId>
</dependency>
<dependency>
   <groupId>org.springframework.boot</groupId>
   <artifactId>spring-boot-starter-web</artifactId>
</dependency>
<dependency>
   <groupId>mysql</groupId>
   <artifactId>mysql-connector-java</artifactId>
   <scope>runtime</scope>
</dependency>
```

添加 MySQL JDBC 驱动程序作为运行时依赖项

执行步骤(2)时，“application.properties”文件应该如下面的代码片段所示。添加 spring.datasource.url 属性以定义数据库位置，添加 spring.datasource.username 和 spring.datasource.password 属性以定义应用程序需要验证从 DBMS 获取连接的凭证。此外，需要使用 spring.datasource.initialization-mode 属性和“always”值，指示 Spring Boot 使用“schema.sql”文件并创建 purchase 表。不需要在 H2 中使用这个属性。对于 H2，如果“schema.sql”文件存在，Spring Boot 就默认运行该文件中的查询。

配置定义数据库位置的 URL

```
spring.datasource.url=jdbc:mysql://localhost/spring_quickly?
useLegacyDatetimeCode=false&serverTimezone=UTC

spring.datasource.username=<dbms username>
spring.datasource.password=<dbms password>
spring.datasource.initialization-mode=always
```

配置凭证以进行身份验证，并从 DBMS 获得连接

将初始化模式设置为“always”，以指示 Spring Boot 在“schema.sql”文件中运行查询

注意　在产品就绪的应用程序中，将秘密(如密码)存储在属性文件中并不是一个好习惯。这些隐私信息都应存储在秘密的保险库里。本书不会讨论秘密库，因为这个主题已经远远超出了基础知识的范畴。注意，此处定义密码的这种方式仅用于示例和教程。

经过这两处更改后，应用程序现在已开始使用 MySQL 数据库。Spring Boot 也知晓了如何使用“application.properties”文件提供的 Spring.datasource 属性创建 DataSource bean。可以像在 12.2 节中那样启动应用程序并测试端点。

要在 purchase 表中添加一条新记录，可使用 HTTP POST 调用/purchase 路径，如下面的代码片段所示。

```
curl -XPOST 'http://localhost:8080/purchase' \
-H 'Content-Type: application/json' \
-d '{
   "product" : "Spring Security in Action",
   "price" : 25.2
}'
```

然后，可以调用 HTTP GET /purchase 端点证明应用程序正确地存储了购买记录。下面的代码片段展示了这个请求的 cURL 命令：

```
curl 'http://localhost:8080/purchase'
```

请求的 HTTP 响应体是数据库中所有购买记录的列表，如下面的代码片段所示。

```
[
   {
      "id": 1,
      "product": "Spring Security in Action",
      "price": 25.2
   }
]
```

12.3.2　使用定制的 DataSourcebean

如果在“application.properties”文件中提供了连接细节，那么 Spring Boot 就知道如何使用 DataSource bean。有时这就足够了，和往常一样，建议使用最简单的解决方案解决问题。但是在其他情况下，不能依赖 Spring Boot 创建 DataSource bean。在这种情况下，需要自行定义 bean。需要自行定义 bean 的场景如下：

- 需要基于只能在运行时获得的条件使用特定的 DataSource 实现。
- 应用程序连接多个数据库，因此必须创建多个数据源，并使用限定符将它们区分开来。
- 必须在应用程序运行时的特定条件下配置 DataSource 对象的特定参数。例如，根据启动应用程序的环境，你希望在连接池中有更多或更少的连接，以进行性能优化。
- 应用程序使用 Spring 框架，而非 Spring Boot。

DataSource 只是一个添加到 Spring 上下文中的 bean，就像任何其他 bean 一样。不是让 Spring Boot 选择实现并配置 DataSource 对象，而是在配置类中定义一个带有@Bean 注解的方法(如第 3 章所述)，并自行将对象添加到上下文中。这样，就可以完全控制对象的创建。

更改示例“sq-ch12-ex2”，为数据源定义一个 bean，而不是让 Spring Boot 从属性文件中创建它。可以在项目“sq-ch12-ex3”中找到这些更改。创建一个配置文件并定义一个带@Bean 注解的方法，该方法将返回被添加到 Spring 上下文的 DataSource 实例。代码清单 12.6 显示了配置类和用@Bean 注解的方法的定义。

代码清单 12.6 为项目定义 DataSource bean

```
@Configuration
public class ProjectConfig {

  @Value("${custom.datasource.url}")
  private String datasourceUrl;

  @Value("${custom.datasource.username}")
  private String datasourceUsername;

  @Value("${custom.datasource.password}")
  private String datasourcePassword;

  @Bean
  public DataSource dataSource() {
    HikariDataSource dataSource =
      new HikariDataSource();

    dataSource.setJdbcUrl(datasourceUrl);
    dataSource.setUsername(datasourceUsername);
    dataSource.setPassword(datasourcePassword);
    dataSource.setConnectionTimeout(1000);

    return dataSource;
  }
}
```

用@Bean 注解这个方法以指示 Spring 将返回值添加到它的上下文中

连接细节是可配置的，因此最好在源代码之外继续定义它们。本例将它们保存在 application.properties 文件中

该方法返回一个 DataSource 对象。如果 Spring 上下文中的数据源已存在，就不配置

使用 HikariCP 作为本例的数据源实现。但是，当自行定义 bean 时，如果项目需要其他内容，可以选择其他的实现

在数据源上设置连接参数

还可以配置其他属性(最终在某些条件下)。在本示例中，使用连接超时(在认定不能连接之前，数据源等待连接的时长)作为一个示例

返回 DataSource 实例，Spring 会将它添加到上下文中

不要忘记使用@Value 注解为注入的属性配置值。在 application.properties 文件中，这些属性应该如下面的代码片段所示。我有意在它们的名称中使用“custom”一词，以强调是我们选用了这些名称，它们不是 Spring Boot 属性，可以为这些属性随意命名。

```
custom.datasource.url=jdbc:mysql://localhost/spring_quickly?
useLegacyDatetimeCode=false&serverTimezone=UTC

custom.datasource.username=root
```

```
custom.datasource.password=
```

现在可以开始并测试项目“sq-ch12-ex3”。结果应该与本章的前两个项目相同。

要在 purchase 表中添加一条新记录，可使用 HTTP POST 调用/purchase 路径，如下面的代码片段所示。

```
curl -XPOST 'http://localhost:8080/purchase' \
-H 'Content-Type: application/json' \
-d '{
   "product" : "Spring Security in Action",
   "price" : 25.2
}'
```

然后可以调用 HTTP GET /purchase 端点证明应用程序正确地存储了购买记录。下面的代码片段展示了这个请求的 cURL 命令：

```
curl 'http://localhost:8080/purchase'
```

请求的 HTTP 响应体是数据库中所有购买记录的列表，如下面的代码片段所示。

```
[
   {
      "id": 1,
      "product": "Spring Security in Action",
      "price": 25.2
   }
]
```

注意 如果没有清理 purchase 表，并使用了与项目“sq-ch12-ex2”相同的数据库，那么结果会包含先前添加的记录。

12.4 本章小结

- 在 Java 应用程序中，Java 开发工具包(JDK)提供了应用程序连接关系数据库所需要的对象的抽象。应用程序总是需要添加一个运行时依赖项以提供这些抽象的实现。这个依赖项被称为 JDBC 驱动程序。
- 数据源是管理与数据库服务器连接的对象。如果没有数据源，应用程序就会过于频繁地请求连接，从而影响其性能。
- 默认情况下，Spring Boot 配置一个名为 HikariCP 的数据源实现，该实现使用一个连接池来优化应用程序使用数据库连接的方式。可根据应用程序的需求使用不同的数据源实现。
- JdbcTemplate 是一个 Spring 工具，它简化了使用 JDBC 访问关系数据库的代码。JdbcTemplate 对象依赖数据源连接数据库服务器。

- 要发送一个改变表中数据的查询，可以使用 JdbcTemplate 对象的 update()方法。要发送 SELECT 查询检索数据，可以使用任一的 JdbcTemplate 的 query()方法。这些操作将经常用于更改或检索持久化数据。
- 若要定制 Spring Boot 应用程序使用的数据源，需要先配置一个 java.sql.DataSource 类型的定制 bean。如果已在 Spring 的上下文中声明了一个这种类型的 bean，Spring Boot 就会使用它而不是配置一个默认的 bean。如果需要自定义 JdbcTemplate 对象，也可以使用相同的方法。通常使用 Spring Boot 提供的默认值，但在特定情况下，有时还需要自定义配置或实现各种优化。
- 如果想让应用程序连接多个数据库，则可以创建多个数据源对象，每个数据源对象都与各自的JdbcTemplate 对象相关联。在这种情况下，需要使用@Qualifier 注解区分应用程序上下文中相同类型的对象(如第 4 章所述)。

第 13 章

在Spring应用程序中使用事务

本章内容

- 什么是事务
- Spring 如何管理事务
- 在 Spring 应用程序中使用事务

在管理数据时，要考虑的最重要的事情之一就是存储准确的数据。我们不希望特定的执行场景以错误或不一致的数据告终。例如，假设实现了一个用于共享资金的应用程序——电子钱包。在这个应用程序中，用户拥有用于存储资金的账户，可将资金从一个账户转移到另一个账户。该示例的实现可简化为以下两个步骤(见图 13.1)：

(1) 从源账户中提取资金。

(2) 将钱存入目标账户。

这两个步骤都是更改数据的操作(可变数据操作)，且需要都成功后才能正确地执行转账。但是，如果第二步遇到问题而无法完成，该怎么办？如果第一步已经完成，但是第二步没有完成，那么数据就不一致了。

假设 John 转了 100 美元给 Jane。转账前，John 的账户里有 1 000 美元，而 Jane 的账户里有 500 美元。转账完成后，预计 John 的账户将减少 100 美元(即 1 000 美元−100 美元= 900 美元)，同时，Jane 得到这 100 美元。Jane 应该有 500 美元 + 100 美元= 600 美元。

如果第二步失败了，就会遇到这样的情况：钱已从 John 的账户被取走，但 Jane 却没有拿到钱。John 剩余 900 美元，而 Jane 仍然只有 500 美元。那 100 美元去哪了？图 13.2 说明了这种行为。

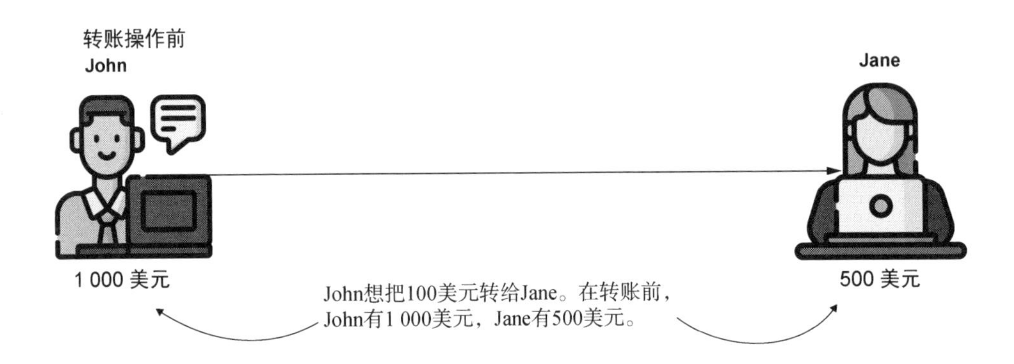
转账操作前
John
Jane
1 000 美元
500 美元
John想把100美元转给Jane。在转账前，John有1 000美元，Jane有500美元。

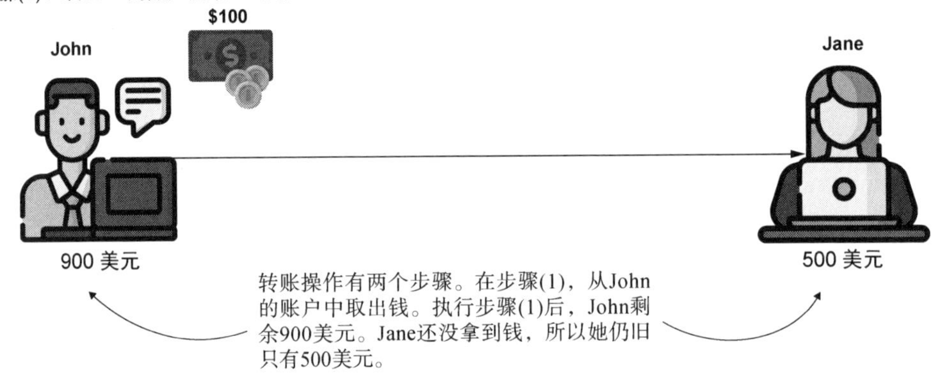
步骤(1)：从John的账户提取100美元
$100
John
Jane
900 美元
500 美元
转账操作有两个步骤。在步骤(1)，从John的账户中取出钱。执行步骤(1)后，John剩余900美元。Jane还没拿到钱，所以她仍旧只有500美元。

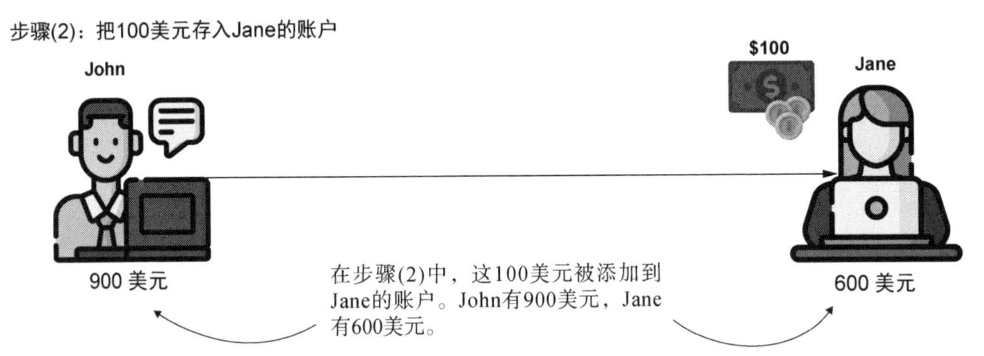
步骤(2)：把100美元存入Jane的账户
John
$100
Jane
900 美元
600 美元
在步骤(2)中，这100美元被添加到Jane的账户。John有900美元，Jane有600美元。

图 13.1 用例的示例。当从一个账户向另一个账户转账时，该应用程序执行两个操作：从第一个账户减去转账金额，并将其添加到第二个账户。实现这个用例，并且需要确保它的执行不会产生数据不一致

为了避免数据不一致的情况，需要确保两个步骤都已正确执行，或者两个步骤都不执行。事务提供了实现多个操作的可能性，这些操作要么全部正确执行，要么都不执行。

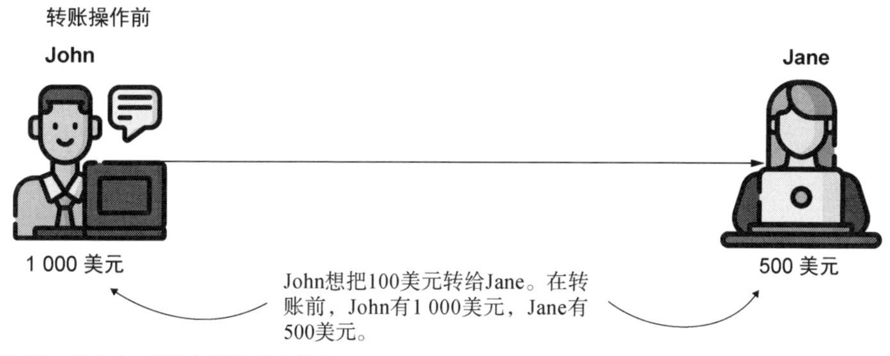
转账操作前
John
Jane
1 000 美元
500 美元
John想把100美元转给Jane。在转账前，John有1 000美元，Jane有500美元。

步骤 (1)：从 John 的账户提取 100 美元

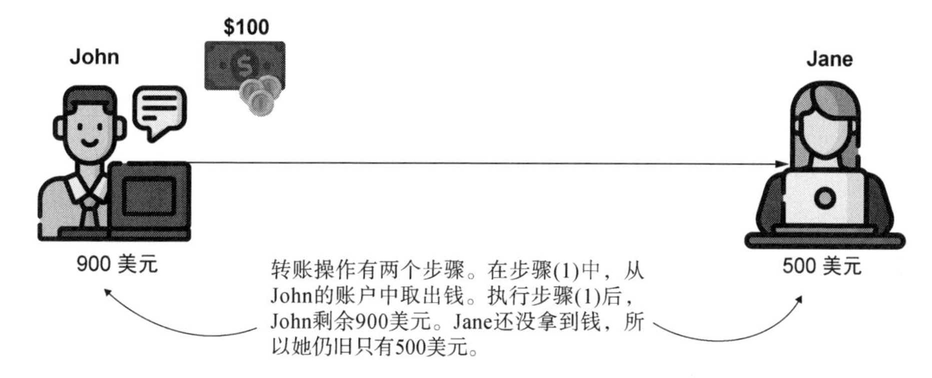
$100
John
Jane
900 美元
500 美元
转账操作有两个步骤。在步骤(1)中，从John的账户中取出钱。执行步骤(1)后，John剩余900美元。Jane还没拿到钱，所以她仍旧只有500美元。

步骤 (2)：把 100 美元存入 Jane 的账户

John
$100
Jane
900 美元
500 美元
该应用程序从John的账户提取了100美元，但没有将其添加到Jane的账户。这100美元丢失了。

图 13.2　如果用例的其中一个步骤失败，数据将变得不一致。对于转账示例，如果从第一个账户中减去钱款的操作成功，但将其添加到目标账户的操作失败，那么钱款将丢失

13.1　事务

本节讨论事务。事务是一组已定义的可变操作(更改数据的操作)，这些操作可以完全正确地执行，也可以完全不执行。这称为原子性。事务在应用程序中必不可少，这是因为当应用程序已经更改了数据时，即使用例的任何一步失败，事务仍可以确保数据一致。仍旧以这个包含

以下两个步骤的(简化的)转账功能为示例讲解：

(1) 从源账户中提取资金。

(2) 将钱存入目标账户。

可以在步骤(1)之前启动事务，并在步骤(2)之后关闭事务(见图 13.3)。在这种情况下，如果两个步骤都成功执行，当事务结束时，即在步骤(2)之后，应用程序将持久化这两个步骤所做的更改。也可以说，在这种情况下，事务“提交了”。“提交”操作发生在事务结束且所有步骤都已成功执行之时，因此应用程序将持久化数据的更改。

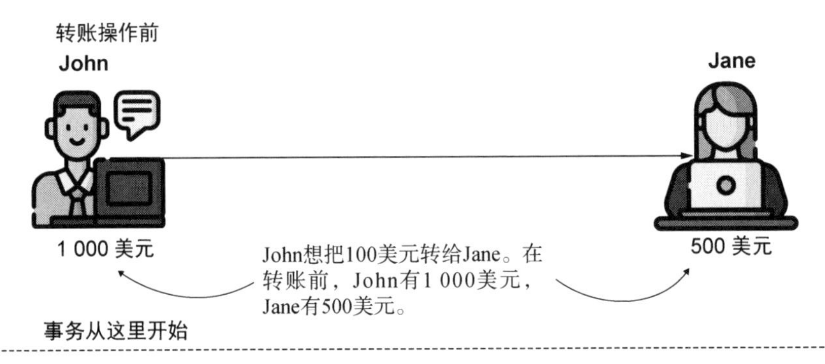

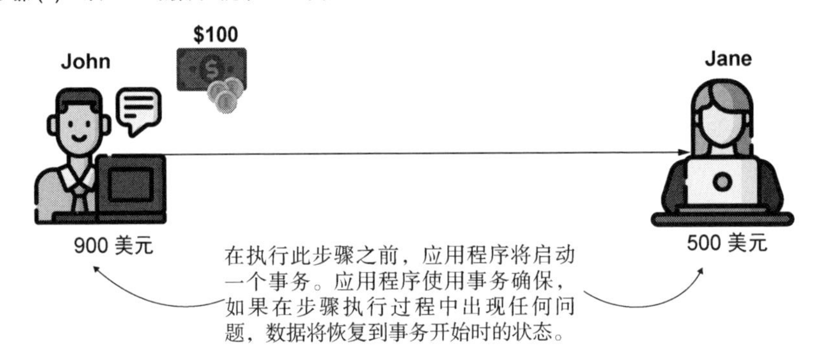

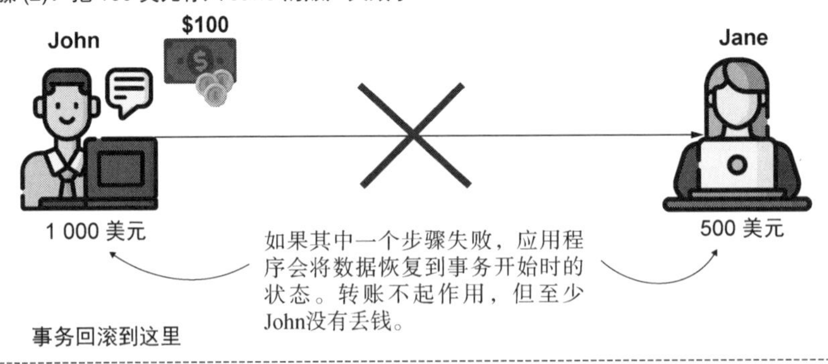

图 13.3 即使用例的任何一个步骤失败了，事务仍可以解决可能出现的不一致性。在事务的帮助下，即使其中任何一个步骤失败，数据仍可以恢复到事务开始时的状态

提交　当应用程序存储事务的可变操作所做的所有更改时，事务成功结束。

如果步骤(1)的执行没有问题，但步骤(2)因为某些原因失败，应用程序将恢复步骤(1)所做的更改。该操作称为回滚。

回滚　当应用程序将数据恢复到事务开始时的状态，以避免数据不一致时，事务以回滚结束。

13.2　事务在 Spring 中的工作方式

在展示如何在 Spring 应用程序中使用事务之前，先讨论事务在 Spring 中的工作方式，以及框架为实现事务代码提供的功能。事实上，Spring AOP 切面位于事务的幕后(第 6 章讨论了切面的工作方式)。

切面是一段代码，它以定义的方式拦截特定方法的执行。如今，人们在大多数情况下都使用注解标记方法，切面应该拦截和修改这些方法的执行。对于 Spring 事务，情况也没有什么不同。为了标记希望 Spring 在事务中封装的方法，示例中使用了一个名为@Transactional 的注解。在幕后，Spring 配置了一个切面(不必自行实现这个切面，Spring 会提供)，并为该方法执行的操作应用事务逻辑(见图 13.4)。

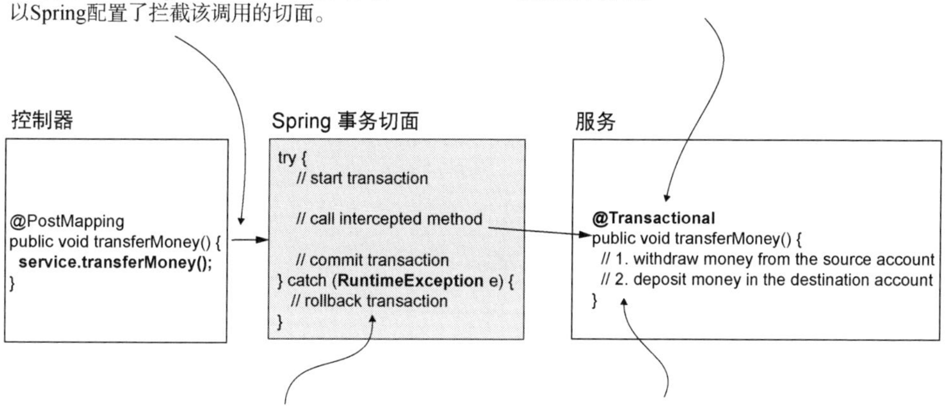

图 13.4　在方法中使用@Transactional 注解时，由 Spring 配置的切面会拦截方法调用，并为该调用应用事务逻辑。如果方法抛出运行时异常，应用程序则不会持久化方法所做的更改

如果方法抛出运行时异常，那么 Spring 就会回滚事务。但需要强调一下“抛出”这个词。当我在课堂上教授 Spring 时，学生们通常认为，只要 transferMoney()方法中的某些操作抛出运行

时异常就足够了。但这还不够！事务方法应该进一步抛出异常，以便切面知道它应该回滚更改。如果该方法在其逻辑中处理异常，并且不会进一步抛出异常，切面就无法知晓发生了异常(见图 13.5)。

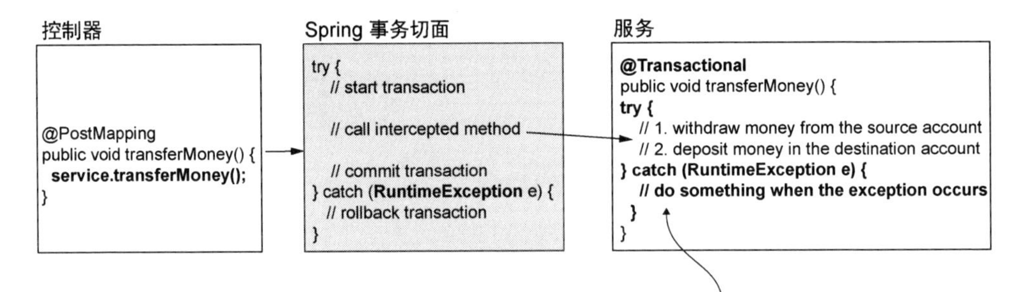

图 13.5 当方法内部抛出了一个运行时异常时，若方法处理了这个异常并没有将它返回给调用者，则切面不会得到这个异常，且它将提交事务。在事务方法中处理异常时，例如在本例中，需要知晓事务不会回滚，因为管理事务的切面无法看到异常

事务中的受控异常

前面只讨论了运行时异常。但什么是受控异常呢？Java 中的受控异常是指必须处理或抛出的异常；否则，应用程序无法编译。如果方法抛出它们，它们是否也会导致事务回滚？默认情况下，不会！Spring 的默认行为只是在遇到运行时异常时回滚事务。这就是在几乎所有真实场景中使用事务的方式。

当处理受控异常时，必须在方法签名中添加“throws”子句；否则，代码将无法编译，因此我们总是知道，逻辑何时会抛出这样的异常。正因为如此，用受控异常表示的情况不是可能导致数据不一致的问题，而是应该由开发人员实现的逻辑管理的受控场景。

但是，如果希望 Spring 也回滚受控异常的事务，那么可以更改 Spring 的默认行为。让 13.3 节学习的@Transactional 注解具有一些属性，用于定义希望 Spring 回滚哪些异常的事务。

然而，建议始终保持应用程序的简单性，除非需要，否则都依赖框架的默认行为。

13.3 在 Spring 应用程序中使用事务

接下来，从一个说明如何在 Spring 应用程序中使用事务的示例开始学习。在 Spring 应用程序中声明事务就像使用@Transactional 注解一样简单。使用@Transactional 标记希望 Spring 在事务中封装的方法后，便不需要做其他任何事情。Spring 会配置一个切面以拦截用@Transactional 注解的方法。此切面启动一个事务操作，如果一切正常，则提交方法的更改；如果发生任何运行时异常，则回滚更改。

下面编写一个在数据库表中存储账户详细信息的应用程序。假设这是前面实现的电子钱包应用程序的后端，具备将资金从一个账户转移到另一个账户的功能。对于这个用例，需要使用一个事务来确保数据在异常发生时也能保持一致。

前面实现的应用程序的类设计很简单。该应用程序在数据库中使用一个表来存储账户详细信息(包括金额)，实现一个存储库来处理这个表中的数据，并且在一个服务类中实现业务逻辑(转账用例)。实现业务逻辑的服务方法是需要使用事务的地方。我们通过在控制器类中实现端点来公开这个用例。要将钱从一个账户转移到另一个账户，需要有人调用这个端点。图 13.6 说明了该应用程序的类设计。

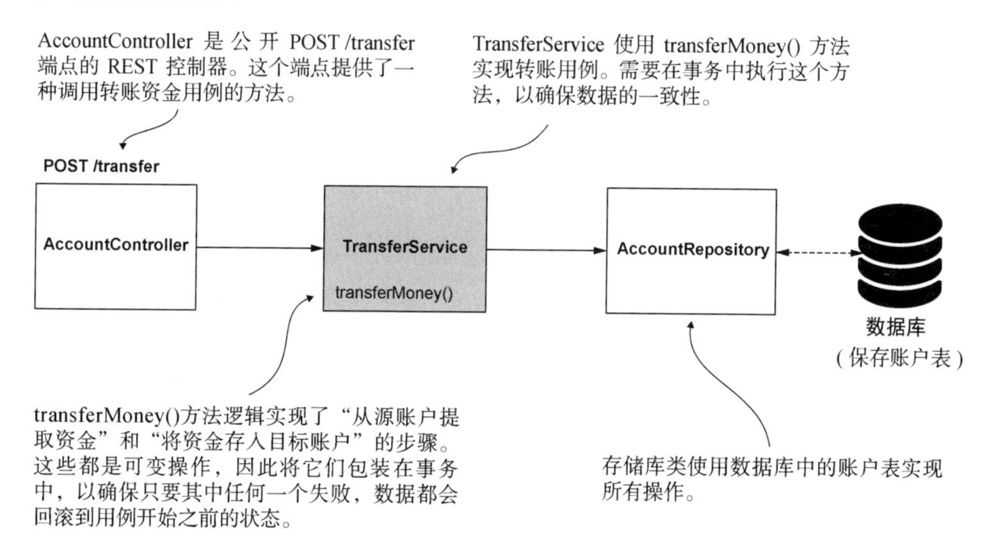
AccountController 是公开 POST /transfer 端点的 REST 控制器。这个端点提供了一种调用转账资金用例的方法。
TransferService 使用 transferMoney() 方法实现转账用例。需要在事务中执行这个方法，以确保数据的一致性。
POST /transfer
AccountController
TransferService
transferMoney()
AccountRepository
数据库
(保存账户表)
transferMoney()方法逻辑实现了“从源账户提取资金”和“将资金存入目标账户”的步骤。这些都是可变操作，因此将它们包装在事务中，以确保只要其中任何一个失败，数据都会回滚到用例开始之前的状态。
存储库类使用数据库中的账户表实现所有操作。

图 13.6　在一个服务类中实现转账用例，并通过一个 REST 端点公开这个服务方法。服务方法使用存储库访问数据库中的数据并更改数据。服务方法(实现业务逻辑)必须包装在事务中，以避免在方法执行期间出现问题时数据不一致

可以在项目“sq-ch13-ex1”中找到这个示例。创建一个 Spring Boot 项目，并将依赖项添加到它的 pom.xml 文件中，如下面的代码片段所示，继续使用 Spring JDBC(如第 12 章所述)和内存中的 H2 数据库。

```
<dependency>
   <groupId>org.springframework.boot</groupId>
   <artifactId>spring-boot-starter-web</artifactId>
</dependency>
<dependency>
   <groupId>org.springframework.boot</groupId>
   <artifactId>spring-boot-starter-data-jdbc</artifactId>
</dependency>
<dependency>
   <groupId>com.h2database</groupId>
   <artifactId>h2</artifactId>
   <scope>runtime</scope>
```

```
</dependency>
```

该应用程序只处理数据库中的一个表。将这个表命名为“account”，它有以下字段：

- id——主键。将这个字段定义为一个自增的 INT 值。
- name——账户所有者的名字。
- amount——所有者账户的总金额。

在项目的资源文件夹中使用“schema.sql”文件创建表。在这个文件中，编写 SQL 查询创建表，如下面的代码片段所示。

```
create table account (
   id INT NOT NULL AUTO_INCREMENT PRIMARY KEY,
   name VARCHAR(50) NOT NULL,
   amount DOUBLE NOT NULL
);
```

我们在资源文件夹的 schema.sql 旁边还添加了一个“data.sql”文件，以创建两个记录，稍后将使用这两个记录进行测试。“data.sql”文件包含 SQL 查询，以在数据库中添加两个账户记录。可以在下面的代码片段中找到这些查询：

```
INSERT INTO account VALUES (NULL, 'Helen Down', 1000);
INSERT INTO account VALUES (NULL, 'Peter Read', 1000);
```

我们需要一个为账户表建模的类，以便能够引用应用程序中的数据，因此创建了一个名为 Account 的类来为数据库中的账户记录建模，如代码清单 13.1 所示。

代码清单 13.1 为账户表建模的 Account 类

```
public class Account {

  private long id;
  private String name;
  private BigDecimal amount;

  // Omitted getters and setters
}
```

为了实现“转账”用例，需要让存储库层具备以下功能：

(1) 通过账号 ID 查找账户详情。

(2) 更新指定账户的金额。

参照第 10 章讲解的内容，使用 JdbcTemplate 实现这些功能。为步骤(1)实现 findAccountById(long id)方法，它从一个参数获取账户 ID，并使用 JdbcTemplate 从数据库中获取带有该 ID 的账户的详细信息。为步骤(2)，实现 changeAmount(long id, BigDecimal amount)方法。这个方法将它获得的金额设置为账户的第二个参数，并使用它在第一个参数中获得的 ID。代码清单 13.2 显示了这两个方法的实现。

代码清单 13.2　实现存储库中的持久化功能

使用@Repository 注解在 Spring 上下文中添加这个类的 bean，以便稍后在服务类中使用它的地方注入这个 bean

使用构造函数依赖注入，获得一个 JdbcTemplate 对象以处理数据库

```
@Repository
public class AccountRepository {

  private final JdbcTemplate jdbc;

  public AccountRepository(JdbcTemplate jdbc) {
    this.jdbc = jdbc;
  }

  public Account findAccountById(long id) {
    String sql = "SELECT * FROM account WHERE id = ?";
    return jdbc.queryForObject(sql, new AccountRowMapper(), id);
  }

  public void changeAmount(long id, BigDecimal amount) {
    String sql = "UPDATE account SET amount = ? WHERE id = ?";
    jdbc.update(sql, amount, id);
  }
}
```

使用 JdbcTemplate queryForObject()方法将 SELECT 查询发送到 DBMS，从而获得账户的详细信息。还需要提供一个 RowMapper 告知 JdbcTemplate 如何将结果中的一行映射为模型对象

使用 JdbcTemplate update()方法向 DBMS 发送一个 UPDATE 查询，修改账户的金额

如第 12 章所述，当使用 JdbcTemplate 和 SELECT 查询从数据库中检索数据时，需要提供一个 RowMapper 对象，它告知 JdbcTemplate 如何将数据库结果的每一行映射为特定的模型对象。在本示例中，需要告诉 JdbcTemplate 如何将结果中的一行映射为 Account 对象。代码清单 13.3 显示了如何实现 RowMapper 对象。

代码清单 13.3　使用 RowMapper 将行映射为模型对象实例

实现 RowMapper 契约并将结果行映射的模型类作为泛型类型提供

实现 mapRow()方法，该方法会将其获取的查询结果作为一个参数(形如 ResultSet 对象)，并返回当前行映射的 Account 实例

```
public class AccountRowMapper
  implements RowMapper<Account> {

  @Override
  public Account mapRow(ResultSet resultSet, int i)
    throws SQLException {
    Account a = new Account();
    a.setId(resultSet.getInt("id"));
    a.setName(resultSet.getString("name"));
    a.setAmount(resultSet.getBigDecimal("amount"));
    return a;
  }
}
```

将当前结果行的值映射到 Account 的属性

映射结果值后返回账户实例

为了更方便应用程序的测试，我们还添加了从数据库获取所有账户详细信息的功能，如代

码清单 13.4 所示。在验证应用程序是否符合预期的工作效果时可以使用这个功能。

代码清单 13.4 从数据库获取所有账户记录

```
@Repository
public class AccountRepository {

  // Omitted code

  public List<Account> findAllAccounts() {
    String sql = "SELECT * FROM account";
    return jdbc.query(sql, new AccountRowMapper());
  }

}
```

在服务类中实现了“转账”用例的逻辑。TransferService 类使用 AccountRepository 类管理账户表中的数据。该方法实现的逻辑如下：

(1) 获取源账户和目标账户的详细信息，查看两个账户中的金额。

(2) 通过设置一个新值从第一个账户提取转账金额，即从账户中减去要提取的金额。

(3) 通过设置一个新值将转账金额存入目标账户，即将账户金额与转账金额相加。

代码清单 13.5 展示了服务类的 transferMoney()方法如何实现这个逻辑。注意，步骤(2)和步骤(3)定义了可变操作。这两个操作更改持久化的数据(即，它们更新一些账户的金额)。如果不将它们包装在一个事务中，可能会因为其中一个步骤失败而导致数据不一致。

幸运的是，只需要使用@Transactional 注解将该方法标记为事务性的，并告知 Spring 它需要拦截该方法的执行并将其封装在事务中。代码清单 13.5 显示了服务类中转账用例逻辑的实现。

代码清单 13.5 在服务类中实现转账用例

```
@Service
public class TransferService {

  private final AccountRepository accountRepository;

  public TransferService(AccountRepository accountRepository) {
    this.accountRepository = accountRepository;
  }

  @Transactional                     <-- 使用@Transactional 指示 Spring 把方法的调用封装在事务中
  public void transferMoney(long idSender,
                            long idReceiver,
                            BigDecimal amount) {
  Account sender =
    accountRepository.findAccountById(idSender);
  Account receiver =
    accountRepository.findAccountById(idReceiver);   <-- 获取账户的详细信息，查看每个账户的当前金额

  BigDecimal senderNewAmount =
    sender.getAmount().subtract(amount);   <-- 计算源账户的新金额
```

```
    BigDecimal receiverNewAmount =          计算目标账户
      receiver.getAmount().add(amount);     的新金额

    accountRepository                                    设置源账户
      .changeAmount(idSender, senderNewAmount);          的新金额值

    accountRepository                                       设置目标账户
      .changeAmount(idReceiver, receiverNewAmount);         的新金额值
  }
}
```

图 13.7 直观地展示了 transferMoney()方法执行的事务作用域和步骤。

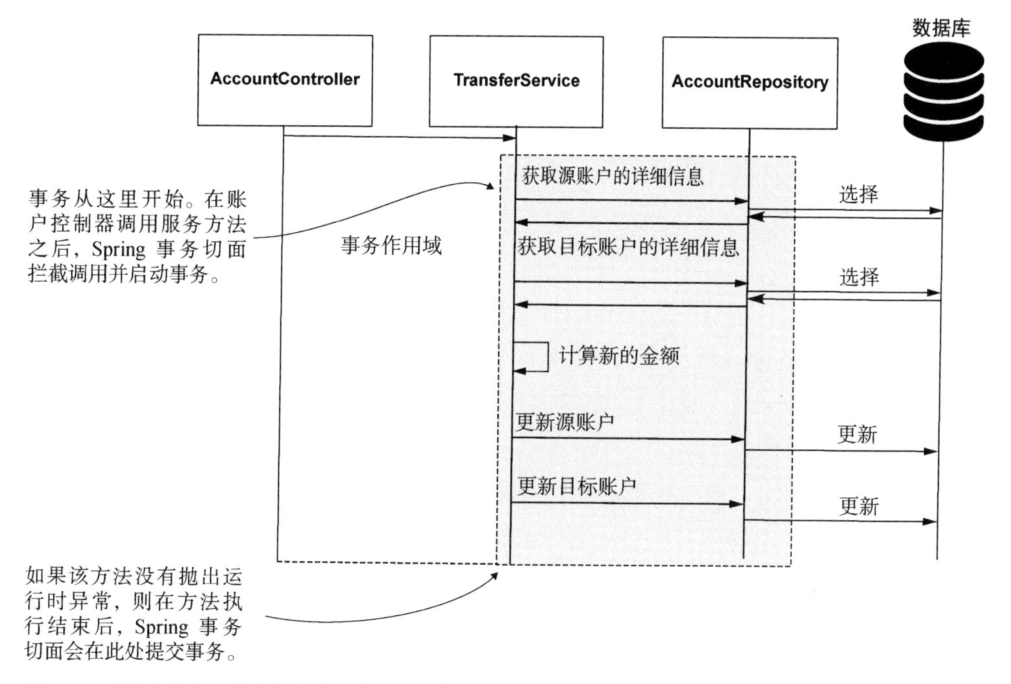

图 13.7　事务在服务方法执行之前开始，在方法成功执行之后结束。如果该方法没有抛出任何运行时异常，应用程序就会提交事务。如果任何步骤导致运行时异常，应用程序都会将数据恢复到事务启动前的状态

下面实现一个检索所有账户的方法。稍后在定义的控制器类中将使用端点公开这个方法。在测试转账用例时，将使用它检查数据是否正确更改。

使用@Transactional

@Transactional 注解也可以被直接应用于类。如果为类使用@Transactional(如下面的代码片段所示)，注解将应用于所有的类方法。在实际的应用程序中，类经常使用@Transactional 注解，因为服务类的方法定义了用例，而且通常所有的用例都需要是事务性的。为了避免在每个方法上重复注解，一次性标记类更容易。当为类和方法都使用@Transactional 时，方法级别的配置

将覆盖类上的配置。

```
@Service
@Transactional          ← 我们经常直接为类使用@Transactional 注解。如
public class TransferService {   果类有多个方法，则@Transactional 将应用于所
                                 有方法
  // Omitted code

  public void transferMoney(long idSender,
                            long idReceiver,
                            BigDecimal amount) {
    // Omitted code
  }
}
```

代码清单 13.6 显示了 getAllAccounts()方法的实现，该方法返回所有数据库账户记录的列表。

代码清单 13.6 实现一个返回所有现有账户的服务方法

```
@Service
public class TransferService {

  // Omitted code

  public List<Account> getAllAccounts() {
    return accountRepository.findAllAccounts();
  }
}
```

在代码清单 13.7 中，可以找到 AccountController 类的实现，它定义了公开服务方法的端点。

代码清单 13.7 通过控制器类中的 REST 端点公开用例

```
@RestController
public class AccountController {

  private final TransferService transferService;

  public AccountController(TransferService transferService) {
    this.transferService = transferService;
  }

  @PostMapping("/transfer")      ← 对/transfer 端点使用 HTTP POST 方法，因为它操作数据库数据的更改
  public void transferMoney(
      @RequestBody TransferRequest request     ← 使用请求体获取所需要的值(源账户 ID、目标账户 ID 和要转账的金额)
      ) {
    transferService.transferMoney(     ← 调用 transferMoney()服务方法，这是实现转账用例的事务方法
        request.getSenderAccountId(),
        request.getReceiverAccountId(),
        request.getAmount());
  }

  @GetMapping("/accounts")
```

```
  public List<Account> getAllAccounts() {
    return transferService.getAllAccounts();
  }
}
```

使用 TransferRequest 类型的对象作为 transferMoney()控制器动作参数。TransferRequest 对象只是对 HTTP 请求体建模。这些对象的任务是为两个应用程序之间传输的数据建模，它们就是 DTO。代码清单 13.8 显示了 TransferRequest DTO 的定义。

代码清单 13.8　对 HTTP 请求体建模的 TransferRequest 数据传输对象

```
public class TransferRequest {

  private long senderAccountId;
  private long receiverAccountId;
  private BigDecimal amount;

  // Omitted code
}
```

启动应用程序，测试事务是如何工作的。使用 cURL 或 Postman 调用应用程序公开的端点。首先，在执行任何转账操作之前，调用/accounts 端点检查数据。下面的代码片段展示了 cURL 命令如何用于调用/accounts 端点：

```
curl http://localhost:8080/accounts
```

运行这个命令，会在控制台中看到如下输出。

```
[
  {"id":1,"name":"Helen Down","amount":1000.0},
  {"id":2,"name":"Peter Read","amount":1000.0}
]
```

我们在数据库中有两个账户(在本节前面定义“data.sql”时插入了它们)。Helen 和 Peter 每人都有 1 000 美元。现在运行这个转账用例，将 100 美元从 Helen 的账户转给 Peter 的账户。在下面的代码片段中，使用 cURL 命令调用/transfer 端点，以便将 100 美元从 Helen 的账户转给 Peter 的账户。

```
curl -XPOST -H "content-type:application/json" -d '{"senderAccountId":1,
➥ "receiverAccountId":2, "amount":100}' http://localhost:8080/transfer
```

如果再次调用/accounts 端点，那么应该会观察到不同之处。转账操作结束后，Helen 有 900 美元，Peter 有 1 100 美元。

```
curl http://localhost:8080/accounts
```

在转账操作之后调用/accounts 端点的结果如下所示：

```
[
{"id":1,"name":"Helen Down","amount":900.0},
```

```
  {"id":2,"name":"Peter Read","amount":1100.0}
]
```

应用程序工作正常，用例给出了预期的结果。但在何处能证明事务真的有效呢？当一切正常时，应用程序正确地保存了数据，但如何知道这一点？如果方法中的某些代码抛出运行时异常，如何知晓应用程序真的恢复了数据？应该相信它会吗？当然不是！

注意 关于应用程序，最重要的一件事是，永远不应该相信某个程序能一直正常工作，除非正确地测试它！

在测试应用程序的任何功能之前，它都处于薛定谔状态。在证明它的状态之前，它既能工作也不能工作。当然，这只是我个人对量子力学中一个基本概念的类比。

接下来，测试事务是否会在一些运行时异常发生时按预期回滚。在项目“sq-ch13-ex2”中复制项目“sq-ch13-ex1”，并在这个项目的副本中，添加一行代码，用于在 transferMoney()服务方法的末尾抛出一个运行时异常，如代码清单 13.9 所示。

代码清单 13.9 模拟在用例执行期间发生的问题

```
@Service
public class TransferService {

  // Omitted code

  @Transactional
  public void transferMoney(
    long idSender,
    long idReceiver,
    BigDecimal amount) {

      Account sender = accountRepository.findAccountById(idSender);
      Account receiver = accountRepository.findAccountById(idReceiver);

      BigDecimal senderNewAmount = sender.getAmount().subtract(amount);
      BigDecimal receiverNewAmount = receiver.getAmount().add(amount);

      accountRepository.changeAmount(idSender, senderNewAmount);
      accountRepository.changeAmount(idReceiver, receiverNewAmount);

      throw new RuntimeException("Oh no! Something went wrong!");
  }

}
```

在服务方法的末尾抛出一个运行时异常，模拟事务中发生的问题

图 13.8 说明了在 transferMoney()服务方法中所做的更改。

启动应用程序，调用/accounts 端点检查账户记录，返回数据库中的所有账户。

```
curl http://localhost:8080/accounts
```

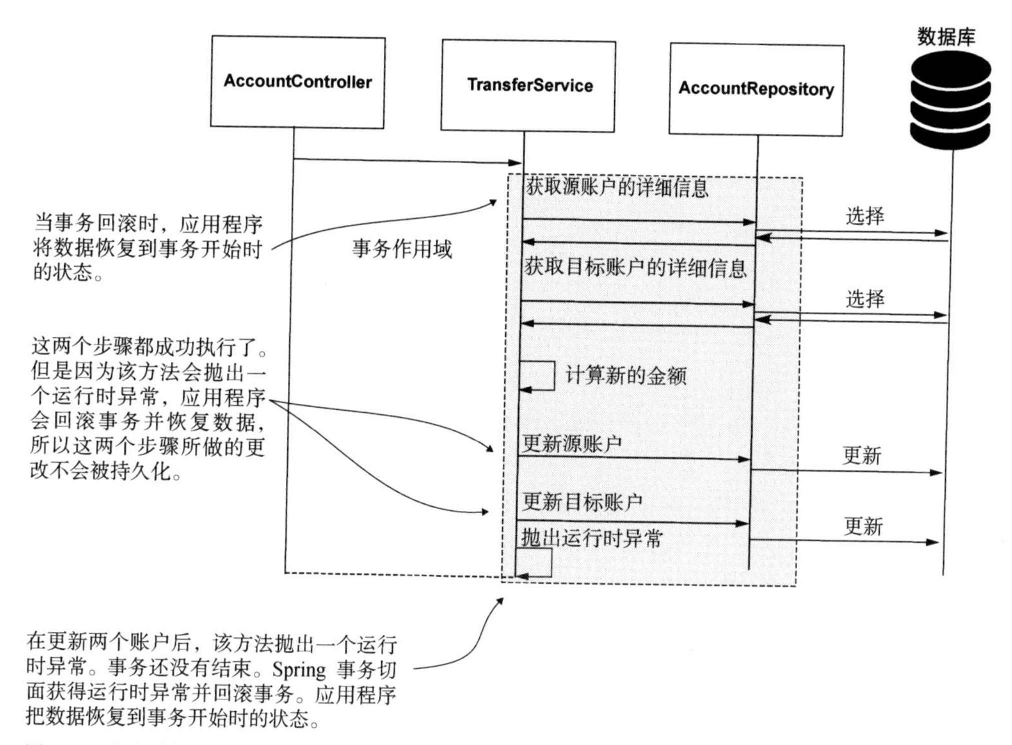

图 13.8 当方法抛出运行时异常时，Spring 回滚事务。对数据进行的所有成功更改都不会被持久化。应用程序将数据恢复到事务启动时的状态

运行这个命令，控制台将输出如下结果：

```
[
  {"id":1,"name":"Helen Down","amount":1000.0},
  {"id":2,"name":"Peter Read","amount":1000.0}
]
```

在前面的测试中，使用 cURL 命令调用/transfer 端点，将 100 美元从 Helen 的账户转移到 Peter 的账户，如下面的代码所示。

```
curl -XPOST -H "content-type:application/json" -d '{"senderAccountId":1,
➥ "receiverAccountId":2, "amount":100}' http://localhost:8080/transfer
```

现在，服务类的 transferMoney()方法抛出一个异常，导致发送给客户端的响应中出现一个错误 500。应该在应用程序的控制台中找到这个异常。这个异常的堆栈跟踪如下面的代码所示：

```
java.lang.RuntimeException: Oh no! Something went wrong!
    at
com.example.services.TransferService.transferMoney(TransferService.java:30)
➥ ~[classes/:na]
    at
com.example.services.TransferService$$FastClassBySpringCGLIB$$338bad6b.invoke
➥ (<generated>) ~[classes/:na]
    at
```

```
org.springframework.cglib.proxy.MethodProxy.invoke(MethodProxy.java:218)
➥ ~[spring-core-5.3.3.jar:5.3.3]
```

再次调用/accounts端点，看看应用程序是否改变了账户。

```
curl http://localhost:8080/accounts
```

运行这个命令，控制台输出如下结果。

```
[
  {"id":1,"name":"Helen Down","amount":1000.0},
  {"id":2,"name":"Peter Read","amount":1000.0}
]
```

可以发现，即使在更改账户金额的两个操作之后发生了异常，数据也没有发生变化。Helen本应该有900美元，而Peter应该有1 100美元，但他们的账户里仍为1 000美元。这个结果是应用程序回滚事务的结果，这会导致数据恢复到事务开始时的状态。当Spring事务切面获得运行时异常时，即使执行了两个可变步骤，也会回滚事务。

13.4 本章小结

- 事务是一组更改数据的操作，这些操作要么一起执行，要么根本不执行。在真实的场景中，几乎任何用例都应该是事务的主题，以避免数据不一致。
- 只要任何操作失败，应用程序都会将数据恢复到事务开始时的状态。当发生这种情况时，称为事务回滚。
- 如果所有的操作都成功了，那么就提交事务，这意味着应用程序持久化了用例执行的所有更改。
- 要在Spring中实现事务代码，可以使用@Transactional注解。可以使用@Transactional注解标记希望Spring在事务中包装的方法。也可以使用@Transactional注解一个类，告知Spring，该类的任何方法都需要是事务性的。
- 在执行时，Spring切面拦截了用@Transactional注解的方法。切面启动事务，如果发生异常，则切面回滚事务。如果方法没有抛出异常，那么事务就会被提交，应用程序将持久化方法的更改。

第 14 章

使用Spring Data实现数据的持久化

本章内容

- Spring Data 的工作方式
- 定义 Spring Data 存储库
- 使用 Spring Data JDBC 实现 Spring 应用程序的持久层

本章将学习使用 Spring Data，这是一个 Spring 生态系统项目，能够以最少的努力实现 Spring 应用程序的持久化层。如前所述，应用程序框架的基本角色是提供可以直接插入应用程序的开箱即用功能。框架可以帮助节省时间，也让应用程序的设计更容易理解。

本章学习通过声明接口来创建应用程序的存储库。框架为这些接口提供实现。可以直接让应用程序使用数据库，而不需要自己实现存储库，并且所需要的努力最小。

本章首先讨论 Spring Data 的工作方式，14.2 节讲解 Spring Data 如何集成到 Spring 应用程序中。14.3 节继续介绍一个实际的示例，学习如何使用 Spring Data JDBC 实现应用程序的持久层。

14.1 Spring Data 概述

本节讨论什么是 Spring Data，以及为什么要使用这个项目实现 Spring 应用程序的持久化功能。Spring Data 是一个 Spring 生态系统项目，它通过我们使用的持久化技术提供实现来简化持久化层的开发。这样，只需要写几行代码便可定义 Spring 应用程序的存储库。图 14.1 从应用程序的角度提供了 Spring Data 所处位置的可视化表示。

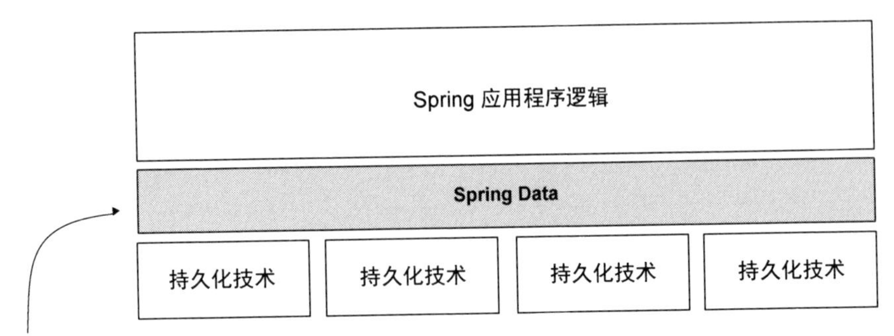
Spring 应用程序逻辑
Spring Data
持久化技术
持久化技术
持久化技术
持久化技术
Spring Data 是一个高级层，它通过在相同的抽象
下统一各种持久化技术，简化持久化的实现。

图 14.1 Java 生态系统提供了大量不同的持久化技术。每种技术都有特定的使用方式以及各自的抽象和类设计。Spring Data 在所有的这些持久化技术上提供了一个公共抽象层，以简化多种持久化技术的使用

下面来看一下 Spring Data 在 Spring 应用程序中的位置。在一个应用程序中，可以使用各种技术处理持久化数据。第 12 章和第 13 章使用了 JDBC，它通过驱动程序管理器直接连接关系 DBMS。但是 JDBC 并不是连接关系数据库的唯一方法。另一种实现数据持久化的常用方法是使用 ORM 框架，如 Hibernate。关系数据库并不是唯一一种持久化数据技术。应用程序可能会使用任意一种 NoSQL 技术来持久化数据。

图 14.2 显示了 Spring 用于持久化数据的一些替代方案。每个替代方案都有各自实现应用程序存储库的方式。有时，甚至可以为一种技术(如 JDBC)实现应用程序的持久化层。例如，如第 12 章所述，可以为 JDBC 使用 JdbcTemplate，但是也可以直接使用 JDK 接口(Statement、PreparedStatement、ResultSet 等)。实现应用程序持久化能力的方法的多样性增加了复杂性。

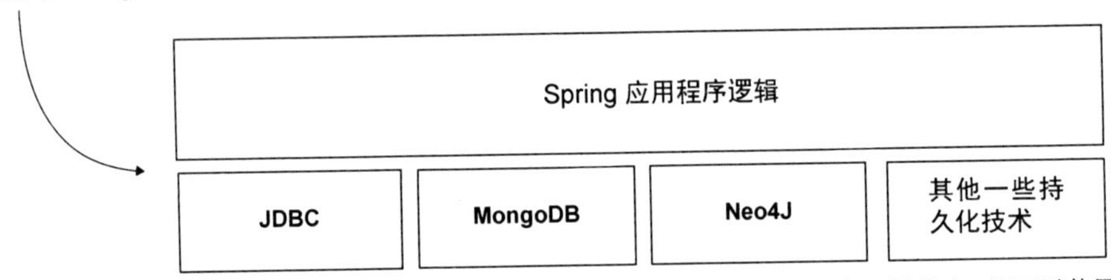
实现持久层有多种选择。应用程序可以通过 JDBC 直
接连接关系 DBMS，也可以选择将其他库连接 NoSQL
来实现，如 MongoDB、Neo4J 或其他持久化技术。
Spring 应用程序逻辑
JDBC
MongoDB
Neo4J
其他一些持
久化技术

图 14.2 使用 JDBC 连接关系 DBMS 并不是实现应用程序持久层的唯一选择。在实际场景中，还可以使用其他选择，每种持久化数据的方法都有自己的库和 API 组，需要学习它们的使用方法。这种多样性增加了很多复杂性

如果包含像 Hibernate 这样的 ORM 框架，那么这个图表就会变得更加复杂。图 14.3 显示了 Hibernate 在场景中的位置。应用程序可以以各种方式直接使用 JDBC，也可以使用通过 JDBC 实现的框架。

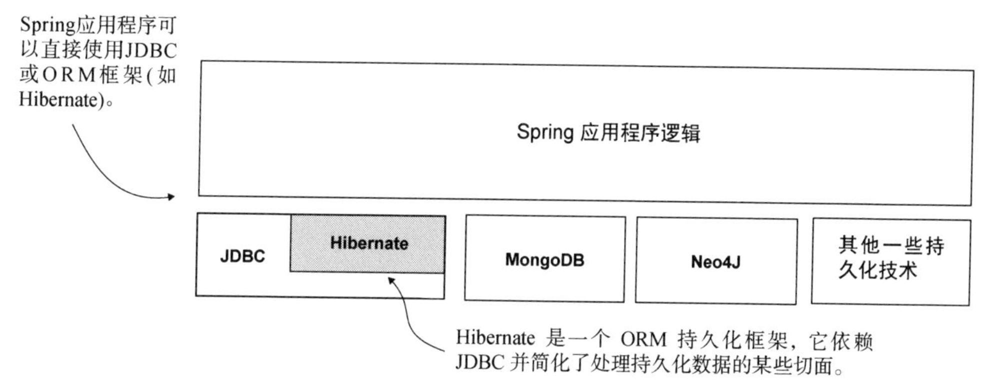

图 14.3　有时候应用程序会使用基于 JDBC 的框架，如 Hibernate。选择的多样性使得实现持久化层变得复杂。我们希望从应用程序中消除这种复杂性，如前所述，Spring Data 有助于做到这一点

别担心！不需要一下子学习所有这些内容，也不必在学习 Spring Data 之前了解所有内容。幸运的是，了解第 12 章和第 13 章中讨论的 JDBC 内容就足以作为基础开始学习 Spring Data 了。此处讲解所有这些知识内容的原因是为了说明为什么 Spring Data 如此有价值。“是否有一种方法可以实现所有这些技术的持久化，而不必知道每种技术的不同方法？”答案是肯定的，Spring Data 就可以帮助实现这个目标。

Spring Data 通过以下操作简化持久化层的实现。

- 为各种持久化技术提供一组公共的抽象(接口)。这样，就可以使用类似的方法实现不同技术的持久化。
- 允许用户仅使用抽象来实现持久化操作，Spring Data 为此提供了实现。通过这种方式，可以编写更少的代码，更快地实现应用程序的功能。因为编写的代码较少，所以应用程序也变得更容易理解和维护。

图 14.4 显示了 Spring Data 在 Spring 应用程序中的位置。Spring Data 是各种实现持久化方法的高级层。因此，无论选择哪一个方法实现应用程序的持久化，只要使用 Spring Data，那么都将以类似的方式编写持久化操作。

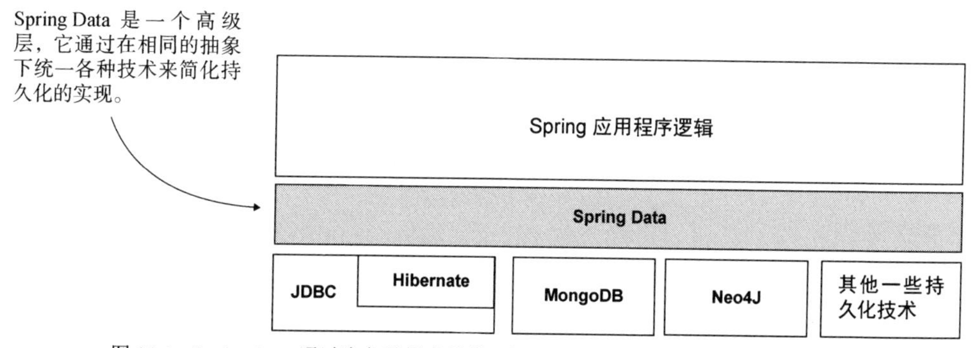

图 14.4　Spring Data 通过为各种技术提供一组通用的抽象，简化了持久化层的实现

14.2 Spring Data 的工作方式

本节讨论 Spring Data 的工作方式，以及如何使用它实现 Spring 应用程序的持久化层。当开发人员使用术语“Spring Data”时，通常指的是这个项目为 Spring 应用程序提供的连接各种持久化技术的所有功能。应用程序通常会使用某种特定的技术：JDBC、Hibernate、MongoDB 或其他技术。

Spring Data 项目为各种技术提供了不同的模块。这些模块彼此独立，可以使用不同的 Maven 依赖项将它们添加到项目中。因此，在实现应用程序时，不一定使用 Spring Data 依赖项。此处便没有 Spring Data 依赖项，Spring Data 项目为它支持的每种持久化样式都提供了一个 Maven 依赖项。例如，可以使用 Spring Data JDBC 模块直接通过 JDBC 连接 DMBS，也可以使用 Spring Data Mongo 模块连接 MongoDB 数据库。图 14.5 显示了 Spring Data 使用 JDBC 时的情况。

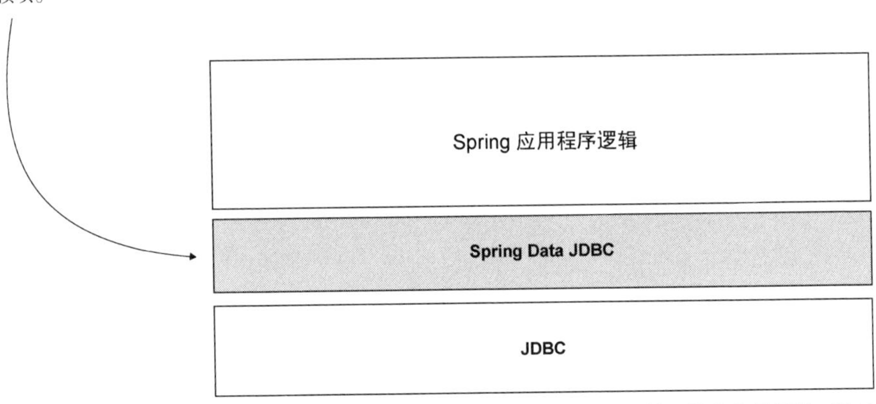
应用程序可能会使用各种持久化技术。应用程序只需要与所使用的技术匹配的 Spring Data 模块。如果使用 JDBC，则需要向 Spring Data JDBC 模块添加依赖项。
Spring 应用程序逻辑
Spring Data JDBC
JDBC

图 14.5 如果应用程序使用 JDBC，那么它只需要 Spring Data 项目中通过 JDBC 管理持久化的部分。通过 JDBC 管理持久化的 Spring Data 模块称为 Spring Data JDBC。可以通过 Spring Data 模块自己的依赖项将其添加到应用程序中

Spring Data 的官方页面上有 Spring Data 模块的完整列表：https://spring.io/projects/ spring-data。

无论应用程序使用哪种持久化技术，Spring Data 都提供了一组通用的接口(契约)，可以通过扩展它来定义应用程序的持久化功能。图 14.6 给出了以下接口：

- Repository 是最抽象的契约。如果扩展这个契约，应用程序就会将编写的接口识别为一个特定的 Spring Data 存储库。不过，不会继承任何预定义的操作(例如添加新记录、检索所有记录或通过其主键获取记录)。Repository 接口没有声明任何方法(它是一个标记接口)。
- CrudRepository 是最简单的 Spring Data 契约，它还提供了一些持久化功能。如果扩展

这个契约来定义应用程序的持久化能力，将得到最简单的创建、检索、更新和删除记录的操作。

- PagingAndSortingRepository 扩展了 CrudRepository，并添加了相关的操作，用于对记录进行排序或以特定数量(页面)的块进行检索。

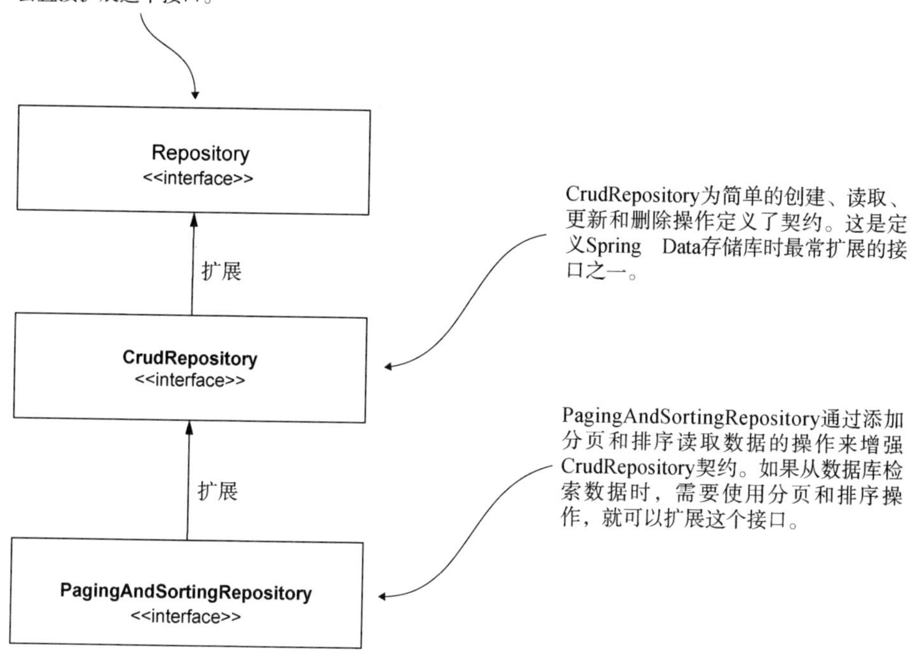

图 14.6 要使用 Spring Data 实现应用程序的存储库，需要扩展特定的接口。表示 Spring Data 契约的主要接口是 Repository、CrudRepository 和 PagingAndSortingRepository。可以扩展其中一个契约，实现应用程序的持久化功能

注意 不要把第 4 章讨论的@Repository 注解和 Spring Data Repository 接口混淆了。@Repository 注解是与类一起使用的原型注解，用于指示 Spring 将注解类的实例添加到应用程序上下文中。本章讨论的这个 Repository 接口是特定于 Spring Data 的，可以扩展它或扩展由它扩展的另一个接口来定义 Spring Data 存储库。

为什么 Spring Data 提供了多个相互扩展的接口，而不仅仅是一个包含所有操作的接口呢?通过实现相互扩展的多个契约，而非提供一个包含所有操作的“胖”契约，Spring Data 为应用程序提供了只实现它需要的操作的可能性。这种方法是一个众所周知的原则，称为接口隔离(interface segregation)。例如，如果应用程序只需要使用 CRUD 操作，它就扩展了 CRUDRepository 契约。应用程序不会获得与排序和分页记录相关的操作，这使得应用程序更简单(见图 14.7)。

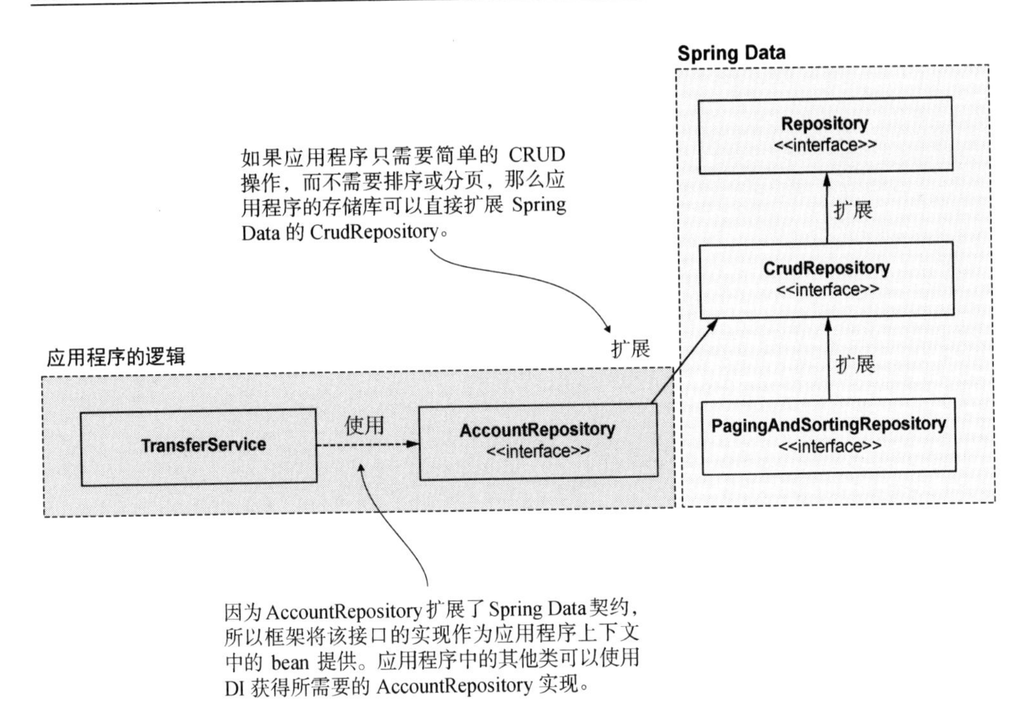

图 14.7 要创建 Spring Data 存储库，需要定义一个接口，扩展 Spring Data 契约。例如，如果应用程序只需要 CRUD 操作，那么定义为存储库的接口应该扩展 CrudRepository 接口。该应用程序在 Spring 上下文中添加了一个实现定义契约的 bean，因此任何其他需要使用它的应用程序组件都可以简单地从上下文中注入它

如果应用程序还需要分页和排序功能，而不是简单的 CRUD 操作，那么它应该扩展一个更特殊的契约，即 PagingAndSortingRepository 接口(见图 14.8)。

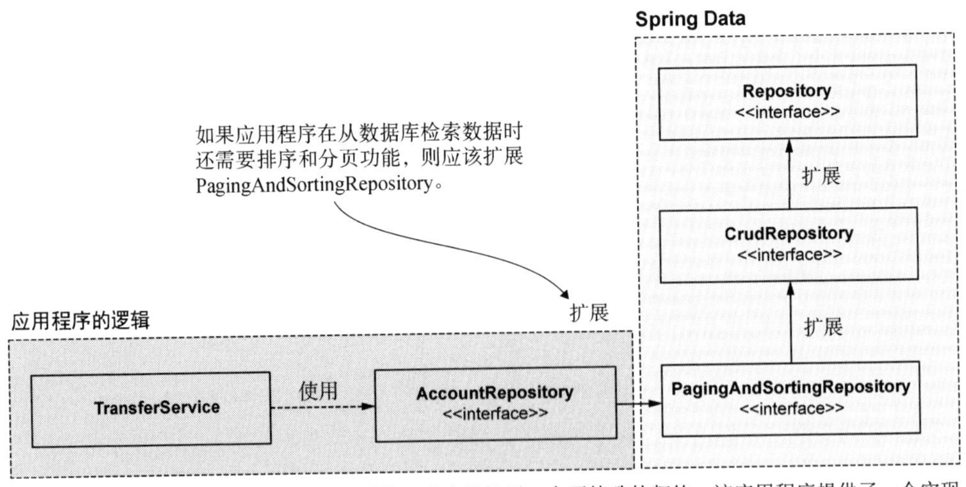

图 14.8 如果应用程序需要排序和分页功能，则应该扩展一个更特殊的契约。该应用程序提供了一个实现该契约的 bean，该 bean 可以从任何其他需要使用它的组件中注入

一些 Spring Data 模块可能会为它们代表的技术提供特定的契约。例如，使用 Spring Data JPA，还可以直接扩展 JpaRepository 接口(见图 14.9)。JpaRepository 接口是一个比 PagingAndSortingRepository 更特殊的契约。该契约添加的操作只适用于实现 Jakarta Persistence API (JPA)规范的特定技术(如 Hibernate)之时。

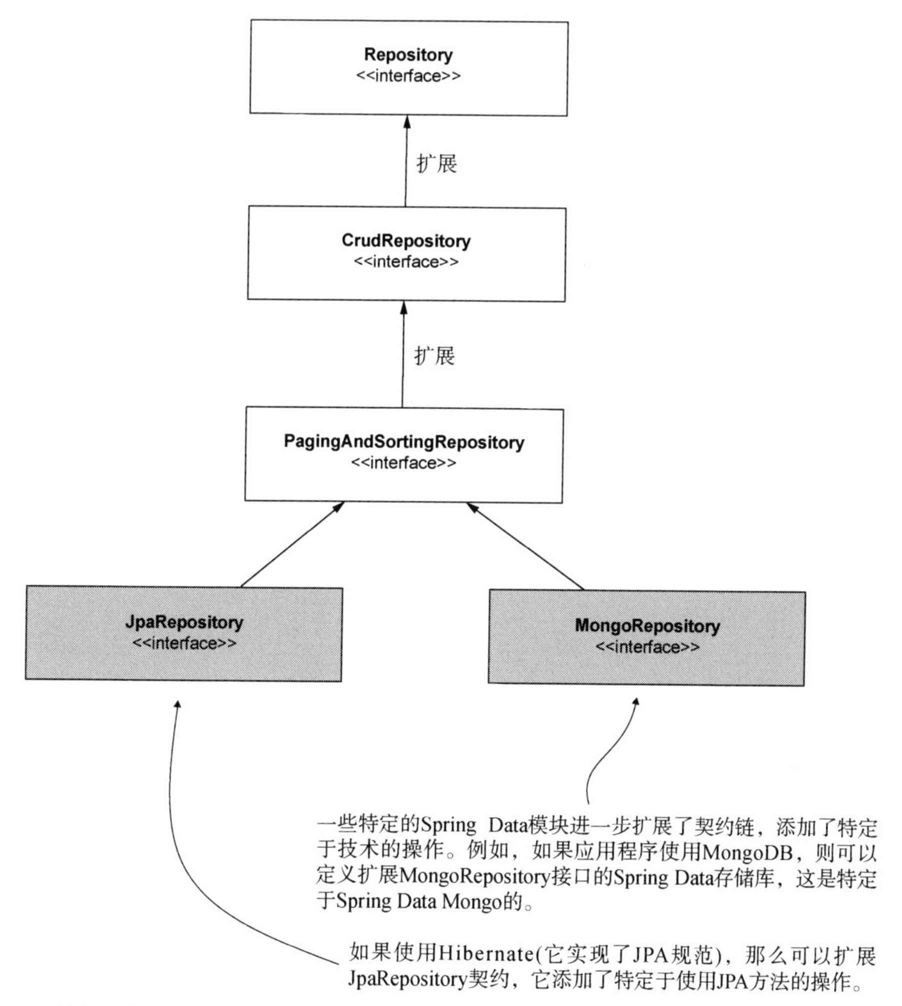

图 14.9　特定于某些技术的 Spring Data 模块可能会提供特定的契约，这些契约定义了只能应用于这些技术的操作。当使用这些技术时，应用程序很可能就会使用这些特定的契约

另一个示例使用的是 NoSQL 技术，如 MongoDB。要使用 MongoDB 和 Spring Data，需要将 Spring Data Mongo 模块添加到应用程序中，它还提供了一个名为 MongoRepository 的特定契约，该契约添加了特定于这种持久化技术的操作。

当应用程序使用某些技术时，它会扩展 Spring Data 契约，提供特定于该技术的操作。如果仅需要 CRUD 操作，则应用程序仍然只实现 CrudRepository，但这些特定的契约通常提供的解决方案更适用于特定的技术。在图 14.10 中,(应用程序的) AccountRepository 类从(特定于 Spring Data JPA 模块的)JpaRepository 扩展而来。

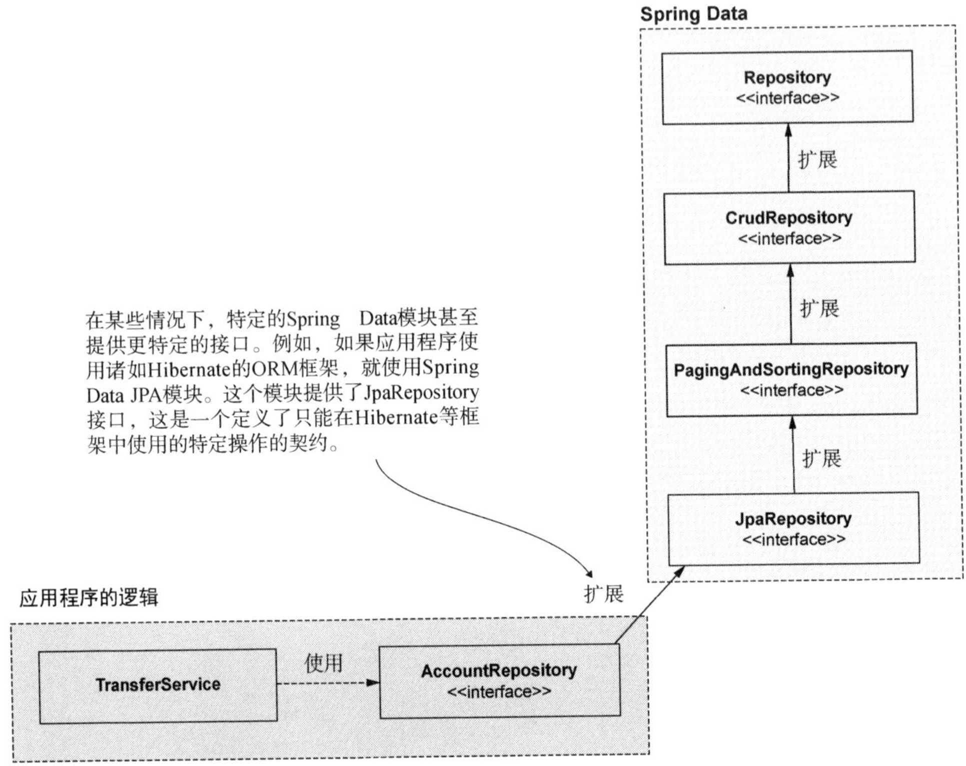

图 14.10 不同的 Spring Data 模块可能会提供其他更特殊的契约。例如，如果使用诸如 Hibernate(它实现了 JPA)与 Spring Data 的 ORM 框架，则可以扩展 JpaRepository 接口，这是一个更特殊的契约，它提供了仅适用于使用 JPA 实现(如 Hibernate)的操作

14.3 使用 Spring Data JDBC

本节使用 Spring Data JDBC 实现 Spring 应用程序的持久化层。从前面的学习中可以了解到：要实现持久化只需要扩展 Spring Data 契约，接下来看一下它的实际应用。在此，除了实现普通存储库，还将了解如何创建和使用自定义存储库操作。

假设有一个类似于第 13 章的场景。所构建的应用程序是一个电子钱包，用于管理用户的账户。用户可以将钱从他们的账户转到另一个账户。本教程实现了转账用例，以允许用户从一个账户向另一个账户转账。转账操作涉及如下两个步骤(见图 14.11)：

(1) 从源账户中提取指定金额。

(2) 将金额存入目标账户。

转账操作前

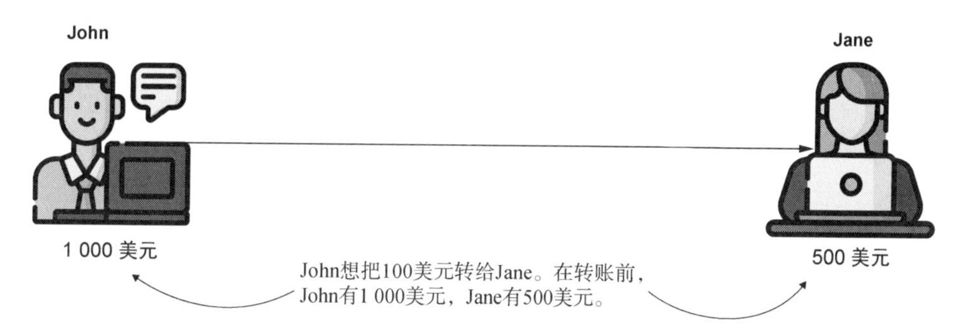
John
Jane
1 000 美元
500 美元
John想把100美元转给Jane。在转账前，
John有1 000美元，Jane有500美元。

步骤(1)：从John的账户提取100美元

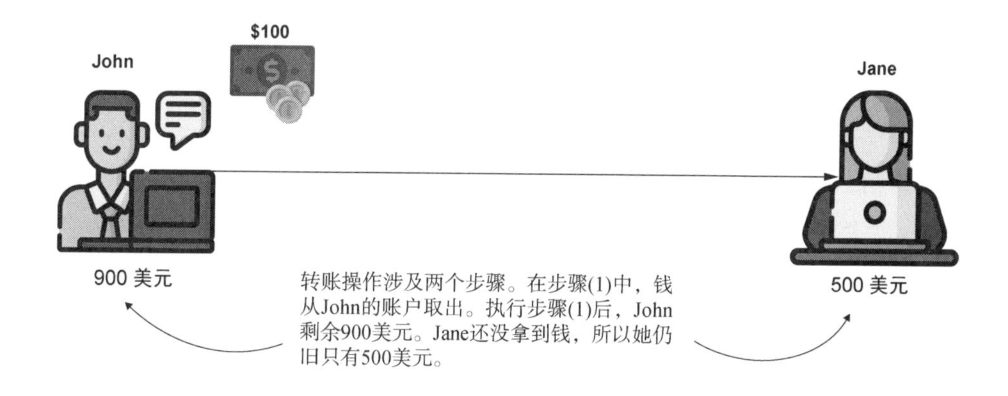
$100
John
Jane
900 美元
500 美元
转账操作涉及两个步骤。在步骤(1)中，钱
从John的账户取出。执行步骤(1)后，John
剩余900美元。Jane还没拿到钱，所以她仍
旧只有500美元。

步骤(2)：把100美元存入Jane的账户

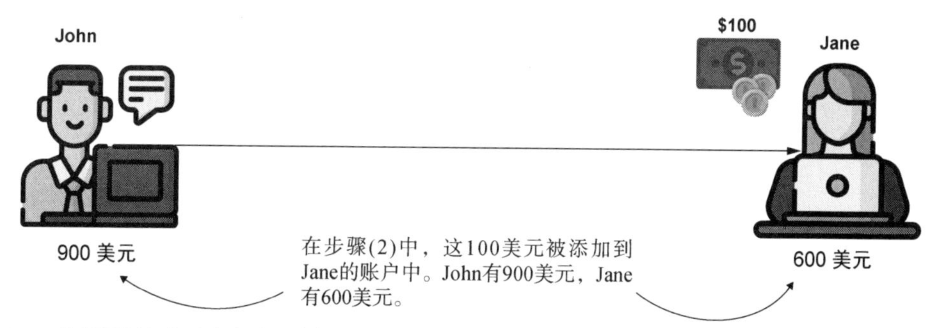
John
$100
Jane
900 美元
600 美元
在步骤(2)中，这100美元被添加到
Jane的账户中。John有900美元，Jane
有600美元。

图 14.11　转账用例包含两个步骤。首先，该应用程序从源账户(John)中提取转账金额。接着，应用程序将转账金额存入目标账户(Jane)

该示例把账户详细信息存储在数据库的一个表中。为了使示例简短，并能够专注于本节的主题，此处使用内存中的 H2 数据库(如第 12 章所述)。

account 表有以下字段：

- id——主键。将这个字段定义为一个自增的 INT 值。
- name——账户所有者的名字。
- amount——所有者账户的总金额。

可以在项目“sq-ch14-ex1”中找到这个示例。需要添加到这个项目的依赖项(在 pom.xml 文件中)参见下面的代码片段:

```
<dependency>
   <groupId>org.springframework.boot</groupId>
   <artifactId>spring-boot-starter-web</artifactId>
</dependency>
<dependency>
   <groupId>org.springframework.boot</groupId>
   <artifactId>spring-boot-starter-data-jdbc</artifactId>
</dependency>
   <dependency>
   <groupId>com.h2database</groupId>
   <artifactId>h2</artifactId>
   <scope>runtime</scope>
</dependency>
```

使用 Spring Data JDBC 模块实现这个应用程序的持久层

在 Maven 项目的资源文件夹中添加一个“schema.sql”文件，在 H2 内存数据库中创建账户表。这个文件存储了创建账户表所需要的 DDL 查询，如下面的代码片段所示。

```
create table account (
   id INT NOT NULL AUTO_INCREMENT PRIMARY KEY,
   name VARCHAR(50) NOT NULL,
   amount DOUBLE NOT NULL
);
```

还需要向账户表添加两条记录。在完成应用程序的实现后，便可以使用这些记录测试它。为了让应用程序添加一些记录，我们在 Maven 项目的资源文件夹中创建了“data.sql”文件。要在 account 表中添加两条记录，需要在“data sql”文件中编写一对 INSERT 语句。如下面的代码片段所示:

```
INSERT INTO account VALUES (NULL, 'Jane Down', 1000);
INSERT INTO account VALUES (NULL, 'John Read', 1000);
```

本节的最后部分将演示应用程序的工作原理:将 100 美元从 Jane 的账户转给 John 的账户，用一个名为 Account 的类为账户表记录建模,使用一个字段将表中的每一列映射为适当的类型。

记住，建议为小数使用 BigDecimal 而非 double 或 float，以避免算术运算中出现潜在的精度问题。

对于应用程序提供的一些操作，例如从数据库中检索数据，Spring Data 需要知道哪个字段映射表的主键。可以使用@Id 注解标记主键，如代码清单 14.1 所示。代码清单 14.1 显示了 Account 模型类。

代码清单 14.1　为账户表记录建模的 Account 类

```
public class Account {

  @Id   ← 用@Id 注解对模型主键的属性进行注解
  private long id;

  private String name;
  private BigDecimal amount;

  // Omitted getters and setters

}
```

现在已有了一个模型类，可以实现 Spring Data 存储库(见代码清单 14.2)了。这个应用程序只需要 CRUD 操作，因此编写一个扩展 CrudRepository 接口的接口即可。所有 Spring Data 接口都需要提供两个泛型类型：

(1) 模型类(有时称为实体)，为其编写存储库。

(2) 主键字段类型。

代码清单 14.2　定义 Spring Data 存储库

```
public interface AccountRepository
   extends CrudRepository<Account, Long> {   ← 第一个泛型值是表示表的模型类类型。第二个是主键字段的类型
}
```

当扩展 CrudRepository 接口时，Spring Data 提供了简单的操作，例如通过它的主键获取一个值，从表中获取所有的记录，删除记录，等等。但是它不能提供所有可以用 SQL 查询实现的操作。在真实的应用程序中，需要自定义操作，这需要一个编写好的 SQL 查询实现。如何在 Spring Data 存储库中实现自定义操作？

Spring Data 使这个切面变得非常简单，有时甚至不需要编写 SQL 查询。Spring Data 知道根据一些命名规则来解释方法的名称，并在后台自动创建 SQL 查询。例如，假设想编写一个操作，获取给定名称的所有账户。在 Spring Data 中，可以用以下名称编写方法：findAccountsByName。

当方法名以“find”开头时，Spring Data 便知道要 SELECT(选择)某些内容。接下来，单词“Accounts”告知 Spring Data 要 SELECT 的内容。Spring Data 非常聪明，即使将方法命名为 findByName，它仍然知道要选择什么，因为该方法位于 AccountRepository 接口中。在这个示例中，为了使操作名称更清晰，我们在方法名中的“By”之后，指定 Spring Data 期望得到查询的条件(WHERE 子句)。本示例想要选择“ByName”，因此 Spring Data 将其转换为 WHERE name = ?。

图 14.12 直观地表示了方法名和 Spring Data 在幕后创建的查询之间的关系。

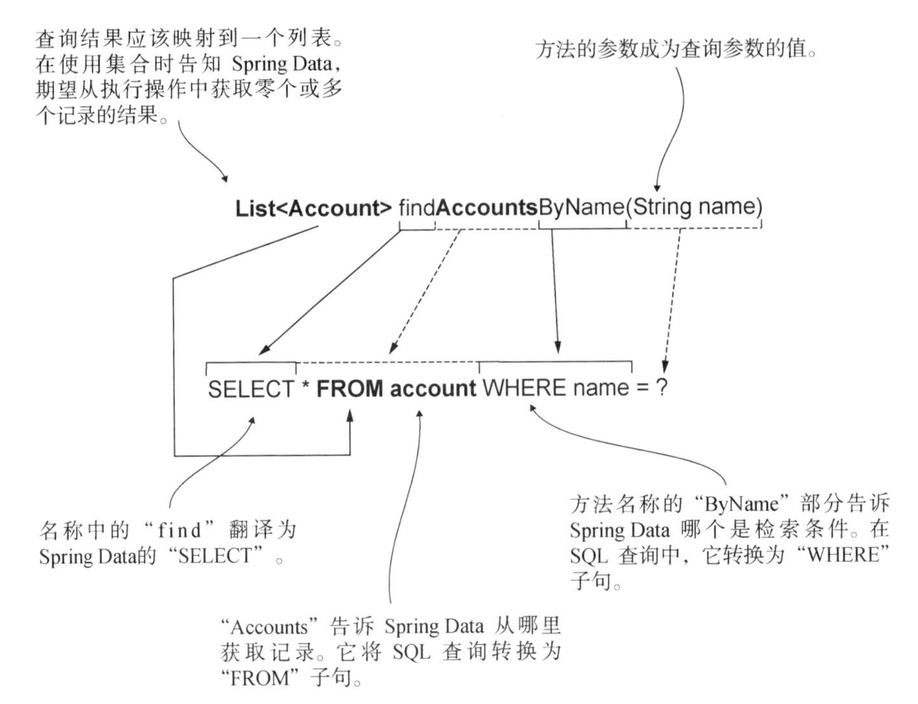

图 14.12 存储库的方法名和 Spring Data 在后台创建的查询之间的关系

代码清单 14.3 显示了 AccountRepository 接口中方法的定义。

代码清单 14.3 添加一个存储库操作以获取指定名称的所有账户

```
public interface AccountRepository
  extends CrudRepository<account, long=""> {
  List<Account> findAccountsByName(String name);

}
```

乍一看，这种将方法名称转换为查询的神奇功能令人难以置信。然而，随着经验的积累，终将意识到这并不是灵丹妙药。它有一些缺点，因此建议开发人员显式地指定查询，而不要依赖 Spring Data 翻译方法的名称。依赖方法名的主要缺点如下：

- 如果操作需要一个更复杂的查询，方法的名称将太大，难以阅读。
- 如果开发人员错误地重构了方法的名称，就可能会影响应用程序的行为且无法察觉此错误(遗憾的是，并非所有的应用程序都是粗略测试，需要考虑这一点)。
- 除非有一个 IDE 在编写方法名时提供提示，否则都需要学习 Spring Data 的命名规则。如果已经了解 SQL，那么学习一组只适用于 Spring Data 的规则是没有好处的。
- 性能会受影响，因为 Spring Data 也必须将方法名转换为查询，所以应用程序初始化的速度会变慢(应用程序在启动时将方法名转换为查询)。

避免这些问题的最简单方法是使用@Query 注解指定在调用该方法时应用程序将运行的

SQL 查询。当用@Query 注解注解方法时，如何命名方法就不再重要了。Spring Data 会使用提供的查询，而不再将方法名称转换为查询。行为也会变得更有表现力。代码清单 14.4 显示了如何使用@Query 注解。

代码清单 14.4　使用@Query 注解为操作指定 SQL 查询

```
public interface AccountRepository
  extends CrudRepository<Account, Long> {


  @Query("SELECT * FROM account WHERE name = :name")
  List<Account> findAccountsByName(String name);

}
```

记住，查询中的参数名称应该与方法参数名称相同。冒号(:)和参数名之间不能有空格

可以以相同的方式使用@Query 注解来定义任何查询。但是，当查询更改的数据时，还需要使用@Modifying 注解对方法进行注解。如果使用 UPDATE、INSERT 或 DELETE，则还需要使用@Modifying 注解注解方法。代码清单 14.5 展示了如何使用@Query 为存储库方法定义 UPDATE 查询。

代码清单 14.5　在存储库中定义修改操作

```
public interface AccountRepository
  extends CrudRepository<Account, Long> {

  @Query("SELECT * FROM account WHERE name = :name")
  List<Account> findAccountsByName(String name);

  @Modifying
  @Query("UPDATE account SET amount = :amount WHERE id = :id")
  void changeAmount(long id, BigDecimal amount);

}
```

用@Modifying 注解来注解定义更改数据操作的方法

在应用程序中的任何地方，都可以根据需要使用 DI 获取实现 AccountRepository 接口的 bean。不要担心只编写了接口。Spring Data 会创建一个动态实现，并将一个 bean 添加到应用程序的上下文中。代码清单 14.6 显示了应用程序的 TransferService 组件如何使用构造函数注入获得 AccountRepository 类型的 bean。如第 5 章所述，Spring 是智能的，并且知道如果为具有接口类型的字段请求 DI，它需要找到实现该接口的 bean。

代码清单 14.6　将存储库注入服务类中以实现用例

```
@Service
public class TransferService {

  private final AccountRepository accountRepository;

  public TransferService(AccountRepository accountRepository) {
```

```
    this.accountRepository = accountRepository;
  }

}
```

代码清单 14.7 显示了转账用例的实现。此处使用 AccountRepository 获取账户详细信息并更改账户的金额，且继续使用@Transactional 注解(如第 13 章所述)将逻辑封装在事务中，确保在任何操作失败时不会破坏数据。

代码清单 14.7 实现转账用例

```
@Service
public class TransferService {

  private final AccountRepository accountRepository;

  public TransferService(AccountRepository accountRepository) {
    this.accountRepository = accountRepository;
  }

  @Transactional          // 将用例逻辑封装在事务中，以避免任何指令失败时出现数据不一致
  public void transferMoney(
    long idSender,
    long idReceiver,
    BigDecimal amount) {

    Account sender =
      accountRepository.findById(idSender)
        .orElseThrow(() -> new AccountNotFoundException());

      Account receiver =
        accountRepository.findById(idReceiver)
          .orElseThrow(() -> new AccountNotFoundException());
                          // 获取源账户和目标账户的详细信息

      BigDecimal senderNewAmount =
        sender.getAmount().subtract(amount);

      BigDecimal receiverNewAmount =
      receiver.getAmount().add(amount);
                          // 计算目标账户金额的方法是，从源账户中减去转账金额，然后将其与目标账户中的金额相加

    accountRepository
      .changeAmount(idSender, senderNewAmount);

    accountRepository
      .changeAmount(idReceiver, receiverNewAmount);
                          // 更改数据库中账户的金额
  }

}
```

在转账用例中，使用了一个名为 AccountNotFoundException 的简单运行时异常类。下面的代码片段给出了这个类的定义：

```
public class AccountNotFoundException extends RuntimeException {
}
```

接下来添加一个服务方法，以从数据库中检索所有记录，并根据所有者的姓名获取账户详细信息。在测试应用程序时将使用这些操作。为了获得所有记录，我们并不自行编写该方法。AccountRepository 会从 CrudRepository 契约中继承 findAll()方法，如代码清单 14.8 所示。

代码清单 14.8　添加检索账户详细信息的服务方法

```
@Service
public class TransferService {

  // Omitted code

  public Iterable<Account> getAllAccounts() {
    return accountRepository.findAll();
  }

  public List<Account> findAccountsByName(String name) {
    return accountRepository.findAccountsByName(name);
  }
}
```

AccountRepository 从 Spring Data 的 CrudRepository 接口中继承了这个方法

代码清单 14.9 展示了 AccountController 类如何通过 REST 端点公开转账用例。

代码清单 14.9　使用 REST 端点公开转账用例

```
@RestController
public class AccountController {

  private final TransferService transferService;

  public AccountController(TransferService transferService) {
    this.transferService = transferService;
  }

  @PostMapping("/transfer")
  public void transferMoney(
        @RequestBody TransferRequest request
        ) {
      transferService.transferMoney(
         request.getSenderAccountId(),
         request.getReceiverAccountId(),
         request.getAmount());
  }

}
```

在 HTTP 请求体中获得源账户 ID、目标账户 ID 以及转账金额

调用服务执行转账用例

下面的代码片段展示了/transfer 端点用于映射 HTTP 请求体的 TransferRequest DTO 实现：

```
public class TransferRequest {

  private long senderAccountId;
  private long receiverAccountId;
  private BigDecimal amount;
```

```
  // Omitted getters and setters
}
```

在代码清单 14.10 中，实现了一个从数据库中获取记录的端点。

代码清单 14.10 实现检索账户详细信息的端点

```
@RestController
public class AccountController {

  // Omitted code

  @GetMapping("/accounts")
  public Iterable<Account> getAllAccounts(        ← 使用一个可选的请求参数来获取想要返回账户详细信息的名称
      @RequestParam(required = false) String name
  ) {
     if (name == null) {                          ← 如果可选请求参数中没有提供名称，则返回所有账户详细信息
      return transferService.getAllAccounts();
     }else {
      return transferService.findAccountsByName(name);   ← 如果请求参数中提供了名称，则只返回指定名称的账户详细信息
     }
  }
}
```

启动应用程序，通过调用/accounts 端点查看账户记录，之后会返回数据库中的所有账户。

```
curl http://localhost:8080/accounts
```

运行这个命令，控制台会输出如下所示的结果。

```
[
  {"id":1,"name":"Jane Down","amount":1000.0},
  {"id":2,"name":"John Read","amount":1000.0}
]
```

使用 cURL 命令调用/transfer 端点将 100 美元从 Jane 的账户转账给 John 的账户，如下面的代码段所示。

```
curl -XPOST -H "content-type:application/json" -d '{" sendaccountid ":1,
➥"receiverAccountId":2, "amount":100}' http://localhost:8080/transfer
```

如果再次调用/accounts 端点，应该会观察到不同之处。转账操作后，Jane 只有 900 美元，而 John 有 1 100 美元。

```
curl http://localhost:8080/accounts
```

在转账操作完成之后调用/accounts 端点的结果如下所示：

```
[
  {"id":1,"name":"Jane Down","amount":900.0},
  {"id":2,"name":"John Read","amount":1100.0}
]
```

如果在/accounts 端点中使用 name 查询参数，还可以请求只查看 Jane 的账户，如下面的代码所示。

```
curl http://localhost:8080/accounts?name=Jane+Dow
```

如下面的代码片段所示，cURL 命令的响应体中只显示 Jane 的账户情况。

```
[
    {
        "id": 1,
        "name": "Jane Down",
        "amount": 900.0
    }
]
```

14.4　本章小结

- Spring Data 是一个 Spring 生态系统项目，它有助于更容易地实现 Spring 应用程序的持久层。Spring Data 在多个持久化技术上提供了一个抽象层，并通过提供一组通用的契约来促进实现。
- 使用 Spring Data，可通过扩展标准 Spring Data 契约的接口实现存储库。
    - Repository，不提供任何持久化操作。
    - CrudRepository，提供简单的 CREATE、READ、UPDATE、DELETE(CRUD)操作。
    - PagingAndSortingRepository，扩展了 CrudRepository 并增加了对获取的记录进行分页和排序的操作
- 在使用 Spring Data 时，可以根据应用程序使用的持久化技术选择特定的模块。例如，如果应用程序通过 JDBC 连接 DBMS，应用程序就需要 Spring Data JDBC 模块，而如果应用程序使用诸如 MongoDB 的 NoSQL 实现，则需要 Spring Data Mongo 模块。
- 当扩展 Spring Data 契约时，应用程序将继承并可以使用由该契约定义的操作。然而，应用程序可以通过存储库接口中的方法自定义操作。
- 可以使用@Query 注解和 Spring Data 存储库方法来定义应用程序为该特定操作执行的 SQL 查询。
- 如果声明了一个方法，并且没有使用@Query 注解显式地指定查询，那么 Spring Data 将会把方法的名称转换为 SQL 查询。需要根据 Spring Data 规则定义方法名称，以便于理解并将其转换为正确的查询。如果 Spring Data 不能解决方法名，则应用程序将不能正常启动并抛出异常。
- 最好使用@Query 注解，避免依赖 Spring Data 将方法名称翻译成查询。使用名称翻译方法可能会遇到如下困难：
    - 它会为更复杂的操作创建长且难读的方法名，这影响了应用程序的可维护性。

  - 它会减慢应用程序的初始化，因为应用程序现在还需要翻译方法名称。
  - 开发人员需要学习 Spring Data 方法名称约定。
  - 错误的方法名重构会影响应用程序的行为。
- 任何更改数据的操作(例如，执行 INSERT、UPDATE 或 DELETE 查询)都必须使用@Modifying 注解通知 Spring Data：该操作更改了数据记录。

第 15 章

测试Spring应用程序

本章内容

- 测试应用程序重要的原因
- 测试工作的展开方式
- 为 Spring 应用程序实现单元测试
- 实现 Spring 集成测试

本章学习如何为 Spring 应用程序实现测试。测试是一小块逻辑，其目的是验证应用程序实现的特定功能是否符合预期。测试分为两类：

- 单元测试——只关注孤立的逻辑部分。
- 集成测试——关注验证多个组件之间是否正确地交互。

书中的术语——“测试”，都指的是这两个类别。

测试对于任何应用程序都是必不可少的。它们可以确保在应用程序开发过程中所做的更改不会破坏现有的功能(或者至少它们不太可能出错)，并且还可以作为文档。(遗憾的是)许多开发人员都忽略测试，因为它们不是应用程序业务逻辑的直接组成部分，当然，编写测试需要花费一些时间。因此，测试看似没有什么大的影响。的确，它们的影响在短期内通常是不可见的，但测试在长期却是无价的。确保正确测试应用程序逻辑的重要性再怎么强调也不为过。

为什么要编写测试，而不是依赖于手工测试功能？

- 因为可以一遍又一遍地运行这个测试，以最小的努力验证事情是否符合预期(连续地验证应用程序的正确行为)。
- 因为通过阅读测试步骤，可以很容易地理解用例目的(作为文档)。
- 因为测试可在开发过程中提供关于新应用程序问题的早期反馈。

如果应用程序的功能一开始便是有效的，为什么不能第二次有效呢？

- 因为开发人员会持续不断修改应用程序的源代码，以修复漏洞或添加新功能。所以当更改源代码时，可能会破坏以前实现的功能。

如果为这些功能编写测试，便可以在更改应用程序的任何时候运行它们，以验证应用程序仍然按照预期工作。如果影响了一些现有的功能，那么测试可以在将代码交付生产之前找出发生的问题。回归测试是一种不断测试现有功能以验证其是否正常工作的方法。

最好确保测试了实现的任何特定功能的所有相关场景。然后，可以在任何更改时运行测试，以验证以前实现的功能不受更改的影响。

如今人们已不再仅仅依靠开发人员手动运行测试，而是将测试的执行作为应用程序构建过程的一部分。通常，开发团队使用所谓的持续集成(CI)方法：配置一个诸如 Jenkins 或 TeamCity 的工具，以在开发人员每次进行更改时运行构建过程。持续集成工具是一种软件，用来执行构建和安装开发过程中实现的应用程序所需要的步骤。这个 CI 工具还会运行测试，并在有问题时通知开发人员(见图 15.1)。

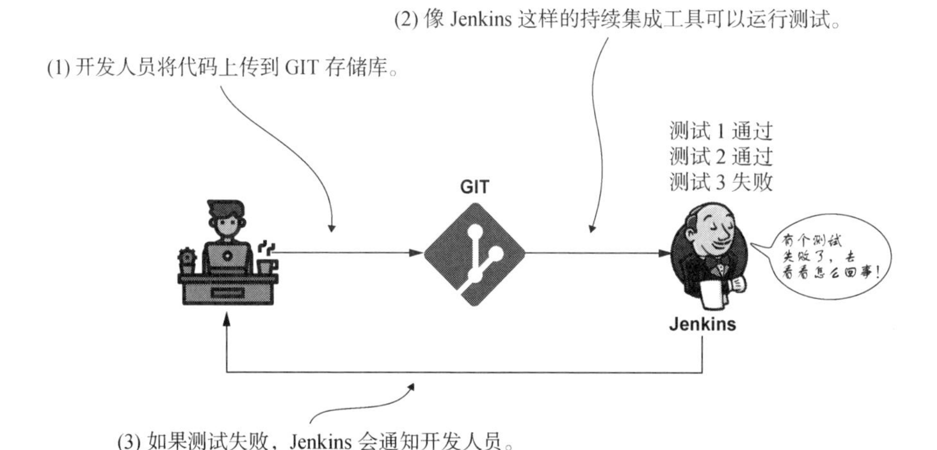

图 15.1 诸如 Jenkins 或 TeamCity 的 CI 工具，在开发人员每次更改应用程序时都会运行测试。如果任何一个测试失败，CI 工具都会通知开发人员检查哪些功能没有按照预期工作，并纠正问题

15.1 节先概述什么是测试以及它是如何工作的。15.2 节讨论两种 Spring 应用程序中最常见的测试类型——单元测试和集成测试，并以本书实现的功能为例实现测试。

在深入本章之前，要意识到测试是一个复杂的主题，本章只关注在测试 Spring 应用程序时需要具备的基本知识。但是，测试是一个值得深入学习的学科。推荐阅读 Cătălin Tudose 编著的 *JUnit in Action* (Manning，2020)这本书，它揭示了更多有价值的测试阻塞。

15.1 编写正确实现的测试

本节讨论测试是如何工作的，以及正确实现的测试是什么样子的。本节将学习如何编写应用程序的代码，使其易于测试，并发掘使应用程序可测试和可维护之间的强关联(即，易于更改以实现新功能和纠正错误)。可测试性和可维护性是具有互助性的软件质量。通过将应用程序设计成可测试的，也可以帮助它保持可维护性。

人们编写测试来验证由项目中特定方法实现的逻辑是否以预期的方式工作。当测试指定的方法时，通常需要验证多个场景(应用程序的行为方式取决于不同的输入)。需要针对每个场景，在测试类中编写测试方法；在 Maven 项目(例如本书实现的示例)的测试文件夹中编写测试类(见图 15.2)。

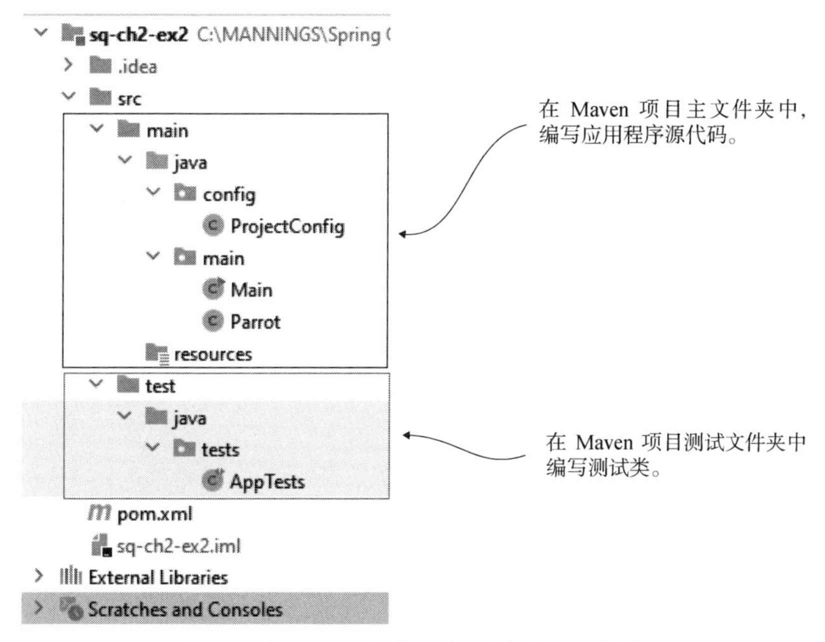

图 15.2　在 Maven 项目的测试文件夹中编写测试类

测试类应该只关注要测试其逻辑的特定方法。即使是简单的逻辑也会产生多个不同的场景。在测试类中，需要为每个场景编写一个方法，以验证特定的情况。

接着来看一个示例。还记得第 13 章和第 14 章讨论的转账用例吗？这是在两个不同账户之间转移指定金额的简单实现。用例只有 4 个步骤：

(1) 在数据库中查看源账户详情。

(2) 在数据库中查看目标账户明细。

(3) 计算转账后两个账户的新金额。

(4) 更新数据库中账户的金额。

即使只有这些步骤，仍然可以找到与测试相关的多个场景。

(1) 测试如果应用程序找不到源账户详情会发生什么。

(2) 测试如果应用程序找不到目标账户的详情会发生什么。

(3) 测试如果源账户没有足够的钱会发生什么。

(4) 测试如果金额更新失败会发生什么。

(5) 测试如果所有步骤都运行良好会发生什么。

在每个测试场景中，都需要理解应用程序的运行方式，并编写一个测试方法以验证它是否按预期工作。例如，在测试用例(3)中，如果源账户没有足够的钱，不允许转账发生，那么测试应用程序应抛出一个特定的异常，且转账不会发生。但根据应用程序的要求，可以为源账户设定一个信用额度。在这种情况下，测试也需要考虑这个限制。

测试场景的实现与应用程序应该如何工作密切相关，但从技术上讲，任何应用程序的想法都是一样的：确定测试场景，并为每个测试场景编写测试方法(见图 15.3)。

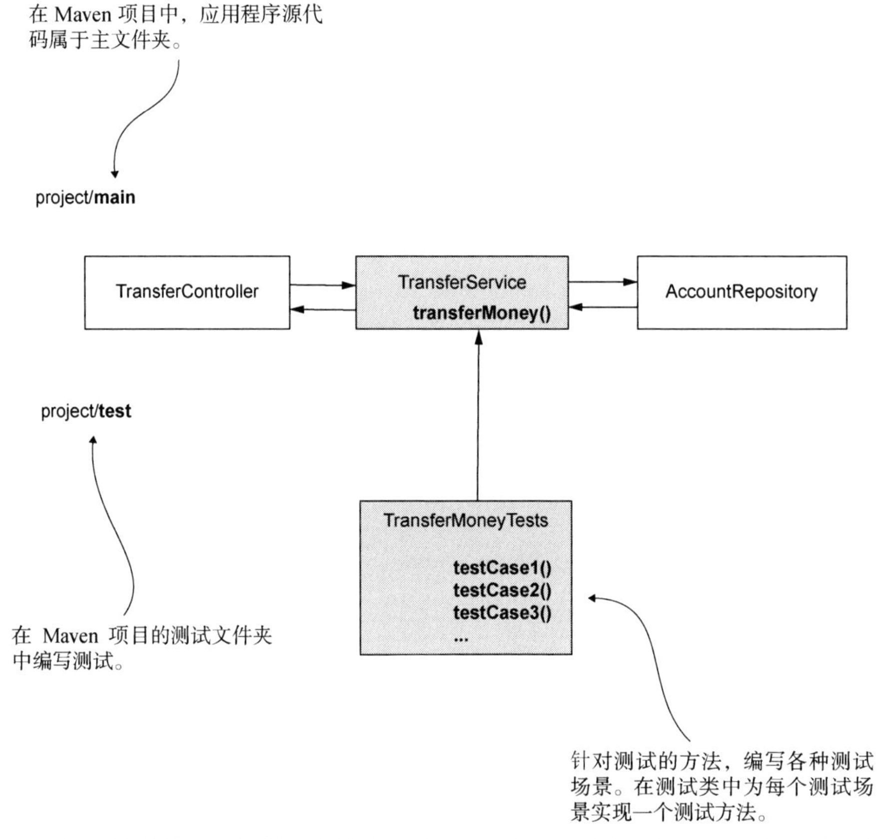

图 15.3 需要为测试的任何逻辑块找到相关的测试场景。要在测试类中为每个测试场景编写测试方法。在应用程序的 Maven 项目测试文件夹中添加测试类。在该图中，TransferMoneyTests 类是一个测试类，它包含 transferMoney()方法的测试场景。TransferMoneyTests 定义了多个测试用例方法，它们可测试 transferMoney()的方法逻辑中的每个相关场景。

其中的关键是，可以找到多个相关的测试场景，即使是一个小方法——这是使应用程序中的方法尽可能小的另一个原因！如果编写具有许多代码行和同时关注多个事情的参数的大型方法，那么识别相关的测试场景将变得极其困难。当不能将不同的任务分割成小而易读的方法时，应用程序的可测试性就会降低。

15.2　在 Spring 应用程序中执行测试

本节使用两种测试技术测试在实际项目中经常遇到的 Spring 应用程序。通过前几章实现的一个用例来演示每种技术，并为它编写测试。这些技术是任何开发人员都必须知道的。

- 编写单元测试以验证方法的逻辑。单元测试很短，运行起来很快，并且只关注一个流程。这些测试是一种通过消除所有依赖项以集中验证一小块逻辑的方法。
- 编写 Spring 集成测试以验证方法的逻辑和它与框架提供的特定功能的集成。这些测试可以帮助确保应用程序的功能在升级依赖项时仍然有效。

15.2.1 节讲解单元测试，讨论为什么单元测试很重要，以及编写单元测试时需要考虑的步骤，并且编写几个单元测试作为前几章实现的用例的示例。15.2.2 节学习如何实现集成测试，它们与单元测试有何不同，以及它们如何与 Spring 应用程序中的单元测试互补。

15.2.1　实现单元测试

本节讨论单元测试。单元测试是在特定条件下调用特定用例以验证行为的方法。单元测试方法定义了用例执行和验证应用程序需求定义的行为的条件。它们消除了所测试功能的所有依赖项，只覆盖特定的、孤立的逻辑部分。

单元测试是有价值的，因为当一个测试失败时，就说明特定的代码段出了问题，并且会准确地显示需要纠正的地方。单元测试就像汽车的仪表盘指示器。如果尝试发动汽车，而车不启动，这可能是因为汽油耗尽或电池无法正常工作。汽车是一个复杂的系统(和应用程序一样)，除非有一个指示器，否则根本不知道问题出在哪里。如果汽车的指示器显示没油了，那么马上就发现问题了！

单元测试的目的是验证单个逻辑单元的行为，就像汽车的指示器一样，它们可以帮助识别特定组件中的问题。

1. 实现第一个单元测试

首先来看第 14 章编写的一个用例：转账用例。这段逻辑中的步骤如下：

(1) 查看源账户的详情。

(2) 查看目标账户详情。

(3) 计算每个账户的新金额。

(4) 更新源账户金额。

(5) 更新目标账户金额。

代码清单 15.1 显示了项目“sq-ch14-ex1”使用的用例。

代码清单 15.1　转账用例的实现

```
@Transactional
```

```
public void transferMoney(
  long idSender,
  long idReceiver,
  BigDecimal amount) {

  Account sender = accountRepository.findById(idSender)
    .orElseThrow(() -> new AccountNotFoundException());

  Account receiver = accountRepository.findById(idReceiver)
    .orElseThrow(() -> new AccountNotFoundException());

  BigDecimal senderNewAmount = sender.getAmount().subtract(amount);
  BigDecimal receiverNewAmount = receiver.getAmount().add(amount);

  accountRepository
    .changeAmount(idSender, senderNewAmount);
  accountRepository
    .changeAmount(idReceiver, receiverNewAmount);
}
```

查看源账户的详细信息

查看目标账户的详细信息

计算账户的金额

更新源账户中的新金额

更新目标账户的新金额

通常，最明显的场景和编写的第一个测试都是愉快的流程：执行没有遇到异常或错误。图 15.4 直观地表示了转账用例的愉快流程。

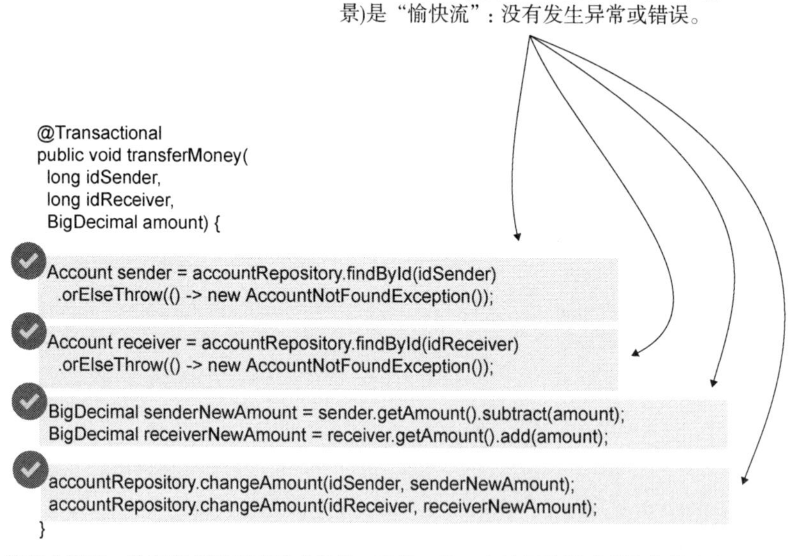

图 15.4 愉快的流程：执行没有遇到错误或异常。通常，第一个编写的测试是愉快的流程，因为它们是最明显的场景

接下来，为这个愉快的转账用例流程编写一个单元测试。任何测试都包含如下 3 个主要部分(见图 15.5)：

(1) 假设——需要定义输入，并找到需要控制其逻辑的任何依赖项，以实现所需要的流场景。针对这一点，回答以下问题：应该提供什么输入，以及被测试逻辑的依赖项应如何以希望的特定方式运行？

(2) 调用/执行——需要调用测试的逻辑以验证它的行为。

(3) 验证——需要定义所有需要对指定逻辑块进行的验证。回答如下问题：当这段逻辑在指定条件下调用时，会发生什么？

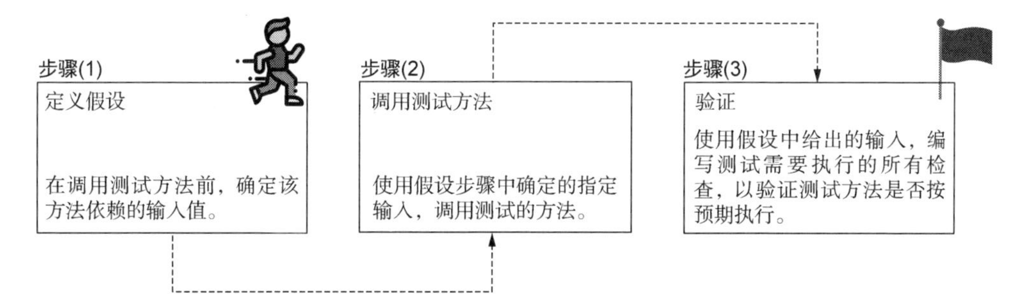

图 15.5　编写单元测试的步骤。通过定义方法输入来编写假设。使用定义的假设调用方法，并编写测试需要执行的检查，以验证方法的行为是否正确

注意　有时，这 3 个步骤(假设、调用和验证)的命名有点不同：“安排、行动和断言”或“指定、当时、然后”。不管如何命名，编写测试的思想都是一样的。

在测试的假设中，要为编写测试的测试用例确定依赖关系。选择输入以及依赖项的行为方式，以使测试的逻辑以某种方式运行。

转账用例的依赖项是什么？依赖项是该方法使用的但不由其自行创建的任何东西：

- 方法的参数。
- 方法使用的但不由其创建的对象实例。

图 15.6 为示例识别了这些依赖关系。

当调用这个方法进行测试时，可以为它的 3 个参数提供任何值以控制执行流。但是 AccountRepository 实例有点复杂。transferMoney()方法的执行取决于 AccountRepository 实例的 findById()方法的行为。

但是请记住，单元测试只关注一个逻辑，因此它不应该调用 findById()方法。单元测试应该假设 findById()按指定的方式工作，并断言被测试方法的执行是在指定的情况下所期望的。

但是被测试的方法调用 findById()。如何控制它？为了控制这个依赖项，使用了 mock：一个可以控制其行为的假对象。本例将确保被测试的方法使用这个假对象，而不使用真实的 AccountRepository 对象。并利用控制这个假对象的行为，诱导要测试的 transferMoney()方法的所有不同执行。

图 15.7 显示了想要做的事情。用 mock 替换 AccountRepository 对象，以消除被测试对象的依赖项。

参数是执行依赖项。基于它们的值，方法可能会以各种方式运行。

方法外部的其他对象是执行依赖项，但方法用来实现其逻辑的对象也是执行依赖项。根据它们的行为，该方法可能会有这样或那样的行为。

```
@Transactional
public void transferMoney(
  long idSender,
  long idReceiver,
  BigDecimal amount) {

  Account sender = accountRepository.findById(idSender)
    .orElseThrow(() -> new AccountNotFoundException());

  Account receiver = accountRepository.findById(idReceiver)
    .orElseThrow(() -> new AccountNotFoundException());

  BigDecimal senderNewAmount = sender.getAmount().subtract(amount);
  BigDecimal receiverNewAmount = receiver.getAmount().add(amount);

  accountRepository.changeAmount(idSender, senderNewAmount);
  accountRepository.changeAmount(idReceiver, receiverNewAmount);
}
```

图 15.6 单元测试验证与任何依赖项隔离的用例逻辑。要编写测试，需要确保知道依赖项以及如何控制它们。在这个场景中，参数和 AccountRepository 对象是需要为测试控制的依赖项

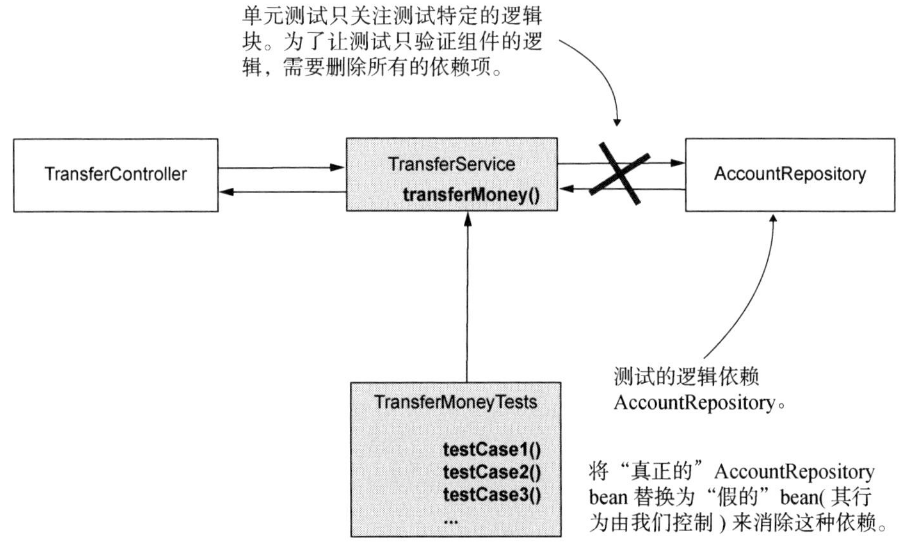

图 15.7 为了允许单元测试只关注 transferMoney()方法的逻辑，消除对 AccountRepository 对象的依赖。此处使用一个模拟对象替换真实的 AccountRepository 实例，并通过控制这个假实例来测试 transferMoney()方法在不同情况下的行为

代码清单 15.2 开始实现单元测试。在 Maven 的项目测试文件夹中创建一个新类之后，开始实现第一个测试场景，方法是编写一个用@Test 注解的新方法。

注意　本书中的示例使用 JUnit 5 Jupiter(JUnit 的最新版本)实现单元测试和集成测试。然而，在实际应用程序中，经常使用 JUnit 4。这也是我推荐阅读一些关于测试的书的另一个原因。请参阅由 Cătălin Tudose 编著的 *JUnit in Action*(Manning，2020)的第 4 章，了解 JUnit 4 和 JUnit 5 之间的差异。

创建一个 TransferService 实例以调用想要测试的 transferMoney()方法。我们并不使用真正的 AccountRepository 实例，而是创建了一个可以控制的模拟对象。为了创建这样一个模拟对象，使用了一个名为 mock()的方法。这个 mock()方法由名为 Mockito 的依赖项提供(通常与 JUnit 一起用于实现测试)。

代码清单 15.2　创建想要对其方法进行单元测试的对象

使用 Mockito mock()方法创建 AccountRepository 对象的模拟实例

```
public class TransferServiceUnitTests {

  @Test
  public void moneyTransferHappyFlow() {
    AccountRepository accountRepository =
      mock(AccountRepository.class);

    TransferService transferService =
      new TransferService(accountRepository);
  }
}
```

创建要测试其方法的 TransferService 对象的实例。使用模拟的 AccountRepository 而非真实的 AccountRepository 实例创建对象。这样，就可以用一些可以控制的东西替换依赖项

现在，可以指定模拟对象的行为方式，然后调用被测试的方法，并证明它在指定条件下能够按照预期工作。可以使用 given ()方法控制 mock 的行为，如代码清单 15.3 所示。使用 given()方法，可以告诉 mock 在调用其方法时如何行事。本示例希望 AccountRepository 的 findById()方法为指定的参数值返回一个特定的 Account 实例。

注意　在现实世界的应用程序中，最好使用@DisplayName 注解描述测试场景(见代码清单 15.3)。在本示例中，使用@DisplayName 注解可以节省空间，并专注测试逻辑。然而，在真实的应用程序中使用它可以帮助团队中的其他开发人员更好地理解实现的测试场景。

代码清单 15.3　验证愉快流的单元测试

```
public class TransferServiceUnitTests {

  @Test
  @DisplayName("Test the amount is transferred " +
    "from one account to another if no exception occurs.")
```

```
    public void moneyTransferHappyFlow() {
      AccountRepository accountRepository =
        mock(AccountRepository.class);
      TransferService transferService =
        new TransferService(accountRepository);
      Account sender = new Account();
      sender.setId(1);
      sender.setAmount(new BigDecimal(1000));

      Account destination = new Account();
      destination.setId(2);
      destination.setAmount(new BigDecimal(1000));

      given(accountRepository.findById(sender.getId()))
        .willReturn(Optional.of(sender));

      given(accountRepository.findById(destination.getId()))
        .willReturn(Optional.of(destination));

      transferService.transferMoney(
                         sender.getId(),
                         destination.getId(),
                         new BigDecimal(100)
                       );
    }

  }
```

创建源 Account 实例和目标 Account 实例，它们都包含 Account 详细信息，假设应用程序将在数据库中找到这些信息

当获取目标账户 ID 时，控制 mock 的 findById()方法返回目标账户实例。可以将这一行理解为“如果使用目标 ID 参数调用 findById()方法，则返回目标账户实例”

使用源账户 ID、目标账户 ID 和要传输的值调用想要测试的方法

控制 mock 的 findById()方法，以便在它获得源账户 ID 时返回源账户实例。可以将这行代码解读为“如果使用源 ID 参数调用 findById()方法，则返回源账户实例”

仍然需要告诉测试，当被测试的方法执行时应该发生什么。应该期望什么？这种方法的目的是将钱从一个指定的账户转到另一个账户。因此，希望它调用存储库实例，以使用正确的值更改金额。代码清单 15.4 添加了测试指令，以验证方法是否正确地调用了存储库实例的方法，来更改金额。

要验证已经调用的模拟对象的方法，可以使用 verify()方法，如代码清单 15.4 所示。

代码清单 15.4 验证愉快流的单元测试

```
public class TransferServiceUnitTests {

  @Test
  public void moneyTransferHappyFlow() {
```

```
    AccountRepository accountRepository =
      mock(AccountRepository.class);
    TransferService transferService =
      new TransferService(accountRepository);

    Account sender = new Account();
    sender.setId(1);
    sender.setAmount(new BigDecimal(1000));

    Account destination = new Account();
    destination.setId(2);
    destination.setAmount(new BigDecimal(1000));

    given(accountRepository.findById(sender.getId()))
      .willReturn(Optional.of(sender));

    given(accountRepository.findById(destination.getId()))
      .willReturn(Optional.of(destination));

    transferService.transferMoney(
                    sender.getId(),
                    destination.getId(),
                    new BigDecimal(100)
                  );

    verify(accountRepository)
      .changeAmount(1, new BigDecimal(900));

    verify(accountRepository)
      .changeAmount(2, new BigDecimal(1100));

  }

}
```

验证 AccountRepository 中 changeAmount()方法的调用是使用预期的参数实现的

如果现在运行测试(通常是在 IDE 中右击测试类并选择 Run tests 选项)，那么测试应该会成功。当测试成功时，IDE 将使用绿色显示，并且控制台不显示任何异常消息。如果测试失败，则通常在 IDE 中采用红色或黄色显示(见图 15.8)。

即使在许多情况下，mock()方法都在方法内部声明，如代码清单 15.2～15.4 所示，但我通常倾向于使用不同的方法创建模拟对象。它不一定更好或更经常使用，但它是使用注解创建 mock 和被测试对象的一种更干净的方法，如代码清单 15.5 所示。

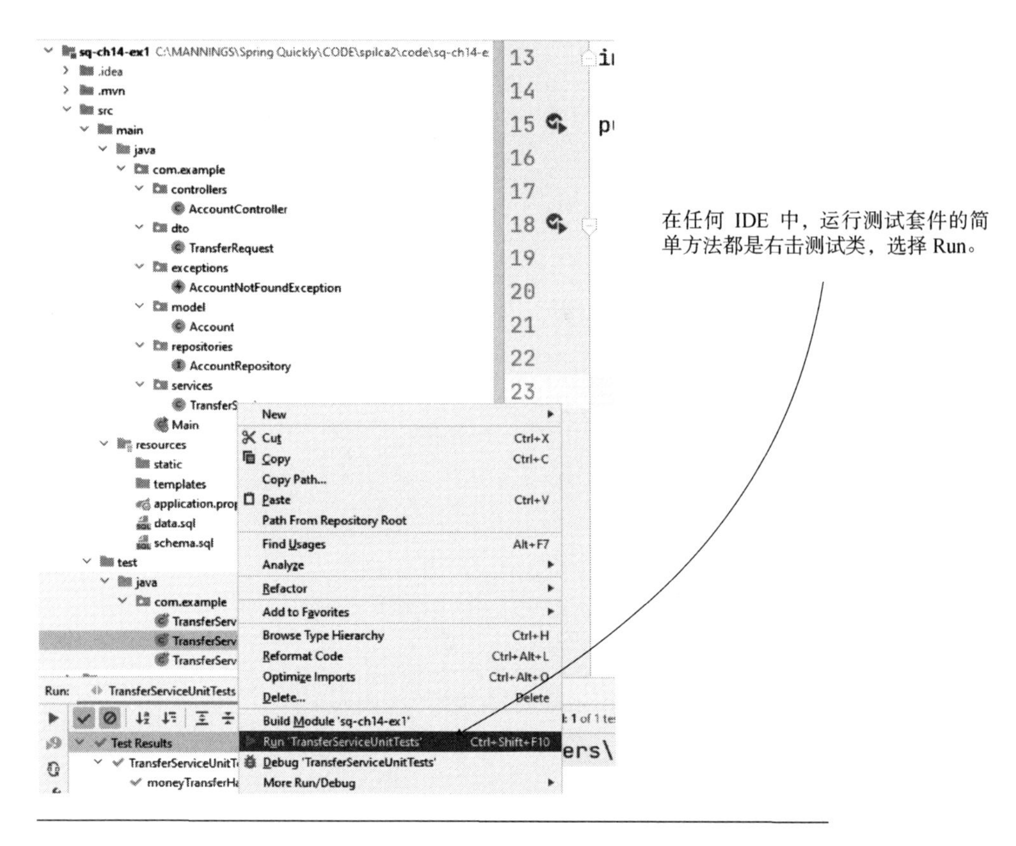

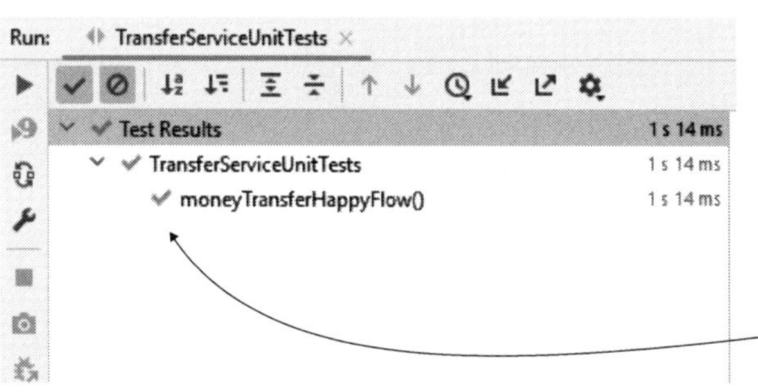

图 15.8 运行测试。IDE 通常提供几种运行测试的方法。其中一种方法是右击测试类并选择 Run。还可以通过右击项目名称并选择 Run tests 来运行所有项目测试。不同的 ID 的图形界面稍有区别，但是大体上类似。运行测试之后，IDE 会显示每个测试的状态

代码清单 15.5 为模拟依赖项使用注解

使用@Mock 注解创建一个模拟对象，并将其注入测试类的注解字段中

启用@Mock 和@InjectMocks 注解

```
@ExtendWith(MockitoExtension.class)
public class TransferServiceWithAnnotationsUnitTests {
```

```
  @Mock
  private AccountRepository accountRepository;

  @InjectMocks                                        ←  使用@InjectMocks 创建测试对象，
  private TransferService transferService;               并将其注入类的注解字段中

  @Test
  public void moneyTransferHappyFlow() {
    Account sender = new Account();
    sender.setId(1);
    sender.setAmount(new BigDecimal(1000));

    Account destination = new Account();
    destination.setId(2);
    destination.setAmount(new BigDecimal(1000));

    given(accountRepository.findById(sender.getId()))
      .willReturn(Optional.of(sender));

    given(accountRepository.findById(destination.getId()))
      .willReturn(Optional.of(destination));

    transferService.transferMoney(1, 2, new BigDecimal(100));

    verify(accountRepository)
      .changeAmount(1, new BigDecimal(900));

    verify(accountRepository)
      .changeAmount(2, new BigDecimal(1100));
  }
}
```

注意，此处没有在测试方法中声明这些对象，而是将它们作为类参数取出，并使用@Mock和@InjectMocks 对它们进行注解。当使用@Mock 注解时，框架会在注解的属性中创建并注入mock 对象。使用@InjectMocks 注解，可以创建一个对象来测试，并指示框架将所有mock(使用@Mock 创建)注入其参数中。

要让@Mock 和@InjectMocks 注解工作，还需要用@ExtendWith(MockitoExtension.class)注解注解测试类。当以这种方式注解类时，就启用了一个扩展，该扩展允许框架读取@Mock 和@InjectMocks 注解，并控制被注解的字段。

图 15.9 总结了构建的测试。在该图中，可以找到编写的步骤和代码，以完成开始编写测试时列举的每个步骤。

(1) 假设——列举和控制依赖项。

(2) 调用——执行测试方法。

(3) 验证——验证执行的方法具有预期的行为。

2. 为异常流编写测试

记住，愉快流并不是需要测试的唯一内容。还需要了解当遇到异常时，该方法是否以所需要的方式执行。这样的流称为异常流。在示例中，如果没有找到指定 ID 的源账户或目标账户的详细信息，就会发生异常流，如图 15.10 所示。

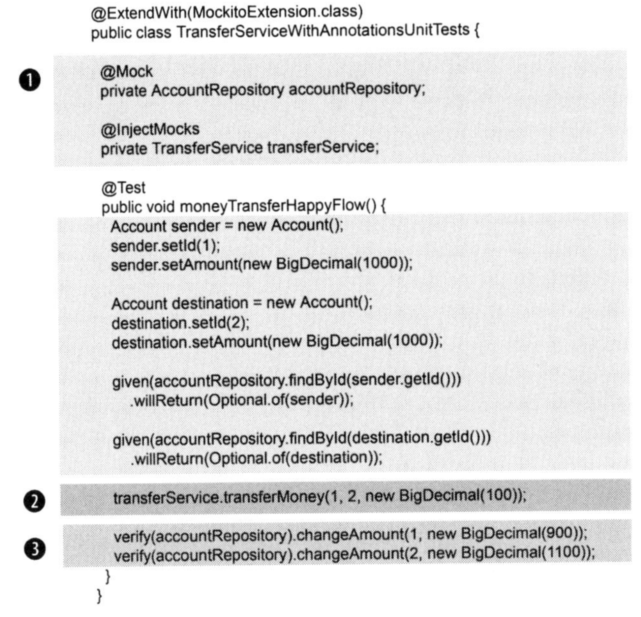

图 15.9 测试实现的主要部分。❶定义和控制依赖项，❷执行测试方法，❸验证方法的行为是否符合预期

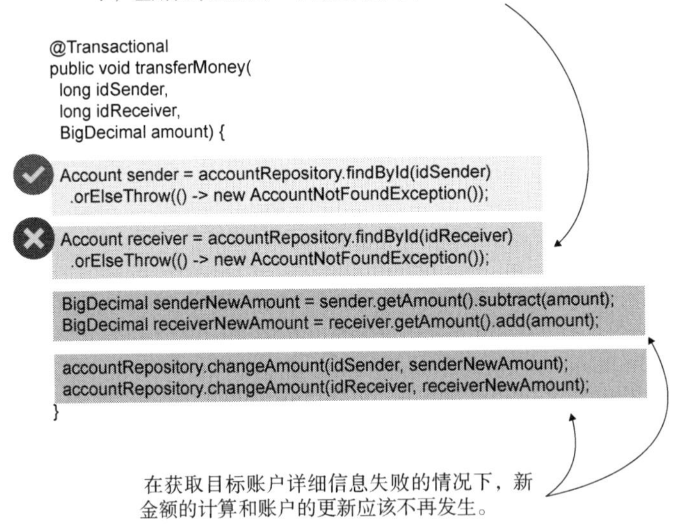

图 15.10 异常流是一个遇到错误或异常的执行过程。例如，如果没有找到目标账户的详细信息，应用程序应该抛出一个 AccountNotFoundException 异常，并且不应该调用 changeAmount()方法。异常流也很重要，需要像愉快流那样为这些场景实现测试

代码清单 15.6 展示了如何为异常流编写单元测试。如果想检查该方法是否抛出异常，可以使用 assertThrows()。指定期望方法抛出的异常，并指定测试的方法。assertThrows()方法调用被测试的方法，并验证它是否抛出预期的异常。

代码清单 15.6　测试异常流

```
@ExtendWith(MockitoExtension.class)
public class TransferServiceWithAnnotationsUnitTests {

  @Mock
  private AccountRepository accountRepository;

  @InjectMocks
  private TransferService transferService;

  @Test
  public void moneyTransferDestinationAccountNotFoundFlow() {
    Account sender = new Account();
    sender.setId(1);
    sender.setAmount(new BigDecimal(1000));

    given(accountRepository.findById(1L))
      .willReturn(Optional.of(sender));

    given(accountRepository.findById(2L))
      .willReturn(Optional.empty());

    assertThrows(
      AccountNotFoundException.class,
       () -> transferService.transferMoney(1, 2, new BigDecimal(100))
    );

    verify(accountRepository, never())
      .changeAmount(anyLong(), any());
  }
}
```

当为目标账户调用 findById()方法时，控制模拟的 AccountRepository 返回一个空的 Optional

断言：该方法在指定的场景中抛出一个 AccountNotFoundException 异常

使用 verify()方法和 never()条件断言还没有调用 changeAmount()方法

3. 测试方法返回的值

经常需要检查方法返回的值。代码清单 15.7 显示了第 9 章“sq-ch9-ex1”项目实现的一个方法。假设需要测试用户提供正确凭证进行登录的场景，该如何为这个方法实现单元测试？

代码清单 15.7　想要进行单元测试的登录控制器动作的实现

```
@PostMapping("/")
 public String loginPost(
     @RequestParam String username,
     @RequestParam String password,
     Model model
 ) {
```

```
    loginProcessor.setUsername(username);
    loginProcessor.setPassword(password);
    boolean loggedIn = loginProcessor.login();

    if (loggedIn) {
      model.addAttribute("message", "You are now logged in.");
    } else {
      model.addAttribute("message", "Login failed!");
    }

    return "login.html";
  }
```

可以按照本节介绍的步骤进行操作：

(1) 识别和控制依赖项。

(2) 调用测试方法。

(3) 验证测试方法的执行是否符合预期。

代码清单 15.8 显示了单元测试的实现。注意，该代码清单模拟了希望控制或验证其行为的依赖项：Model 和 LoginProcessor 对象。先指示 LoginProcessor 模拟对象返回 true(这相当于假设用户提供了正确的凭证)，然后调用想要测试的方法。

证明如下：

- 该方法返回字符串“login.html”。在此使用断言验证方法返回的值。如代码清单 15.8 所示，可以使用 assertEquals()方法比较预期值与方法返回的值。
- Model实例包含有效的消息——“You are now logged in.”。使用verify()方法验证Model实例的 addAttribute()方法是否已将正确的值作为参数调用。

代码清单 15.8 在单元测试中测试返回值

```
@ExtendWith(MockitoExtension.class)
class LoginControllerUnitTests {

  @Mock
  private Model model;

  @Mock
  private LoginProcessor loginProcessor;

  @InjectMocks
  private LoginController loginController;

  @Test
  public void loginPostLoginSucceedsTest() {
    given(loginProcessor.login())
      .willReturn(true);

    String result =
      loginController.loginPost("username", "password", model);
```

定义模拟对象，并将它们注入要测试其行为的实例中

控制 LoginProcessor 模拟实例，告诉它在调用其方法 login()时返回 true

利用指定的假设调用测试方法

```
    assertEquals("login.html", result);   ← 验证测试方法返回的值

    verify(model)   ← 验证是否已把正确的消息属性值添加到模型对象上
      .addAttribute("message", "You are now logged in.");
  }
}
```

通过控制输入(参数值和模拟对象的行为方式)，还可以测试在不同的场景中发生了什么。在代码清单 15.9 中，让 LoginProcessor 模拟对象的 login()方法返回 false，以测试如果登录失败会发生什么。

代码清单 15.9 添加测试以验证失败的登录场景

```
@ExtendWith(MockitoExtension.class)
class LoginControllerUnitTests {

  // Omitted code

  @Test
  public void loginPostLoginFailsTest() {
    given(loginProcessor.login())
      .willReturn(false);

    String result =
      loginController.loginPost("username", "password", model);

    assertEquals("login.html", result);

    verify(model)
      .addAttribute("message", "Login failed!");
  }
}
```

15.2.2 实现集成测试

本节讨论集成测试。集成测试与单元测试非常相似，甚至可以继续用 JUnit 编写。但是，集成测试关注的不是特定组件如何工作，而是两个或多个组件如何交互。

还记得与汽车仪表盘指示器的类比吗？如果汽车的油箱是满的，但是油箱和发动机之间的油气供应出现了问题，汽车仍然不能启动。遗憾的是，这次油量表不会显示异常，因为油箱有足够的汽油，作为一个独立的组件，它工作正常。在这种情况下，人们不知道汽车为什么不能启动。同样的问题也可能发生在应用程序上。即使某些组件在彼此独立时能够正常工作，它们也不能正确地相互“交谈”。编写集成测试可以帮助减轻组件能正常独立工作但不能正常通信时可能出现的问题。

下面使用本例中用于单元测试的相同示例：第 14 章(项目“sq-ch14-ex1”)实现的转账用例。

我们可以测试什么类型的集成？有以下几种可能性：

- **应用程序的两个(或多个)对象之间的集成。**测试对象的正确交互有助于识别当改变其中一个对象时，它们如何协作的问题。
- **应用程序对象与框架增强的一些功能的集成。**测试对象如何与框架提供的某些功能交互，可以帮助识别将框架升级到新版本时可能出现的问题。集成测试可以帮助立即识别框架中的某些更改，以及对象依赖的功能是否以相同的方式工作。
- **应用程序与其持久化层(数据库)的集成。**测试存储库如何与数据库一起工作，可以确保快速识别在升级或更改帮助应用程序处理持久化数据(如JDBC 驱动程序)的依赖项时可能出现的问题。

集成测试看起来与单元测试非常相似。集成测试仍然遵循识别假设、调用测试方法和验证结果的相同步骤。不同之处在于，现在的集成测试不关注某个孤立的逻辑块，因此不必模拟所有的依赖项。可能允许测试的方法调用另一个实际对象(而非模拟对象)的方法，因为希望测试两个对象正确通信。因此，单元测试必须模拟存储库，而对于集成测试则不再是必需的了。如果编写的测试不关心服务如何与存储库交互，则仍然可以模拟它，但是如果想测试这两个对象如何通信，则应调用实际对象(见图 15.11)。

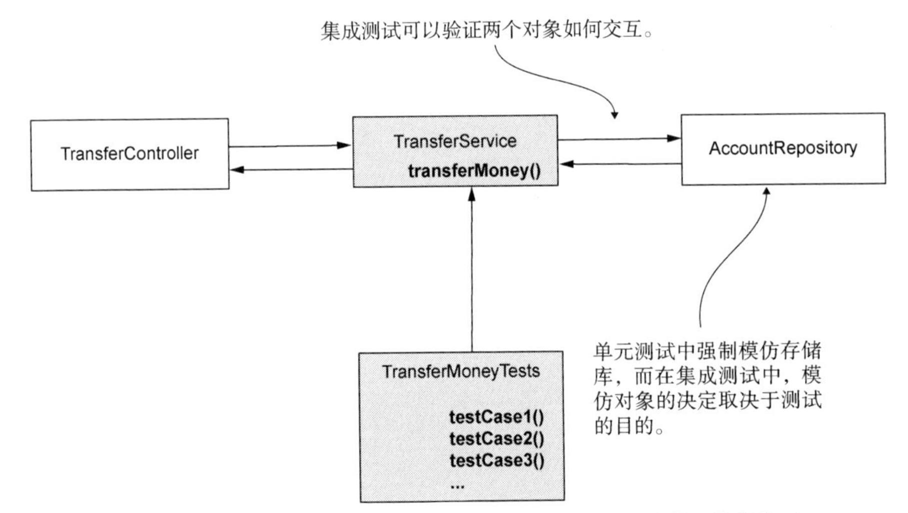

图 15.11 在单元测试的情况下，需要模拟所有的依赖项。如果集成测试的目的是验证 TestService 和 AccountRepository 如何交互，那么存储库可以是真正的对象。如果集成测试的目的不是验证与特定组件的集成，那么它仍然可以模拟对象

注意 如果决定不在集成测试中模拟存储库，那么应该使用内存中的数据库，如 H2，而不使用实际的数据库。这将帮助保持测试独立于运行应用程序的基础设施。使用真正的数据库可能会导致测试执行的延迟，甚至在基础设施或网络出问题的情况下导致测试失败。由于测试的是应用程序而非基础设施，因此应该通过使用内存中的模拟数据库来避免所有这些麻烦。

Spring 应用程序通常使用集成测试验证应用程序的行为是否正确地与 Spring 提供的功能交互。这样的测试命名为“Spring 集成测试”。与单元测试不同，集成测试允许 Spring 创建 bean 并配置上下文(就像运行应用程序时那样)。

代码清单 15.10 展示了将单元测试转换为 Spring 集成测试是多么简单。注意，可以使用@MockBean 注解在 Spring Boot 应用程序中创建一个模拟对象。这个注解与用于单元测试的@Mock 注解非常相似，也用于确保将 mock 对象添加到应用程序上下文中。这样，可以简单地使用@Autowired(如第 3 章所述)注入要测试其行为的对象。

代码清单 15.10　实现 Spring 集成测试

```
@SpringBootTest
class TransferServiceSpringIntegrationTests {

  @MockBean                                         // 创建一个模拟对象，它也是 Spring 上下文的一部分
  private AccountRepository accountRepository;

  @Autowired                                        // 从将要测试其行为的 Spring 上下文中注入真实对象
  private TransferService transferService;

  @Test
  void transferServiceTransferAmountTest() {
    Account sender = new Account();                 // 定义用于测试的所有假设
    sender.setId(1);
    sender.setAmount(new BigDecimal(1000));

    Account receiver = new Account();
    receiver.setId(2);
    receiver.setAmount(new BigDecimal(1000));

    when(accountRepository.findById(1L))
      .thenReturn(Optional.of(sender));
    when(accountRepository.findById(2L))
      .thenReturn(Optional.of(receiver));

    transferService
      .transferMoney(1, 2, new BigDecimal(100));    // 调用测试的方法

    verify(accountRepository)                       // 验证测试方法的调用具有预期的行为
      .changeAmount(1, new BigDecimal(900));
    verify(accountRepository)
      .changeAmount(2, new BigDecimal(1100));
  }

}
```

注意 @MockBean 注解是一个 Spring Boot 注解。如果应用程序是普通的 Spring 应用程序，而非这里介绍的 Spring Boot 应用程序，那么将无法使用@MockBean。但是，仍然可以使用相同的方法，通过使用@ExtendsWith(SpringExtension.class)来注解配置类。使用此注解的一个示例是项目“sq-ch3-ex1”。

运行该测试的方式与运行其他测试的方式相同。然而因为测试会在应用程序中运行，所以即使该测试看起来非常像单元测试，Spring 仍然能辨识测试对象并管理测试。例如，如果升级 Spring 版本，出于某种原因，依赖注入已不再奏效时，测试就会失败，即使测试对象没有改变任何东西。这同样适用于 Spring 为测试方法提供的任何功能：事务性、安全性、缓存等。可以测试方法与该方法在应用程序中使用的这些功能的集成。

注意 在真实的应用程序中，人们使用单元测试验证组件的行为，使用 Spring 集成测试验证必要的集成场景。即使可以使用 Spring 集成测试验证组件的行为(为方法的逻辑实现所有的测试场景)，使用集成测试实现这个目的也不太好。因为集成测试必须配置 Spring 上下文，所以执行时间较长。每个方法调用还会触发 Spring 需要的几个 Spring 机制，这取决于它为特定方法提供的功能。花时间和资源执行应用程序逻辑的每个场景是没有意义的。为了节省时间，最好的方法是采用单元测试验证应用程序的“组件”逻辑，而使用集成测试验证它们是如何与框架集成的。

15.3 本章小结

- 测试是编写的一小段代码，用于验证应用程序中实现的特定逻辑的行为。测试是必要的，因为它们可以帮助确保未来的应用程序开发不会破坏现有的功能。测试作为文档也有帮助。
- 测试分为两类：单元测试和集成测试。每一种都有其目的。
    - 单元测试只关注一个独立的逻辑部分，并验证一个简单组件的工作方式，而不检查它如何与其他功能集成。单元测试是有帮助的，因为它们执行得很快，并能直接指出特定组件可能面临的问题。
    - 集成测试的重点是验证两个或多个组件之间的交互。它们是必要的，因为有时两个组件可能能正常地独立工作，但是不能很好地沟通。集成测试可帮助减轻这些组件产生的问题。
- 有时在测试中，希望消除对某些组件的依赖，以允许测试专注于组件(而非整体)与组件如何交互。在这种情况下，用“mock”替换不想测试的组件：模拟控制的对象，消除不想测试的依赖项，并允许测试只关注特定的交互。
- 测试包含如下 3 个主要部分：
    - 假设——定义输入值和模拟对象的行为方式。
    - 调用/执行——调用要测试的方法。
    - 验证——验证测试方法的行为方式。

附录 A

架构方法

本附录讨论一些开发应用程序时遇到的架构概念。要完全理解本书讨论的所有内容，至少需要了解这些概念，并对这些概念有一个高层次的概述。本附录介绍单一架构、面向服务的架构和微服务的概念。同时还推荐其他资源——可以使用这些资源进一步学习这些主题。

这些主题很复杂；关于这些主题的书籍和演讲已经有很多，因此不可能期望阅读几页内容就能成为专家，但是阅读这篇文章有助于理解为什么在书中讨论的特定场景中使用 Spring。下面以一个应用程序场景为例，讨论从早期软件开发到当今架构方法的变化。

A.1 单一架构的方法

本节讨论什么是单一架构，以帮助你理解为什么早期的开发人员会设计单一架构的应用程序，A.2 节则旨在帮助你理解为什么会出现其他架构风格。

当开发人员将一款应用程序称为“单一架构”时，这意味着它只由一个部署和执行的组件组成。这个组件实现了它的所有功能。例如，要开发一个管理书店的应用程序。用户管理商店销售的产品、发票、发货和客户。图 A.1 中呈现的系统是一个单一架构，因为所有这些功能都是同一个过程的一部分。

注意 业务流程是用户期望在应用程序中做的事情。例如，当店主销售图书时，流程可能如下：产品功能从库存中预订一些图书，计费功能为这些图书创建发票，交付功能计划何时配送图书并通知客户。图 A.2 给出了“卖书”业务流程的可视化表示。

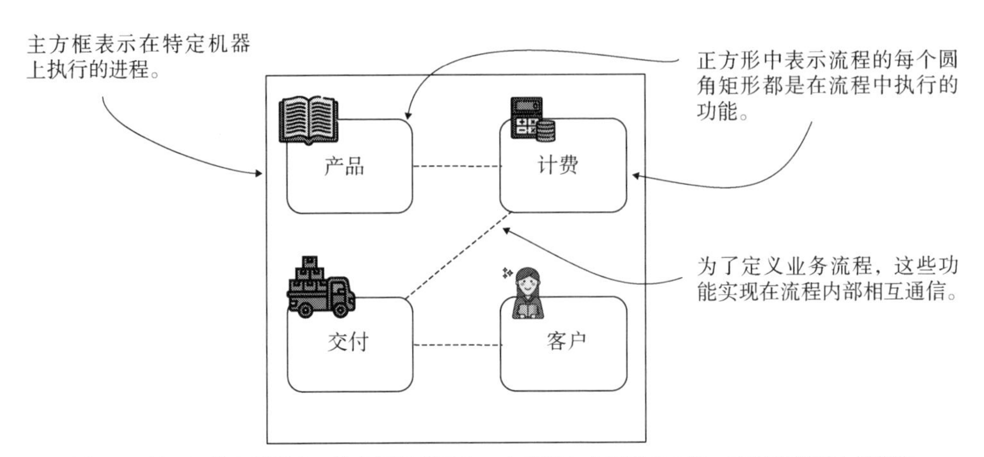

主方框表示在特定机器上执行的进程。
正方形中表示流程的每个圆角矩形都是在流程中执行的功能。
产品
计费
为了定义业务流程，这些功能实现在流程内部相互通信。
交付
客户

图 A.1 单一架构应用程序。该应用程序仅在一个进程中实现所有功能。实现在流程内部相互交互以开发业务流程

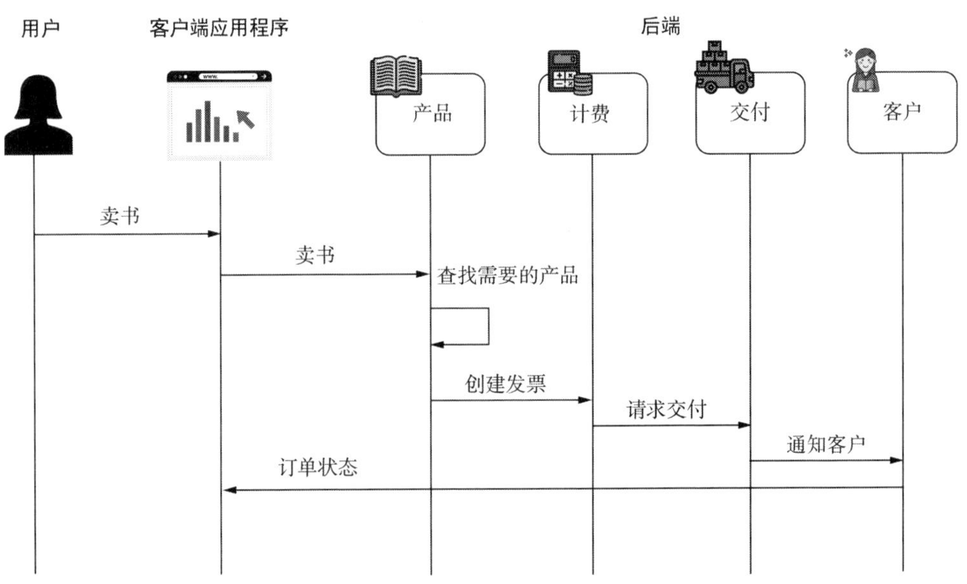

图 A.2 业务流程示例。用户想要卖书。客户端应用程序将请求发送到后端。后端的每个任务在整个流程中都有一个角色。功能之间相互通信以完成业务流程。最后，客户端应用程序接收订单的状态

注意 图A.2 简化了组件之间的通信，以专注讨论的主题。导致组件之间通信方式的类设计可能是不同的。

最初，所有应用程序都是以单一架构的方式开发的，并且这种方法在应用程序开发的早期非常有效。20 世纪 90 年代，互联网只是由几台计算机组成的网络，但几年之后，它就变成了由数十亿台设备组成的网络。今天，技术不再是技术人员的专利，技术面向每个人。这一变化意味着许多系统的用户和数据处理数量的显著增长。30 年前，很难想象人们可以在任何地方叫

出租车，甚至可以在等候过马路的间隙发送手机短信。

为了应对用户数量的变化和数据的增长，应用程序需要更多的资源，而只使用一个进程会使资源的管理更加困难。随着时间的推移，用户数量和数据量并不是唯一发生变化的东西，人们开始使用应用程序来做任何想要远程实现的事情。例如，人们现在可以在最喜欢的咖啡店一边喝着卡布奇诺一边管理银行账户。虽然这看起来很容易，但它意味着更多的安全风险。提供这些服务的系统需要安全可靠。

当然，所有这些变化也带来了应用程序创建和开发方式的变化。在此，暂时只考虑用户数量的增加以简化讨论。做什么能让应用程序服务更多的请求？可以在多个系统上运行同一个应用程序。通过这种方式，运行应用程序的几个实例，在它们之间分割请求，以便系统能够处理更大的负载(见图 A.3)。这种方法称为水平扩展。为简单起见，假设增长仅呈线性，如果一个正在运行的应用程序实例能够同时处理 5 万个请求，3 个正在运行的应用程序实例就能够响应 15 万个并发请求。

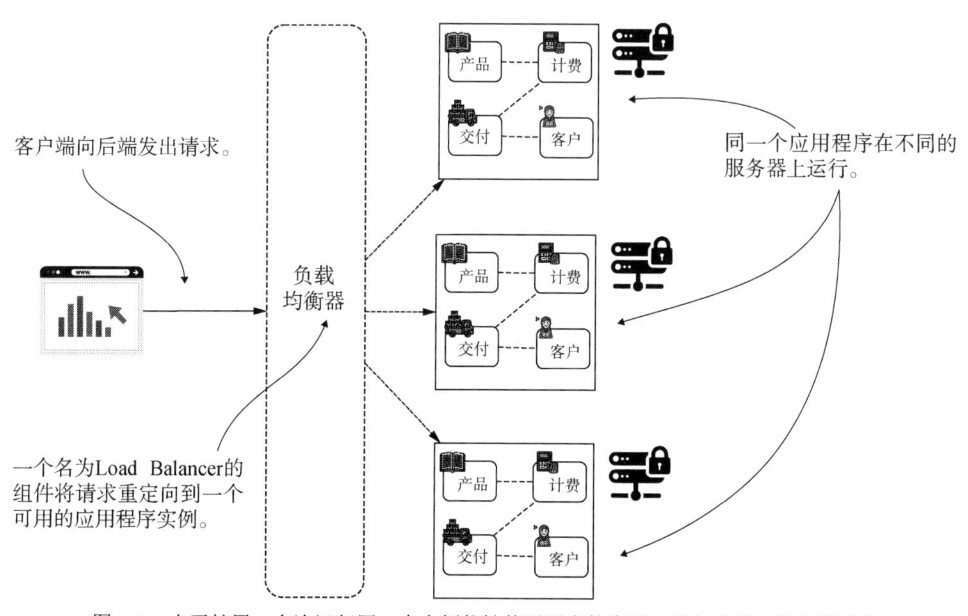

图 A.3 水平扩展。多次运行同一个实例能够使用更多的资源，服务更多的客户端请求

要考虑的另一个方面是，一般来说，应用程序是不断发展的。当在单一架构的应用程序中做一个小的改变时，需要重新部署所有的内容。同时，使用微服务架构，可以只在进行更改的地方重新部署服务。这种简化对系统也有好处。

继续使用单一架构的方法设计应用程序是否存在问题？可能根本就没有问题。与其他技术一样，将应用程序设计成一个单一架构可能是适合该场景的最佳方法。前面讨论了使用单一架构不是最好的选择的情况，但使用单一架构也不错，或者下面所介绍的方法代表了开发应用程序的更好方法。

在许多情况下，人们会错误地判断单一架构的用途。开发人员总是抱怨单一架构的应用程序难以维护。事实是，问题可能不在于应用程序是单一架构。混乱的代码可能是使应用程序难以维护的主要原因。或者，事实上，开发人员混乱的职责以及没有正确使用抽象可能是应用程序变得难以维护的原因。单一架构的应用程序并不一定是混乱的。随着软件的发展，在某些情况下，单一架构的方法不再起作用，因此需要找到替代方法。

A.2 使用面向服务的架构

本节讨论面向服务的架构。本节将使用 1.1 节的示例证明，单一架构的方法有一定的局限性，在某些情况下，需要使用一个不同的风格来设计应用程序。本节将讲解面向服务的架构如何解决问题，并讨论这种新方法如何增加应用程序的开发难度。

回到卖书的应用程序。应用程序有 4 个主要功能：产品、计费、交付和客户。在现实应用程序中，并非所有功能都消耗同样的资源。有些产品比其他产品消耗更多，可能是因为它们更复杂或使用更频繁。

我们不能决定单一架构的应用程序是否应该只扩展应用程序的一部分。在案例中，要么扩展所有 4 个功能，要么都不扩展。为了更好地管理资源，最好只扩展真正需要更多资源的特性，而避免扩展其他特性(见图 A.4)。

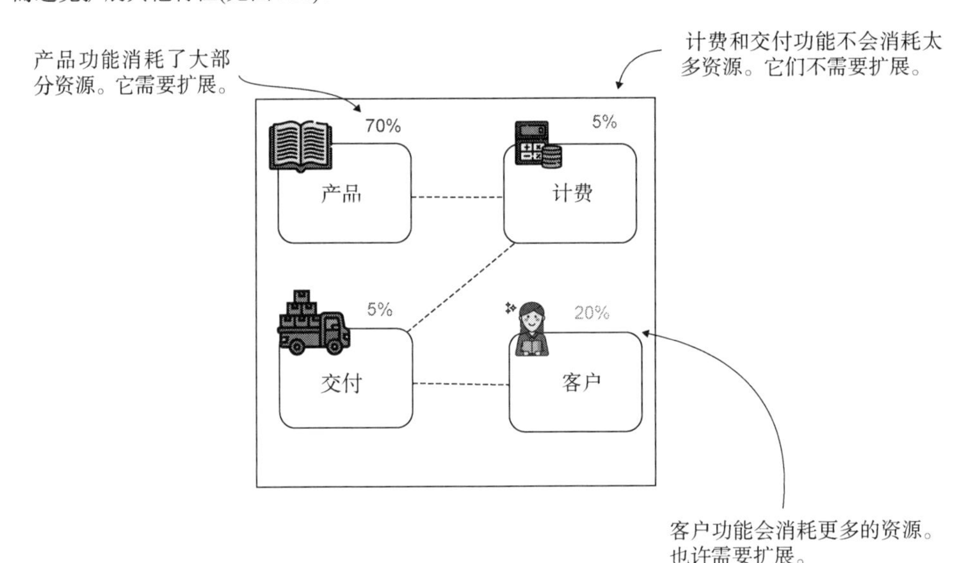

图 A.4 有些特性比其他特性使用得更广泛。由于这个原因，这些特性会消耗更多的资源，因此需要扩展

能不能做点什么，只扩展产品功能而不扩展其他功能？是的，可以将这个单一架构的应用程序分割成多个服务。把应用程序的架构从单一架构更改为面向服务的架构(SOA)。与在 SOA 中的所有特性只有一个流程不同的是，我们采用多个流程实现这些特性。然后再决定只扩展实现需要更多资源的特性的服务(见图 A.5)。

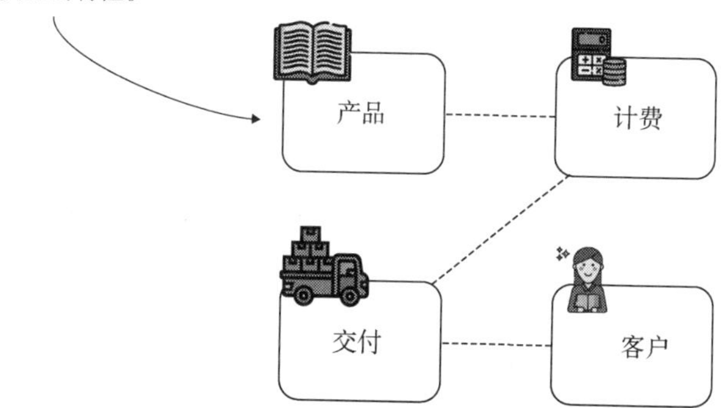

图 A.5　在 SOA 中，每个特性都是一个独立的过程。这样，就可以决定只扩展需要更多资源的特性

SOA 还具有隔离任务的更大的优势：现在有一个用于计费的专用应用程序和一个用于交付的专用应用程序等，让实现更容易解耦，也更容易组合。这有利于系统的可维护性。因此，也更容易管理处理系统的团队，因为可以为不同团队安排特定服务作为工作内容，而不是让多个团队处理同一个应用程序(见图 A.6)。

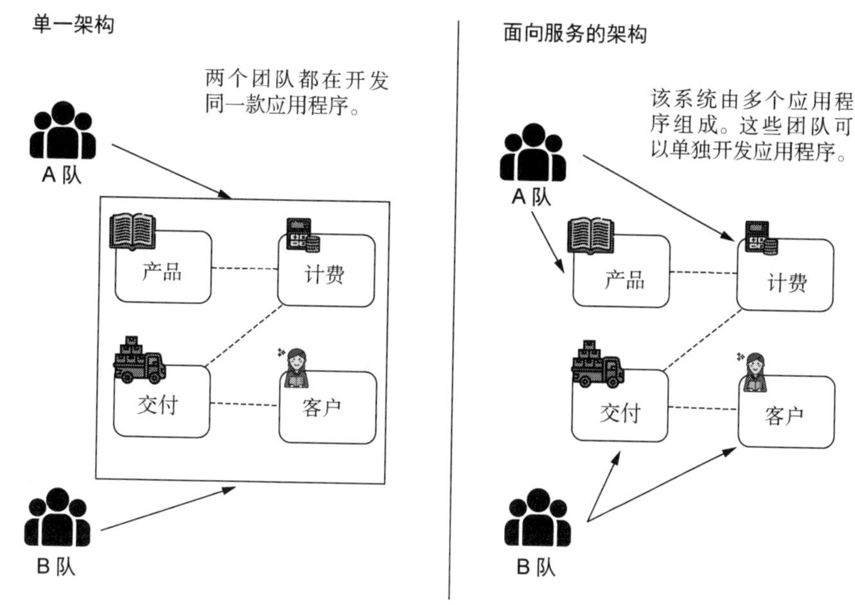

图 A.6　单一架构的系统只包含一个应用程序，如果有多个团队在开发这个系统，则他们都在服务同一个应用程序。这种方法需要更多的协调。在SOA 中，系统由多个应用程序组成，每个团队可以分别处理不同的应用程序。这样，需要的协调更少

乍一看，这似乎很简单。既然有这么多的优势，为什么一开始没有为所有应用程序使用这种架构呢？在某些情况下，为什么还要说单一架构仍然是它的解决方案呢？为了理解这些问题的答案，接下来讨论使用 SOA 引入的复杂性。以下是一些在使用 SOA 时会遇到不同问题的领域：

(1) 服务间通信

(2) 安全

(3) 数据持久化

(4) 部署

下面看一些示例。

A.2.1 服务间通信的复杂性

功能仍然需要通信来实现业务逻辑流。早些时候，对于单一架构的方法，功能是同一个应用程序的一部分，通过方法调用就可以很容易地将两个功能链接起来。但现在有了不同的过程，这就更复杂了。

现在，功能需要通过网络进行通信。一个基本原则是网络并不是完全可靠的。许多人常忘记考虑如果两个组件之间的通信在某一时刻中断，会发生什么情况。遗憾的是，与单一架构方法不同的是，两个组件之间的任何调用都可能在 SOA 中的某个时刻失败。根据应用程序的不同，开发人员使用不同的技术或模式来解决这个问题，例如重复调用、断路器或缓存。

要考虑的第二个方面是，在服务之间建立通信的选择有很多(见图 A.7)。可以使用 REST 服务、GraphQL、SOAP、gRPC、JMS 消息代理、Kafka 等。哪种方法最好？当然，在任何情况下，这些方法中的一种或多种都是可用的。许多书籍都针对关于如何选择适合典型场景的合适方案展开了冗长的辩论和讨论。

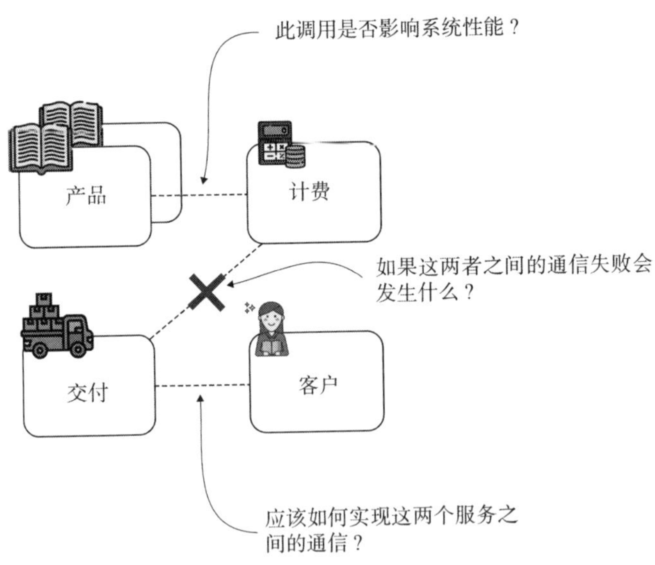

图 A.7 服务间通信增加了系统的复杂性。需要决定如何实现两个服务之间的通信。还需要了解如果沟通失败会发生什么，以及如何解决沟通失败带来的潜在问题

A.2.2　系统安全性增加了复杂性

通过将功能分解为独立的服务，还为安全配置引入了复杂性。这些服务通过网络交换消息时可能会公开信息。有时，人们希望交换的部分数据完全不可见(如密码、银行卡信息或其他个人数据)，那么就需要在发送这些细节之前对它们进行加密。即使不关心是否有人可以看到交换的细节，在大多数情况下，当它们从一个组件流向另一个组件时，人们也不希望任何人能够更改它们(见图 A.8)。

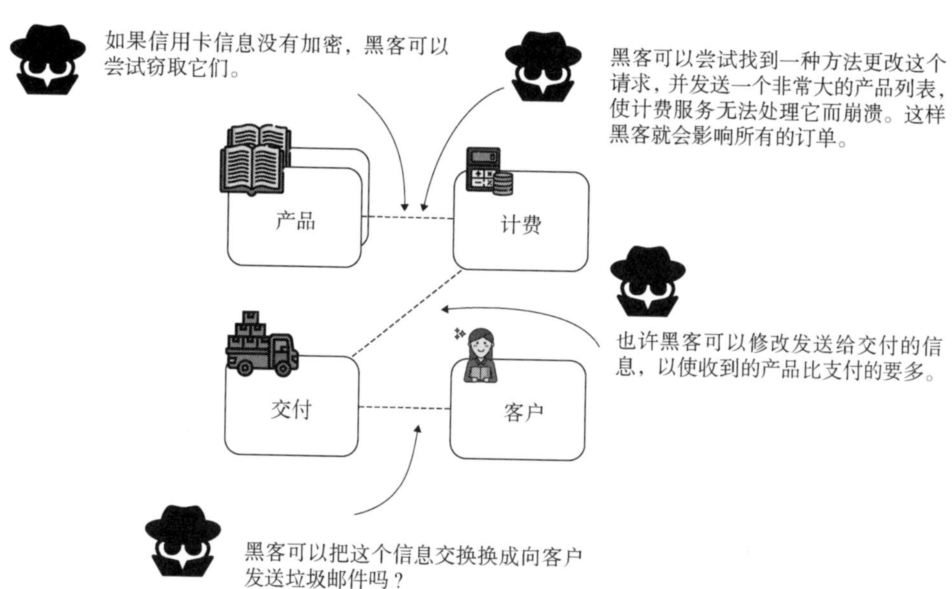

图 A.8　在 SOA 中，特性是独立的服务，通过网络进行通信。这个方面引入了许多开发人员在构建应用程序时需要考虑的易受攻击的点

A.2.3　数据持久化增加了复杂性

在大多数情况下，应用程序需要一种存储数据的方式。数据库是应用程序中实现持久化的一种流行方式。在单一架构的方法中，应用程序有一个存储数据的数据库，如图 A.9 所示。我们称之为三层架构，因为它由以下三层组成：客户端、后端和用于持久化的数据库。

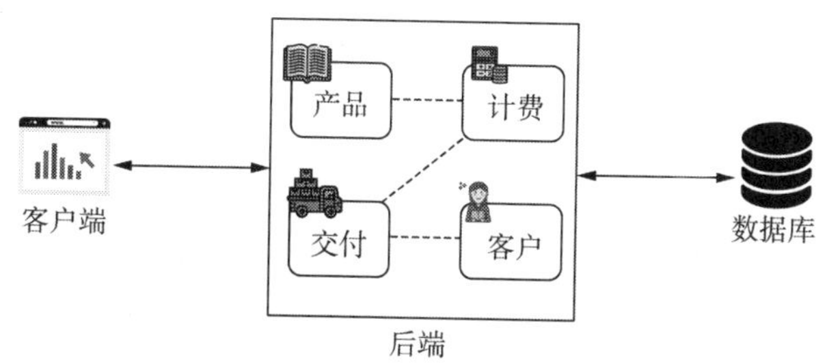

图 A.9　使用单一架构的方法，只有一个应用程序和一个数据库。该系统简单，易于可视化和理解

SOA 有多个需要存储数据的服务。随着服务的增多，也有了更多的设计选择。是否应该只使用一个由所有服务共享的数据库？每个服务都应该有一个数据库吗？图 A.10 显示了这两种选择。

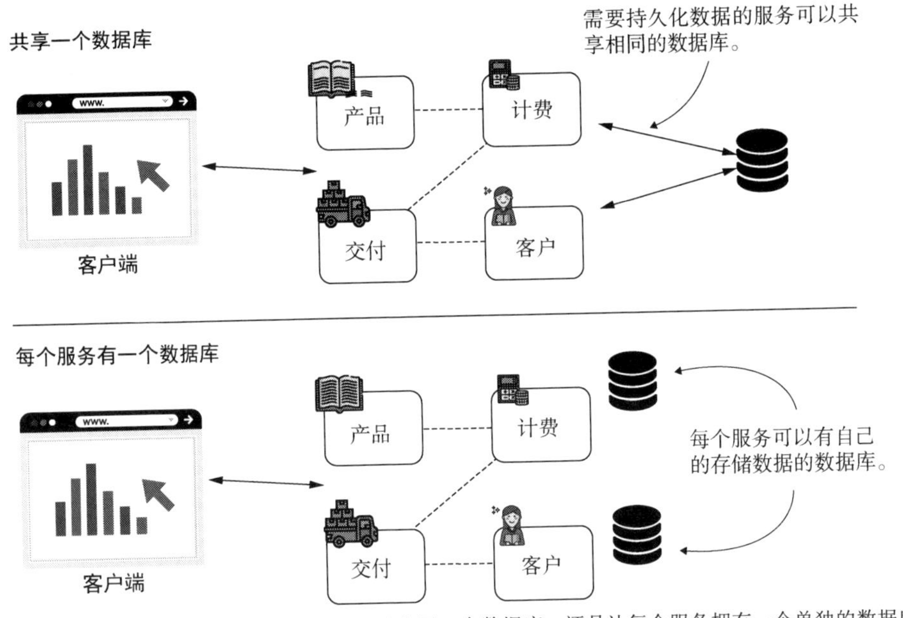

图 A.10 在 SOA 中，可以选择让多个服务共享同一个数据库，还是让每个服务拥有一个单独的数据库。拥有各种不同的替代方案(每种方案都有其优点和缺点)会使 SOA 中的持久化层设计更加困难

大多数人认为共享数据库是不好的做法。从我自己将单一架构的应用程序拆分为多个服务的经验来看，拥有共享数据库可能会成为一个部署噩梦。但每个服务都有单独的数据库也很困难。当讨论事务时，在一个数据库中确保数据一致性要容易得多。当有更多独立的数据库时，确保数据在所有数据库中保持一致是一个挑战。

A.2.4 增加系统部署的复杂性

也许，最简单的挑战是增加系统部署的复杂性。如前文所述，现在的服务更多，数据库也可能有多个。当还要考虑到保护系统会增加更多的配置时，系统的部署就会变得非常复杂。

为什么单一架构有负面含义？

我们可以看到SOA 并不一定容易，而你可能好奇为什么单一架构往往与一些负面的评价联系在一起。现实情况是，对于某些系统而言，单一架构比 SOA 更有意义。

单一架构的负面内涵来自它代表旧系统的事实。在大多数情况下，旧的系统是在人们还未关注干净的编码和设计原则之前实现的。现在之所以考虑这些原则，是为了确保编写的代码是可维护的。

回过头来看那些还不曾有这些原则的时代时可能会感到奇怪。开发人员在出现问题时，有时也会责怪那些开始执行如此陈旧的系统的人。但事实是，那些使用工具和实践的人并没有错，当时每个人都认为这些工具和实践是最好的。

今天，许多开发人员将混乱和糟糕的代码与单一架构的概念联系在一起。然而，单一架构的应用程序可以是模块化的，它们的代码可以是干净的，而面向服务的应用程序可能是混乱的、设计糟糕的。

A.3 从微服务到无服务器

本节讨论微服务。本书不时地提及了微服务，因此至少要明白它们的意思。微服务是 SOA 的一种特殊实现。微服务通常只有一个任务，并且有自己的持久化功能(它不共享数据库)。

随着时间的推移，部署应用程序的方式发生了变化。软件架构不仅与应用程序的功能相关。明智的软件架构师还知道如何调整系统架构，以适应团队对系统的工作方式和系统的部署方式。所谓的 DevOps 运动意味着如何部署软件以及如何进行软件开发。今天，人们使用虚拟机或容器环境在云上部署应用程序，这些方法通常意味着需要使应用程序更小。当然，进化带来了另一个不确定性：服务应该有多小？许多人在书籍、文章和论坛中都讨论过这个问题。

服务的最小化已经走得太远了，今天可以用几行代码实现一个简短的功能，并将其部署到环境中。像 HTTP 请求、计时器或消息这样的事件会触发此功能，并使其执行。把这些小的实现称为无服务器的函数。术语“无服务器”并不意味着函数不在服务器上执行。但是，因为所有关于开发的内容都是隐藏的，人们只需要考虑实现它的逻辑和触发它的事件的代码，所以看起来就像不存在服务器一样。

A.4 延伸阅读

软件架构及其演变是一个非常奇妙、复杂的主题。不会有太多的、全面地讨论了这个问题的图书。我已将这些讨论贯穿在整本书中，以帮助你理解下面提到的概念。不过，要更深入地了解这些主题，请阅读如下图书。请按推荐的顺序阅读这些书。

(1) Morgan Bruce 和 Paulo A. Pereira 编著的 *Microservices in Action*(Manning，2018)——该书由清华大学出版社引进并已出版，中文书名为《微服务实战》——是一本非常值得推荐的书，可以从它开始学习微服务。这本书中通过多个有用的示例涵盖了所有微服务的基础主题。

(2) Chris Richardson 编著的 *Microservices Patterns*(Manning，2018)，在阅读完 *Microservices in Action* 后，请继续阅读这本书。作者提出了一种使用微服务开发产品就绪的应用程序的实用方法。

(3) John Carnell 和 Illary Huaylupo Sánchez 编著的 *Spring Microservices in Action*(Manning，2020)编著，可帮助更好地理解如何应用 Spring 构建微服务。

(4) Prabath Siriwardena 和 Nuwan Dias 编著的 *Microservices Security in Action*(Manning，2020)详细阐述了在微服务架构中应用安全的意义。安全性是任何系统的关键，需要从开发过程的早

期阶段就开始考虑。这本书完全地专注于安全性的讲解，阅读它可以更好地理解关于微服务的安全性需要注意的各个方面。

(5) Sam Newman 编著的 *Monolith to Microservices*(O'Reilly Media，2020)，探讨了将单一架构转变为微服务的模式。这本书还讨论了是否需要使用微服务以及如何决定这一点。

附录 B

为上下文配置使用XML

很久以前，当我开始使用 Spring 时，开发人员通常使用 XML 配置上下文和 Spring 框架。今天，只能在那些仍然受支持的旧应用程序中找到 XML 配置。开发人员在几年前就放弃使用 XML 配置，转而使用注解，因为读取配置代码很困难。虽然 XML 确实有它的优点，但使用注解阅读和增强应用程序的可维护性要容易得多。因此，本书不包含 XML 配置。

如果现在刚刚开始使用 Spring，建议只有在需要维护旧项目并且没有其他选择时，才学习 XML 配置。请先从本书介绍的方法开始学习。你可以将这些技能应用于任何配置，甚至 XML。唯一不同的是使用了不同的语法。但是，如果在实践中从未见过这种方法，那么学习这些配置就没有意义了。

为了了解使用 XML 进行配置的意义，下面展示如何使用这种老式的方式向 Spring 上下文中添加 bean。可以在项目“sq-app2-ex1”中找到这个示例。

一个不同之处在于，对于 XML，需要一个单独的可在其中定义配置的文件(实际上，它们可能是多个文件，但这里不会深入讨论不必要的细节)。将此文件命名为“config.xml”，并将其添加到 Maven 项目的资源文件夹中。这个文件的上下文如下面的代码所示：

```
<?xml version="1.0" encoding="UTF-8"?>

<beans xmlns="http://www.springframework.org/schema/beans"
  xmlns:xsi="http://www.w3.org/2001/XMLSchema-instance"
  xsi:schemaLocation="http://www.springframework.org/schema/beans
  http://www.springframework.org/schema/beans/spring-beans.xsd">

  <bean id="parrot1" class="main.Parrot">
    <property name="name" value="Kiki" />
  </bean>
</beans>
```

创建一个 Parrot 类型的 bean，标识符为 parrot1

把 parrot(鹦鹉)的名字值设置为 Kiki

<beans>标记是这个 XML 文件的根。在根标记内部，可以找到 Parrot 类型的 bean 的定义。

与前面的代码片段一样，要定义一个 bean，可以使用另一个 XML 标记<bean>，使用< property> XML 标记可以为 parrot 实例指定一个名称。这就是 XML 配置的思想：使用不同的 XML 标记配置特定的功能。使用注解完成的操作，现在都需要使用一个 XML 标记。

在主(Main)类中，创建了一个表示 Spring 上下文的实例，可以通过引用 parrot 并在控制台中打印它的名称，以测试 Spring 是否成功添加了 bean。下面的代码片段展示了 main 方法的实现。需要使用另一个类创建 Spring 上下文的实例。

当使用 ClassPathXmlApplicationContext 类创建 Spring 上下文实例时，还需要提供包含 XML 配置的“config.xml”文件的位置。

```
public class Main {

  public static void main(String[] args) {
    var context = new ClassPathXmlApplicationContext("config.xml");
    Parrot p = context.getBean(Parrot.class);

    System.out.println(p.getName());
  }
}
```

运行该应用程序时，在 XML 配置中为鹦鹉实例(在示例中是 Kiki)取的名字将在控制台中打印出来。

附录 C

HTTP简介

本附录讨论任何开发人员都需要了解的 HTTP 的基础知识。幸运的是，要实现优秀的 Web 应用程序，不必是 HTTP 方面的专家，也不必熟记它的引用。作为软件开发人员，还要学习 HTTP 的其他方面，但读者应该确保已经掌握了所有必要的信息，以理解本书使用的示例，从第 7 章开始。

为什么要在讲解 Spring 的书中学习 HTTP 呢？因为如今使用应用程序框架(如 Spring)实现的大多数应用程序都是 Web 应用程序，而 Web 应用程序使用 HTTP。

首先从什么是 HTTP 开始，并以可视化的方式分析它的定义。然后，讨论需要了解的关于客户端发出的 HTTP 请求以及服务器如何响应的详细信息。

C.1 什么是 HTTP

本节讨论什么是 HTTP。HTTP 的简单定义为：Web 应用程序中客户端与服务器之间的通信方式。应用程序喜欢用严格的方式“说话”，协议提供了它们交换信息所需要的规则。下面用一个可视化的图(见图 C.1)分析 HTTP 定义。

HTTP 无状态、基于文本的请求-响应协议，该协议使用客户端-服务器计算模型。

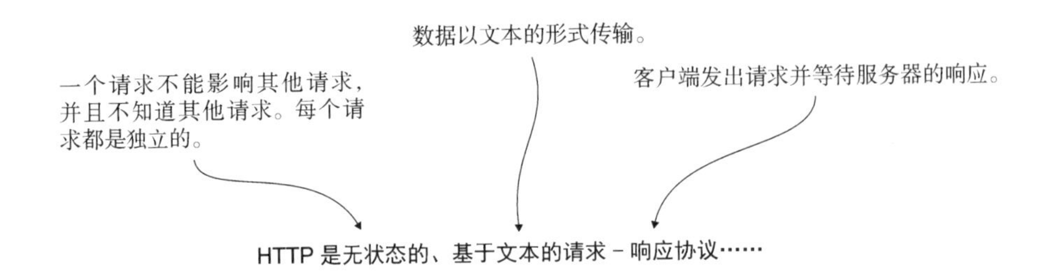

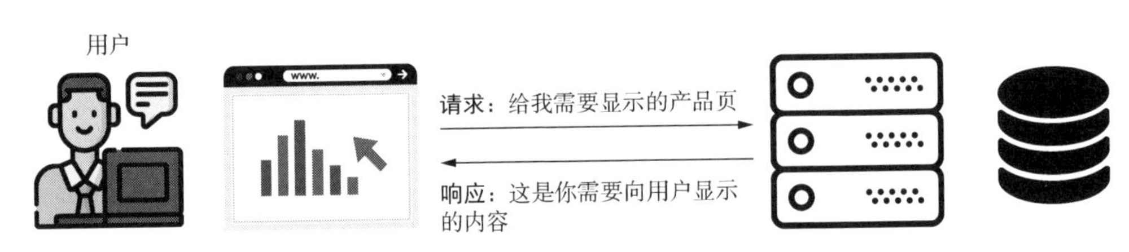

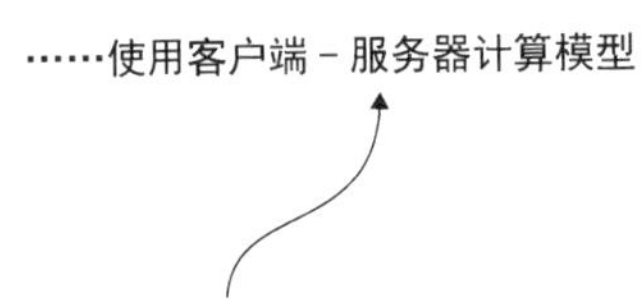

图 C.1　HTTP 是一种描述客户端和服务器如何交谈的协议。HTTP 假设客户端发出请求，服务器响应。协议描述了客户端的请求和服务器的响应。HTTP 是无状态的，这意味着请求彼此独立，并且是基于文本的，这意味着信息以纯文本的形式交换

C.2　HTTP 请求作为客户端和服务器之间的一种语言

本节讨论 HTTP 请求。在使用 Spring 实现的应用程序中，需要使用 HTTP 请求将数据从客户端发送到服务器。如果实现客户端，需要在 HTTP 请求上添加数据。如果实现服务器，则需要从请求中获取数据。无论哪种方式，都需要理解 HTTP 请求。

HTTP 请求有一个简单的格式。必须考虑如下事项。

(1) 请求 URI——客户端使用路径告诉服务器它请求什么资源。请求的 URI 如下所示：http://www.manning.com/books/spring-start-here。

(2) 请求方法——一个动词，客户端使用该动词指示对请求的资源做什么动作。例如，当在 Web 浏览器的地址栏中写入一个地址时，浏览器总是使用一个名为 GET 的 HTTP 方法。在其他情况下，客户端可以使用不同的方法(如 POST、PUT 或 DELETE)发出 HTTP 请求。

(3) 请求参数(可选)——客户端随请求发送给服务器的数量较少的数据。“小数量”指的是可以用 10～50 个字符表达的内容。请求中的参数不是强制性的。请求参数(也称为查询参数)

通过附加查询表达式在 URI 中发送。

(4) 请求头(可选)——请求头中发送的数量较小的数据。与请求参数不同，这些值在 URI 中是不可见的。

(5) 请求体(可选)——客户端在请求中发送给服务器的大量数据。当客户端需要发送由数百个字符组成的数据时，它可以使用 HTTP 体。请求体不是强制性的。

下面的代码片段是一个 HTTP 请求的细节。

```
POST /servlet/default.jsp HTTP/1.1

Accept: text/plain; text/html
Accept-Language: en-gb
Connection: Keep-Alive
Host: localhost
Referer: http://localhost/ch8/SendDetails.html
User-Agent: Mozilla/4.0 (MSIE 4.01;Windows 98)
Content-Length: 33
Content-Type: application/x-www-form-urlencoded
Accept-Encoding: gzip, deflate

lastName=Einstein&firstName=Albert
```

请求指定方法和路径

可以添加不同的头部值作为请求数据

请求参数还可以用于传输请求数据

请求 URI 标识客户端希望使用的服务器端资源。URI 是大多数人都知道的 HTTP 请求的一部分，因为每次访问网站时，都必须在浏览器的地址栏中写入 URI。下面的代码片段中的 URI 具有类似的格式。在代码片段中，<server_location>是服务器应用程序运行的系统的网络地址，<application_port>是标识运行的服务器应用程序实例的端口号，<resource_path>是开发人员与特定资源关联的路径。客户端需要请求一个特定的路径以处理特定的资源。

```
http://<server_location>:<application_port>/<resource_path>
```

图 C.2 分析了 HTTP 请求 URI 的格式。

注意　URI (uniform resource identifier)包括 URL (uniform resource locator)和路径。如果用公式表达则是 URI = URL + 路径。但是在很多情况下，人们混淆了 URI 和 URL，或者认为它们是一样的。需要记住，URL 标识服务器和应用程序。当向该应用程序的特定资源添加路径时，它将成为 URI。

一旦客户端在请求中确定了资源，就会使用一个名为 HTTP 请求方法的谓词指定它将对资源做什么。客户端指定方法的方式取决于它如何向服务器发送调用。例如，如果调用是由浏览器直接发起的，当在地址栏中写入一个地址时，浏览器就会发送一个 GET 请求。在大多数情况下，当单击 Web 页面表单上的提交按钮时，浏览器使用 POST。网页开发人员决定浏览器在提交表单后发送请求时应该使用什么方法，详情参见第 8 章。HTTP 请求也可以通过用客户端语言(如 JavaScript)编写的脚本发送。在本例中，脚本的开发人员决定请求使用什么 HTTP 方法。

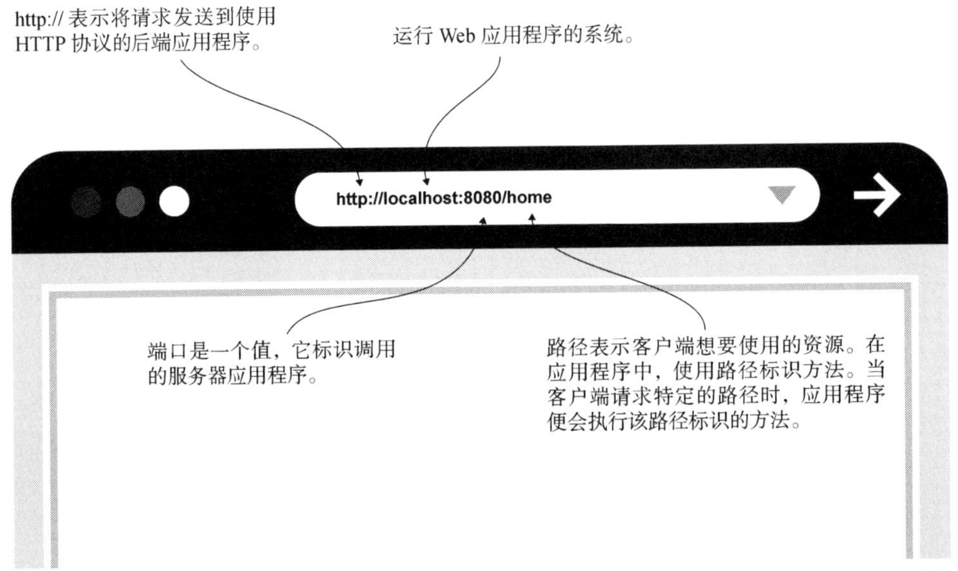
http:// 表示将请求发送到使用
HTTP 协议的后端应用程序。
运行 Web 应用程序的系统。
http://localhost:8080/home
端口是一个值，它标识调用
的服务器应用程序。
路径表示客户端想要使用的资源。在
应用程序中，使用路径标识方法。当
客户端请求特定的路径时，应用程序
便会执行该路径标识的方法。

图 C.2 HTTP 请求 URI 标识客户端请求使用的资源。URI 的第一部分标识协议和运行服务器应用程序的服务器。路径标识由服务器公开的资源

在 Web 应用程序中最常见的 HTTP 方法如下。

- GET——表示客户端想从服务器获取一些数据的意图。
- POST——表达客户端向服务器添加数据的意图。
- PUT——表示客户端更改服务器上数据的意图。
- DELETE——表示客户端从服务器中删除一些数据的意图。

注意 请牢记，动词不是对实现的内容的约束。HTTP 协议不能强制不实现在后端更改数据的 HTTP GET 功能。但是，永远不要误用 HTTP 方法！应始终考虑用于确保应用程序可靠性、安全性和可维护性的 HTTP 方法的含义。

下面这些 HTTP 方法不太常见，但却足够相关。

- OPTIONS——告诉服务器返回它支持的请求参数列表。例如，客户端可以询问服务器支持哪些 HTTP 方法。使用 OPTIONS 方法的最常见功能是与安全实现相关的跨源资源共享(CORS)。有关 CORS 的精华内容参见我的另一本书《Spring Security 实战》(Manning，2020，清华大学出版社引进并出版)的第 10 章。
- PATCH——如果只改变后端的代表特定资源的部分数据，可以使用 PATCH。HTTP PUT 仅在客户端操作完全替换特定资源或甚至在不存在要更新的数据的情况下添加该资源时使用。根据经验，开发人员在大多数情况下仍然倾向于使用 HTTP PUT——即使动作仅代表 PATCH。

URI 和 HTTP 方法是强制性的。当发出 HTTP 请求时，客户端需要提及它使用的资源(通过

URI)以及它使用该资源(方法)执行什么操作。

例如，下面的代码片段中表示的请求可以指示服务器返回它管理的所有产品。在这里，产品是服务器管理的一个资源。

```
GET http://example.com/products
```

下面的代码片段中表示的请求可能意味着客户端想要从服务器中删除所有的产品。

```
DELETE http://example.com/products
```

但有时客户端也需要通过请求发送数据。服务器需要这些数据完成请求。假设客户端不想删除所有的产品，而是只删除一个特定的产品。那么客户端需要告诉服务器要删除什么产品，并在请求中发送此详细信息。HTTP 请求如下面的代码所示，其中，客户端使用一个参数告知服务器想要删除“Beer”这个产品。

```
DELETE http://example.com/products? product=Beer
```

客户端使用请求参数、请求头或请求体向服务器发送数据。HTTP 请求的请求参数和请求体是可选的。客户端只有在想要向服务器发送特定数据时才需要添加它们。

请求参数是客户端可以附加到 HTTP 请求上的键值对，以向服务器发送特定的信息。请求参数用于发送数量小的、单独的数据。如果需要交换更多的数据，发送数据的最佳方式是通过 HTTP 请求体。第 7～10 章使用这两种方法在 HTTP 请求中从客户端向服务器发送数据。

C.3　HTTP 响应：服务器响应的方式

本节讨论 HTTP 响应。HTTP 是允许客户端在 Web 应用程序中与服务器通信的协议。一旦在应用程序中处理了客户端请求，就该实现服务器的响应了。在响应客户端的请求时，服务器发送以下信息：

- 响应状态——一个 100～599 的整数，它定义了请求结果的简短表示。
- 响应头(可选) ——类似于请求参数，它们表示键值对数据，用于从服务器向客户端发送少量的数据(10～50 个字符)以响应客户端请求。
- 响应体(可选)——服务器向客户端发送大量数据(例如，服务器需要发送数百个字符或整个文件)的方式。

下面的代码片段将有助于你可视化 HTTP 响应。

```
HTTP/1.1 200 OK
Server: Microsoft-IIS/4.0
Date: Mon, 14 May 2012 13:13:33 GMT
Content-Type: text/html
Last-Modified: Mon, 14 May 2012 13:03:42 GMT
Content-Length: 112
```

HTTP 响应指定 HTTP 版本、响应代码和消息

HTTP 响应可以通过响应头发送数据

```
<html>
<head><title>HTTP Response</title></head>
<body>Hello Albert!</body>
</html>
```

HTTP 响应可以在响应体中发送数据

响应状态是服务器响应客户端请求时必须提供的唯一详细信息。这个状态告知客户端服务器是否理解了请求并且一切正常，或者服务器在处理客户端请求时是否遇到了问题。例如，服务器返回一个以 2 开头的状态值，告诉客户端一切正常。HTTP 状态是完整请求结果的简短表示(包括服务器是否能够管理请求的业务逻辑)。不需要详细了解所有状态。下面仅列举并描述一些在现实世界中相对常见的实现。

- 以 2 开头，这意味着服务器正确地处理了请求。请求处理正常，服务器执行了客户端请求的内容。
- 以 4 开头，服务器告知客户端它的请求出了问题(这是客户端的问题)。例如，客户端请求了一个不存在的资源，或者客户端发送了一些服务器不期望的请求参数。
- 以 5 开头，服务器通报服务器端出了问题。例如，服务器需要连接到一个数据库，但数据库是不可访问的。在这种情况下，服务器返回一个状态，告知客户端自己不能完成请求，而不是因为客户端做得不好。

注意 之所以跳过以 1 和 3 开始的值，是因为它们在应用程序中很少遇到，这样就可以专注于其他 3 个基本类别。

以 2 开头的不同值是表示服务器正确处理了客户端请求的消息的变体。以下是一些示例：

- 200—OK 是最已知和最直接的响应状态。它只是告知客户端服务器在处理其请求时没有遇到任何问题。
- 201—Created 可以用于响应 POST 请求，告知客户端服务器已经成功添加了请求的资源。向响应状态添加这样的细节并不总是必需的，这就是为什么 200—OK 通常是用于确定一切正常的最常用的响应状态。
- 204—No Content 可以告诉客户端它不应该期望这个响应的响应体。

当 HTTP 响应状态值以 4 开头时，服务器告诉客户端请求出了问题。客户端在请求特定资源时出错。可能是资源不存在(众所周知的 404—Not Found)，也可能是数据的某些验证进行得不顺利。一些最常遇到的客户端错误响应状态如下：

- 400—Bad Request—— 一个通用的状态，通常用于表示 HTTP 请求的任何类型的问题(例如，数据验证或在请求体或请求参数中读取特定值的问题)。
- 401—Unauthorized—— 一个状态值，通常用于与请求需要身份验证的客户端通信。
- 403—Forbidden—— 一个状态值，通常由服务器发送，以告诉客户端它没有被授权执行它的请求。
- 404—Not Found—— 一个由服务器发送的状态值，通知客户端请求的资源不存在。

当响应状态以 5 开始时，这意味着服务器端出了问题，但这是服务器的问题。客户端发送了一个有效的请求，但出于某种原因服务器不能完成它。这个类别中最常用的状态是 500—Internal Server Error(内部服务器错误)。此响应状态是服务器发送的一个通用错误值，用于通知客户端自己在后端处理其请求时出了问题。

如果想更深入地了解更多状态码，可以访问如下页面：https://datatracker.ietf.org/doc/html/rfc7231。

服务器还可以通过响应头或响应体将数据发送回客户端。

C.4　HTTP 会话

本节讨论 HTTP 会话，这是一种允许服务器在同一个客户端的多个请求-响应交互之间存储数据的机制。记住，对于 HTTP，每个请求都是独立于另一个请求的。换句话说，请求不知道任何关于其他的前一个、下一个或同时进行的请求的信息。请求不能与订单请求共享数据，也不能访问后端为其响应的详细信息。

但是，在有的场景中，服务器需要关联一些请求。一个很好的示例就是线上商店的购物车功能。用户将多个商品添加到购物车中。为了向购物车添加一个商品，客户端发出一个请求。为了添加第二个商品，客户端又发出另一个请求。服务器需要一种方法确定该客户端先前已经向同一个购物车添加了一个商品(见图 C.3)。

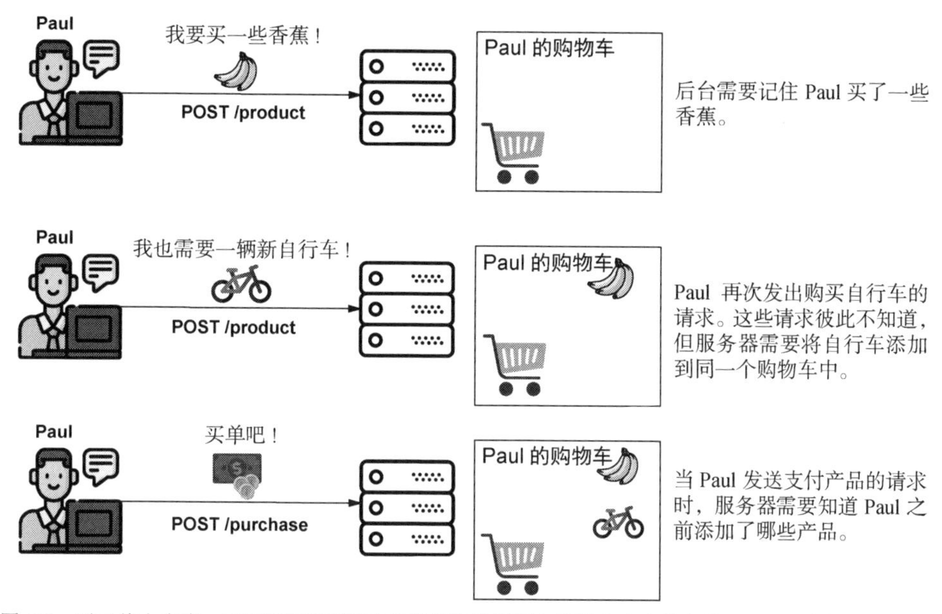

图 C.3　对于线上商店，后端需要识别客户端并记住他们添加到购物车中的产品。HTTP 请求彼此独立，因此后端需要找到另一种方法，记住每个客户端添加的产品

实现这种行为的一种方法是使用 HTTP 会话。后端为客户端分配一个名为“会话 ID”的唯一标识符，然后将它与应用程序内存中的一个位置关联起来。客户端在分配了会话 ID 后发送的每个请求都需要在请求头中包含该会话 ID。通过这种方式，后端应用程序知道如何关联特定的会话请求(见图 C.4)。

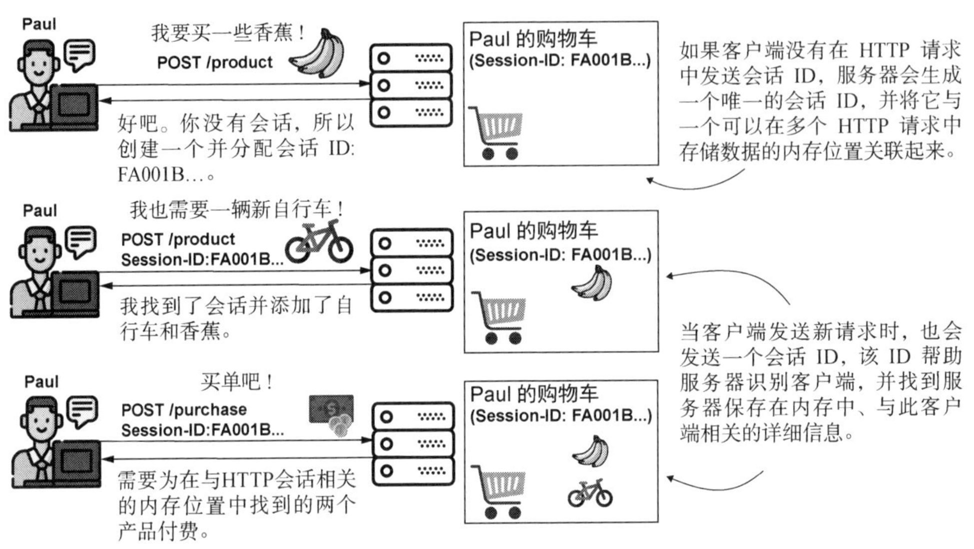

图 C.4 HTTP 会话机制。服务器用它生成的唯一会话 ID 标识客户端。客户端在下一个请求中发送会话 ID，这样后端应用程序就知道它为客户端预留了哪个内存位置

如果客户端没有发送更多的请求，HTTP 会话通常会在一段时间后结束。可以配置这个时间段，通常在 servlet 容器和应用程序中都可以配置。这应该不会超过几个小时。如果会话存活的时间过长，服务器将消耗大量内存。对于大多数应用程序，如果客户端没有发送更多的请求，会话会在不到一个小时后结束。

如果客户端在会话结束后发送另一个请求，服务器将为该客户端启动一个新的会话。

附录 D

使用JSON格式

本附录讨论 JavaScript 对象表示法(JavaScript Object Notation，JSON)。当使用 REST 端点进行通信时，JSON 是应用程序在 HTTP 请求和响应中交换数据的一种常用格式(见图 D.1)。因为 REST 端点是应用程序之间建立通信最常见的方式之一，而 JSON 是格式化交换数据的主要方式，所以理解如何使用 JSON 格式至关重要。

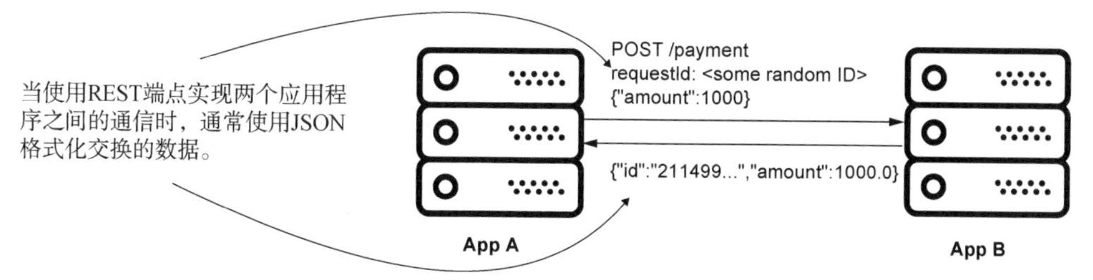

图 D.1 当实现业务逻辑时，有时意味着要在多个应用程序之间建立通信。通常，使用 JSON 格式化应用程序交换的数据。要实现和测试的 REST 端点，需要理解 JSON

幸运的是，JSON 很容易理解，且其遵循的规则不多。首先，需要知道用 JSON 表示的是使用其属性的对象实例。与 Java 类的情况类似，属性是用名称标识的，并保存值。假设 Product 对象有 name 属性和 price 属性。Product 类的实例为属性赋值。例如，name 是“chocolate”，price 是 5。如果想用 JSON 表示，需要考虑以下规则。

- 在 JSON 中使用花括号定义对象实例。
- 在花括号之间，用逗号分隔枚举的属性-值对。
- 属性名写在双引号之间。
- 字符串值写在双引号之间。(字符串中包含的任何双引号都需要在其前面加一个反斜杠“\”。)
- 数值不带引号。

- 属性名和值之间用冒号分隔。

图 D.2 展示了 JSON 格式的产品实例，其属性名称为“chocolate”，价格为“5”。

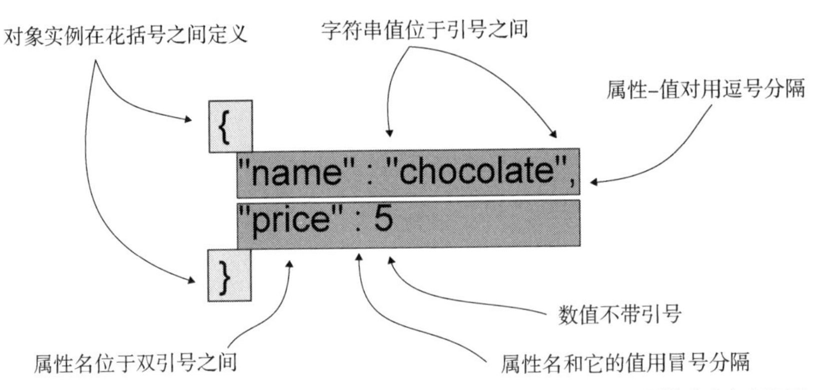

图 D.2 用 JSON 描述一个对象实例。用花括号将属性-值对括起来；属性名和属性值之间用冒号分隔；属性-值对用逗号分隔

在 JSON 中，对象本身没有名称或类型。代码片段没有描述产品。对象唯一相关的项是它的属性。图 D.2 详细描述了对象的 JSON 规则。

一个对象可以包含另一个对象实例作为它的一个属性值。如果 Product 有一个属性 Pack，Pack 是一个由其属性 color 描述的对象，那么 Product 实例的表示如下所示。

```
{
  "name" : "chocolate",
  "price" : 5,
  "pack" : {              ← 属性 Pack 的值是一个
     "color" : "blue"       对象实例
  }
}
```

同样的规则不断重复。可以使用多个属性表示其他对象，并根据需要多次嵌套它们。

如果想在 JSON 中定义一个对象集合，可以使用方括号，并且用逗号分隔条目。下面的代码片段展示了如何定义包含两个 Product 实例的集合。

```
[              ← 用括号包围集合
  {              中的对象实例
    "name" : "chocolate",
    "price" : 5
  },           ← 实例间用
  {              逗号分隔
    "name" : "candy",
    "price" : 3
  }
]
```

附录 E

安装MySQL并创建数据库

本附录展示如何创建 MySQL 数据库。在第 12～14 章实现的一些示例中，使用了一个外部数据库管理系统(DBMS)。对于这些示例，需要创建一个数据库，供应用程序实现项目。

有多种数据库技术可供选择，如 MySQL、Postgres、Oracle、MS SQL server 等。建议大家选择自己喜欢的技术。本书中的示例必须选择一种数据库技术，之所以决定使用 MySQL，是因为它是免费的、精简版的，而且很容易安装在任何操作系统上。MySQL 通常用于教程和示例。

学习 Java 和 Spring 时，使用哪种 DBMS 技术都无关紧要。Java 和 Spring 的类和方法是相同的，无论选择 MySQL、Oracle、Postgres 或任何其他关系数据库技术都一样。

创建示例中使用的数据库的步骤如下。

(1) 在本地系统上安装 DBMS；这里使用 MySQL。

(2) 为 DBMS 安装客户端应用程序；这里使用 MySQL Workbench，它是 MySQL 最著名的客户端应用程序之一。

(3) 在客户端应用程序中，连接本地 DBMS 安装。

(4) 创建本示例中使用的数据库。

步骤(1)：在本地系统上安装 DBMS

第一步是确保有一个可用的 DBMS。本书中的示例使用的是 MySQL，但是如果喜欢使用其他技术，也可以选择安装另一个 DBMS。如果选择安装 MySQL，可以访问以下网页下载安装程序：https://dev.mysql.com/downloads/mysql/。

根据操作系统下载安装程序，并按照安装指南中的步骤进行安装：https://dev.mysql.com/doc/refman/8.0/en/install.html。

注意，在安装 DBMS 的过程中，可能需要创建一个账户。记住这些凭证，因为步骤(3)需要它们。

步骤(2)：为 DBMS 安装一个客户端应用程序

要使用 DBMS，需要一个客户端应用程序，它用于创建数据库。有时需要改变它的结构并验证应用程序。需要根据选择的 DBMS 技术安装一个客户端应用程序。如果使用 MySQL，可以使用 MySQL Workbench，这是最常用的 MySQL 客户端之一。

根据操作系统下载 MySQL Workbench 安装程序(https://dev.mysql.com/downloads/workbench/)，并按照安装手册(https://dev.mysql.com/doc/workbench/en/wb-installing.html)中的描述进行安装。

步骤(3)：连接本地 DBMS

在本地系统和数据库管理系统的客户端上安装了数据库管理系统之后，需要将客户端连接到数据库管理系统。要建立连接，需要步骤 1 中配置的凭证。如果 DBMS 安装没有要求设置用户名和密码，可以使用用户名“root”和一个空密码。

下面展示如何在 MySQL Workbench 中添加连接。如图 E.1 所示，打开 MySQL Workbench，再单击“MySQL Connections”附近的加号图标。

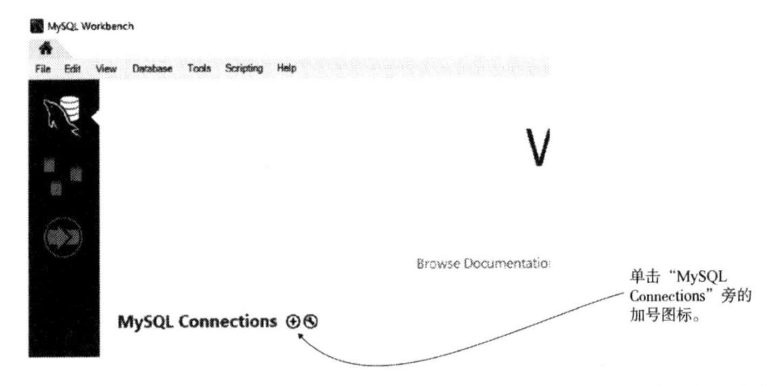

图 E.1　打开 MySQL Workbench 后，单击标签“MySQL Connections”旁的加号图标，添加一个新连接

单击加号按钮后将出现一个弹出窗口，必须为连接指定一个名称，并使用在安装 DMBS 时配置的凭证。MySQL Workbench 使用这些凭证在 DBMS 上进行身份验证(见图 E.2)。

对于某些 MySQL 版本，MySQL Workbench 可能会显示一条警告消息。该消息对实现本书中的示例没有任何影响，因此在显示这样的消息时，单击 Continue Anyway 按钮即可(见图 E.3)。

如果连接细节是正确的，那么 MySQL Workbench 会设法连接到本地 DBMS，并显示一个弹出对话框，如图 E.4 所示。

单击 OK 按钮后，新的连接就被添加了，在 MySQL Workbench 主屏幕中，可以看到它是一个带有名字的矩形(见图 E.5)。

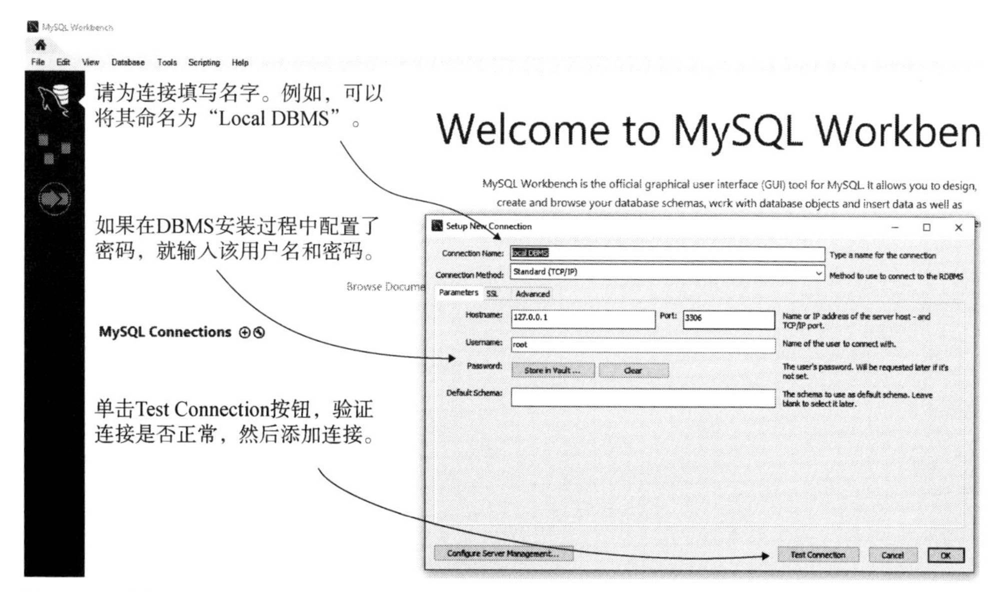

图 E.2　为连接命名，并填写安装 DBMS 时配置的凭证。然后，单击 Test Connection 按钮，验证 MySQL Workbench 是否可以连接数据库

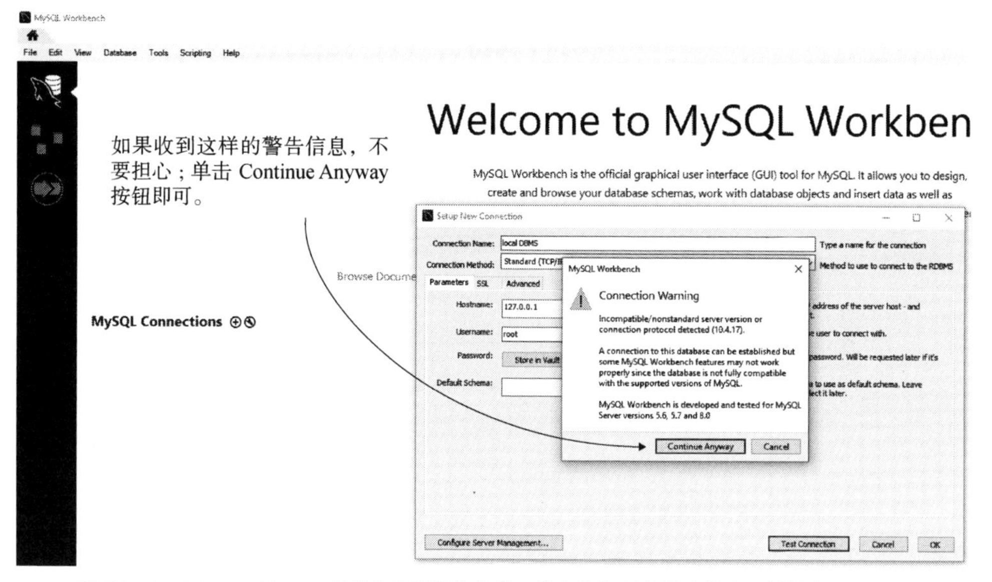

图 E.3　MySQL Workbench 有时会显示警告信息。这个警告不会影响书中示例的实现方式。如果显示这样的消息，单击 Continue Anyway 按钮即可

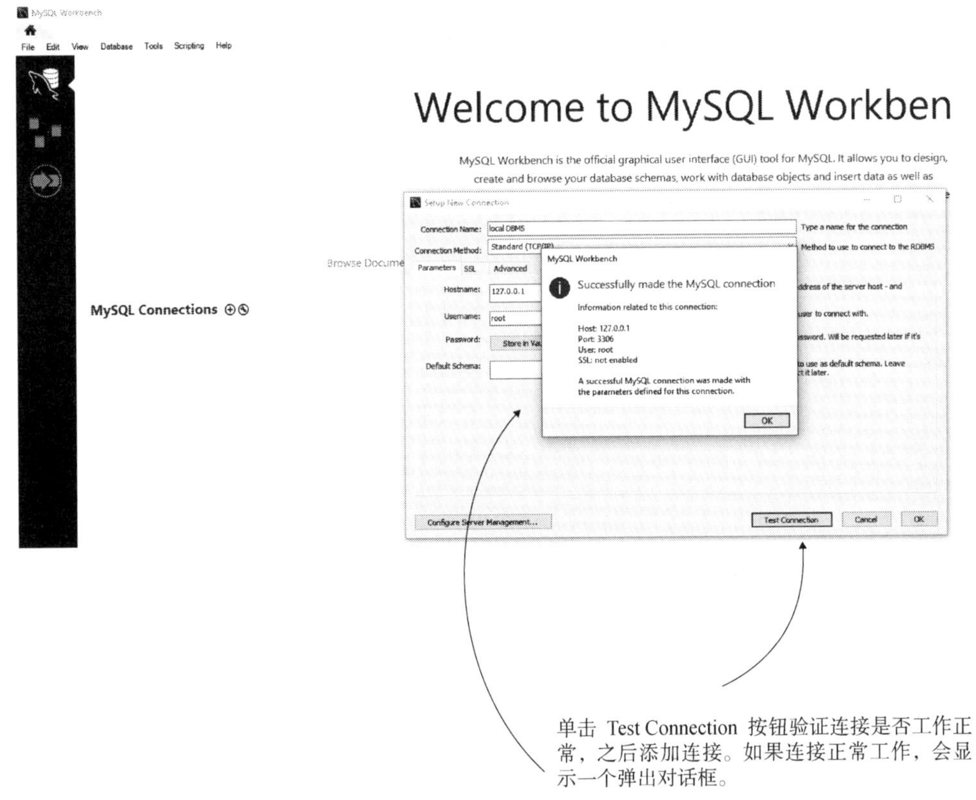

图 E.4　如果 MySQL Workbench 已连接本地 DBMS，则弹出对话框显示“Successfully made the MySQL connection”的消息

步骤(4)：添加新数据库

既然已经添加了连接，现在就可以使用它并创建数据库了。在此，将为第 12~14 章中实现的示例使用数据库。在开发使用数据库的应用程序之前，需要添加数据库。

双击 MySQL Workbench 主屏幕中表示与本地 DBMS 连接的矩形后，会显示如图 E.6 所示的屏幕。单击工具栏中的小柱面图标添加新数据库。

为数据库指定一个名称，然后单击 Apply 按钮，如图 E.7 所示。

在添加数据库之前，MySQL Workbench 会要求再次确认。再次单击 Apply 按钮，如图 E.8 所示。

图 E.5　在 MySQL Workbench 主界面中可以看到添加的连接。连接显示为一个灰色的矩形，并且包含连接的名称

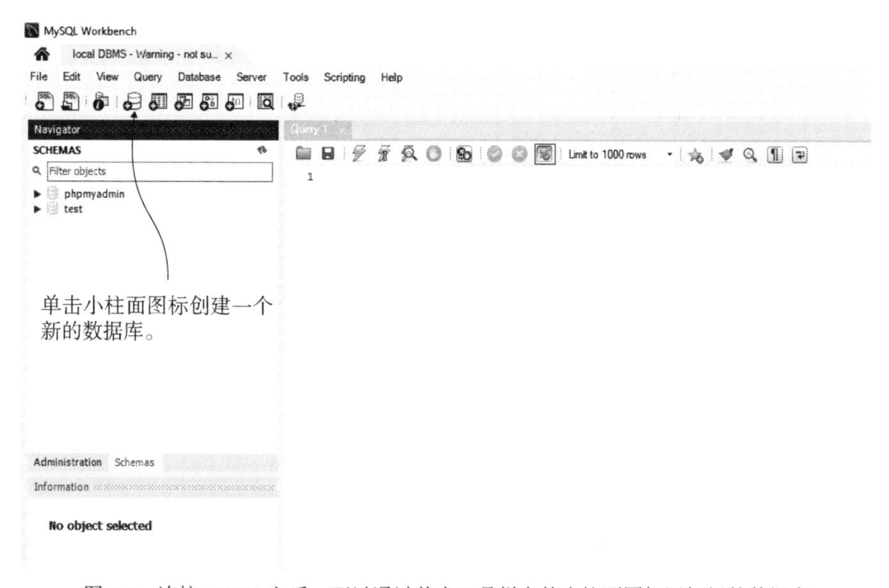

图 E.6　连接 DBMS 之后，可以通过单击工具栏上的小柱面图标添加新的数据库

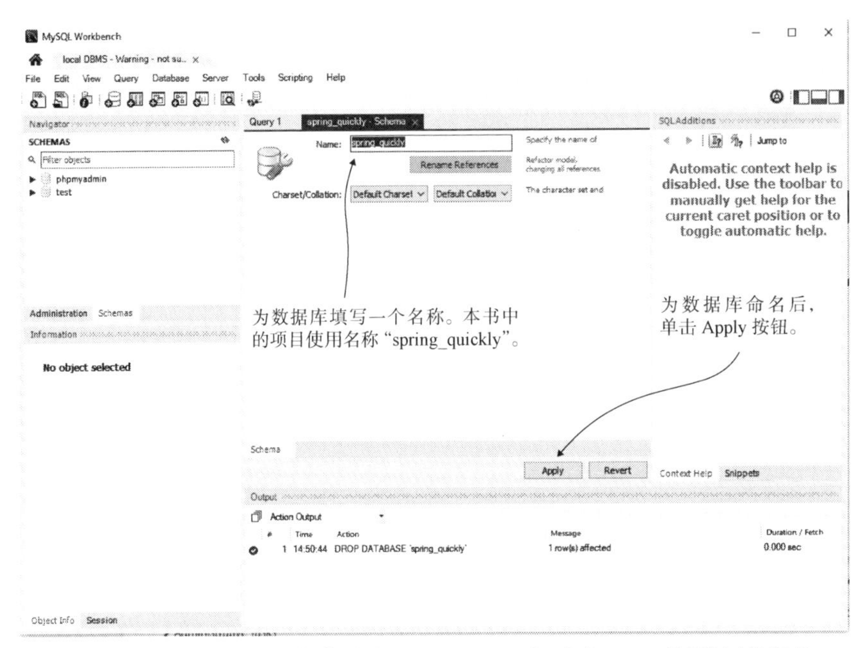

图 E.7　为数据库命名。示例使用了“spring_quickly”。单击 Apply 按钮创建数据库

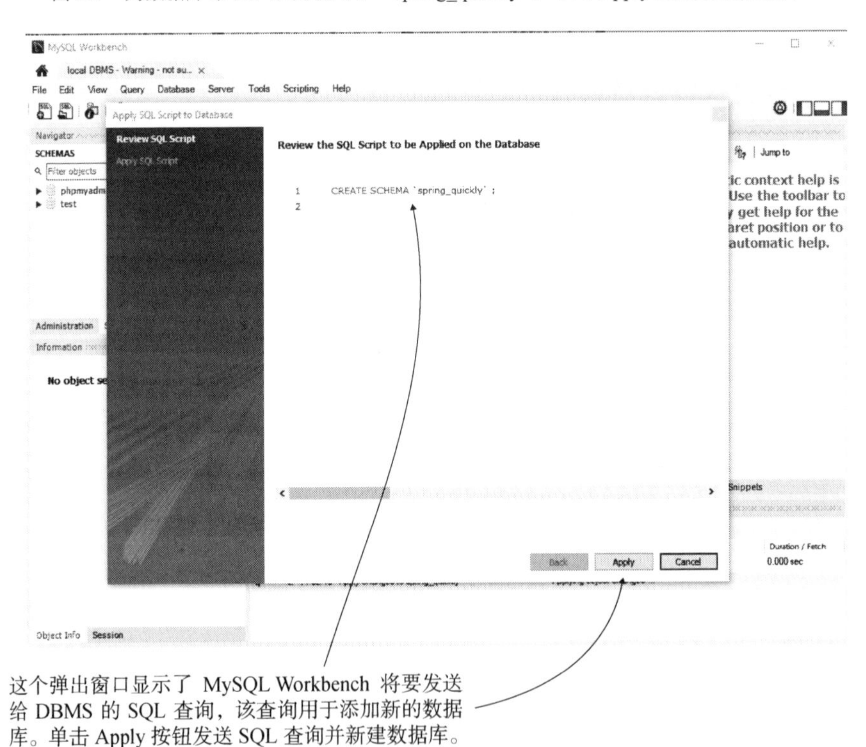

图 E.8　创建数据库后，需要再次确认。在这个屏幕中，还可以看到 MySQL Workbench 发送给 DBMS 以创建新数据库的查询。单击 Apply 按钮执行查询并创建新数据库

如果在窗口的左侧发现了新的数据库，就意味着已经成功地创建了它，Spring 应用程序应该也能够使用它(见图 E.9)。

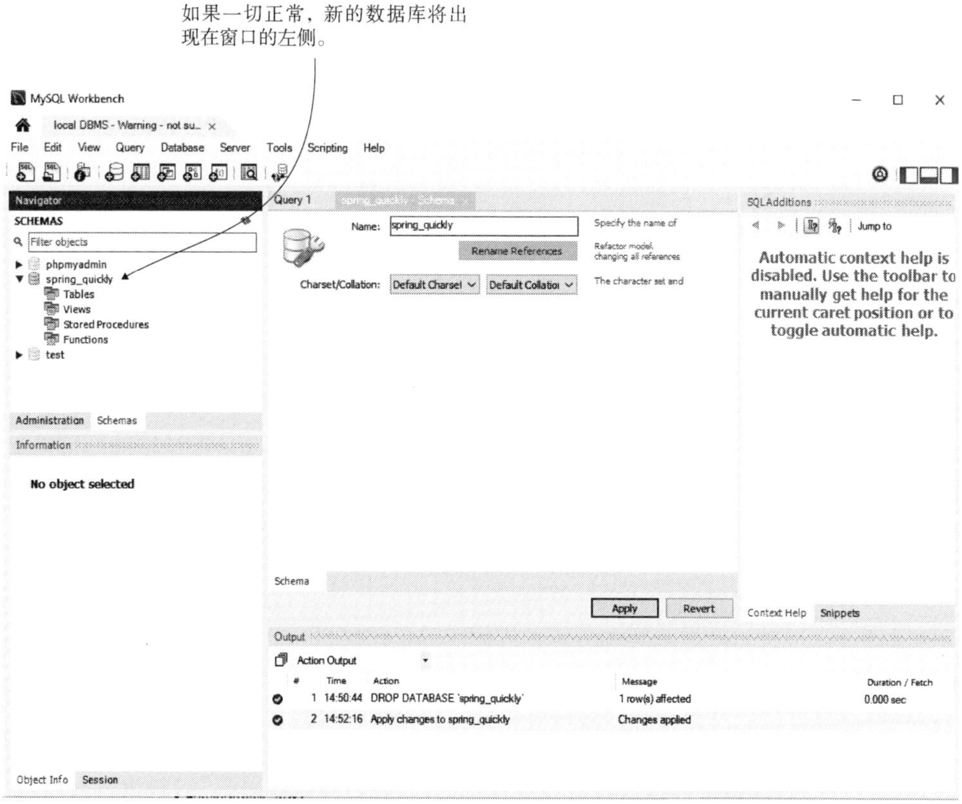

如果一切正常，新的数据库将出现在窗口的左侧。

MySQL Workbench

local DBMS - Warning - not su... ×

File Edit View Query Database Server Tools Scripting Help

Navigator

SCHEMAS

Filter objects

phpmyadmin

spring_quickly

Tables

Views

Stored Procedures

Functions

test

Administration Schemas

Information

No object selected

Object Info Session

Query 1 spring_quickly - Schema

Name: spring_quickly

Specify the name of

Rename References

Refactor model, changing all references

Charset/Collation: Default Charset Default Collation

The character set and

Schema

Apply Revert

SQLAdditions

Jump to

Automatic context help is disabled. Use the toolbar to manually get help for the current caret position or to toggle automatic help.

Context Help Snippets

Output

Action Output

#	Time	Action	Message	Duration / Fetch
1	14:50:44	DROP DATABASE 'spring_quickly'	1 row(s) affected	0.000 sec
2	14:52:16	Apply changes to spring_quickly	Changes applied	

图 E.9　新数据库出现在窗口左侧。如果可以在那里看到它，就意味着已经成功创建了一个新数据库

附录 F

推荐工具

本附录列举本书示例中使用的工具，以及这些工具的其他推荐替代品。

IDE

- JetBrains IntelliJ IDEA——IntelliJ 是用来实现本书示例的 IDE。可以使用免费的 IntelliJ 社区版打开或自行构建示例项目。如果可以使用社区版，那么 IntelliJ Ultimate 会添加各种元素来帮助实现 Spring 应用程序。最终版本需要许可。可以在 IntelliJ 的官方网页上找到更多信息：https://www.jetbrains.com/idea/。
- Eclipse IDE——Eclipse 是一个开源 IDE，可以作为 IntelliJ IDEA 的替代品。建议使用 Eclipse 和 Spring Tools，以获得更好的 Spring 应用程序开发体验。可访问 https://www.eclipse.org/downloads/查看 Eclipse 的更多详情并下载。
- Spring Tools——Spring Tools 是一组工具，可以与已知的开源 IDE(如 Eclipse)集成，以简化 Spring 应用程序的实现。可以在其官方页面上找到更多关于 Spring Tools 的信息：https://spring.io/tools。

REST 工具

- Postman——Postman 是一个易于使用的测试 REST 端点的工具。可以用来测试书中公开 REST 端点的应用程序示例。然而，Postman 更为复杂，并具有包括自动化脚本和应用程序文档在内的各种其他功能。有关 Postman 的更多信息，请访问其网页：https://www.postman.com/。
- cURL——cURL 是一个简单的命令行工具，可以用来调用 REST 端点。可以使用它作为 Postman 的轻量级替代，测试本书提供的 REST 示例。可以从 https://curl.se/download.html 中下载 cURL，并找到更多关于如何安装它的详细信息。

MYSQL

- MySQL 服务器——MySQL Sever 是一个数据库管理系统，可以很容易地安装在本地系统上，测试书中需要本地数据库的示例。可以在 MySQL Sever 的网页上下载并找到更多关于 MySQL Sever 的详情：https://dev.mysql.com/downloads/mysql/。
- MySQL Workbench——MySQL Workbench 是 MySQL Sever 的客户端工具。可以使用此工具访问由 MySQL 服务器管理的数据库，以验证应用程序是否正确地使用持久化的数据。可以在以下页面下载并找到更多关于 MySQL Workbench 的详情：https://www.mysql.com/products/workbench/。
- SQLYog——MySQL Workbench 的另一个替代是 SQLYog。下载该工具的网址是：https://webyog.com/product/sqlyog/。

PostgreSQL

- PostgreSQL——PostgreSQL 是 MySQL 的一个替代 DBMS，可以用它测试书中的示例，或者实现类似的需要数据库的应用程序。可以在以下网页上找到更多关于 PostgreSQL 的详情：https://www.postgresql.org/download/。
- pgAdmin——pgAdmin 是一个可以用来管理 PostgreSQL DBMS 的工具。如果选择使用 PostgreSQL 而非 MySQL 来运行需要数据库的示例，那么还需要使用 pgAdmin 管理 DBMS。有关 pgAdmin 的更多详情，请访问以下页面：https://www.pgadmin.org/。

附录 G

为进一步学习推荐的学习材料

本附录列举了一些优秀的学习材料，推荐读完本书后继续阅读。

- *Spring in Action*，6th ed.，Craig Walls 著(Manning，2021)。建议继续读这本书学习 Spring。这本书从复习本书学到的内容开始，并继续学习 Spring 生态系统中的各种项目。这本书包含关于 Spring 安全性、异步通信、Project Reactor、RSocket 以及使用 Spring Boot 的执行器的精彩讨论。
- *Spring Security in Action*(中文书名是《Spring Security 实战》)，Laurenţiu Spilcă 著(Manning，2020)。确保应用程序安全是在学完基础知识后需要马上学习的一个重要课题。这本书详细讨论了如何通过正确实现身份验证和授权来使用 Spring Security 保护应用程序免受不同类型的攻击。
- *Spring Boot Up and Running*，Mark Heckler 著(O'Reilly Media，2021)。Spring Boot 是 Spring 生态系统中最重要的项目之一。如今，大多数团队都在使用 Spring Boot 简化 Spring 应用程序的实现。这也是在本书的一半以上章节中使用 Spring Boot 的原因。学完这些基础知识后，建议深入研究 Spring Boot 的细节。这本书对于学习 Spring 的开发人员来说是一个很好的资源。
- *Reactive Spring*，Josh Long 著(自行出版，2020)。我的项目常使用一种反应式方法来实现 Web 应用程序，以使其具有很大的优势。Long 在这本书中讨论了这些优点，并演示了如何正确地实现 Spring 反应式应用程序。建议在读完 Craig Walls 的 *Spring in Action* 之后再读这本书。
- *JUnit in Action*，Cătălin Tudose 著(Manning，2020)。如第 15 章所述，测试应用程序非常重要。本书讨论了测试 Spring 应用程序的基础知识。但因为这一主题如此复杂，它值得自成一本书。Cătălin 在这本书中详细讨论了如何测试 Java 应用程序。建议阅读这本书，以加强写作测试知识。
- *Learning SQL*，3rd ed.，Alan Beaulieu 著(O 'Reilly Media，2020)。第 12～14 章讨论了如何实现 Spring 应用程序的持久化层。这些章节使用 SQL 查询，并假设读者已经了解

SQL 基础知识。如果需要复习 SQL，建议阅读这本书，它详细介绍了需要在大多数应用程序中使用的所有基本 SQL 技术。

- *OCP Oracle Certified Professional Java SE 11 Developer Complete Study Guide*，Jeanne Boyarsky 和 Scott Selikoff 合著(Sybex，2020)。要开始学习 Spring，就需要具备应用程序的大多数基础知识。但有时需要更新知识，即使是最基本的语法和技术。Jeanne 和 Scott 为 OCP 考试准备的书是我用来记忆基本语法的第一本书，准备升级 OCP 认证时，应该阅读最新的版本。